财政部规划教材

U0791333

计算机应用基础

林　斌　杜宜同　主　编
毛　颖　郑俊海　副主编

中国财经出版传媒集团
经济科学出版社
Economic Science Press

图书在版编目（CIP）数据

计算机应用基础／林斌，杜宜同主编．—北京：经济科学出版社，2020.1（2020.8 重印）
财政部规划教材
ISBN 978－7－5218－1239－8

Ⅰ．①计…　Ⅱ．①林…　②杜…　Ⅲ．①电子计算机－高等职业教育－教材　Ⅳ．①TP3

中国版本图书馆 CIP 数据核字（2020）第 008558 号

责任编辑：白留杰　刘殿和
责任校对：隗立娜
责任印制：李　鹏　范　艳

计算机应用基础

林　斌　杜宜同　主　编
毛　颖　郑俊海　副主编
经济科学出版社出版、发行　新华书店经销
社址：北京市海淀区阜成路甲 28 号　邮编：100142
教材分社电话：010－88191355　发行部电话：010－88191522
网址：www. esp. com. cn
电子邮箱：bailiujie518@126. com
天猫网店：经济科学出版社旗舰店
网址：http：//jjkxcbs. tmall. com
北京密兴印刷有限公司印装
787×1092　16 开　21.25 印张　530000 字
2020 年 5 月第 1 版　2020 年 8 月第 2 次印刷
ISBN 978－7－5218－1239－8　定价：66.00 元
（图书出现印装问题，本社负责调换。电话：010－88191510）
（版权所有　侵权必究　打击盗版　举报热线：010－88191661
QQ：2242791300　营销中心电话：010－88191537
电子邮箱：dbts@esp. com. cn）

前言

本书以培养应用型人才为目标，立足通识教育，以计算思维为出发点，将理论知识与实际应用紧密结合，采用“任务引领，案例教学”方式，激发学生学习兴趣，以培养学生思维能力以及创新能力为主线而编写。本书主要有以下几个特点：

1. “任务引领，案例教学”。书中系列化地引入大量案例和项目，激发学生的求知欲，由浅入深，由易到难，使学生在探索问题中主动学习新知识，在完成任务的过程中掌握新知识。

2. 各章都由一线老师编写。表述方式更加切合课堂实际，章节划分与课堂教学时间相匹配，使教材更加贴合实际教学需求。

3. 适合作为计算机考证参考书或自学教材。加强了案例编写，操作步骤清晰明了，加入了大量参考和改编的历届计算机考证试题，具有代表性。

本书教学课件（ppt）及习题答案扫描封底二维码即可获取。

本书由林斌、杜宜同主编，毛颖、郑俊海副主编，参编人员有：曹霞、毛颖（第 1 章），吴清扬、陈庆亮（第 2 章），谢永达、郑林芳（第 3 章），钟顺昌、张茂燕（第 4 章），王俐良（第 5 章），吴国华（第 6 章），郑俊海、谢洪兴（第 7 章），项尚清、杜宜同（第 8 章）。

限于水平，本书一定有不够成熟和完善的地方，希望大家在使用过程中多提宝贵意见，以便进一步改进，真诚地感谢各位！

计算机应用基础编写组

2020 年 1 月

目录

第1章

计算机基础知识

计算机是 20 世纪最伟大的发明之一，是迄今为止科学技术和生产力发展所创造的最具影响力的现代工具。在现代社会，计算机及其应用已经渗透到社会生活的各个领域，与人们的工作、学习和生活息息相关，有力地推动了整个信息社会的发展。因此，掌握以计算机为核心的信息技术基础知识和应用技术已经成为现代大学生必备的基本素质，计算机基础知识和应用能力是现代大学生知识结构的重要组成部分。

1.1 计算机的产生和发展

1.1.1 计算机的产生

1946 年 2 月，世界上第一台计算机在美国宾夕法尼亚大学诞生，取名为“电子数字积分计算机”（electronic numerical integrator and calculator，ENIAC）。这台计算机占地 167 平方米，重达 30 余吨，运算速度只有 5000 次/秒。ENIAC 的问世预示了科学家将从繁重的计算中解脱出来，标志着电子计算机时代的到来。

ENIAC 机本身存在两大缺点：一是没有存储器；二是用布线接板进行控制，计算速度也就被这一工作抵消了。在 ENIAC 尚未投入运行前，被称为计算机之父的美籍匈牙利数学家冯 · 诺依曼就已开始准备对这台电子计算机进行脱胎换骨的改造了。在短短 10 个月里，冯 · 诺依曼迅速把概念变成了方案，他和他的同事研制了人类第二台计算机，新机器方案命名为“离散变量自动电子计算机”，英文缩写为 EDVAC。1945 年 6 月，冯 · 诺依曼与戈德斯坦等人，联名发表了一篇长达 101 页纸洋洋万言的报告，即计算机史上著名的“101 页报告”。这份报告奠定了现代电脑体系结构坚实的根基，直到今天，仍然被认为是现代电脑科学发展里程碑式的文献。

在 EDVAC 报告中，冯 · 诺依曼明确规定出计算机的五大部件：运算器、逻辑控制器、存储器、输入设备和输出设备，并描述了五大部件的功能和相互关系。冯 · 诺依曼巧妙地想出“存储程序”的办法，程序也被他当作数据存进了机器内部，以便电脑能自动一条接着一条地依次执行指令。冯 · 诺依曼为现代计算机的发展指明了方向，他是当之无愧的“电子计算机之父”。

1.1.2 计算机的发展过程

自从 1946 年世界上第一台电子计算机研制成功，在 70 多年的发展过程中，计算机经历了几个重要阶段。人们根据计算机所采用的逻辑元器件的演变将计算机的发展分为四个阶段（见表 1 – 1）。

表 1 – 1 计算机发展经历

时间	发展阶段	逻辑元件	运算速度（次/秒）
1946 ~ 1957 年	第一阶段	电子管	几千 ~ 几万
1958 ~ 1964 年	第二阶段	晶体管	几万 ~ 几十万
1965 ~ 1970 年	第三阶段	中小规模集成电路	几十万 ~ 几百万
1971 年至今	第四阶段	大规模、超大规模集成电路	几百万 ~ 几百亿

1.1.2.1 第一代计算机——电子管计算机（1946～1957年）

第一代计算机的基本特征是采用电子管作为计算机的逻辑元件，用机器语言或汇编语言编写程序。由于当时电子技术的限制，第一代计算机每秒运算速度仅为几千次，内存容量仅几千字节（KB）。这个时期计算机的特点是：体积庞大，运算速度慢，可靠性差，耗电量大，只能运算几万次且维修困难。第一代计算机主要用于军事和科学研究工作。

1.1.2.2 第二代计算机——晶体管计算机（1958～1964年）

第二代计算机的基本特征是其逻辑元件逐步由电子管改为半导体晶体管，运算速度可达每秒几十万次，内存容量扩大到几十KB。与此同时，计算机软件也有了较大发展，出现了FORTRAN、COBOL、ALGOL等高级编程语言。相对于第一代计算机而言，第二代计算机的特点是：体积减小，重量减轻，耗电量减少，运算速度加快，可靠性增强。第二代计算机除了用于科学计算外，还用于数据处理和事务处理。

1.1.2.3 第三代计算机——中、小规模集成电路计算机（1965～1970年）

第三代计算机的基本特征是其逻辑元件采用中小规模集成电路，其运算速度可达每秒几十万次到几百万次。存储器进一步发展，体积越来越小，价格越来越低，而软件越来越完善。其特点是：体积更小，耗电量、价格等方面进一步下降，运算速度、可靠性等进一步增加。这一时期，计算机开始广泛应用于社会的各个领域。

1.1.2.4 第四代计算机——大规模和超大规模集成电路计算机（1971年至今）

进入20世纪70年代以来，计算机采用大规模和超大规模集成电路作为基本器件，其特点是：体积、重量、耗电量、价格等方面比上一代计算机进一步下降，运算速度和可靠性等方面大幅度提高，并不断地向大存储容量、高速度方面发展。目前，计算机的速度最高可以达到每秒几十万亿次浮点运算，操作系统不断完善，应用软件已经成为现代工业的一部分。计算机向着微型化和巨型化两个方向发展。

1.2 计算机的分类

1.2.1 按计算机的用途划分

按计算机的用途划分，计算机又可分为专用计算机和通用计算机。专用和通用是根据计算机的效率、速度、价格、运行的经济性和适应性来划分的。专用计算机是最有效、最经济和最快速的计算机，它是针对某一任务设计的计算机，其结构简单，成本低，可靠性好，但功能单一。通用计算机是针对多种应用领域或者面向多种算法而研制的，系统结构较为复杂，有丰富的通用系统软件，通用性强，功能全，能适应多种用户的需求，但成本较专业计算机高。

1.2.2　按信息的表示和处理方式划分

计算机按处理的对象划分可分为模拟计算机、数字计算机和混合计算机。

模拟计算机是指专用于处理连续的电压、温度、速度等模拟数据的计算机。其特点是参与运算的数值由不间断的连续量表示，运算过程是连续的，由于受元器件质量影响，计算精度较低，应用范围较窄。模拟计算机目前已很少生产。

数字计算机是指用于处理数字数据的计算机。其特点是数据处理的输入和输出都是数字量，参与运算的数值用非连续的数字量表示，具有逻辑判断等功能。数字计算机是以近似人类大脑的“思维”方式进行工作的，所以又被称为“ 电脑”。

混合计算机是指模拟技术与数字计算灵活结合的电子计算机，输入和输出既可以是数字数据，也可以是模拟数据。

1.2.3　按信息的表示和处理方式划分

计算机的规模由计算机的一些主要技术指标来衡量，如字长、运算速度、存储容量、外部设备、输入和输出能力、配置软件丰富与否、价格高低等。计算机根据其规模可分为巨型机、大型机、小型机、微机等。

巨型机，又称超级计算机。其一般用于国防尖端技术和现代科学计算等领域。巨型机是当代速度最快的，容量最大的，体积最大的，造价也是最高的。目前巨型机的运算速度已达每秒几十万亿次，并且这个记录还在不断刷新。巨型机是计算机发展的一个重要方向，研制巨型机也是衡量一个国家经济实力和科学水平的重要标志。

大型机。大型主机包括通常所说的大、中型计算机，这类计算机具有较高的运算速度和较大的存储容量，一般用于科学计算、数据处理或用作网络服务器，但随着微机与网络的迅速发展，正在被高档微机所取代。

小型机。小型机一般用于工业自动控制、医疗设备中的数据采集等方面。如 DEC 公司的 PD111 系列、VAX－11 系列，HP 公司的 1000 系列、3000 系列等。目前，小型机同样受到高档微机的挑战。

微机。微型计算机简称微机，又叫个人计算机（PC），是目前发展最快、应用最广泛的一种计算机。微机的中央处理器采用微处理芯片，体积小巧轻便。目前微机使用的微处理芯片主要有 Intel 公司的 Pentium 系列，AMD 公司的 Athlon 系列，还有 IBM 公司 Power PC 等。

1.3　计算机的应用

目前，计算机的应用非常广泛，已渗透到社会的各个领域，从科研、生产、学习到家电的使用，都涉及计算机技术。计算机的应用主要表现在以下几个方面。

1.3.1 数值计算

数值计算是计算机的一个传统应用领域，也是应用最早、最重要的一个领域。发明计算机的最基本目的就是解决工程研究与设计中所涉及的各种复杂的数学问题的计算，目前它已广泛应用于航空航天、造船、建筑等方面。

1.3.2 信息处理

信息处理是指计算机对外部设备送来的各种复杂的数据信息进行采集、加工、分类、存储、传送、检索等综合性的处理工作。如生产管理、财务管理、档案管理等各种管理中的数据库应用，以及办公自动化中的文字处理和文件管理。

1.3.3 过程控制

生产过程的自动控制，是计算机应用中的另一广泛领域，即由计算机进行数据搜索、采集，实现自动检测、自动调节和自动控制，其特点是精度高、速度快、反应灵敏。典型的应用领域有：生产过程控制、交通自动管理、火警自动警报系统、导弹控制系统等。

1.3.4 计算机辅助系统

计算机辅助系统包括辅助设计、辅助教学、辅助制造等。

计算机辅助设计（CAD）是利用计算机帮助各类设计人员进行设计的技术，它可以取代传统的图纸设计，加快设计速度，提高设计的精度和质量，在建筑工程、机械部件、家电产品和服装等设计领域应用非常广泛。

计算机辅助教学（CAI）是通过人机交互方式帮助学生自学，代替教师提供丰富的教学资料和进行各种问答式教学，改变了过去传统的教学模式，使教学内容生动形象、图文并茂。随着多媒体技术和网络技术的发展与应用，远程教学和网上学习已越来越普及，为学习者提供了更多、更便利的学习方式。

计算机辅助制造（CAM）是利用计算机控制生产过程，即用计算机进行生产设备的管理、控制和操作，它能提高产品质量、降低成本、缩短生产周期，对经济的发展起着重要的作用。

1.3.5 计算机通信与网络

计算机通过网络互连，可以实现计算机之间的硬件、软件资源共享，促进地区间、国际间的通信与各种数据的传输和处理。随着互联网的发展，计算机通信的应用已达到前所未有的境界。其中，电子商务是指在 Internet 上进行的商务交易，它涉及企业和个人各种形式的基于数字化信息处理和传输的商业活动。

1.3.6　人工智能

人工智能（AI）是计算机应用发展的又一个前沿方向，它的主要目的是用计算机来模拟人类的某些智能活动，使其具有“学习”“适应能力”“推理”等功能，在一定程度上具有“思维”能力。AI 的应用主要包括：模式识别、专家系统、机器人、智能检索等。

总之，计算机的应用已非常普及，尤其是网络技术的发展，使得计算机的应用产生了许多新理念，引起了人类社会从经济基础到上层建筑、从生产方式到生活方式的深刻变革。

1.4　未来计算机的发展

计算机未来的主要发展方向为多极化、网络化、多媒体和智能化，具体含义如下。

1.4.1　多极化

微型机以它的体积小、功能全、价格低、可靠性高等特点，渗透到社会各个领域中。巨型机则以其高速度、大容量、功能强等特点，在天文、气象及航天等尖端科学以及探索新兴科学时发挥巨大的作用。其他不同类型的计算机，都各自有自己的适用领域，形成了多极化的计算机家族。

1.4.2　网络化

计算机网络是计算机技术与通信技术相结合的产物，它将分布在不同地点的多台计算机通过通信线路相互连接起来，以达到资源共享的目的。目前，世界上最大的计算机网络是因特网（Internet）。

1.4.3　多媒体

多媒体技术是将计算机系统与图形、图像、声音、视频等多种信息媒体结合于一体进行处理的技术。多媒体时代的来临，为人们提供了一个多姿多彩的视听世界。

1.4.4　智能化

即第五代计算机，新一代计算机目前还处于研制阶段，其主体将是神经网络计算机，线路结构模拟人脑的神经元，采用新的元器件（新材料、新工艺），具有智能接口，能进行逻辑推理和完成判断、决策任务，并且有一定的自学习能力。

1.5 信息化社会与信息安全

1.5.1 信息与信息技术

信息是事物的运动状态及其状态变化的方式。信息与载体密不可分，没有无载体的信息，没有载体便没有信息，信息必须通过载体才能显示出来。

信息具有载体依附性、价值性、时效性、共享性等特征。

信息技术（IT）是一门综合的技术，是指应用计算机科学和通信技术来设计、开发、安装和实施信息系统及应用软件，主要包括传感技术、通信技术、计算机技术和缩微技术。

（1）传感技术。传感技术是关于从自然信源获取信息，并对之进行处理（变换）和识别的一门多学科交叉的现代科学与工程技术，它涉及传感器、信息处理和识别的规划设计、开发、建造、测试、应用及评价改进等活动。

（2）通信技术。通信技术又称通信工程，主要研究的是通信过程中的信息传输和信号处理的原理和应用。

（3）计算机技术。计算机技术是信息技术的核心内容，其主要研究任务是延长人的思维器官处理信息和决策的功能。

（4）缩微技术。缩微技术是一种涉及多学科、多部门、综合性强且技术成熟的现代化信息处理技术，其主要研究任务是延长人的记忆器官存贮信息的功能。

1.5.2 信息化社会

信息化社会指以信息技术为基础，以信息产业为支柱，以信息价值生产为中心，以信息产品为标志的社会。在农业社会和工业社会中，物质和能源是主要资源，人们所从事的是大规模的物质生产。而在信息社会中，信息成为比物质和能源更为重要的资源，以开发和利用信息资源为目的信息经济活动迅速扩大，逐渐取代工业生产活动而成为国民经济活动的主要内容。

信息经济在国民经济中占据主导地位，并构成社会信息化的物质基础。以计算机、微电子和通信技术为主的信息技术革命是社会信息化的动力源泉。

一般来说，信息化社会主要有以下几个特点：

第一，社会上所有服务行业，如商业、金融、旅游及交通等都处于计算机网络服务之中。计算机网络化面向普通大众，即人人坐到计算机前，都能了解想要了解的来自世界各地的各种信息，得到想要得到的各种服务。例如，你可以通过操作计算机购物、学习等。

第二，人们的日常生活离不开计算机。家中各种电器都已计算机化或纳入计算机控制，你可以在遥远的地方通过电话来控制家中的各种电器，它们甚至还可以为你准备一份美味的晚餐。人们的日常生活也无时无处不受到计算机的制约。

第三，人们可以获得的信息量大幅增长。信息量虽然增多，但由于个人能够用来阅读、考虑和理解信息的时间并未相应增多，因此采用目前的手段显然无法处理这么多的信息。失去控制和无组织的信息在信息社会里不会构成资源，却成为信息工作者的障碍。信息技术的发展，使使用者可以方便地找到所需要的信息。这样，整个信息社会所强调的重点便可从供应转到选择。

第四，“信息丰富”与“信息贫乏”之间的鸿沟正在加宽，社会需要大量有文化、有技术的劳动者，对无技术或半熟练工的需求正在减少。

第五，经济越来越以信息业为基础。从事收集、处理、储存和检索资料的人比受雇于农业和制造业的人还要多。技术的发展已经使得产品的产量有可能按指数级增加，而投入的资本、劳力与能量却要少得多。这标志着经济已摆脱了传统的发展模式。

总之，信息化社会中无处不在的计算机和通信技术，将极大地改变人们的生活方式，给人类的生活和工作方式带来巨大变化。

1.5.3　信息安全

现代信息技术给人类带来了高效方便的信息服务，同时也使人类信息环境面临许多前所未有的难题，如隐私侵权问题、知识产权问题、竞争问题和信息安全问题等。这需要我们在理解信息技术带来的实际的和潜在的不良影响后，加强信息安全教育和规范网络行为，来抵制和解决这些难题。

信息安全包括信息本身的安全和信息系统的安全，可以从四个方面来理解信息安全和加强信息安全意识。

（1）数据安全。在输入、处理和统计数据过程中，应通过确保数据存储的安全、加密数据技术和安装杀毒软件等来避免这类危害。

（2）计算机安全。计算机安全中最重要的是存储数据的安全，其面临的主要威胁包括计算机病毒、非法访问、计算机电磁辐射和硬件损坏等。

（3）信息系统安全。信息系统安全是指信息网络中的硬件、软件和系统数据要受到保护，不能遭到破坏或泄露，以确保信息系统能够持续、可靠地运行，信息服务不中断。

（4）法律保护。为了加强对计算机信息系统的安全保护和安全管理，我国先后制定了多部关于信息安全的法律法规，包括《计算机信息系统安全保护条例》《计算机信息网络国际联网安全保护管理办法》《互联网信息服务管理办法》《信息网络传播权保护条例》等。

1.5.4　计算机病毒

在《计算机信息系统安全保护条例》中计算机病毒被明确定义为：“编制或者在计算机程序中插入的破坏计算机功能或者破坏数据，影响计算机使用并且能够自我复制的一组计算机指令或者程序代码”。

1.5.4.1　计算机病毒的主要特点

（1）寄生性。计算机病毒是一种特殊的寄生程序，不是一个通常意义下的完整的计算机程序，而是寄生在其他可执行程序中，因此，它能享有被寄生的程序所能得到的一切权利。

（2）破坏性。破坏是广义的，不仅仅指破坏系统、删除或修改数据，甚至格式化整个硬盘，而且包括占用系统资源、降低计算机运行效率等。

（3）传染性。计算机病毒不但本身具有破坏性，更有害的是具有传染性，一旦病毒被复制或产生变种，其速度之快令人难以预防。计算机病毒会通过各种渠道，如光盘、软盘、U盘或计算机网络等，从已被感染的计算机扩散到未被感染的计算机，在某些情况下造成被感染的计算机工作失常甚至瘫痪。

传染性是病毒的基本特征，是否具有传染性是判别一个程序是否为计算机病毒的最重要条件。

（4）潜伏性。病毒程序通常短小精悍，寄生在别的程序上使其难以被发现。在外界激发条件出现之前，病毒可以在计算机内的程序中潜伏、传播，而不被人发现。潜伏性越好，其在系统中的存在时间就会越长，病毒的传染范围就会越大。

（5）隐蔽性。计算机病毒具有很强的隐蔽性，有的可以通过病毒软件检查出来，有的根本就查不出来，有的时隐时现、变化无常，这类病毒处理起来通常很困难。

当运行受感染的程序时，病毒程序能首先获得计算机系统的监控权，进而能监视计算机的运行，并传染其他程序。不到发作时机，整个计算机系统看上去一切正常，其隐蔽性使广大计算机用户对病毒失去应有的警惕性。

（6）可触发性。病毒因某个事件或数值的出现，诱使其实施感染或进行攻击的特性称为可触发性。为了隐蔽自己，病毒必须潜伏，少做动作。如果完全不动，一直潜伏的话，病毒既不能感染也不能进行破坏，便失去了杀伤力。病毒既要隐蔽又要维持杀伤力，它必须具有可触发性。

病毒的触发机制就是用来控制感染和破坏动作的频率的。病毒具有预定的触发条件，这些条件可能是时间、日期、文件类型或某些特定数据等。病毒运行时，触发机制检查预定条件是否满足，如果满足，启动感染或破坏动作，使病毒进行感染或攻击；如果不满足，则使病毒继续潜伏。

1.5.4.2 计算机病毒的类型

（1）引导区型病毒。通过读优盘、光盘（CD-ROM）及各种移动存储介质感染引导区型病毒，感染硬盘的主引导记录（MBR），当硬盘主引导记录感染病毒后，病毒就企图感染每个插入计算机进行读写的移动存储介质的引导区。这类病毒常常将其病毒程序替代主引导记录中的系统程序。引导区病毒总是先于系统文件装入内存，获得控制权并进行传染与破坏。

主引导记录病毒感染硬盘的主引导区，如大麻病毒、2708病毒、火炬病毒等；分区引导记录病毒感染硬盘的活动分区引导记录，如小球病毒、Girl病毒等。

（2）文件型病毒。文件型病毒主要感染扩展名为.COM、.EXE、.SYS、.BIN、.OVL等可执行文件。该病毒通常寄生在文件的首部或尾部，并修改程序的第一条指令。当染毒程序执行时就先跳转去执行病毒程序，进行传染或破坏。这类病毒只有当带毒程序执行时，才能进入内码，一旦符合病毒的激发条件，它就发作。

典型的文件病毒代表——CIH 病毒，该病毒发作时硬盘数据、硬盘主引导记录、系统引导扇区、文件分配表被覆盖，造成硬盘数据特别是 C 盘数据丢失，并破坏部分类型的主板上的 BIOS 导致计算机无法使用，是一种既破坏软件又破坏硬件的恶性病毒。

（3）混合型病毒。混合型病毒既可以传染磁盘的引导区，也可以传染可执行文件，兼有引导区型病毒和文件型病毒的特点。这类病毒的破坏性更大，传染的机会更多，杀灭病毒也更难。

常见的混合型病毒有 Flip 病毒、新世纪病毒、One-half 病毒等。

（4）宏病毒。宏病毒与上述其他病毒不同，它不感染程序，只感染 Microsoft Word 文档文件（DOC）和模板文件（DOT），与操作系统没有特别的关联。它们大多以 Visual Basic 或 Word 提供的宏程序设计语言编写，比较容易制造。它能通过移动介质中文档的复制、E-Mail 下载 Word 文档附件等途径传播。当对感染宏病毒的 Word 文档操作时（如打开文档、保存文档、关闭文档等操作），它就进行破坏和传播。

Word 宏病毒的主要破坏表现有：不能正常打印；封闭或改变文件名称或存储路径，删除或随意复制文件；封闭有关菜单；最终导致无法正常编辑文件。如 TaiwanNo. 1 Macro 病毒每月 13 日发作，发作时 Word 中所有编写工作无法进行。

（5）网络病毒或 Internet 病毒。网络病毒指在计算机网络中传播、复制及破坏的病毒，是计算机技术和网络普及发展到一定阶段的必然产物，其具有扩散速度快，范围广，难于彻底清除，破坏性大，激发条件多样化，具有复发性等特点。网络病毒大多是通过 E-mail 或网络文件下载进行传播的。

1.5.4.3 计算机感染病毒的表现

（1）计算机系统引导速度或运行速度减慢，经常无故发生死机。

（2）Windows 操作系统无故频繁出现错误，计算机屏幕上出现异常显示。

（3）Windows 系统异常，无故重新启动。

（4）计算机存储的容量异常减少，执行命令出现错误。

（5）在一些非要求输入密码的时候，要求用户输入密码。

（6）不应驻留内存的程序一直驻留在内存。

（7）磁盘卷标发生变化，或者不能识别硬盘。

（8）文件丢失或文件损坏，文件的长度发生变化。

（9）文件的日期、时间、属性等发生变化，文件无法正确读取、复制或打开。

1.5.5 网络信息安全

作为 21 世纪的信息交换、获取、分享的平台渠道，网络已经在不知不觉间成为我们社会建设以及生活的必需品。它不仅深刻地影响着我国政治、经济、文化等多方面的建设，还能够增加我国与其他国家交流的机会。目前，网络信息安全问题较为突出，保证网络信息安全，一定意义上就是保证人的基本安全。

从目前的网络信息安全状况来看，我国的互联网信息技术起步较晚，在网络信息安全防御上与发达国家还有着一定的差距，但是，其相关的法律法规正在进行着完善，对于网络传播的内容也在进行着一定意义上的控制，通过网络舆论，其基本的信息安全得到了一定的监督。在相关网络信息安全人才培养方面，国家正在大力推进，各高校已经对于有着相关天赋的人进行了强化培养，从校园人才的培养方面加强了网络信息安全的发展。中国的后现代发展，很大程度上取决于信息化的发展，作为全球信息化发展最为迅速的国家，对于信息安全的保证也是发展的重要方面。

（1）提高安全意识。不要随意打开来历不明的电子邮件及文件，不要随便运行不太了解的人给你的程序；尽量避免从 Internet 下载不知名的软件、游戏程序；密码设置尽可能使用字母数字混排，单纯的英文或者数字很容易穷举；及时下载安装系统补丁程序；不随便运行黑客程序，不少这类程序运行时会发出你的个人信息。

（2）使用防毒、防黑等防火墙软件。防火墙是一个用以阻止网络中的黑客访问某个机构网络的屏障，也可称之为控制进/出两个方向通信的门槛。在网络边界上通过建立起来的相应网络通信监控系统来隔离内部和外部网络，以阻挡外部网络的侵入。

（3）设置代理服务器，隐藏自己的 IP 地址。保护自己的 IP 地址是很重要的。事实上，即便机器上被安装了木马程序，若没有 IP 地址，攻击者也是没有办法的，而保护 IP 地址的最好方法就是设置代理服务器。代理服务器能起到外部网络申请访问内部网络的中间转接作用，其功能类似于一个数据转发器，它主要控制哪些用户能访问哪些服务类型。当外部网络向内部网络申请某种网络服务时，代理服务器接受申请，然后它根据其服务类型、服务内容、被服务的对象、服务者申请的时间、申请者的域名范围等来决定是否接受此项服务，如果接受，它就向内部网络转发这项请求。

（4）将防毒、防黑当成日常例行工作，定时更新防毒软件，将防毒软件保持在常驻状态，以彻底防毒。

（5）提高警惕。由于黑客经常会针对特定的日期发动攻击，计算机用户在此期间应特别提高警戒。

（6）备份资料。对于重要的个人资料做好严密的保护，并养成资料备份的习惯。

测试题 1

1.（　　）被誉为“现代电子计算机之父”。

A. 查尔斯·巴贝　　B. 阿塔诺索夫

C. 图灵　　D. 冯·诺依曼

2. 世界上第一台电子数字计算机 ENIAC 诞生于（　　）年。

A. 1943　　B. 1946

C. 1949　　D. 1950

3. 采用晶体管的计算机被称为（　　）。

A. 第一代计算机　　B. 第二代计算机

C. 第三代计算机　　D. 第四代计算机

4. 第三代计算机使用的元器件为（　　）。

A. 晶体管　　B. 电子管

C. 中小规模集成电路　　D. 大规模和超大规模集成电路

5. 按计算机用途分类，可以将电子计算机分为（　　）。

A. 通用计算机和专用计算机

B. 电子数字计算机和电子模拟计算机

C. 巨型计算机、大中型机、小型计算机和微型计算机

D. 科学与过程计算计算机、工业控制计算机和数据计算机

6. 个人计算机属于（　　）。

A. 微型计算机　　B. 小型计算机

C. 中型计算机　　D. 小巨型计算机

7. 计算机辅助制造的简称是（　　）。

A. CAD　　B. CAM

C. CAE　　D. CBE

第2章

Windows 7 操作系统

Windows 7，中文名称视窗 7，是由微软公司开发的操作系统，内核版本号为 Windows NT 6.1。Windows 7 可供家庭及商业工作环境：笔记本电脑、多媒体中心等使用。Windows 7 采用先进的核心技术，使软件的运行更为稳定，使硬件的运作有更高的效率和易用性（即插即用）。本章将从最基础的操作方法开始，详细讲述 Windows 7 的功能以及操作方法。

本章主要内容结构如图 2－1 所示。

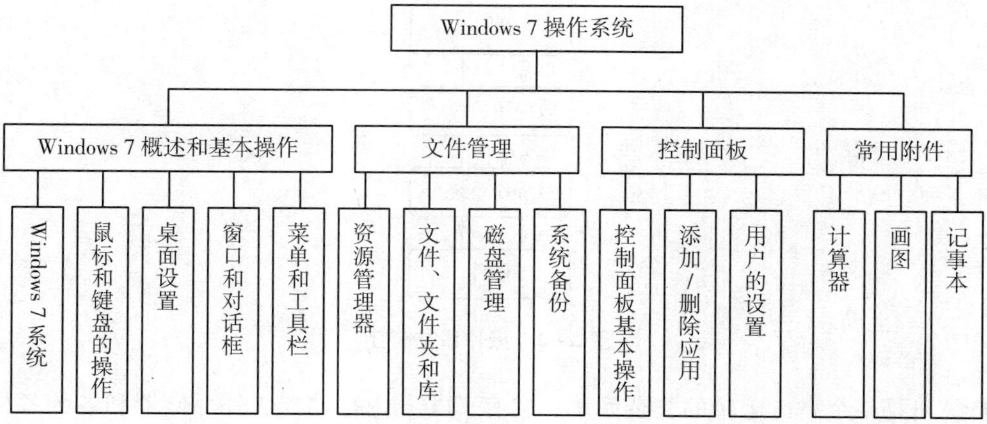

图 2－1　Windows 7 操作系统结构

学习目标

1. 理解操作系统的基本概念；
2. 认识桌面、窗口、对话框、菜单、工具栏等对象；
3. 使用资源管理器管理文件和文件夹；
4. 磁盘的格式化及系统的备份和还原；
5. 系统工作环境的设置；
6. 系统组件及应用程序的添加或删除；
7. 画图、计算器和记事本程序的使用。

2.1　Windows 7 操作系统概述及基本操作

当我们启动计算机，计算机就开始运行程序，进入工作状态。计算机首先运行的第一个程序就是操作系统。为什么要先运行操作系统，而不是直接运行像 Word、Internet Explorer 这样的应用程序呢？那是因为操作系统是应用程序与计算机硬件的桥梁，没有操作系统的统一安排和管理，计算机硬件没有办法执行应用程序的命令。操作系统为计算机硬件和应用程序提供了一个沟通的桥梁，为计算机硬件选择要运行的应用程序，并指挥和协调计算机的各部分硬件完成各项工作。

2.1.1 Windows 7 操作系统简介

操作系统（OS）是管理和控制计算机硬件与软件资源的计算机程序，是直接运行在“裸机”上的最基本的系统软件，任何其他软件都必须在操作系统的支持下才能运行，如图2－2所示。

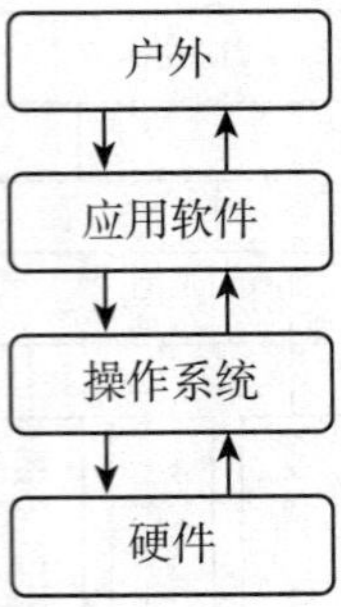

图2－2　操作系统简介

计算机是一个高速运转的复杂系统：它有CPU、内存储器、外存储器和各种各样的输入输出设备，即硬件资源；它可以有多个用户同时运行他们各自的程序，共享着大量数据，即软件资源。如果没有一个对这些资源进行统一管理的软件，计算机不可能协调一致、高效率地完成用户交给它的任务。

从资源管理的角度，操作系统是为了用户合理、方便地使用计算机系统，而对其硬件资源和软件资源进行管理的软件。它是系统软件中最基本的一种软件，也是每个使用计算机的人员必须先学会使用的一种软件。

Windows 7 是由微软公司开发的操作系统，微软于2009年10月正式发布Windows 7，该系统可供家庭及商业工作环境、笔记本电脑、平板电脑、多媒体中心等使用，有6个版本：简易版、家庭版、家庭高级版、专业版、企业版和旗舰版。主要有以下特点：

（1）易用。Windows 7 做了许多方便用户的设计，如快速最大化，窗口半屏显示，跳转列表（Jump List），系统故障快速修复等。

（2）快速。Windows 7 大幅缩减了启动时间，可在中低端配置下的计算机上运行。

（3）简单。Windows 7 将会让搜索和使用信息更加简单，包括本地、网络和互联网搜索功能，直观的用户体验将更加高级，还会整合自动化应用程序提交和交叉程序数据透明性。

（4）安全。Windows 7 包括改进了的安全和功能合法性，还会把数据保护和管理扩展到外围设备。Windows 7 改进了基于角色的计算方案和用户账户管理，在数据保护和坚固协作的固有冲突之间搭建沟通桥梁，同时也会开启企业级的数据保护和权限许可。

（5）Aero 特效。Windows 7 的 Aero 效果更华丽，有碰撞效果，水滴效果，还有丰富的桌面小工具。Windows 7 的资源消耗很低，不仅执行效率快人一筹，笔记本的电池续航能力也大幅增加。Windows 7 及其桌面窗口管理器（DWM. exe）能充分利用 GPU 的资源进行加速，而且支持 Direct3D11 API。

2.1.2　鼠标与键盘的操作

Windows 7 采用图形化的用户界面，各种应用程序采用风格统一的界面和基本一致的操作方式。在进行具体操作时，计算机总是会弹出一些相应的元素（如窗口、图标、工具栏、对话框、按钮等），用户无须输入命令，而是通过鼠标点击相应元素来告诉计算机要做什么。

2.1.2.1　鼠标指针及形状解析

【任务 2－1】认识“标准选择”状态下和“后台操作”状态下的鼠标指针形态。

操作步骤：

（1）移动鼠标选择“计算机”时，鼠标指针显示的形态即为“标准选择”状态。

（2）双击鼠标打开“计算机”时，在打开的过程中鼠标指针显示的形态即为“后台操作”状态。

鼠标指针的其他形状图如图 2－3 所示。

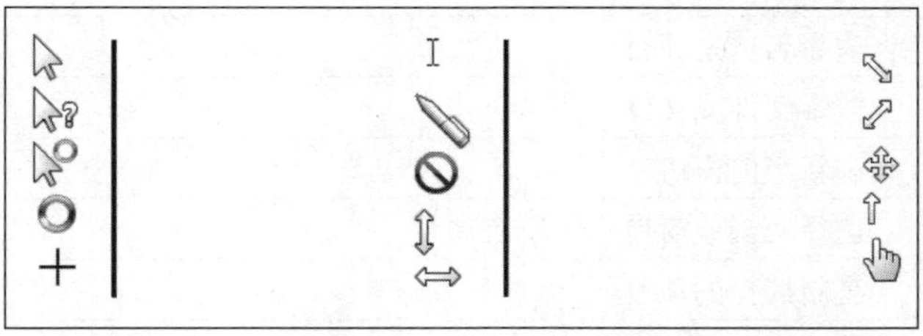

图 2－3　鼠标指针及形状

2.1.2.2　鼠标的五种基本操作：指向、单击、右击、双击和拖放

【任务 2－2】完成鼠标的五种基本操作。

操作步骤：

（1）指向：将鼠标指针移到目标位置。

（2）单击：点击鼠标左键一次，主要用来进行“选定”“执行”等操作。

（3）右击：点击鼠标右键一次，用来打开“快捷菜单”或执行其他特殊的操作。

（4）双击：连续点击鼠标左键两次，通常用于启动一个应用程序或打开一个窗口。

（5）拖放：按住鼠标左键不放，移动目标地点后松开，主要用来拖动和释放。

2.1.2.3　键盘操作

在 Windows 7 中，快捷键可以代替鼠标工作。可以利用键盘快捷键打开、关闭和导航“开始”菜单、桌面菜单、对话框以及进行其他基础操作。

【任务2-3】使用快捷键将桌面上用户的文件夹中的所有文件复制一份到D盘根目录下。

操作步骤：

(1) 打开用户的文件夹（如用户名是“admin”，则双击打开桌面名称为“admin”的图标）。

(2) 按下Ctrl+A键选中所有文件。

(3) 按下Ctrl+C键复制所选文件。

(4) 双击打开我的电脑，双击打开D盘。

(5) 按下Ctrl+V键粘贴已复制文件。

相关知识

常用键盘快捷键见表2-1。

表2-1 常规键盘快捷键

按键	功能
F1	显示帮助
F2	重命名选定项目
F3	搜索文件或文件夹
F5	刷新当前窗口
Ctrl+A	选择文档或窗口中的所有项目
Ctrl+C	复制选择的项目
Ctrl+X	剪切选择的项目
Ctrl+V	粘贴选择的项目
Ctrl+Z	撤销操作
Ctrl+F4	关闭活动文档（在允许同时打开多个文档的程序中）
Ctrl+鼠标左键	选择窗口中或桌面上的多个单个项目
Ctrl+空格	切换中英文输入法
Ctrl+Shift	在所有输入法之间切换
Win+D	显示桌面
Win+E	打开计算机
Win+F	搜索文件或文件夹
Win+R	打开“运行”对话框
Win+Tab	使用3D效果循环切换任务栏上的程序
Alt+F4	关闭活动项目或者退出活动程序
Esc	取消当前任务
Delete	删除所选项目并将其移动到“回收站”
Shift+Delete	不先将所选项目移动到“回收站”而直接将其删除
Shift+鼠标左键	在窗口中或桌面上选择连续多个项目，或者在文档中选择连续文本
Ctrl+鼠标左键	在窗口中或桌面上选择非连续的多个项目

▶▶ 试一试

使用快捷键辅助在用户的文件夹下创建一个名为“财务部”的文件夹，并将电脑桌面所有 Word 文档移动到该文件夹下，并关闭该文件夹。

2.1.3 桌面

2.1.3.1 桌面

“桌面”就是在安装好 Windows 7 后，用户启动计算机登录到系统后看到的整个屏幕界面，它包括桌面图标、桌面背景、开始菜单栏、任务栏及显示桌面按钮，它是用户和计算机进行交流的窗口，这里可以存放用户经常用到的应用程序和文件夹图标，用户可以根据自己的需要在桌面上添加各种快捷图标，在使用时双击图标就能够快速启动相应的程序或文件。

通过桌面，用户可以有效地管理自己的计算机，Windows 7 桌面有着漂亮的画面、富有个性的设置和强大的管理功能。

（1）桌面图标。“图标”是指在桌面上排列的小图像，它包含图形、说明文字两部分，如果用户把鼠标放在图标上停留片刻，桌面上会出现对图标所表示内容的说明或者是文件存放的路径，双击图标就可以打开相应的内容。桌面图标如图 2－4 所示。

图 2－4　桌面及桌面图标

- 用户文件夹图标：它用于管理用户文件夹下的文件和文件夹，默认包含 11 个文件夹：保存的游戏、联系人、链接、收藏夹、搜索、我的视频、我的图片、我的文档、我的音乐、下载和桌面，它是系统默认的文档保存位置。

• “计算机”图标：用户通过该图标可以实现对计算机硬盘驱动器、文件夹和文件的管理，在其中用户可以访问连接到计算机的硬盘驱动器、照相机、扫描仪和其他硬件以及有关信息。

• “网络”图标：该项中提供了网络上其他计算机上文件夹和文件访问以及有关信息，在双击展开的窗口中可以进行查看局域网中的计算机及其共享的文件和打印机等内容。

• “回收站”图标：在回收站中暂时存放着用户已经删除的文件或文件夹等一些信息，当用户还没有清空回收站时，可以从中还原删除的文件或文件夹。

（2）图标的创建。桌面上的图标实质上就是打开各种程序和文件的快捷方式，用户可以在桌面上创建自己经常使用的程序或文件的图标，这样使用时直接在桌面上双击即可快速启动该项目。

在默认的状态下，Windows 7 安装之后桌面上只保留了回收站的图标，那么如何找回桌面上的“计算机”“用户的文件”图标呢？这时需要在桌面的右键菜单中点击“个性化”，然后在弹出的设置窗口中点击左侧的“更改桌面图标”，接下来你就会看到相关的设置了，包括“计算机”“用户的文件”“控制面板”“网络”“回收站”，在这里勾选上对应选项，桌面便会重现这些图标。

【任务 2-4】 创建桌面图标。

操作步骤：

（1）右击桌面上的空白处，在弹出的快捷菜单中选择“新建”命令。

（2）利用“新建”命令下的子菜单，用户可以创建各种形式的图标，如文件夹、快捷方式、文本文档等。

（3）当用户选择了所要创建的选项后，在桌面会出现相应的图标，用户可以为它命名，以便于识别。其中当用户选择了“快捷方式”命令后，出现一个“创建快捷方式”向导，该向导会帮助用户创建本地或网络程序、文件、文件夹、计算机或 Internet 地址的快捷方式（建立“快捷方式”的具体操作步骤将在 2.3 节做详细介绍）。

▶▶ 试一试

请在桌面上创建一个空白的 Word 文档。

（3）图标的排列。当用户在桌面上创建了多个图标时，如果不进行排列，会显得非常凌乱，这样不利于用户选择所需要的项目，而且影响视觉效果。使用排列图标命令，可以使用户的桌面看上去整洁而富有条理。

【任务 2-5】 请对桌面图标按照“修改日期”进行排序。

操作步骤：

（1）右键单击桌面空白处。

（2）选择“排序方式”。

（3）在“排序方式”下的子菜单中，选择“修改日期”进行排序。

相关知识

用户需要对桌面上的图标进行位置调整时，可在桌面上的空白处右击，在弹出的快捷菜单中选择“排序方式”或“查看”命令，在子菜单项中包含多种排列方式，如图 2－5 和图 2－6 所示。

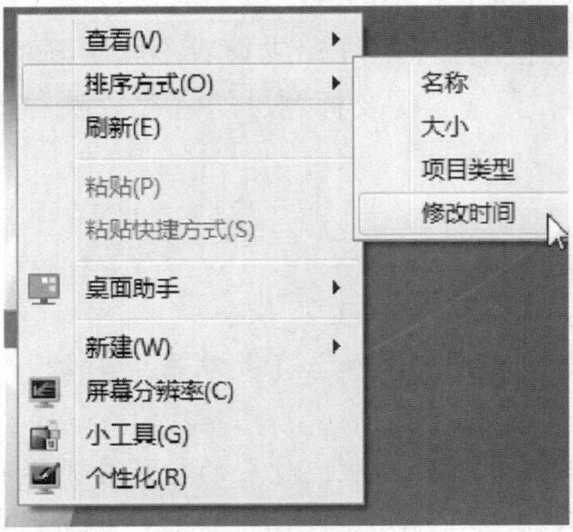

图 2－5　“排序方式”命令

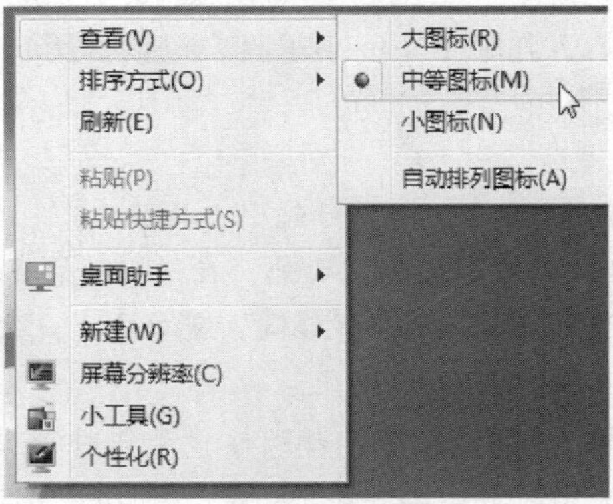

图 2－6　“查看”命令

（4）图标的重命名与删除。

【任务 2－6】请将桌面图标“计算机”重命名为“总公司”。

操作步骤：

（1）在该图标上右击，在弹出的快捷菜单中选择“重命名”命令（也可用“F2”快捷键）。

（2）当图标的文字说明位置呈反色显示时，输入新名称“总公司”，然后在桌面上任意位置单击，即可完成对图标的重命名，如图 2－7 所示。

图 2－7　重命名

相关知识

桌面的图标失去使用的价值时，就需要删掉。同样，在所需要删除的图标上右击，在弹出的快捷菜单中执行“删除”命令或在桌面上选中该图标，然后在键盘上按下“Delete”键直接删除。当选择删除命令后，系统会弹出一个对话框询问用户是否确实要删除所选内容并移入回收站。用户单击“是”，删除生效，单击“否”或者是单击对话框的关闭按钮，此次操作取消。

2.1.3.2 桌面小工具

Windows 中包含称为“小工具”的小程序，这些小程序可以提供即时信息以及可轻松访问常用工具的途径。例如，您可以使用小工具显示图片幻灯片或查看不断更新的标题。Windows 7 随附了一些小工具，包括日历、时钟、天气、提要标题、幻灯片放映和图片拼图板。

【任务2-7】添加时钟小工具。

(1) 右击桌面的空白处，在弹出的快捷菜单中选择“小工具”命令。

(2) 在弹出的“小工具”窗口中，点击右键，选择“添加”(或双击“时钟”图标)即可将时钟添加到桌面上。

(3) 添加完成后，当鼠标移动到时钟上，会出现三个按钮，对应的功能分别是：“关闭”，关闭当前小工具；“选项”，可以设置相关样式；“移动”，拖动可将时钟移动到桌面其他位置，如图2-8所示，其他小工具操作方法类似。

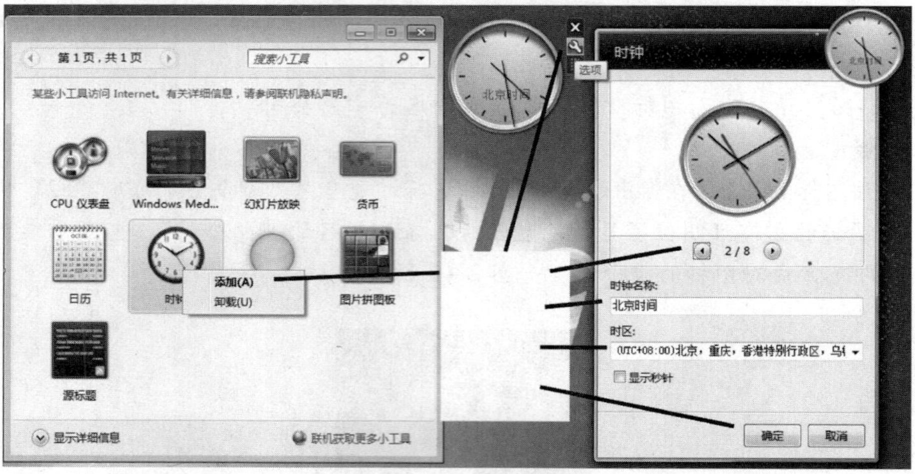

图2-8 重命名

2.1.3.3 任务栏

任务栏位于桌面下部，分为“开始”菜单按钮、任务按钮栏、通知区域和显示桌面等几部分。程序按钮栏既能切换任务，又能显示状态。常用的应用程序和打开的文件夹均以任务按钮的形式显示在任务栏上，如图2-9所示，其中高亮的图标(如图中的资源管理器和Word 程序)说明该程序正在运行，当鼠标移到上面可显示运行界面的缩略图。要切换到某个应用程序或文件夹窗口，只需单击任务栏上相对应的按钮即可。“显示桌面”按钮可以方便快捷地显示桌面内容。

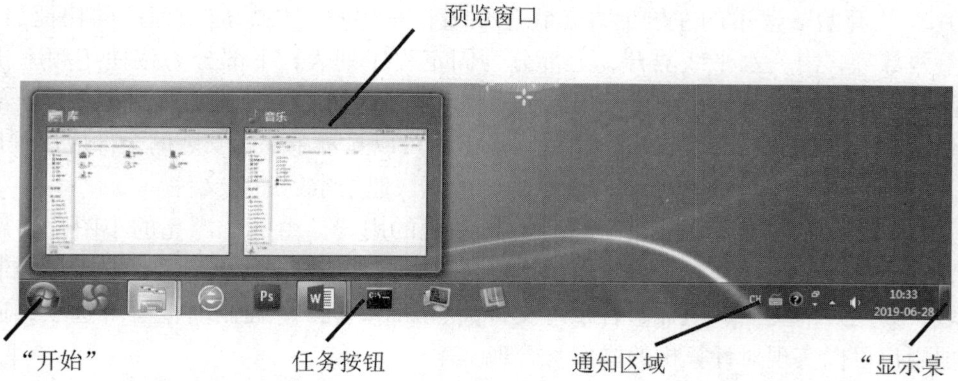

图 2-9 任务栏

【任务 2-8】添加程序到任务栏的三种方法。

（1）在程序图标点击右键，选择"锁定到任务栏"。

（2）直接拖动程序到任务栏。

（3）打开程序后，在任务栏点击程序图标，选择"锁定此程序到任务栏"。

2.1.3.4 开始菜单

"开始"菜单在 Windows 7 中占有重要的位置，通过它可以打开大多数应用程序、查看计算机中已保存的文档、快速查找所需要的文件或文件夹等内容，以及注销用户和关闭计算机。

单击桌面上左下角的按钮，或者在键盘上按下 Ctrl + Esc 键，就可以打开"开始"菜单，它大体上可分为四部分，如图 2-10 所示。

图 2-10 "开始"菜单

（1）在“开始”菜单的左侧上方是程序列表，是用户常用的应用程序的快捷启动项，分为上下两部分，由一水平线隔开，上部分为固定程序列表，下部分为按使用频率排序列表，会随使用频率实时更新，可将常用的程序移动到上部分，方法是将程序拖动到上部分即可。在列表的最下方是“所有程序”菜单，点击后可以显示系统已安装的全部应用程序。

（2）在“开始”菜单的左下方的搜索栏，可以快速搜索程序或文件。

（3）在右侧最上方标明了当前登录计算机系统的用户，由一个漂亮的小图片和用户名称组成，点击图标可进行账户管理，点击用户名称可进入用户文件夹。中间是系统控制工具菜单区域，如用户的文档、图片、音乐等文件夹、“计算机”“控制面板”等选项，通过这些菜单项用户可以实现对计算机的操作与管理。

（4）在“开始”菜单最下方是计算机控制菜单区域，包括“关闭”按钮和菜单，菜单包括切换用户、注销、锁定、重新启动和睡眠，点击可执行相应的命令。

2.1.4 窗口与对话框

2.1.4.1 窗口

当用户打开一个文件或者是应用程序时，都会出现一个窗口，窗口是用户进行操作时的重要组成部分，熟练地对窗口进行操作，会提高用户的工作效率。

在 Windows 7 中有许多种窗口，其中大部分都包括相同的组件，如图 2－11 所示。它由地址栏、搜索栏、菜单栏、工具栏、导航窗格、内容窗格、预览窗格和细节窗格等几部分组成。

图 2－11　资源管理器窗口

（1）标题栏。在 Windows 7 中，控制菜单按钮是隐藏的，需点击窗口左上角，才会出现控制菜单；资源管理器窗口的标题也是隐藏的，其他窗口的标题显示在该位置。

（2）地址栏。用于显示当前库或文件夹的位置，Windows 7 没有向上按钮，要返回上级目录直接点击相应的名称即可，如点击中的“图片”，可直接跳转到“图片”文件夹。

（3）搜索框。在搜索框中输入任何内容，将在当前位置中执行一次搜索，并在内容窗格中立即显示结果。搜索框的宽度可调，拖动它的左边缘即可。

（4）菜单栏。在标题栏的下面，它提供了用户在操作过程中要用到的各种访问途径。

（5）工具栏。其中包括一些常用的功能按钮，用户在使用时可以直接从上面选择各种工具。

（6）导航窗格。导航窗格默认出现在资源管理器的左侧，它含有 4 个或 5 个节点：收藏夹、库、家庭组（仅在网络位置设为“家庭”时才可见）、计算机和网络。可隐藏导航窗格，调整其宽度，或更改其内容以便只显示“收藏夹”节点和一个文件夹列表。

（7）滚动条。当工作区域的内容太多而不能全部显示时，窗口将自动出现滚动条，用户可以通过拖动水平或者垂直的滚动条来查看所有的内容。

（8）预览窗格。单击工具栏上的按钮（在搜索框的下面），即可显示或隐藏预览窗格。如当前选定的文件拥有“预览句柄”，文件内容便会在预览窗格中显示。默认预览句柄允许你查看大多数图形文件、文本文件以及 RTF 文档的内容。选定一个媒体文件（如 MP3 歌曲或视频剪辑），预览窗格会显示一个简化版本的 Media Player。

（9）细节窗格。横贯于窗口底部，显示了当前所选项目的属性。可拖动上边框来调整高度，细节窗格默认显示，但可隐藏。

2.1.4.2　窗口基本操作

窗口操作在 Windows 系统中是很重要的，不但可以通过鼠标使用窗口上的各种命令来操作，而且可以通过键盘来使用快捷键操作。基本的操作包括打开、缩放、移动等。

（1）打开窗口。

- 选中要打开的窗口图标，然后双击打开。
- 在选中的图标上右击，在其快捷菜单中选择“打开”命令。

（2）移动窗口。用户在打开一个窗口后，不但可以通过鼠标来移动窗口，而且可以通过鼠标和键盘的配合来完成。

移动窗口时用户只需要在标题栏上按下鼠标左键拖动，移动到合适的位置后再松开，即可完成移动的操作。

用户如果需要精确地移动窗口，可以在标题栏上右击，在打开的快捷菜单中选择“移动”命令，当屏幕上出现“✥”标志时，再通过按键盘上的方向键来移动，到合适的位置后用鼠标单击或者按回车键确认。

（3）缩放窗口。窗口不但可以移动到桌面上的任何位置，而且还可以随意改变大小将其调整到合适的尺寸。

- 当用户只需要改变窗口的宽度时，可把鼠标放在窗口的垂直边框上，当鼠标指针变成双向的箭头时，可以任意拖动。如果只需要改变窗口的高度时，可以把鼠标放在水平边框上，当指针变成双向箭头时进行拖动。当需要对窗口进行等比缩放时，可以把鼠标放在边框的任意角上进行拖动。

• 用户也可以用鼠标和键盘的配合来完成，在标题栏上右击，在打开的快捷菜单中选择“大小”命令，屏幕上出现“✣”标志时，通过键盘上的方向键来调整窗口的高度和宽度，调整至合适位置时，用鼠标单击或者按回车键结束。

（4）最大化、最小化窗口。用户在对窗口进行操作的过程中，可以根据自己的需要，把窗口最小化、最大化等。

• 最小化按钮：在暂时不需要对窗口操作时，可把它最小化以节省桌面空间，用户直接在标题栏上单击此按钮，窗口会以按钮的形式缩小到任务栏。

• 最大化按钮：窗口最大化时铺满整个桌面，这时不能再移动或者是缩放窗口。用户在标题栏上单击此按钮即可使窗口最大化。

• 还原按钮：当把窗口最大化后想恢复原来打开时的初始状态，单击此按钮即可实现对窗口的还原。

用户在标题栏上双击可以进行最大化与还原两种状态的切换。

每个窗口标题栏的左方都会有一个表示当前程序或者文件特征的控制菜单按钮，单击即可打开控制菜单，它和在标题栏上右击所弹出的快捷菜单的内容是一样的，如图 2－12 所示。

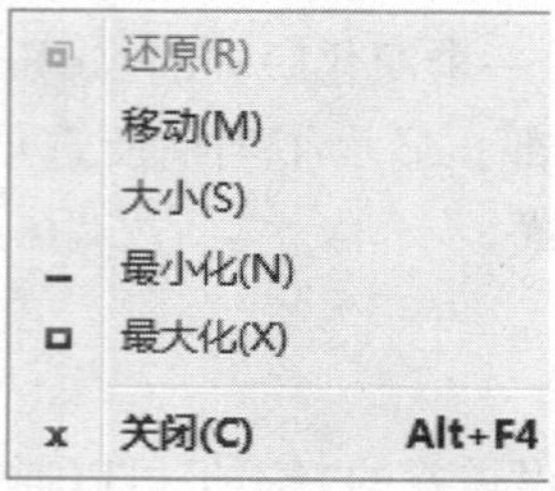

图 2－12　控制菜单

用户也可以通过快捷键来完成以上的操作。用“Alt＋空格键”来打开控制菜单，然后根据菜单中的提示，在键盘上输入相应的字母，如最小化输入字母“N”，通过这种方式可以快速完成相应的操作。

> **▶▶ 试一试**
>
> 拖动标题栏到桌面的最左边，窗口会自动调整成桌面的一半大小，并对齐到桌面的左边。拖动标题栏到桌面的最右边，窗口会自动调整成桌面的一半大小，并对齐到桌面的右边。拖动标题栏到桌面的最上面，窗口会自动最大化。

（5）切换窗口。当用户打开多个窗口时，需要在各个窗口之间进行切换，下面是几种切换的方式。

• 当窗口处于最小化状态时，用户在任务栏上选择所要操作窗口的按钮，然后单击即可完成切换。当窗口处于非最小化状态时，可以在所选窗口的任意位置单击，当标题栏的颜色变深时，表明完成对窗口的切换。

• 用 Alt＋Tab 组合键来完成切换，用户可以在键盘上同时按下“Alt”和“Tab”两个键，屏幕上会出现切换任务栏，并列出了当前正在运行的窗口，用户这时可以按住“Alt”键，然后在键盘上按“Tab”键从“切换任务栏”中选择所要打开的窗口，选中后再松开两个键，选择的窗口即可成为当前窗口，其中，最后一个为显示桌面，如图 2－13 所示。

图 2－13　切换任务栏

- 用户也可以使用 Alt＋Esc 组合键，先按下“Alt”键，然后再通过按“Esc”键来选择所需要打开的窗口，但是它只能改变激活窗口的顺序，而不能使最小化窗口放大，所以，多用于切换已打开的多个窗口。
- 用 Win＋Tab 组合键来完成切换，用户可以在键盘上同时按下“Win”和“Tab”两个键，屏幕上会出现 Aero 三维窗口切换，并列出了当前正在运行的窗口，用户这时可以按住“Win”键，然后在键盘上按“Tab”键从中选择所要打开的窗口，选中后再松开两个键（也可用鼠标点击选择某个窗口），选择的窗口即可成为当前窗口，如图 2－14 所示。

图 2－14　Aero 三维窗口切换

（6）关闭窗口。用户完成对窗口的操作后，在关闭窗口时有下面几种方式。

- 直接在标题栏上单击“关闭”按钮。
- 双击控制菜单按钮。
- 单击控制菜单按钮，在弹出的控制菜单中选择“关闭”命令。
- 使用 Alt＋F4 组合键。

如果用户打开的窗口是应用程序，可以在文件菜单中选择“退出”命令，同样也能关闭窗口。

如果所要关闭的窗口处于最小化状态，可以在任务栏上选择该窗口的按钮，然后在右击弹出的快捷菜单中选择“关闭”命令。

用户在关闭窗口之前要保存所创建的文档或者所做的修改，如果忘记保存，当执行了“关闭”命令后，会弹出一个对话框，询问是否要保存所做的修改，选择“是”后保存关闭，选择“否”后不保存关闭，选择“取消”则不能关闭窗口，可以继续使用该窗口。

（7）窗口的排列。当用户在对窗口进行操作时打开了多个窗口，而且需要全部处于全显示状态，这就涉及排列的问题，Windows 7 为用户提供了三种排列的方案可供选择。

在任务栏上的非按钮区右击，弹出一个快捷菜单，如图 2－15 所示。

• 层叠窗口：把窗口按先后的顺序依次排列在桌面上，当用户在任务栏快捷菜单中选择“层叠窗口”命令后，桌面上会出现排列的结果，其中每个窗口的标题栏和左侧边缘是可见的，用户可以任意切换各窗口之间的顺序，如图 2－16 所示。

图 2－15　任务栏快捷菜单

图 2－16　层叠窗口

• 堆叠显示窗口：各窗口并排显示，在保证每个窗口大小相当的情况下，使得窗口尽可能往水平方向伸展，用户在任务栏快捷菜单中执行“堆叠显示窗口”命令后，在桌面上即可出现排列后的结果，如图 2－17 所示。

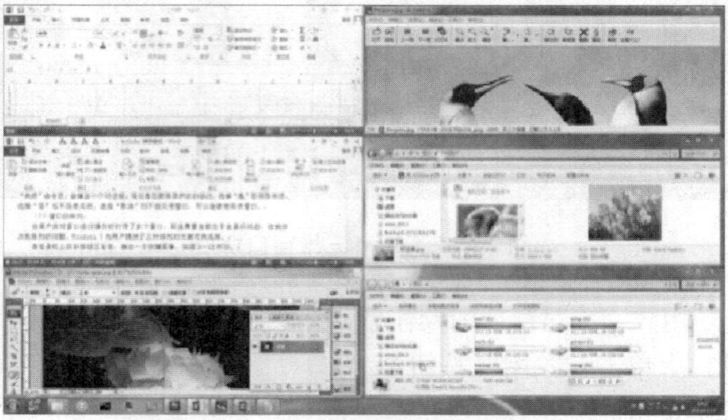

图 2－17　堆叠显示窗口

• 并排显示窗口：在排列的过程中，在保证每个窗口都显示的情况下，尽可能往垂直方向伸展，用户选择相应的“并排显示窗口”命令即可完成对窗口的排列，如图 2－18 所示。

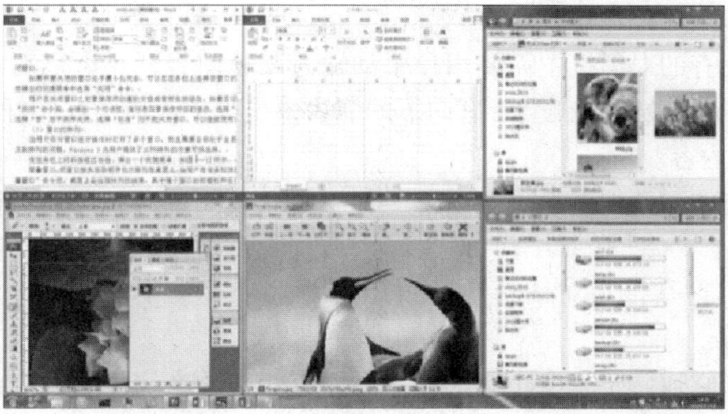

图 2－18　并排显示窗口

2.1.4.3　对话框

对话框在 Windows 7 中占有重要的地位，是用户与计算机系统之间进行信息交流的窗口，在对话框中用户通过对选项的选择，对系统进行对象属性的修改或者设置。

（1）对话框的组成。对话框的组成和窗口有相似之处，如都有标题栏，但对话框要比窗口更简洁、更直观、更侧重于与用户的交流，它一般包含有标题栏、选项卡与标签、文本框、列表框、命令按钮、单选按钮和复选框等几部分。对话框的组成如图 2－19 所示。

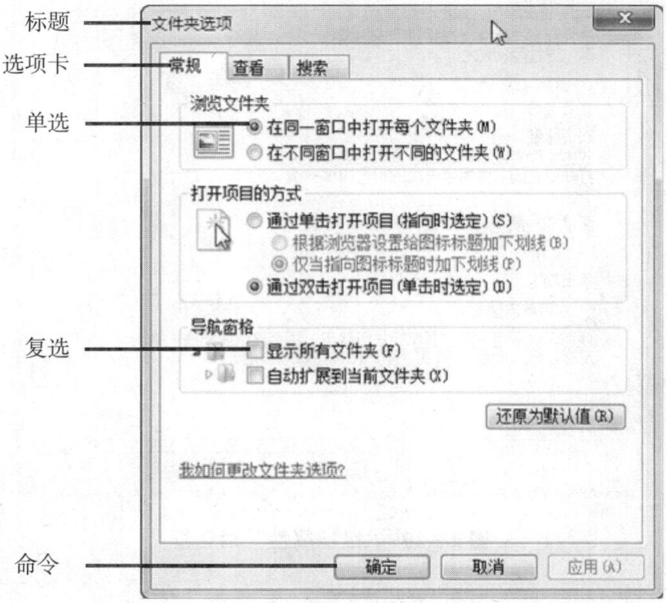

图 2－19　“文件夹选项”对话框

- 标题栏：位于对话框的最上方，上面左侧标明了该对话框的名称，右侧有关闭按钮，有的对话框还有帮助按钮。
- 选项卡和标签：在系统中有很多对话框都是由多个选项卡构成的，选项卡上写明了标签，以便于进行区分。用户可以通过各个选项卡之间的切换来查看不同的内容，在选项卡中通常有不同的选项组。

• 文本框：在有的对话框中需要用户手动输入某项内容，还可以对各种输入内容进行修改和删除操作。一般在其右侧会带有向下的箭头，可以单击箭头在展开的下拉列表中查看最近曾经输入过的内容。

• 列表框：有的对话框在选项组下已经列出了众多的选项，用户可以从中选取，但是通常不能更改。

• 命令按钮：它是指在对话框中圆角矩形并且带有文字的按钮，常用的有“确定”“应用”“取消”等。

• 单选按钮：它通常是一个小圆形，其后面有相关的文字说明，当选中后，在圆形中间会出现一个绿色的小圆点，在对话框中通常是一个选项组中包含多个单选按钮，当选中其中一个后，别的选项是不可以选的。

• 复选框：它通常是一个小正方形，在其后面也有相关的文字说明，当用户选择后，在正方形中间会出现一个绿色的“√”标志，它是可以任意选择的。

另外，在有的对话框中还有调节数字的按钮，它由向上和向下两个箭头组成，用户在使用时分别单击箭头即可增加或减少数字，如图 2－20 所示。

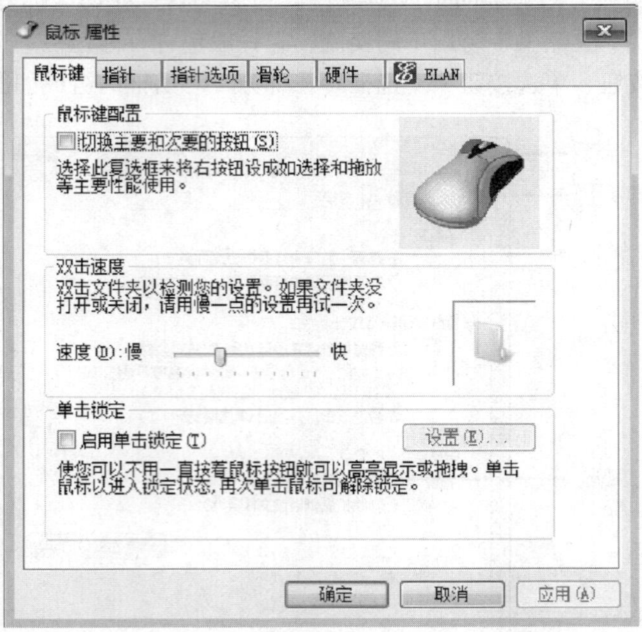

图 2－20 “鼠标属性”对话框

对话框的操作包括对话框的移动、关闭、对话框中的切换及使用对话框中的帮助信息等。下面我们就来介绍关于对话框的有关操作。

（2）对话框的移动和关闭。

• 用户要移动对话框时，可以在对话框的标题上按下鼠标左键拖动到目标位置再松开，也可以在标题栏上右击，选择“移动”命令，然后在键盘上按方向键来改变对话框的位置，到目标位置时，用鼠标单击或者按回车键确认，即可完成移动操作。

• 关闭对话框的方法：单击“确认”按钮或者“应用”按钮，可在关闭对话框的同时保存用户在对话框中所做的修改。如果用户要取消所做的改动，可以单击“取消”按钮，或者直接在标题栏上单击关闭按钮，也可以在键盘上按 Esc 键退出对话框。

(3) 在对话框中的切换。由于有的对话框中包含多个选项卡，在每个选项卡中又有不同的选项组，在操作对话框时，可以利用鼠标来切换，也可以使用键盘来实现。

在不同的选项卡之间的切换：

• 用户可以直接用鼠标来进行切换，也可以先选择一个选项卡，即该选项卡出现一个虚线框时，然后按键盘上的方向键来移动虚线框，这样就能在各选项卡之间进行切换。

• 用户还可以利用 Ctrl + Tab 组合键从左到右切换各个选项卡，而 Ctrl + Tab + Shift 组合键为反向顺序切换。

在相同的选项卡中的切换：

• 在不同的选项组之间切换，可以按 Tab 键以从左到右或者从上到下的顺序进行切换，而 Shift + Tab 键则按相反的顺序切换。

• 在相同的选项组之间的切换，可以使用键盘上的方向键来完成。

(4) 使用对话框中的帮助。当用户在操作对话框时，如果不清楚某选项组或者按钮的含义，可以在标题栏上单击帮助按钮，这时在鼠标旁边会出现一个问号，然后用户可以在自己不明白的对象上单击，就会出现一个对该对象进行详细说明的文本框，在对话框内任意位置或者在文本框内单击，说明文本框消失。

用户也可以直接在选项上右击，这时会弹出一个文本框，再次单击这个文本框，会出现和使用帮助按钮一样的效果。

2.1.5　菜单和工具栏

2.1.5.1　菜单

菜单是提供一组相关命令的清单，菜单分成开始菜单、下拉式菜单和弹出式快捷菜单三种。

(1) 开始菜单。“开始”菜单在前面 2.1.3“开始”菜单已有介绍，请参考前面的内容。

(2) 下拉式菜单。位于应用程序窗口标题下方的菜单栏，其中的菜单均采用下拉式菜单方式。菜单中通常包含若干条命令，这些命令按功能分组，分别放在不同的菜单项里，组与组之间用一条横线隔开。当前能够执行的有效菜单命令以深色显示。有些命令前还带有特定的图标，说明在工具栏中有该命令的按钮。记事本中的下拉式菜单如图 2－21 所示。

(3) 弹出式快捷菜单。这是一种随时随地为用户服务的“上下文相关的弹出菜单”。将鼠标指向某个选中对象或屏幕的某个位置，单击鼠标右键，即可打开一个弹出式快捷菜单。该快捷菜单列出了与用户正在执行的操作直接相关的命令，即根据单击鼠标时指针所指的对象和位置的不同，弹出的菜单命令内容也不同。图 2－22 为关于“计算机”弹出式快捷菜单。

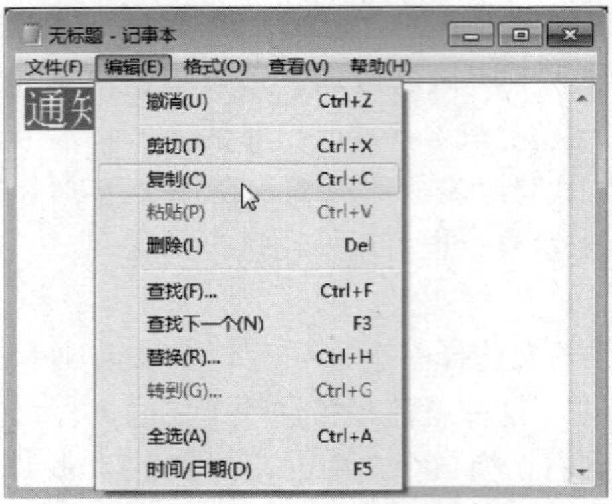

图 2－21 “记事本”的下拉式菜单

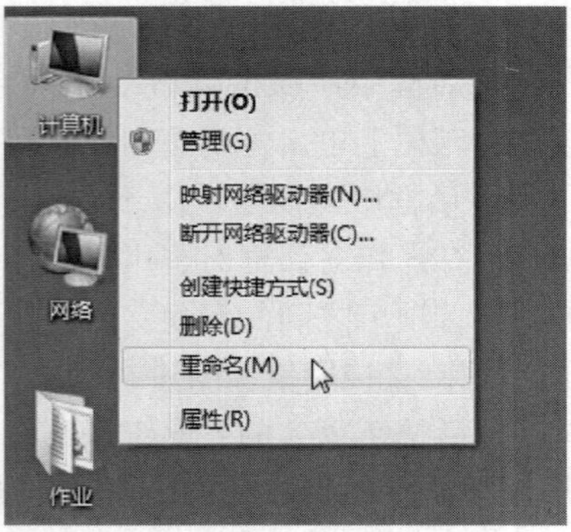

图 2－22 “计算机”弹出式快捷菜单

在菜单中常见的符号约定如表 2－2 所示。

表 2－2 菜单中常见的符号约定

命令项	说 明
浅色的命令	不可选用
命令后带“…”	弹出一个对话框
命令名前带“√”	命令有效，再选择一次，“√”消失，命令无效
带符号（●）	被选中
带组合键	按组合键直接执行相应的命令，而不必通过菜单
带符号（▶）	鼠标指向它时，会弹出一个子菜单
双向箭头	鼠标指向它时，会显示一个完整的菜单

2.1.5.2 工具栏

用户打开一个具体的应用程序窗口后，在窗口的菜单栏下就是窗口的工具栏，它由一系列的图标组成，单击这些图标可以快速完成不同的功能，简化操作步骤，每一个图标对应一个菜单命令，Word 工具栏如图 2－23 所示。

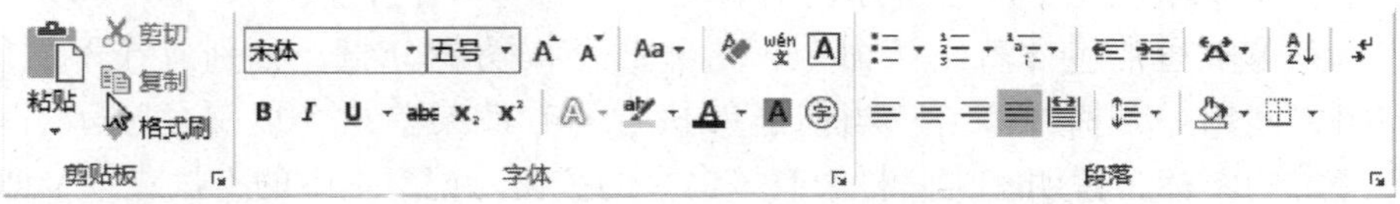

图 2－23 Word 工具栏

【本节小结】

通过对 Windows 7 中桌面、窗口、图标、菜单、工具栏、对话框等内容的了解和学习，我们逐步学会了 Windows 7 的基本操作方法，为计算机基础课程的学习和计算机的进一步应用打下坚实的基础。

2.2　资源管理器

“资源管理器”是 Windows 系统提供的资源管理工具，可以用它查看电脑的所有资源，特别是它提供的树形的文件系统结构，使我们能更清楚、更直观地认识电脑的文件和文件夹。

2.2.1　文件和文件夹

计算机是以文件（File）的形式组织和存储数据的。简单地说，计算机文件就是用户赋予了名字并存储在磁盘上的信息的集合。它可以是用户创建的文档，也可以是可执行的应用程序或一张图片、一段声音等。

在 Windows 7 中文件夹是组织文件的一种方式，可以把同一类型的文件保存在一个文件夹中，也可以根据用途将文件保存在一个文件夹中。它的大小由系统自动分配。将计算机资源统一通过文件夹来进行管理，可以规范资源的管理；用户不仅可以通过文件夹来组织管理文件，也可以用文件夹来管理其他资源。如“开始”菜单就是一个文件夹；设备也被认为是一个文件夹。文件夹中除了可以包含程序、文档、打印机等设备文件和快捷方式外，还可以包含下一级文件夹。通过文件夹把不同的文件进行分组、归类管理。利用资源管理器可以很容易地实现创建、移动、复制、重命名和删除文件夹操作。

2.2.1.1　文件

（1）文件名。

【任务 2－9】 在桌面创建一个名为“工作计划”的文本文档，并将后缀名改为“docx”。

操作步骤：

（1）右击桌面，选择“新建”→“文本文档”。

（2）将符号“.”前的内容修改为“工作计划”，将符号“.”后的内容“txt”修改为“docx”。

（3）按回车键确定，完成修改。

在计算机中，任何一个文件都有文件名。文件名是存取文件的依据，即按名存取。一般来说，文件名分为文件主名和扩展名两部分，如图 2－24 所示。

××××××××.×××

文件主名　　扩展名

图 2－24　文件名

文件名命名规则：

- 一般来说，文件主名应该用有意义的词汇或是数字命名，以便用户记忆和识别。例如，Windows 中“画图工具”的文件名为 Mspaint.exe。

• 文件名中可以使用的字符包括：汉字字符、26 个大小写英文字母、0 ~ 9 十个阿拉伯数字和一些特殊字符。

• 需要注意的是，Windows 7 系统中英文文件名不区分大小写。如，文件 Mspaint. exe 与文件 MSPAINT. EXE 被认为是同名文件。

• 在 Windows 7 系统中文件名或文件夹名最多可以有 255 个字符，其中包含驱动器和路径名。不能以空格为开头和结束，在文件名或文件夹名中允许有空格，但不能出现以下字符："\""/""?""""""*"":""<"">"。

• 在 DOS 字符界面操作系统下，文件名需要遵循 8. 3 规则，即文件主名最多可有 8 个字符组成，扩展名不能超过 3 个字符。除上面不能使用的字符外，文件名或文件夹名中不允许有空格。

• 被保留的设备名不能被用来作为文件名。例如，CON、PRN、AUX、NUL、COM1、COM2、COM3、COM4、COM5、COM6、COM7、COM8、COM9、LPT1、LPT2、LPT3、LPT4、LPT5、LPT6、LPT7、LPT8、LPT9 等。

相关知识

系统默认下是将文件的扩展名隐藏起来的，如果想要显示扩展名就必须把它显示出来，操作如下：

①双击"计算机"，选择"组织"→"文件夹和搜索选项"，如图 2 – 25 所示；②单击"查看"选项卡，在"高级设置"里面，去掉"隐藏已知文件类型的扩展名"，单击"确定"，如图 2 – 26 所示。

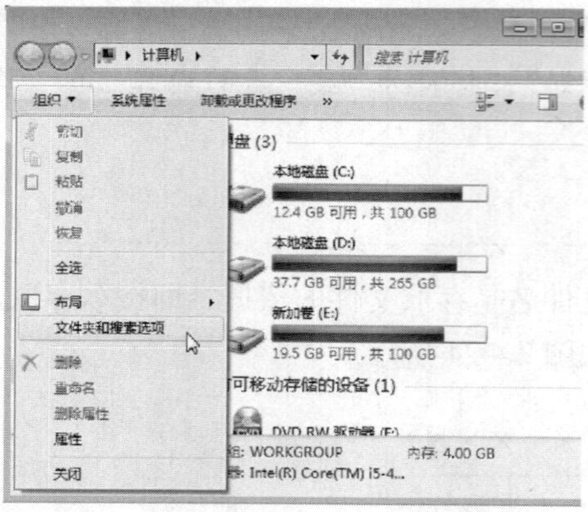

图 2 – 25　显示隐藏扩展名操作步骤 A

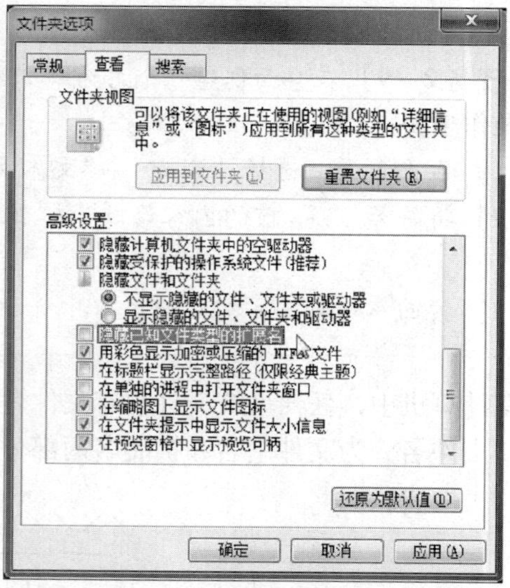

图 2 – 26　显示隐藏扩展名操作步骤 B

（2）文件类型。在绝大多数的操作系统中，文件的扩展名表示文件的类型。不同类型的文件其显示的图标不同，处理的方式也不同。常见的文件扩展名及其表示的意义如表 2 – 3 所示。

表 2－3 文件扩展名及其含义

文件类型	扩展名	含　义
可执行程序	EXE、COM	可执行程序文件
源程序文件	C、CPP、BAS、ASM	程序设计语言的源程序文件
目标文件	OBJ	源程序文件经编译后生成的目标文件
MS Office 文档文件	DOCX、XLSX、PPTX	Word、Excel、PowerPoint 创建的文档
图像文件	BMP、JPG、GIF	图像文件，不同的扩展名表示不同格式的图像
流媒体文件	MP4、WMV、RM、QT	能通过 Internet 播放的流式媒体文件
压缩文件	RAR、ZIP、ARJ	压缩文件
音频文件	WAV、MP3、MID	声音文件，不同的扩展名表示不同格式的音频
网页文件	HTM、ASPX	一般来说，前者是静态的，后者是动态的

一般来说没有必要记住特定应用文件的扩展名。在进行文件保存操作时，使用的软件通常会在文件名后自动追加正确的文件扩展名。通过文件的扩展名，用户可以判断用于打开该文件的应用程序。

（3）文件属性。文件属性除了文件名、文件大小、占用空间等信息外，还包括只读属性、隐藏属性、存档属性。

【任务 2－10】 将文件“工作计划 . docx”的属性修改为“只读”和“隐藏”。

操作步骤：

（1）右击文件“工作计划 . docx”，选择“属性”。

（2）单击“只读”和“隐藏”前的复选框，使其呈现“√”状态。

（3）单击“确定”按钮，保存修改。

相关知识

设置为只读属性的文件只能读，不能修改，当删除时会给出提示信息，起保护作用。具有隐藏属性的文件在一般情况下是不显示的，如果设置了显示隐藏文件，则隐藏的文件和文件夹是浅色的，以表明它们与普通文件不同。

（4）文件名中的通配符。

【任务 2－11】 查找 D 盘中上星期修改过的 Word 文档文件。

操作步骤：

（1）双击打开“计算机”。

（2）在右上角“搜索框”的文本框中输入“＊. docx”，在下拉框中选择“修改日期”，在新的下拉框中选择“上星期”，如图 2－27 在 D 盘查找上星期修改过的 Word 文档所示。

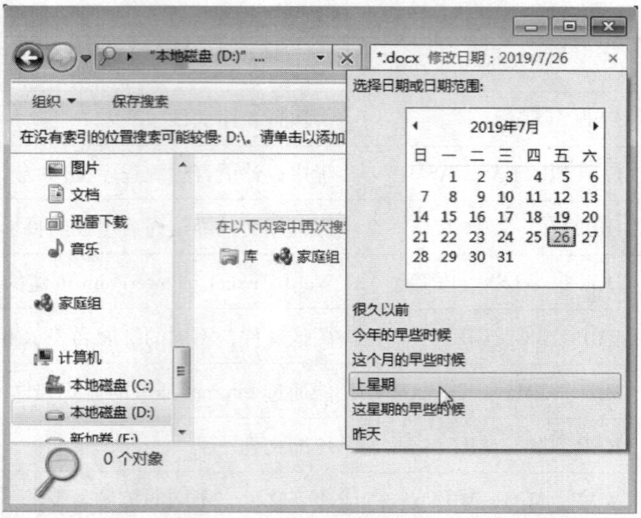

图 2-27　在 D 盘查找上星期修改过的 Word 文档

相关知识

在搜索中，文件主名和扩展名中配符“?”和“*”的含义如下：

- “?”代表所在位置上的任意一个字符；
- “*”代表所在位置起的任意多个字符。

利用这两个特殊字符，可以组成多义文件名，例如，A?.exe 表示文件主名由两个字符组成，前一个为字符 A，后一个为任意字符，而扩展名为 .exe 的一组文件；FILE.* 表示文件主名为 FILE，而扩展名为任意的一组文件；*.* 表示文件主名为任意字符，而扩展名也为任意字符的文件，即 *.* 代表所有文件。

2.2.1.2　文件夹

文件夹是系统组织和管理文件的一种形式，是为方便用户查找、维护和存储而设置的，用户可以将文件分门别类地存放在不同的文件夹中。在文件夹中可存放所有类型的文件和下一级文件夹、磁盘驱动器及打印队列等内容。

计算机的磁盘中可以存放很多文件，一个大容量的硬盘可以容纳成千上万个文件。为了便于管理，可以把文件存放在不同的“文件夹”中。一个文件夹可以存放文件也可以存放其他的文件夹（或称子文件夹），同样子文件夹也可以存放文件和下属子文件夹。

Windows 7 的文件组织结构是分层次的，这种结构像一棵倒置的树，故 Windows 的文件夹结构也称为树状文件夹结构，如图 2-28 所示。

在树状文件夹结构中，树根为根文件夹，树中的每一分支为子文件夹，树叶为文件。用户可以将与同一个项目有关的文件放在同一个子文件夹中，也可以按文件类型或用途将文件分类存放；同名文件可以放在不同的文件夹中，但不能放在同一文件夹中。

在 Windows 7 文件夹树状结构中，处于顶层（树根）的文件夹是桌面，计算机上所有的资源都组织在桌面上，从桌面开始可以访问任何一个文件和文件夹。桌面上有用户的文件、

“计算机”“网络”“回收站”等。这些系统专用的文件夹，被称为系统文件夹。计算机中所有的磁盘及控制面板也以文件夹的形式组织在“计算机”中。

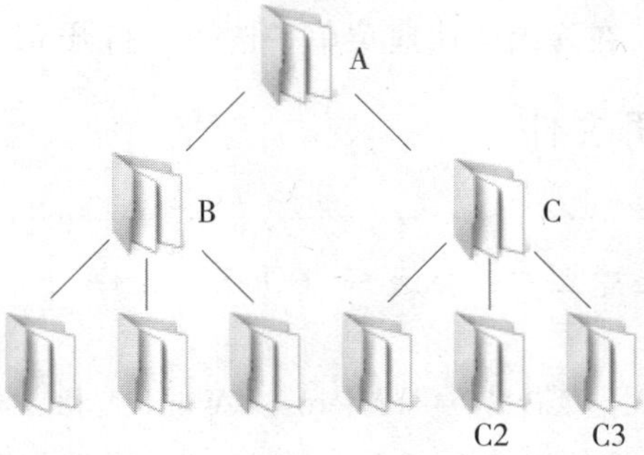

图 2-28 树状文件夹结构

当一个磁盘的文件夹结构被建立后，所有的文件可以分门别类地存放在所属的文件夹中，接下来的问题是如何访问这些文件。若要访问的文件不在同一个文件夹中，就必须加上文件夹路径，以便文件系统可以查找到所需的文件。

路径是操作系统描述文件位置的一条通路，文件夹的路径有两种：绝对路径和相对路径。

（1）绝对路径从根文件夹开始，到找到该文件所顺序经过的全部文件夹。

（2）相对路径从当前文件夹开始，到找到该文件所顺序经过的全部文件夹。

2.2.2 文件和文件夹的操作

Windows 7 提供了“资源管理器”这个实用工具，它可以以分层的方式显示计算机内所有文件的详细图表。使用资源管理器可以更方便地实现浏览、查看、移动和复制文件或文件夹操作，用户可以不必打开多个窗口，而只在一个窗口中就可以浏览所有的磁盘和文件夹，便于查看和管理计算机上的所有资源。“资源管理器”窗口如图 2-29 所示。

图 2-29 Windows 7“资源管理器”窗口

启动“资源管理器”的方法很多，常用的方法有如下几种：

- 双击桌面上的“计算机”图标；
- 选择“开始→所有程序→附件→Windows 资源管理器”命令；
- 右击“开始”按钮，在弹出的快捷菜单中选择“打开 windows 资源管理器”命令。

2.2.2.1 创建、打开文件

【任务2－12】 在桌面上建立“开会通知.DOCX”文件。

操作步骤：

（1）在桌面上右击，选择“新建”→“Microsoft Word 文档”命令，如图2－30所示。

（2）在新建文档的文件名框中输入“开会通知.docx”，如图2－31所示，创建“开会通知.docx”完成。双击“开会通知.docx”图标，系统自动启动 Word 2010 打开该文档，输入文档内容，然后保存文件即可。

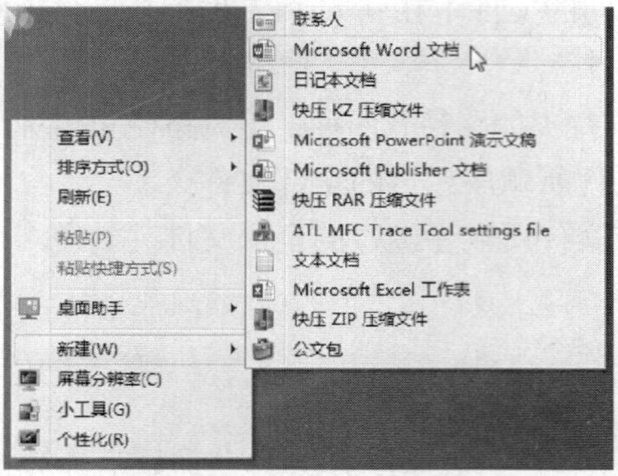

图2－30　创建新文档

图2－31　新建“开会通知.docx”

> **▶▶ 试一试**
>
> 请在桌面上创建名为“开会内容.pptx”的文件？

2.2.2.2 创建、打开文件夹

（1）创建文件夹。

【任务2－13】 请在D盘根目录下创建名为“公司文档”的文件夹。

操作步骤：

（1）双击“计算机”图标。

（2）双击“D:”盘。

（3）点击工具的“新建文件夹”命令，或在空白处单击右键，在弹出的快捷菜单中选择“新建”→“文件夹”，如图2－32所示。

（4）在新建的文件夹名称文本框中输入文件夹的名称“公司文档”，单击 Enter 键或用鼠标单击其他地方即可，创建文件夹操作完成，如图 2－33 所示。

图 2－32　创建新文件夹

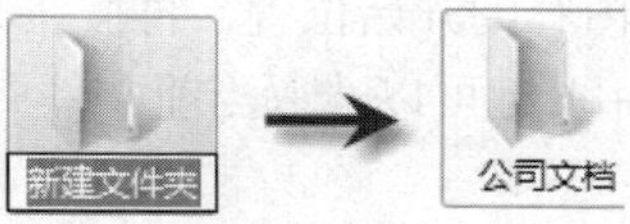

图 2－33　创建“公司文档”

相关知识

在“资源管理器”的左窗口格中，有的文件夹图标左边有一个小方框标记，其中标有▷或◢，有的则没有。标有▷表示此文件夹下包含有子文件夹，但该文件夹目前处于折叠状态，看不到其包含的子文件夹；标记◢表示此文件夹处于展开状态，可以看到其包含的子文件夹。

（2）打开文件夹。用户可以通过“计算机”或“资源管理器”打开文件夹，打开文件夹的操作步骤如下：

方法一：

- 在桌面上双击“计算机”图标，打开“计算机”对话框。
- 双击要打开文件夹的磁盘，打开该磁盘。
- 在打开的磁盘上，双击选中的文件夹，即可打开该文件夹。

方法二：

- 右击桌面上的“计算机”图标，在弹出的快捷菜单中选择“资源管理器”命令，打开“资源管理器”窗口。“资源管理器”的左窗口显示了所有磁盘和文件夹的列表，右窗口用于显示选定的磁盘和文件夹中的内容。在左窗口选择磁盘并将处于折叠状态的文件夹展开，显示出其包含的子文件夹。
- 在左窗口中的文件夹图标，即可打开该文件夹，内容显示在右窗口中。打开文件夹操作完成。

▶▶ 试一试

打开 D 盘上“公司文档”文件夹，然后在“公司文档”文件夹下分别创建子文件夹“财务部”“人力部”“生产部”“市场部”“销售部”“信息部”。

2.2.2.3 选定文件和文件夹

在管理文件等资源的过程中，通常需要选定要操作的对象（一个或多个的文件或文件夹），即“选定后操作”，被选定的对象将以反白形式显示。具体操作方法如下：

（1）选取一个文件或文件夹。单击要选定的文件或文件夹（即单击其图标）。对于键盘操作，可先把光标移到工作区（可通过按 Tab 键来达到），再按箭头键（←、→、↑、↓）来选择。

（2）选取多个连续的文件或文件夹。如果要选取的文件或文件夹在窗口中的排列位置是连续的，则可单击所要选定的第一个文件或文件夹，然后在按住 Shift 键的同时单击最后一个文件或文件夹，即可一次性选取多个文件或文件夹。对于键盘操作，可先把光标移到要选定的内容的开始位置，再按住 Shift 键不放和连续按下箭头键（←、→、↑、↓）来选择。按 Ctrl + A 键可以选取当前文件夹下的所有文件和文件夹，如图 2 – 34 所示。

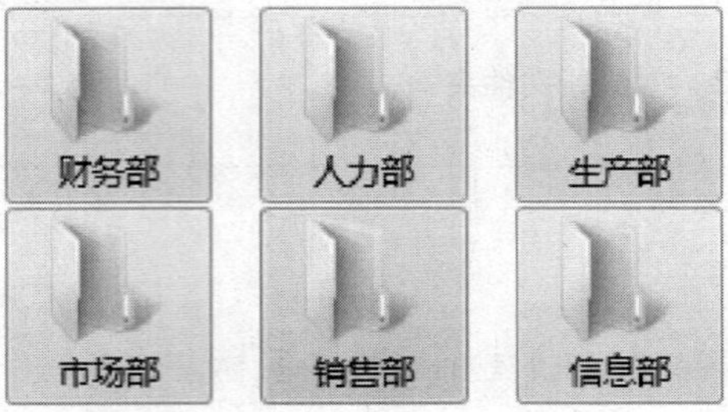

图 2 – 34　选取连续的文件夹

（3）选取多个不连续的文件或文件夹。

【任务 2 – 14】 打开 D 盘根目录下的“公司文档”文件夹，选中文件夹“财务部”“生产部”“销售部”。

操作步骤：

（1）双击“计算机”，进入 D 盘→“公司文档”文件夹。

（2）单击选中“财务部”。

（3）按住 Ctrl 键的同时依次单击“生产部”“销售部”，如图 2 – 35 所示。

图 2 – 35　选取不连续的文件夹

（4）全部选定和反向选择。在“资源管理器”窗口的“编辑”菜单中，系统提供了两个用于选取对象的命令：“全部选定”和“反向选择”。前者用于选取当前文件夹中的所有对象，后者用于选取当前没有被选中的对象。

2.2.2.4　复制、移动文件或文件夹

移动文件或文件夹就是将文件或文件夹放到其他地方，执行移动命令后，原位置的文件或文件夹消失，出现在目标位置；复制文件或文件夹就是将文件或文件夹复制一份，放到其他地方，执行复制命令后，原位置和目标位置均有该文件或文件夹。

（1）用鼠标“拖放”的方法移动和复制文件或文件夹。将选定的文件或文件夹拖放到目标位置，可以快速地完成文件的复制或移动，这种方法既简单又直观，但操作容易失误。在“计算机”中需要同时打开源位置文件夹窗口和目标位置文件夹窗口来进行拖放；在资源管理器中只要将右窗口中选定的内容拖放到左窗口中可见到的目标位置文件夹中。至于鼠标“拖放”操作到底是执行复制还是移动，取决于源文件夹和目的文件夹的位置关系。

- 相同磁盘。在同一磁盘上拖放文件或文件夹默认执行移动操作，若拖放对象时按下 Ctrl 键则执行复制操作。
- 不同磁盘。在不同磁盘上拖放文件或文件夹默认执行复制操作，若拖放对象时按下 Shift 键则执行移动操作。

如果希望自己决定鼠标“拖放”操作到底是执行复制还是移动，则可用鼠标右键把对象拖放到目的地。当释放右键时，将弹出一个快捷菜单，从中可以选择是移动还是复制该对象，或者为该对象在当前位置创建快捷方式图标。

拖放操作中，用户可以根据鼠标指针形状来判断当前进行的是复制还是移动操作。当指针形状中含有“+”号时是复制操作，含有“→”号时为移动操作，含有禁止符号时表示无效的目标位置，如图 2－36 所示。

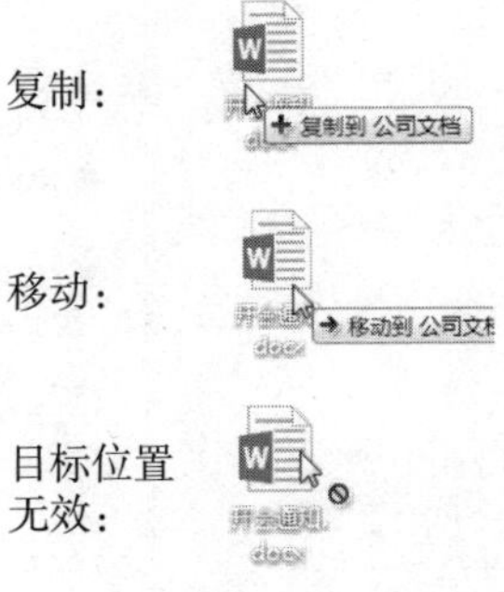

图 2－36　拖动对象时的各种鼠标指针形状

（2）使用剪贴板移动和复制文件夹或文件夹。

【任务 2－15】 将“【任务 2－12】”在桌面上建立的“开会通知．DOCX”文件移动到 D 盘“公司文档”文件夹中；将“试一试”在桌面上新建的“开会内容．PPTX”复制到“公司文档”文件夹。

操作步骤：

（1）在桌面上，选中“开会通知.DOCX”文件。

（2）选择“编辑”→“剪切”命令，如图2-37所示。

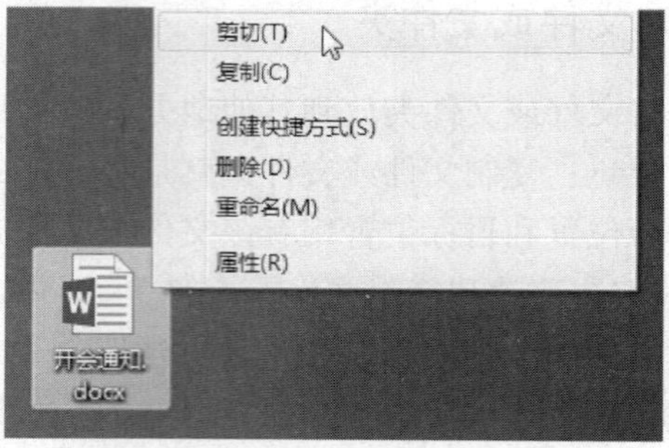

图2-37　文件剪切

（3）打开“资源管理器”窗口，在“资源管理器”左边窗口选中“公司文档”文件夹。

（4）“资源管理器”右边窗口单击右键，在弹出的快捷菜单中选择“粘贴”命令，文件移动操作完成，结果如图2-38所示。

（5）在桌面上右击“开会内容.PPTX”文件，在弹出的快捷菜单中选择“复制”命令。

（6）打开“公司文档”文件夹，单击右键，在弹出的快捷菜单中选择“粘贴”命令，复制操作完成，如图2-39所示。

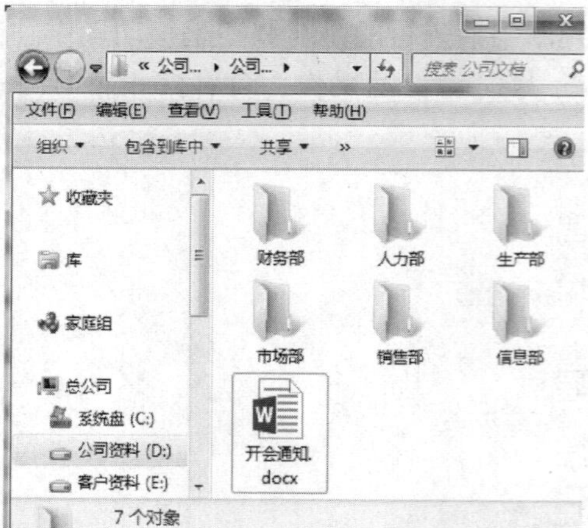

图2-38　文件移动结果

图2-39　复制文件结果

2.2.2.5　删除、重命名文件或文件夹

【任务2-16】删除D盘根目录下“公司文档”文件夹中的“销售部”文件夹，将“开会内容.PPTX”文件夹重命名为“表扬名单.PPTX”。

操作步骤：

(1) 打开“资源管理器”，在左边窗口选择 D 盘上的“公司文档”文件夹，然后在右边窗口选中“销售部”文件夹。

(2) 右击“销售部”文件夹，在弹出的快捷菜单中选择“删除”命令。在弹出的确认文件删除对话框中点“是 (Y)”按钮，文件删除操作完成。

(3) 右击“开会内容 . PPTX”文件，在弹出的快捷菜单中选择“重命名”命令。在弹出的文件名称框中输入“表扬名单 . PPTX”，回车确认，文件夹重命名操作完成。

相关知识

删除后的文件或文件夹将被放到“回收站”中，用户可以选择将其彻底删除或还原到原来的位置。

若想直接删除文件或文件夹，而不将其放入“回收站”中，可在拖到“回收站”时按住 Shift 键，或选中该文件或文件夹，按 Shift + Delete 键。

2.2.2.6 查看文件或文件夹的属性

【任务 2 – 17】 将“公司文档”文件夹中的“开会通知 . DOCX”文件设置为只读属性。

操作步骤：

(1) 打开“资源管理器”，在左边窗口选择 D 盘上的“公司文档”文件夹，然后在右边窗口选中“开会通知 . DOCX”文件。

(2) 右击“开会通知 . DOCX”文件，在弹出的快捷菜单中选择“属性”命令，在弹出的文件属性对话框中勾选“只读”属性，如图 2 – 40 所示，最后点击“确定”按钮，文件属性修改操作完成。

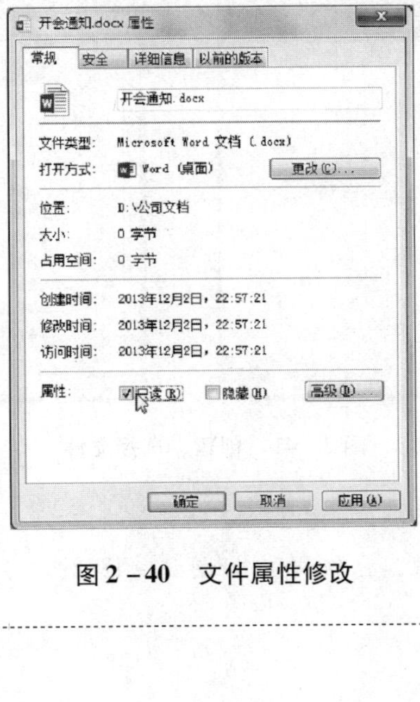

图 2 – 40 文件属性修改

相关知识

查看文件或文件夹的属性。在 Windows 7 中，每个文件和文件夹都有各自的属性，属性信息包括文件或文件夹的名称、类型、位置、大小、创建时间、只读、隐藏、存档等。

文件夹属性对话框见图 2－40。

文件和文件夹的“属性”有三种：只读、隐藏和存档。其含义如下：“只读”表示只能读，不能修改，当删除时会给出提示信息，起保护作用；“隐藏”表示一般情况下不能看到和使用它；“存档”主要提供给某些备份程序用，通常不需要用户设置。

2.2.2.7 搜索文件和文件夹

有时候用户需要察看某个文件或文件夹的内容，却忘记了该文件或文件夹存放的具体的位置或具体名称，这时候 Windows 7 提供的搜索文件或文件夹功能就可以帮用户查找该文件或文件夹。

搜索文件或文件夹的操作步骤请参照【任务 2－11】。

2.2.2.8 创建快捷方式

【任务 2－18】 在 D 盘上创建“开会通知 . DOCX”文件的快捷方式。

操作步骤：

(1) 在桌面上双击“计算机”→双击“D 盘”。

(2) 在窗口中右击，在弹出的快捷菜单中选择“新建”→“快捷方式”命令。

(3) 系统打开“创建快捷方式”对话框，点击对话框中的“浏览”按钮，在弹出的“浏览文件夹”对话框中找到并选中“开会通知 . DOCX”文件，点击“确定”，如图 2－41 所示。

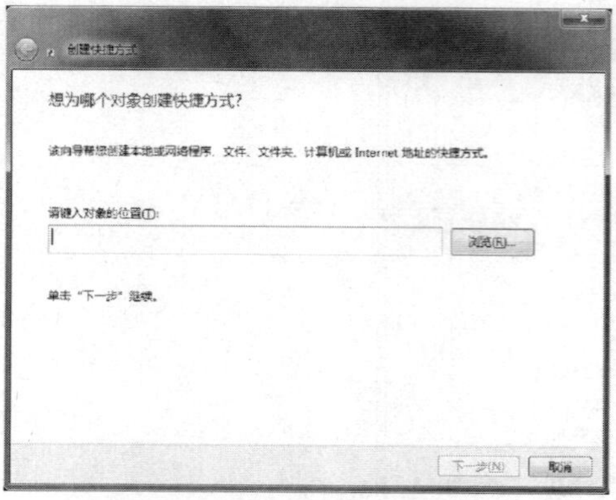

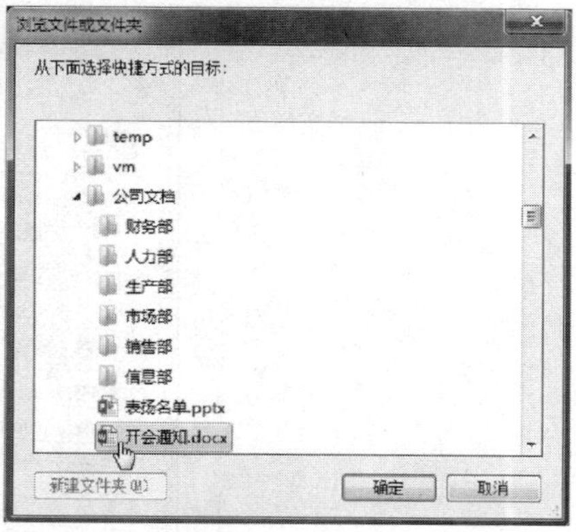

图 2－41　创建、选择文件

(4) 也可手动输入文件路径，如图 2－42 所示。

(5) 点击“下一步”按钮，系统弹出如图 2－43 所示“键入该快捷方式的名称”对话框。

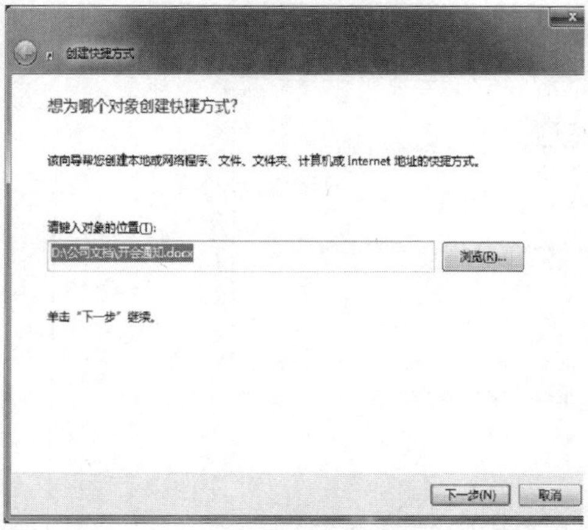

图 2-42　键入对象的位置

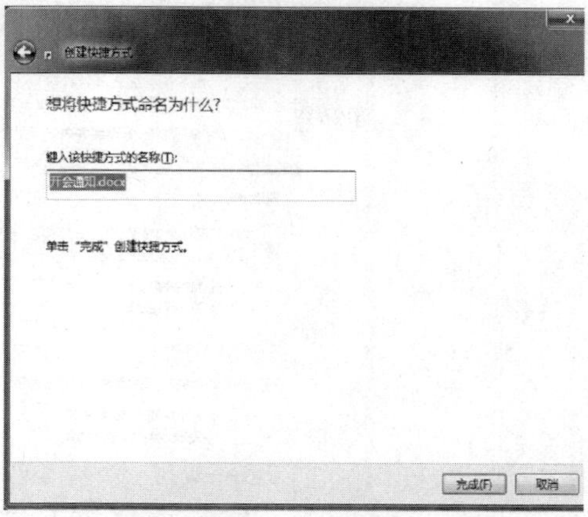

图 2-43　键入快捷方式的名称

(6) 点击“完成”按钮，创建“开会通知.DOCX”文件的快捷方式完成。

相关知识

在“计算机”和资源管理器窗口中，用户可以在指定文件夹下为文件或文件夹创建快捷方式，快捷方式是一种对相应对象的链接，利用快捷方式可以达到快速打开文档、文件夹和运行应用程序的目的。对快捷方式的修改、删除都不会对原应用程序造成任何影响。

2.2.2.9　设置文件夹共享

Windows 7 网络方面的功能设置更加强大，用户不仅可以使用系统提供的公用文件夹，公用文件夹位置是“C:\用户\公用”文件夹，也可以设置自己的共享文件夹，与其他用户共享自己的文件夹。

【任务 2-19】将 D 盘目录下的“公司文档”设置成共享文件夹，并设置只能读取，不能修改文件内容。

具体操作：

(1) 网络环境设置：右击桌面上的“网络”，在快捷菜单中选择“属性”，在弹出的属性页中点击窗口左上方的“更改高级共享设置”，在新的对话框中，按网络类型设置选项，这里以“工作网络”为例，设置“家庭或工作”下的选项：将“网络发现”设置为“启用网络发现”；将“文件和打印机共享”设置为“启用文件和打印机共享”；将“密码保护的共享”设置为“关闭密码保护共享”，如图 2-44 所示。

(2) 设置共享文件夹：右击 D 盘“公司文档”文件夹，选择属性，在属性对话框中选择“共享”选项卡，然后点击“高级共享”，在“高级共享”对话框中，选中“共享文件夹”复选框，再点击“权限”按钮，设置“Everyone”的读取属性为“允许”，如图 2-45 所示，最后按“确定”完成设置。

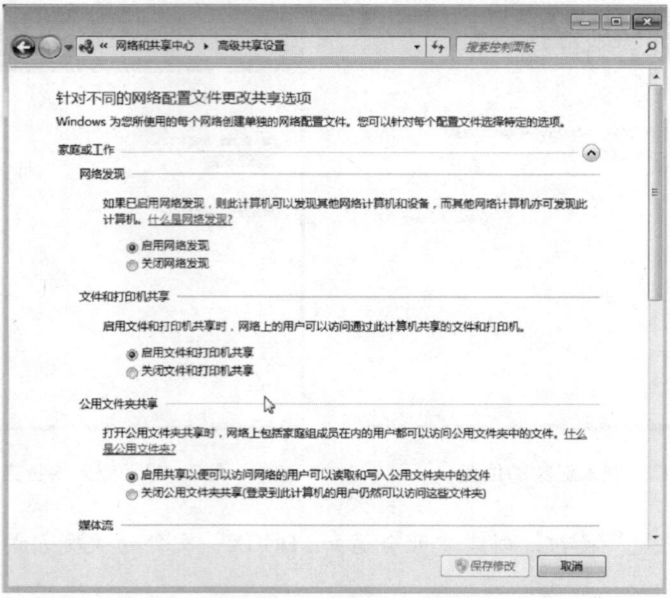

图 2－44　网络环境设置

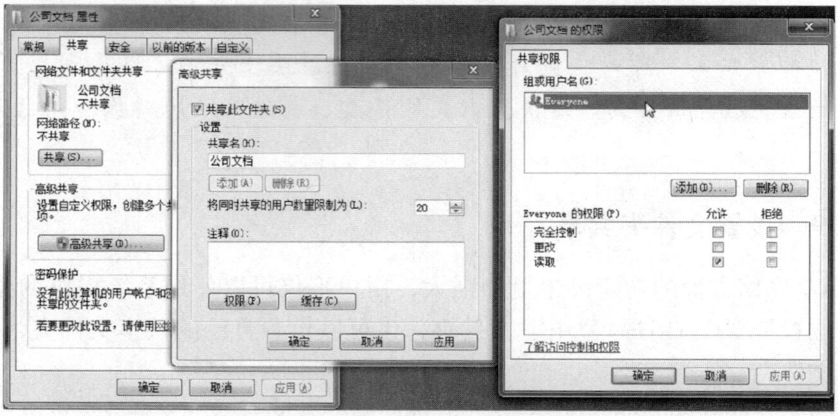

图 2－45　设置共享文件夹

（3）查看共享文件夹：在另一台电脑的桌面上双击“网络”图标，可查看同一工作组的计算机，找到本机的计算机名，双击打开，查看是否有“公司文档”的文件夹，验证共享是否成功。

2.2.2.10　共享文件夹的管理

当我们设置了共享文件夹之后，需要进行相应的管理，及时取消不需要共享的文件夹，以保证数据的安全。

右击桌面上“计算机”的图标，选择“管理”菜单，在弹出的对话框中，选择“计算机管理→系统工具→共享文件夹→共享”选项，可以查看本机上所有共享的文件夹，包括一些系统默认共享的文件夹，在文件夹上点击右键可进行相应的操作，如图 2－46 所示。

图 2－46　共享文件夹的管理

2.2.3　库

Windows 7 中，引进了“库”的概念，可以把存放在不同位置的文件夹添加到一个“库”中，使文件管理更方便。库跟文件夹有很多相似的地方，比如和文件夹一样，在库中也可以包含各种各样的子库与文件，但是其本质上跟文件夹有很大的区别，在文件夹中保存的文件或者子文件夹，都是存储在同一个目录下的，而在库中存储的文件则可以来自不同位置，如可以来自用户电脑上的文件或者来自移动磁盘上的文件，这是传统文件夹与库之间的最本质的差异。库会随着原始文件夹的变化而自动更新，并且可以以同名的形式存在于同一个库中。默认情况下，已经包含视频、图片、文档、音乐等常用库。

【任务 2－20】将 D 盘中的“公司文档”文件夹添加到“文档”库中。

具体操作：

（1）双击桌面上的“计算机”的图标，以打开“资源管理器”。

（2）在窗口的导航窗格中选择“库→文档”，在内容窗格中，点击“文档库”下方的“包括：2 个位置”。

（3）出现“文档库位置”对话框，点击“添加”按钮，选择 D 盘中的“公司文档”文件夹，然后点击“确定”按钮，结果如图 2－47 所示。

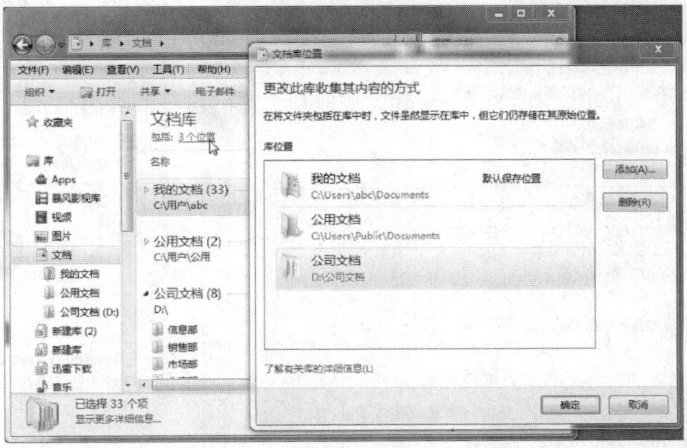

图 2－47　库的管理

> **试一试**
>
> 用户也可以创建自己的库，右击“库”，在弹出菜单中，选择“新建→库”，并输入库名即可。请新建一个“作业”的库。

2.2.4 磁盘管理

随着电脑技术的日益完善，使用磁盘维护和管理来增大数据存储的空间和保护数据的安全，已经成为电脑维护和管理的一个重要方面。Windows 7 提供了多种磁盘管理工具，这些工具不仅使用方便，而且功能强大，使用户不需要专业的磁盘工具就能完成各种磁盘维护和管理工作。

2.2.4.1 查看磁盘属性

磁盘的属性通常包括磁盘的类型、文件系统、空间大小、卷标信息等常规信息，以及磁盘的查错、碎片整理等处理程序和磁盘的硬件信息等。这一节学习如何查看磁盘的属性及使用磁盘处理程序。

（1）查看磁盘的常规属性。

【任务 2－21】查看 D 盘的常规属性，包括磁盘的类型、文件系统、空间大小、卷标信息。

操作步骤：

（1）双击“计算机”图标，打开“计算机”对话框。

（2）右击 D 盘图标，在弹出的快捷菜单中选择“属性”命令，如图 2－48 所示。

（3）打开“磁盘属性”对话框，选择“常规”选项卡，如图 2－49 所示。

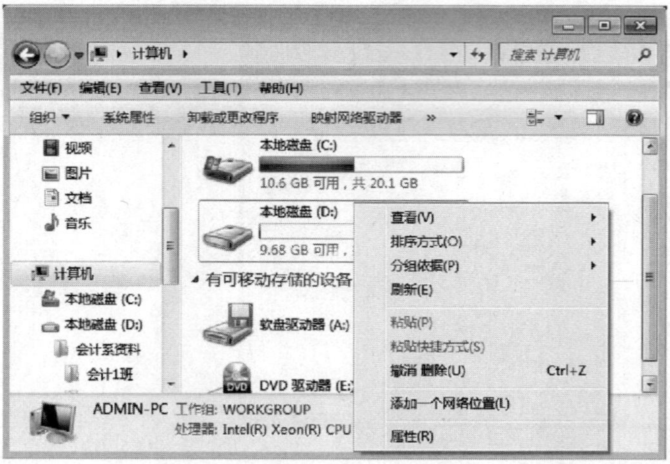

图 2－48 右击磁盘图标

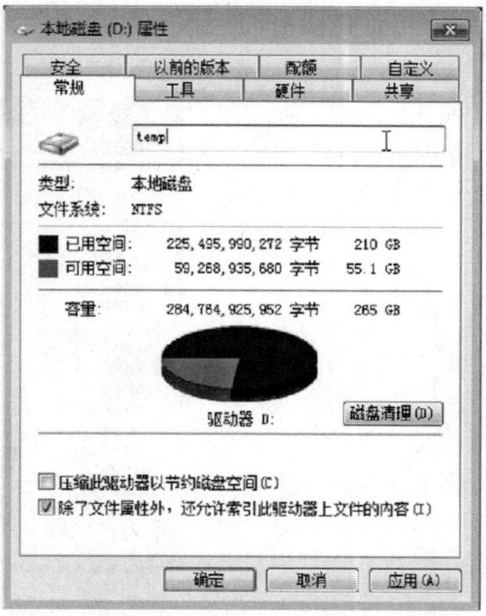

图 2－49 磁盘“属性”对话框

(4) 在“常规”选项卡中，用户可以在文本框中键入该磁盘的卷标，中部显示了该磁盘的相关信息，下部用饼图的形式显示了该磁盘的容量，单击“磁盘清理”按钮，可启动磁盘清理程序，进行磁盘清理。

(5) 单击“应用”按钮，即可应用在该选项卡中更改的设置，也可以按“确定”按钮，确认设置并退出磁盘属性对话框。

---

(2) 进行磁盘查错。

【任务 2－22】 对此 D 盘进行差错，修复系统的错误、恢复坏扇区。

具体操作：

(1) 右击“D 盘”，选择“属性”，单击“工具”选项卡，如图 2－50 所示。

(2) 在该选项卡中有“查错”和“碎片整理”两个选项组。单击“查错”选项组中的“开始检查”按钮，弹出“检查磁盘”对话框，如图 2－51 所示。

(3) 在该对话框中单击“开始”按钮，开始检查磁盘，检查磁盘结束后单击“确定”按钮。

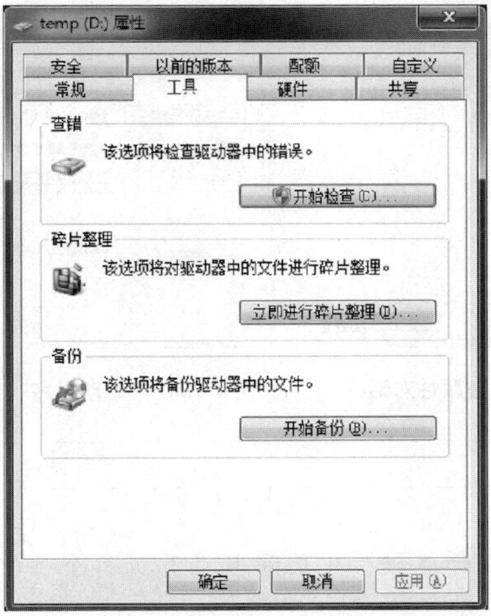

图 2－50　“工具”选项卡

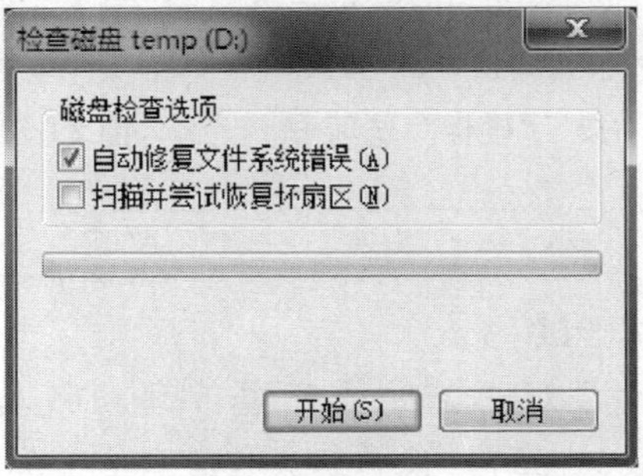

图 2－51　“检查磁盘”对话框

【小技巧】

如果在打开或保存文件时遇到问题，则应该立即进行磁盘检查。

可以用“计划任务”在规定的日期和时间里检查并修复磁盘错误，应该选择不使用计算机的时间，如午餐时间或晚上。

(3) 查看磁盘的硬件信息及更新驱动程序。

【任务2-23】 查看D盘的硬件信息及更新驱动程序。

具体操作：

(1) 打开“D盘”属性对话框，选择“硬件”选项卡，如图2-52所示。

(2) 在该选项卡中的“所有磁盘驱动器”列表框中显示了计算机中的所有磁盘驱动器，单击某一磁盘驱动器，在“设备属性”选项组中即可看到关于该设备的信息。

(3) 单击“硬件”选项卡中的“属性”按钮，可打开设备属性对话框，如图2-53所示，在该对话框中显示了该磁盘设备的详细信息。

(4) 若用户要更新驱动程序，可选择“驱动程序”选项卡，如图2-54所示。

(5) 单击“更新驱动程序”按钮，即可在弹出的“硬件升级向导”对话框中更新驱动程序；单击“卸载”按钮，可卸载该驱动程序。

图2-52 “硬件”选项卡

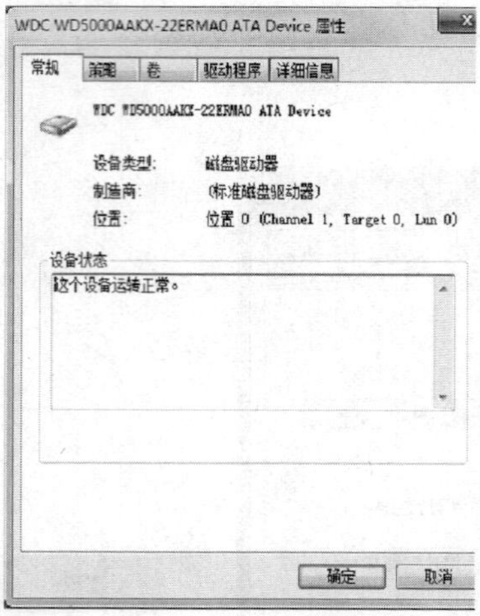

图2-53 设备属性对话框

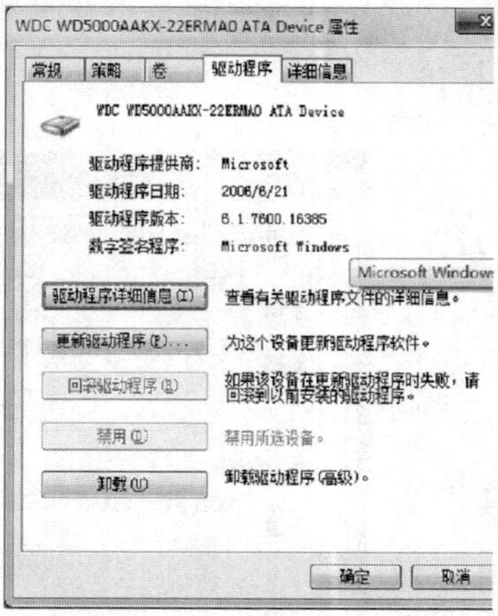

图2-54 “驱动程序”选项卡

▶▶ 试一试

为了对硬盘进行分类管理，有人对“计算机”中的硬盘名称进行个性化命名（见图2-55）。他是怎么样做到的？你想试试吗？

图2-55 个性化命名

2.2.4.2 磁盘格式化

【任务 2 – 24】请对 E 盘进行 NTFS 格式化操作，并命名为“客户资料”。

格式化磁盘就是在磁盘内进行分割磁区，作内部磁区标示，以方便存取。格式化磁盘主要是指格式化硬盘。格式化硬盘又可分为高级格式化和低级格式化，高级格式化是指在 Windows 操作系统下对硬盘进行的格式化操作；低级格式化是指在高级格式化操作之前，对硬盘进行的分区和物理格式化。

操作步骤：

(1) 单击“计算机”图标，打开“计算机”对话框。

(2) 选中 E 盘，右键菜单“格式化”命令。

(3) 打开“格式化”对话框，如图 2 – 56 所示。

(4) 在“文件系统”下拉列表中可选择 NTFS，“分配单元大小”为默认配置大小，在“卷标”文本框中可输入“客户资料”。

(5) 单击“开始”按钮，将弹出“格式化警告”对话框，若确定要进行格式化操作，点击“确定”按钮开始格式化，如图 2 – 57 所示。

图 2 – 56 “格式化”对话框

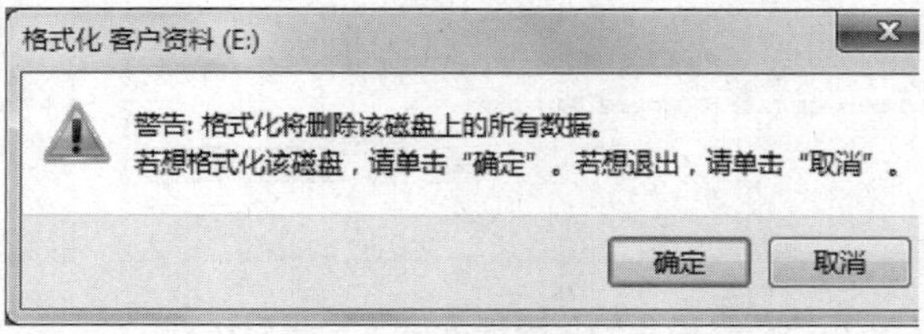

图 2 – 57 “格式化警告”对话框

相关知识

格式化磁盘将删除磁盘上的所有数据，快速格式化不扫描磁盘的坏扇区而直接从磁盘上删除文件。只有在磁盘已经进行过格式化而且确信该磁盘没有损坏的情况下，才使用该选项。

2.2.4.3 碎片整理

【任务2-25】分析D盘存储空间的碎片情况，并进行碎片整理。

磁盘（尤其是硬盘）经过长时间的使用后，难免会出现很多零散的空间和磁盘碎片，一个文件可能会被分别存放在不同的磁盘空间中，从而影响了运行的速度。同时由于磁盘中的可用空间也是零散的，创建新文件或文件夹的速度也会降低。使用磁盘碎片整理程序可以重新安排文件在磁盘中的存储位置，将文件的存储位置整理到一起，同时合并可用空间，实现提高运行速度的目的。

操作步骤：

（1）单击“开始”按钮，执行“所有程序→附件→系统工具→磁盘碎片整理程序”命令，打开“磁盘碎片整理程序”之一对话框，如图2-58所示。

（2）选择“D盘”，单击“分析磁盘”按钮，系统既可分析该磁盘是否需要进行磁盘整理。

（3）单击“磁盘碎片整理”按钮，即可开始磁盘碎片整理程序，系统会显示“磁盘整理程序”之二对话框，以百分比来显示文件的零碎程度及碎片整理的进度，如图2-59所示。

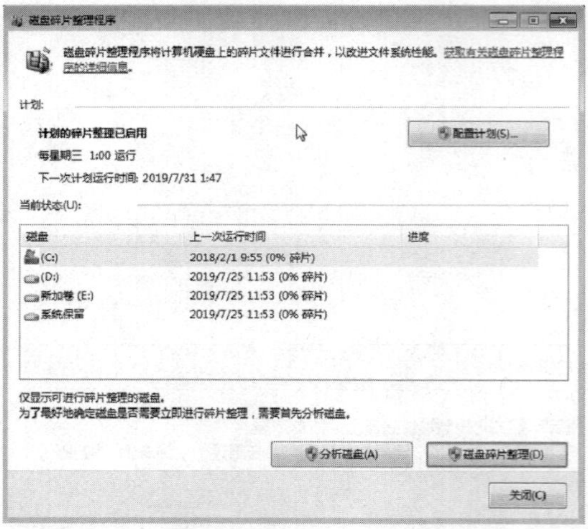

图2-58 “磁盘碎片整理程序”之一对话框

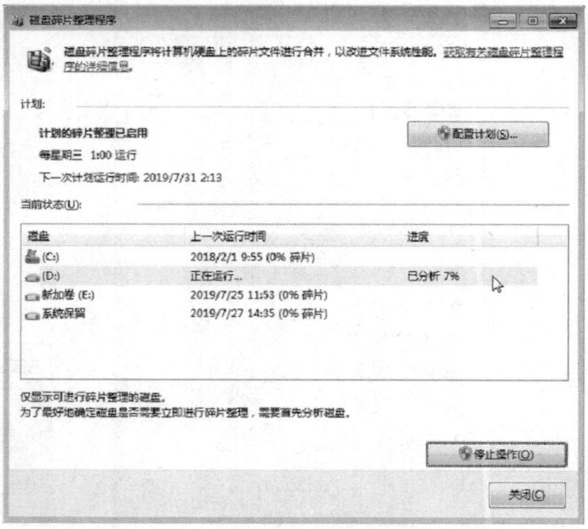

图2-59 “磁盘整理程序”之二对话框

（4）整理完毕后，单击“关闭”按钮即可结束“磁盘碎片整理程序”。

【小技巧】

进行磁盘碎片整理所需的时间取决于多种因素，包括文件的零碎程度、驱动器上剩余空间的大小和是否正在对电脑上文件进行操作。一般磁盘碎片整理需要较长的时间，最好在不使用电脑时进行磁盘碎片整理。

2.2.5 系统备份和还原

2.2.5.1 系统备份

【任务 2-26】 对 Windows 7 系统进行备份。

使用电脑时，为了避免因磁盘故障、电脑病毒以及偶然的误操作等破坏磁盘中储存的重要数据，可使用 Windows 7 提供的“备份”工具把重要的数据转存到别的磁盘中，万一这些数据遭到破坏，可利用备份数据进行还原。

操作步骤：

(1) 单击“开始”按钮，点击“控制面板”按钮，出现“控制面板”窗口，选择显示方式为“大图标”，然后点击“备份和还原”图标，进入“备份和还原”窗口，如图 2-60 所示。

(2) 选择右边的“设置备份”，出现设置备份对话框，需要设置备份的位置，最好选择移动硬盘或网络位置，选择后单击“下一步”按钮，如图 2-61 所示。

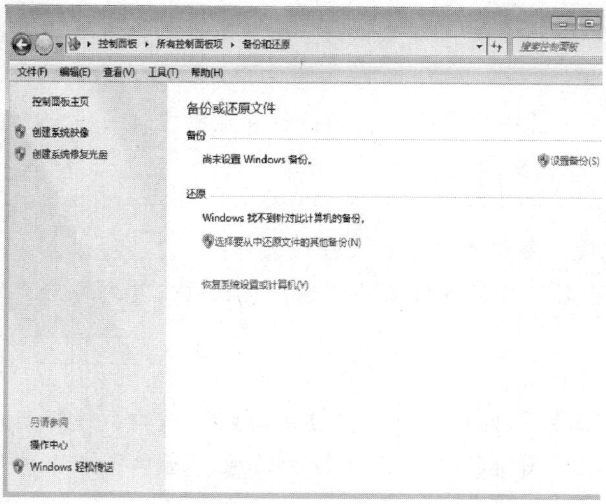

图 2-60 “备份或还原”文件对话框

图 2-61 选择保存位置

(3) 出现“您希望备份哪些内容”对话框，有两个选项：“让 windows 选择”和“让我选择”。“让 windows 选择”将备份系统文件、桌面和用户库的内容，选择后，点击“下一点”按钮。

(4) 出现“查看备份设置”，这里可以设置定时备份计划，点击“更改计划”，可以设置“每天”“每周”“每月”，并设置备份的时间点，按“确定”返回，按“保存设置并运行备份”按钮，如图 2-62 所示。

(5) 出现备份进度界面，系统开始进行备份，如图 2-63 所示，备份结束后，将在备份保存位置出现三个项目：“admin-pc”“WindowsImageBackup”“MediaID. bin”，请不要删除。

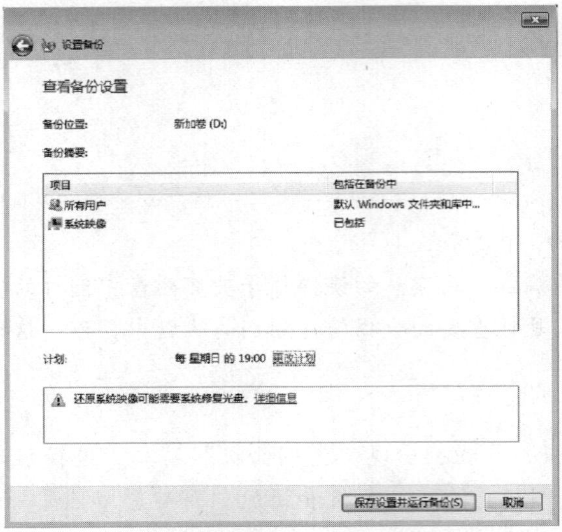

图 2－62　设置备份计划

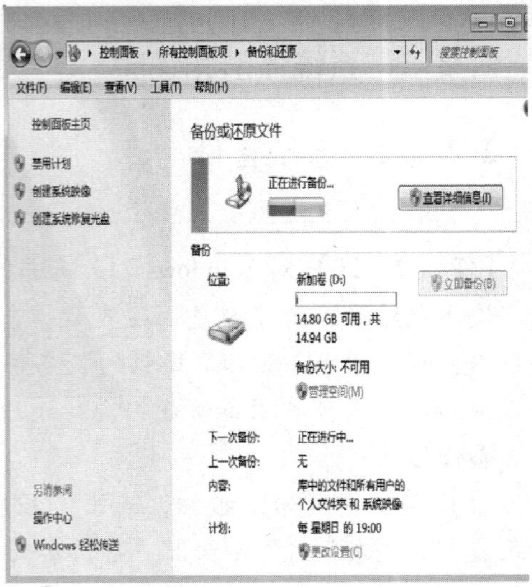

图 2－63　备份进度

【小技巧】

要根据资料文件的重要性来决定文件备份的间隔时间，例如，如果承担不起丢失一天完成的工作的损失，就至少应该每天备份一次。

为了减少丢失信息的可能性，可以使用两套备份设备。将一份放在电脑旁，另一份放在一个远离电脑且不会遭受火灾和被偷窃的地方。

【任务 2－27】 在 Windows 7 操作系统使用备份文件还原文件或文件夹。

当原文件遭到破坏，文件丢失或误删除时，可将备份文件还原，将数据恢复到备份前的状态。

操作步骤：

(1) 单击“开始”按钮，点击“控制面板”按钮，出现“控制面板”窗口，选择显示方式为“大图标”，然后点击“备份和还原”图标，进入“备份和还原”窗口。点击“还原我的文件”按钮，如图 2－64 所示。

(2) 在“还原文件”对话框点击“浏览文件夹”按钮，选择要还原的文件夹，如图 2－65 所示。

(3) 在“您想在何处还原文件?”对话框，选择“在原始位置”，点击“还原”，出现“正在还原文件”界面，如图 2－66 所示。

(4) 直到出现“已还原文件”，点击“完成”，文件还原完成，如图 2－67 所示。

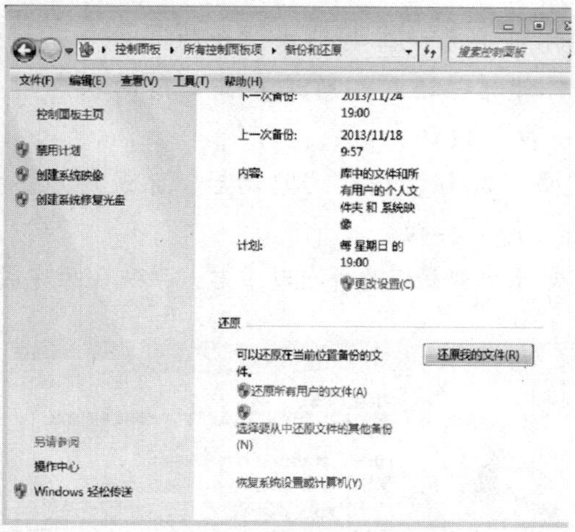

图 2－64 “备份和还原”对话框

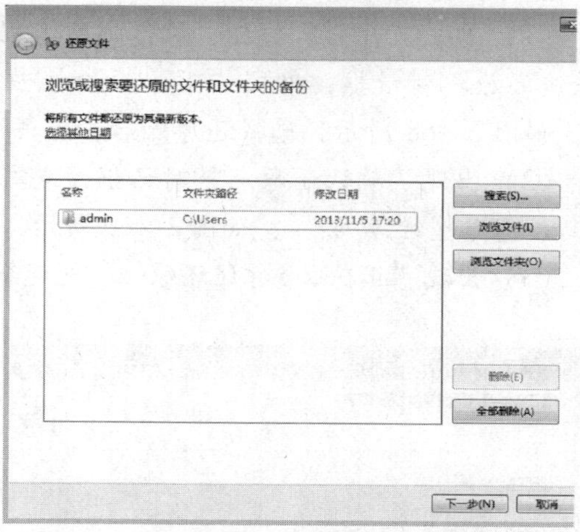

图 2－65 选择之前备份的文件或文件夹

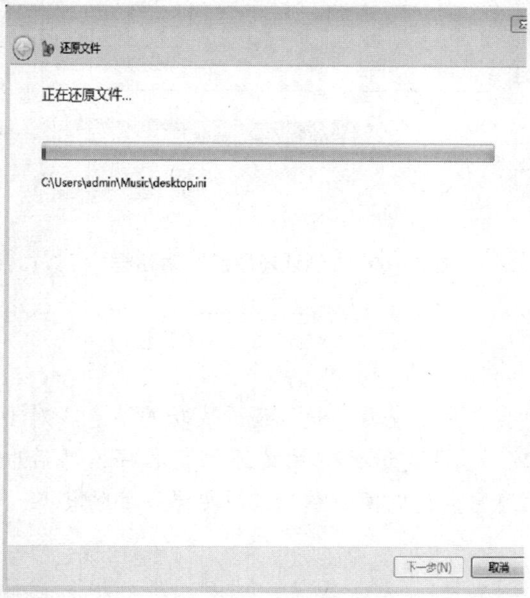

图 2－66 “正在还原文件”对话框

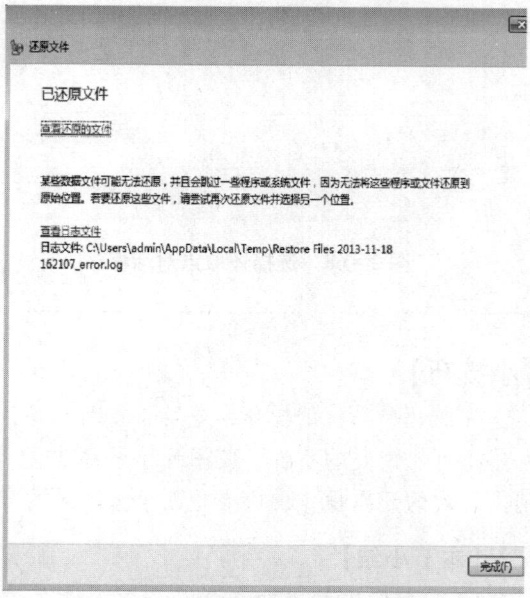

图 2－67 “已还原文件”对话框

2.2.5.2 系统还原

【任务 2－28】 请将 Windows 7 系统进行系统还原。

“系统还原”是一个重要工具，当某些更改使整个电脑系统濒临瘫痪时，可以使用该工具来恢复系统的运行。如果正在安装某些程序、添加新硬件设备、更改注册表，或者正在对系统做某些重大的更改操作，导致了系统无法正常运转，都可以使用“系统还原”工具恢复这些更改前的状态。

操作步骤：

（1）单击“开始”按钮，执行“所有程序→附件→系统工具→系统还原”命令，打开“系统还原”对话框，单击“下一步”按钮，“将计算机还原到所选事件之前的状态”界面，如图2－68所示，选择还原点后，点击“下一步”按钮。

（2）出现“确认还原点”对话框，点击“完成”按钮，出现“启动后，系统还原不能中断，您希望继续吗?”，如图2－69所示，点击“是”按钮。

（3）出现“正在准备系统还原…”进度条，然后系统开始还原并自动重启，系统还原完成。

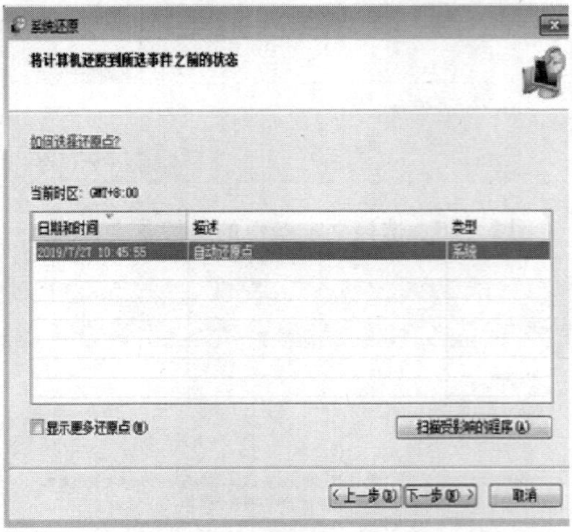

图2－68　选择还原点对话框

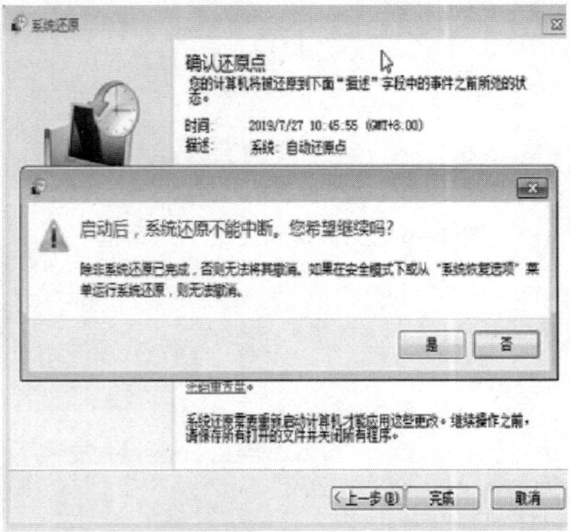

图2－69　“确认还原点”对话框

【小技巧】

完成还原系统的操作，电脑将重新启动，用户会在屏幕上看到是否还原成功的消息。对于一些不可能恢复的事件，使用还原程序也无济于事，可再次运行“系统还原”程序，然后取消上一次的还原操作，或者重新设置更早的日期和还原点，以便使系统还原更早一些的状态。

【本节小结】

（1）查看磁盘属性，可以了解磁盘的类型、文件系统、空间大小、卷标信息等常规信息；对磁盘进行查错操作；查看磁盘的硬件信息，对磁盘驱动程序进行更新等。

（2）磁盘格式化会删除磁盘上的所有信息，其中非“快速格式化”还会扫描磁盘的坏扇区。

（3）磁盘碎片整理是重新安排文件在磁盘中的存储位置，将文件的存储位置整理到一起，同时合并可用空间，实现提高运行速度的目的。

（4）系统可以对重要的数据进行备份，当这些数据遭到破坏时，可利用备份数据进行还原。

（5）当某些更改使整个电脑系统濒临瘫痪时，可以使用“系统还原”来恢复系统的运行。

2.3 控制面板

控制面板是 Windows 操作系统的一个重要系统文件夹，是用户对电脑系统进行设置和控制的重要界面，它可以修改系统设置，添加新的软硬件，对多媒体、输入/输出设备、网络等进行管理和控制。

2.3.1 “控制面板”的打开

在“开始”菜单中选择“控制面板”，可以打开“控制面板”窗口。

Windows 7 的控制面板设置与以往有所不同，主要分成了 8 大模块，分别为：系统和安全，网络和 Internet，硬件和声音，程序，用户账户和家庭安全，外观和个性化，时钟、语言和区域，轻松访问，如图 2 - 70 所示。我们还可以根据自身习惯，通过修改控制面板右上角的“查看方式”，来选择不同的显示方式。

图 2 - 70 控制面板

2.3.2 计算机个性设置

2.3.2.1 主题设置

Win7 主题是计算机上的微软 Windows 7 操作系统下的所有图片、颜色和声音的组合。它包括桌面背景、屏幕保护程序、窗口边框颜色和声音方案。

【任务 2 - 29】 请将 Windows 7 操作系统显示的“主题”设置为“Windows 7”，将“屏幕保护程序”设置为“彩带”，并将该主题命名为“我喜欢的主题 1”。

操作步骤:

(1) 右击桌面任意空白处，在弹出的快捷菜单中选择“个性化”命令（或单击“开始”按钮，选择“控制面板”命令，在弹出的“控制面板”窗口中单击“更改主题”图标，打开“更改主题”窗口)，如图2－71所示。

图2－71 “个性化”窗口

(2) 在“更改计算机上的视觉效果和声音”中，选择Aero主题的Windows 7。

(3) 单击“桌面保护程序”打开“桌面保护程序设置”对话框。

(4) 在该对话框中单击“屏幕保护程序”下拉列表框中选择“彩带”，如图2－72所示，并单击“确定”返回“个性化”窗口。

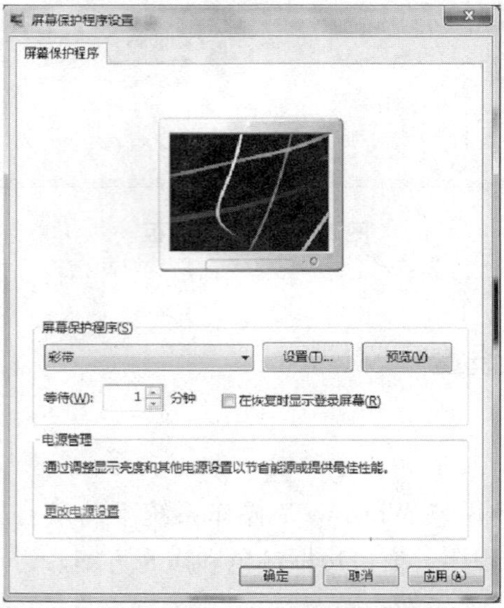

图2－72 “屏保程序设置”对话框

(5) 单击“保存主题”，在弹出的“将主题另存为”对话框中输入主题名称“我喜欢的主题 1”。

【任务 2－30】 请将 Windows 7 操作系统的窗口颜色设置为巧克力色，并去掉透明效果。

操作步骤：

(1) 在“个性化”窗口中，单击“窗口颜色”按钮，进入“窗口颜色和外观”窗口，如图 2－73 所示。

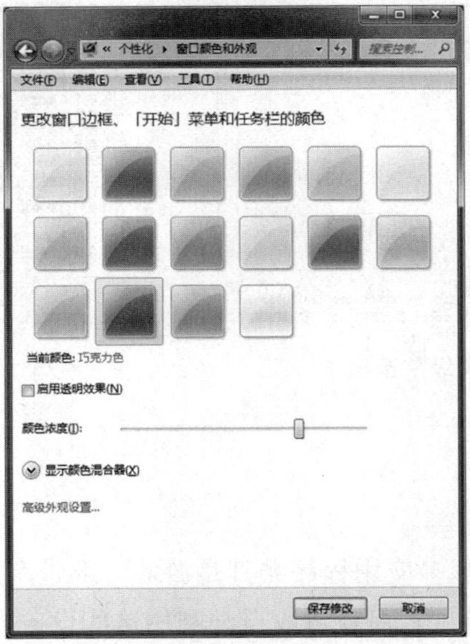

图 2－73　“窗口颜色和外观”窗口

(2) 在“更改窗口边框、「开始」菜单和任务栏的颜色”中选择“巧克力色”；并将“启用透明效果”前的“√”去掉。

> **▶▶ 试一试**
> 你能把自己喜欢的相片或图画设置为桌面背景吗？
> 如何设置屏幕保护程序的启动时间？

2.3.2.2　优化视觉效果

【任务 2－31】 将系统视觉效果调整为性能最佳模式。

操作步骤：

(1) 右键单击桌面“计算机”图标，选择“属性”，在弹出的“系统”窗口的右边单击“高级系统设置”按钮，进入“系统设置”的“高级”选项卡，在“性能”栏中，点击“设置”按钮，如图 2－74 所示。

（2）在“性能选项”对话框中，选择“视觉效果”选项卡，选择“调整为最佳性能”，单击“确定”按钮完成操作，如图2－75所示。

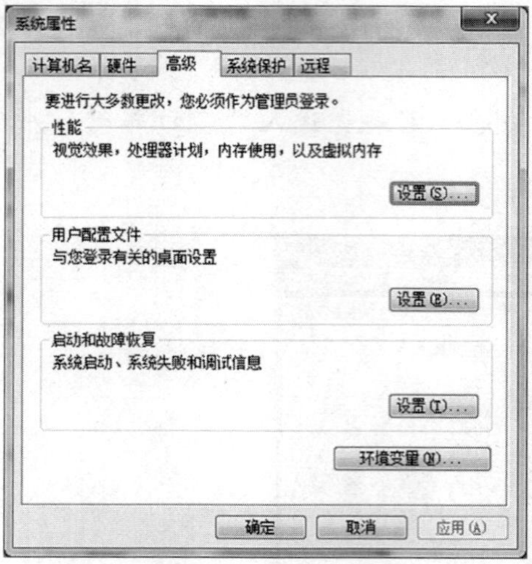

图2－74 “高级”选项卡

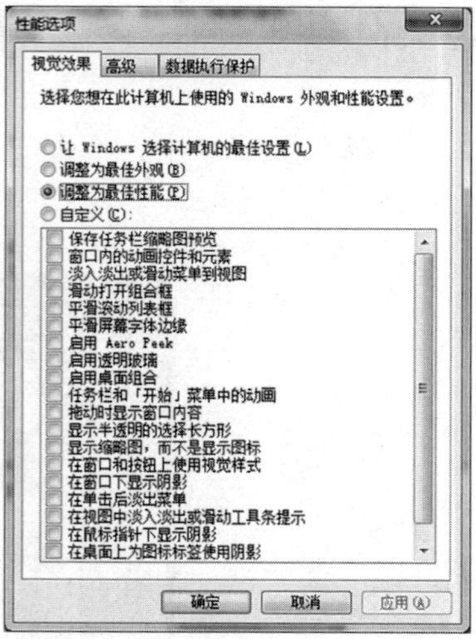

图2－75 “视觉效果”选项卡

2.3.2.3 声音设置

Windows 7操作系统以及很多应用程序尤其是游戏，都带有声音效果，如果在Windows 7中设置好声音和音频设备，这些程序就可以自动利用这些设备处理声音。

【任务2－32】 将系统声音音量调到最大，并将系统声音的声音方案设置成“书法”。

操作步骤：

（1）单击“开始”按钮，选择“控制面板”命令，在弹出的“控制面板”窗口中单击“硬件和声音”图标，打开“硬件和声音”窗口，如图2－76所示。

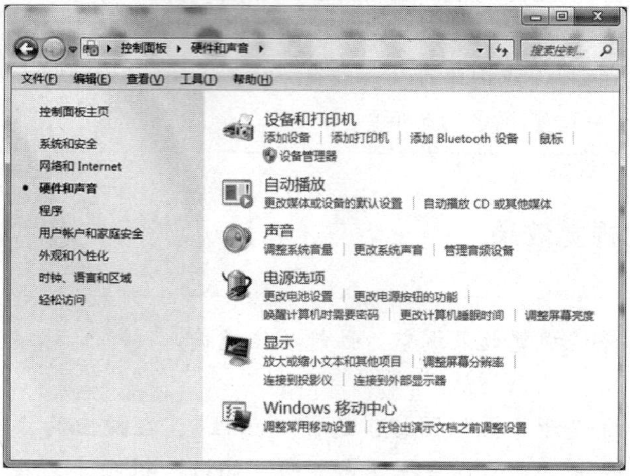

图2－76 “硬件和声音”窗口

（2）单击“调整系统音量”按钮，打开“音量合成器——扬声器”对话框，将应用程序中的系统声音调到最大，如图 2－77 所示。

（3）单击“硬件和声音”（图 2－76）中的“更改系统声音”按钮，弹出“声音对话框”，在“声音”选项卡下的声音方案中选择“书法”，如图 2－78 所示，单击“确定”完成操作。

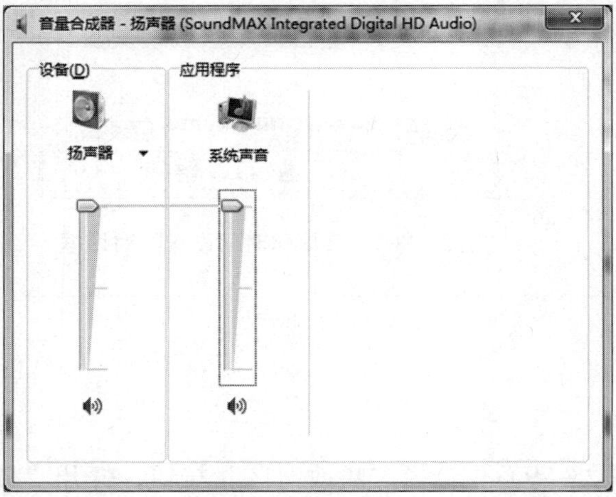

图 2－77 “音量合成器——扬声器”对话框

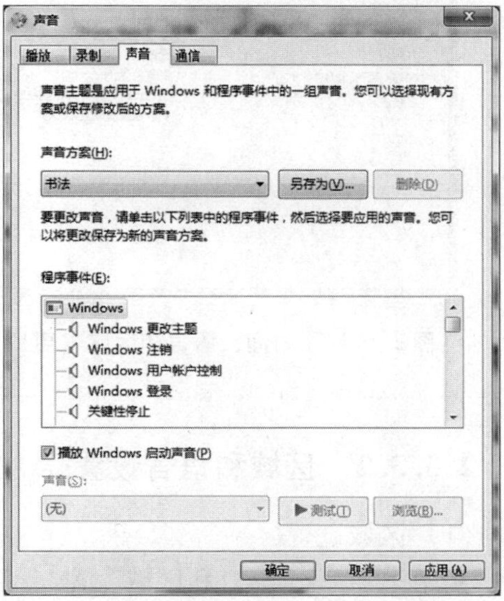

图 2－78 “声音”选项卡

2.3.3 系统设置与管理

2.3.3.1 设置日期和时间

由于生活习惯和地域的差异，各个地区或国家存在着时差、语言、时间和日期的格式等不同，而 Windows 7 系统默认的相关设置是按照美国的习惯来设置的，如果用户不习惯这种默认的设置，可根据自己的需要来设置。

【任务 2－33】请将系统时间设定为 2019 年 07 月 29 日星期一 23 点 18 分 05 秒。

操作步骤：

（1）单击“时间栏”选择“更改日期和时间设置”，或在“控制面板”中选择“时间、语言和区域”，打开“时间、语言和区域”窗口，如图 2－79 所示。

（2）单击“设置时间和日期”按钮，打开“日期和时间”对话框，在“日期和时间”选项卡中点击“更改日期和时间”按钮，打开“日期和时间设置”对话框。

（3）在“日期”选项组中将日期设置成 2019 年 07 月 29 日，在“时间”选项组中的“时间”文本框中可输入 23：18：05，如图 2－80 所示。

（4）更改完毕后，单击“确定”按钮即可。

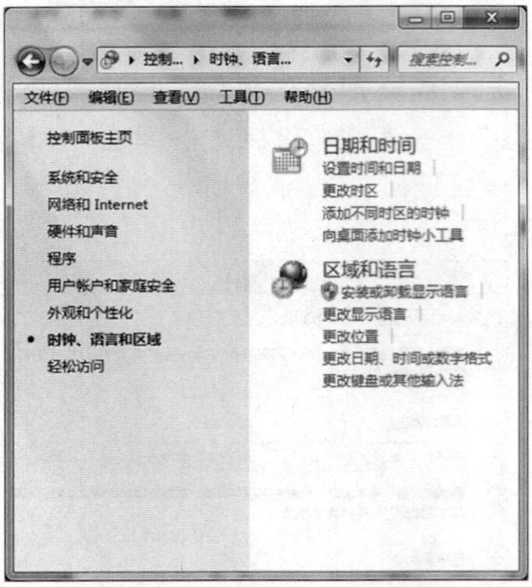

图 2－79 “时间、语言和区域”窗口

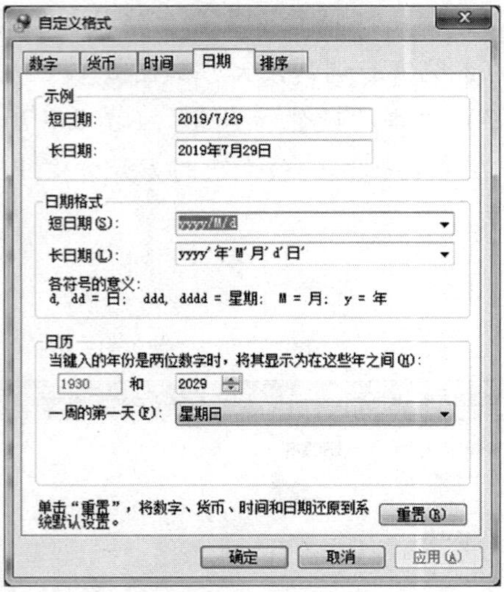

图 2－80 “日期和时间设置”对话框

2.3.3.2 区域和语言设置

(1) 区域设置。

• 在“时间、语言和区域”窗口（图 2－79）中选择“更改时区”按钮，打开“日期和时间”对话框，在“日期和时间”选项卡中，单击“更改时区”按钮，弹出“时区设置”对话框，如图 2－81 所示。

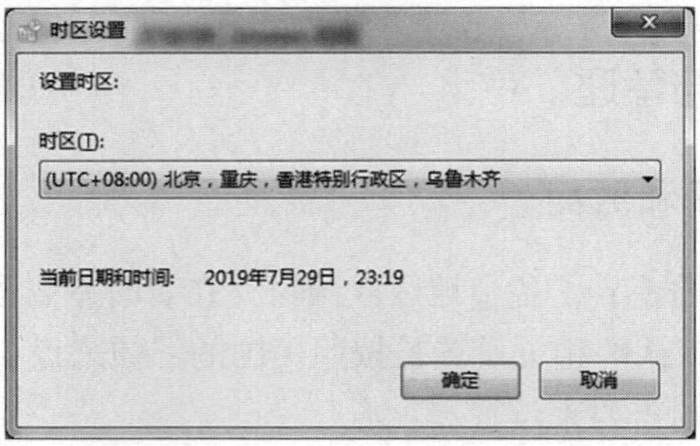

图 2－81 “时区设置”对话框

• 在“时间、语言和区域”窗口（图 2－79）中选择“更改日期、时间或数据格式”按钮，打开“区域和语言”对话框“格式”选项卡，在“日期和时间格式”栏内可以设置日期和时间的格式，如图 2－82 所示。

• 如果想对日期和时间格式进行个性化设置，可在“区域和语言”对话框“格式”选项卡中，单击“其他设置”按钮，在“自定义格式”对话框中选择“时间”选项卡（图 2－83），可设置系统时间的显示格式，通过相应的下拉列表框选择或者输入新的值来更改“时间格式”。

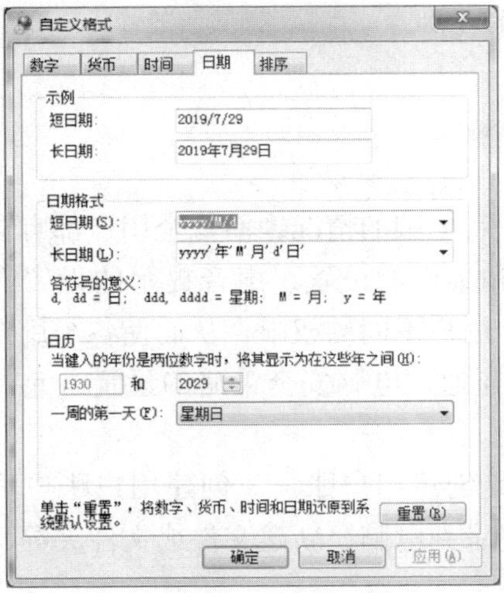

图 2－82 “格式”选项卡

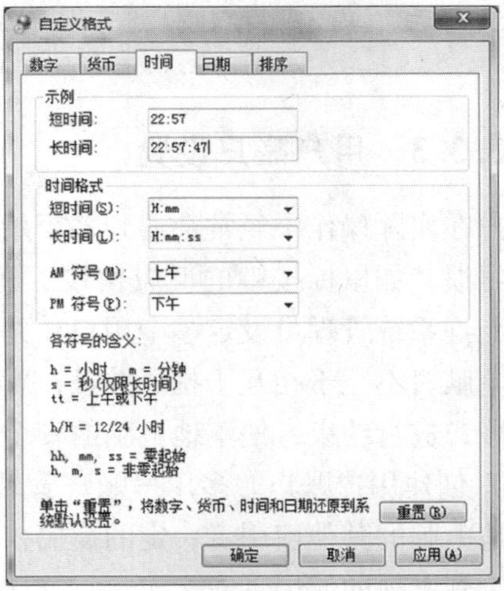

图 2－83 “时间”选项卡

（2）语言设置。Windows 7 提供了多种中文输入法，用户可以根据自己的需要安装或删除某种输入法。

【任务 2－34】将 Windows 7 操作系统的默认输入法设置为“搜狗拼音输入法”，并添加“智能 ABC”输入法。

操作步骤：

（1）在“控制面板”窗口中单击“时间、语言和区域”按钮，打开“时间、语言和区域”窗口，并单击“更改键盘或其他输入法”按钮，打开“区域和语言”对话框“键盘和语言”选项卡，单击“更改键盘”按钮，打开“文本服务和输入语言”对话框“常规”选项卡，如图 2－84 所示。

（2）在“默认输入语言”区域中选择“搜狗拼音输入法”，如图 2－84 所示。

（3）在“已安装的服务”区域中，单击“添加”按钮，弹出“添加输入语言”对话框中选择“全拼”输入法，如图 2－85 所示。

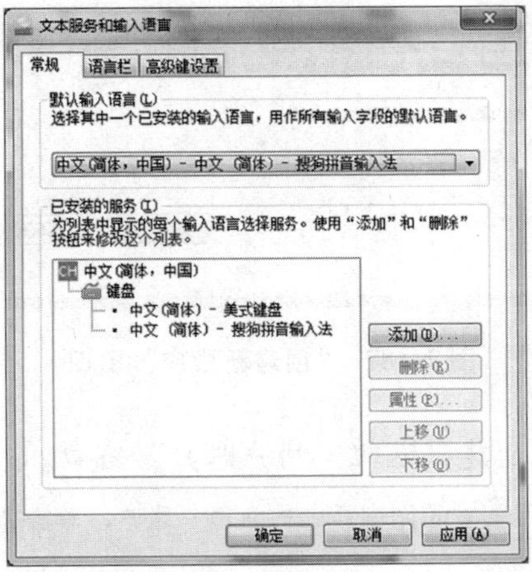

图 2－84 “常规”选项卡

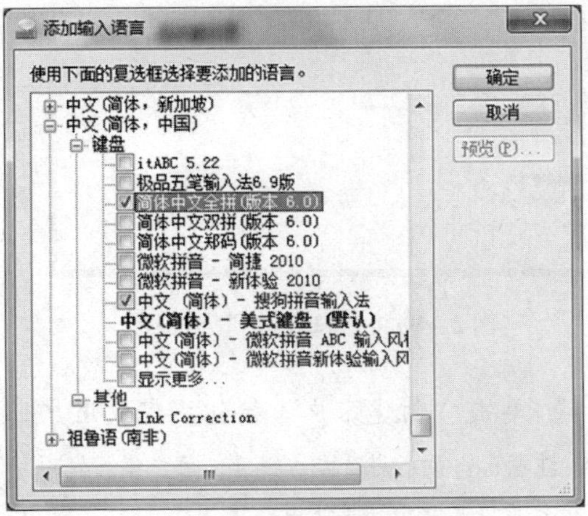

图 2－85 “添加输入语言”对话框

（4）单击“确定”按钮，就可以完成输入法的添加。

2.3.3.3 用户账户设置

用户在实际操作中经常会遇到多个用户共用一台电脑的情况，而每个用户都有自己固定的使用习惯，如鼠标按键的反应快慢、开始菜单和桌面的设置、声音提示的设置等。Windows 7 允许系统管理员设定多个用户，并赋予每个用户不同的权限，从而使各个用户在使用同一台电脑时不至于相互干扰。并且，Windows 7 还通过电脑安全策略的设置，允许管理员对其他账户进行约束，使本地电脑的安全得以保证。

（1）创建用户账户。多用户账户管理的基础是创建用户账户。创建用户账户可以赋予访问本地电脑的其他使用者一定的使用权限，如登录到电脑、新建文件或文件夹等，但同时又不影响到本地的使用者安全。

【任务 2-35】在当前系统下创建一个名为“财务部”的标准用户账户。

操作步骤：

（1）以电脑管理员权限身份登录到 Windows 7 系统。

（2）执行“开始→控制面板→用户账户和家庭安全”命令，打开“用户账户和家庭安全”窗口，点击“添加或删除用户账户”按钮，打开“管理账户”窗口，如图 2-86 所示。

（3）单击“创建一个新账户”按钮，打开“创建新账户”窗口，输入“财务部”，并选择“标准用户”如图 2-87 所示。

图 2-86 “管理账户”窗口

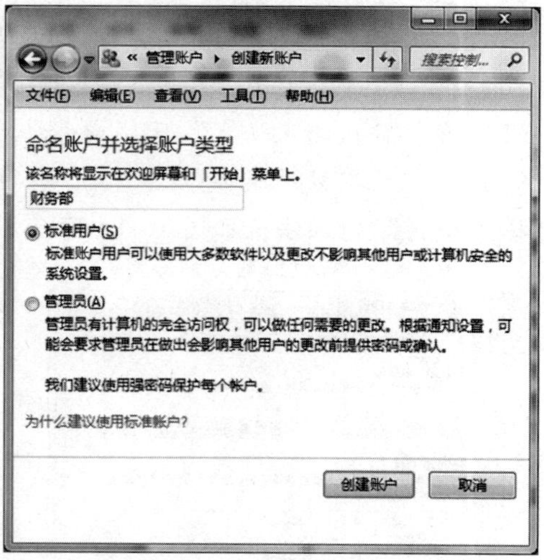

图 2-87 “创建新账户”窗口

（4）单击“创建账户”按钮，完成用户账户的创建，返回“用户账户”窗口。

注意：当重新启动或注销后，用户将会发现登录画面上多了刚刚添加的新用户账户，单击新用户账户的图标就可以其身份登录使用电脑。

（2）设置用户账户属性。电脑管理员类型的账户可以设置自己以及其他账户的名称、图片、账户类型；受限账户只能设置自己账户的图片，若要更改自己的名称、账户类型，应由电脑管理员更改。

【任务 2－36】将用户账户名称由“财务部”更改为“总经理”，并将账户类型更改为“管理员”。

操作步骤：

（1）以电脑管理员权限身份登录到 Windows 7 系统。

（2）打开“管理账户”窗口（图 2－86），单击“财务部”，打开“更改账户”窗口，单击“更改账户名称”按钮，输入“总经理”，如图 2－88 所示。

（3）单击“改变名称”按钮，完成更改，返回“更改账户”对话框。

（4）在“更改账户”对话框，单击“更改账户类型”按钮。

（5）在“更改账户类型”窗口中，选择“管理员”（图 2－89），并单击“更改账户类型”按钮，完成更改。

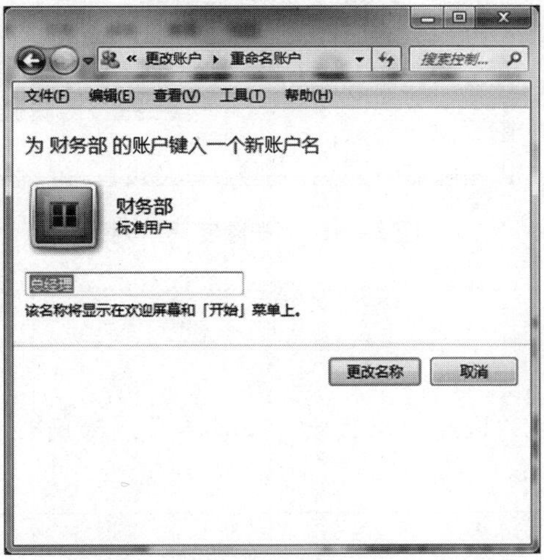

图 2－88　“重命名账户”窗口

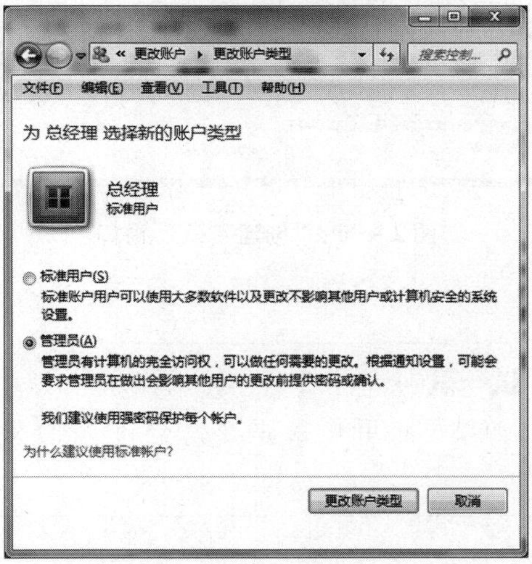

图 2－89　“更改账户类型”窗口

（3）用户账户密码管理。用户账户创建后，是没有创建密码的，因此任何人都可以使用该账户登录电脑，这样不能保护个人隐私和系统安全性，所以建议用户对自己的账户创建密码。系统还允许用户更改、删除密码。

【任务 2－37】将用户账户“总经理”的登录密码设置为“boss”，并设置提示为“老大”。

操作步骤：

（1）打开“管理账户”窗口，单击“总经理”，打开“更改账户”窗口，单击“创建密码”按钮。

（2）打开“创建密码”对话框，在“新密码”文本框中输入密码“boss”，在“确认新密码”文本框中再一次输入密码“boss”。

(3) 在“键入密码提示”框中输入“老大”，如图2-90所示。

(4) 单击“创建密码”按钮，完成更改。

【任务2-38】删除用户账户“总经理”的密码。

操作步骤：

(1) 打开“管理账户”窗口，单击“删除密码”按钮。

(2) 打开“删除密码”对话框，单击“删除密码”按钮，如图2-91所示，完成更改。

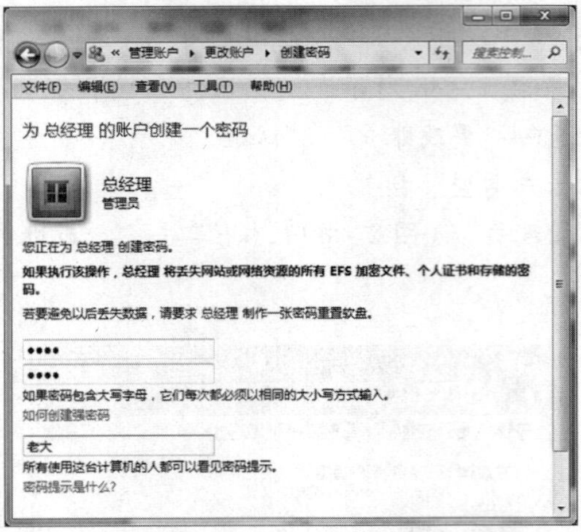

图2-90 “创建密码”窗口

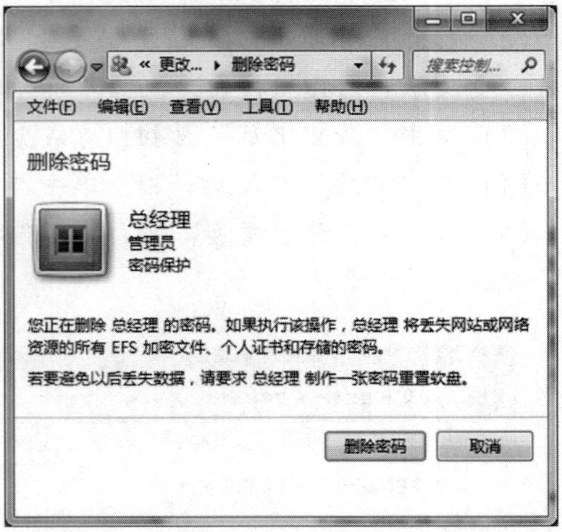

图2-91 “删除密码”对话框

▶▶ 试一试

如果要将用户账户“总经理”的密码由“boss”更改为“myboss”，请问该怎么操作？

2.3.3.4 电源设置

Windows 7为用户提供了不同的电源管理方案，用户可以根据自己的实际情况进行设定，这样不但可以节省电能，而且能更有效地保养计算机，延长其寿命。

设置电源选项的具体步骤如下：

- 在“硬件和声音”窗口（图2-76）中单击“更改电源设置”图标，即可打开“电源选项”窗口，如图2-92所示；
- 在“选择电源计划”栏中，用户可以依据实际需要选择适当的电源计划，并可点击“更改计划设置”按钮，打开“电源选项属性”窗口进行详细设置，如图2-93所示。

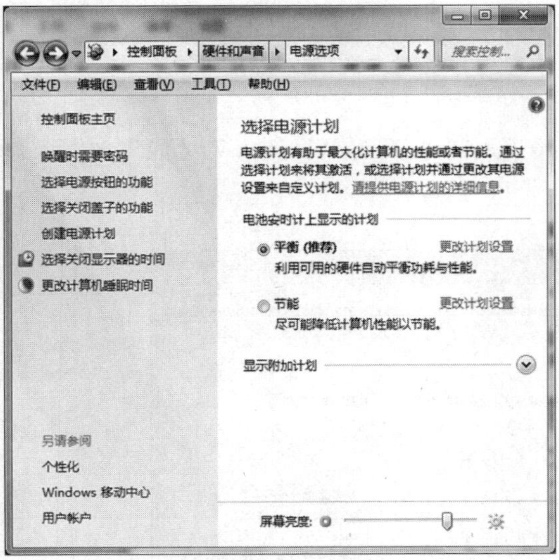

图 2 – 92 “电源选项”窗口

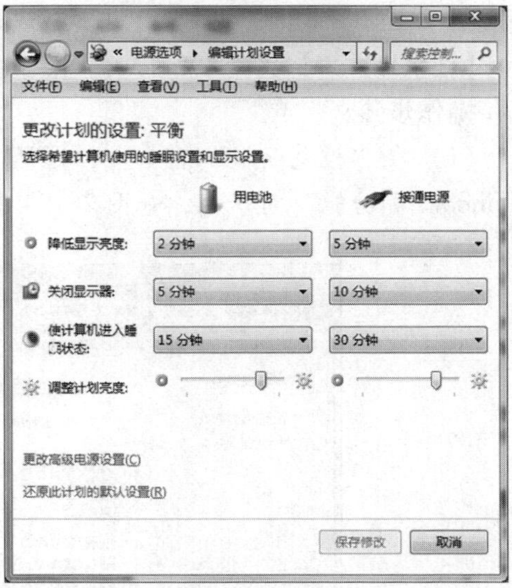

图 2 – 93 “电源选项属性”窗口

2.3.4 软硬件的安装和卸载

2.3.4.1 程序和功能

（1）安装程序。安装应用程序的一般方法是：双击应用程序的安装文件，然后在打开的安装向导中根据提示进行操作。

（2）卸载或更改程序。Windows 7 操作系统已安装的应用程序若不再需要了，则可以通过“卸载程序”来删除，这样不但能够节省磁盘空间，还能提高系统性能。

【任务 2 – 39】 请卸载掉 Windows 7 操作系统上的“迅雷 5”软件。

操作步骤：

（1）单击“开始→控制面板”对话框。

（2）在该对话框中，单击“卸载程序”，进入“程序和功能”窗口。

（3）选中“迅雷 5”，单击“卸载”按钮，如图 2 – 94 所示。

（4）在弹出的对话框中，单击“是”按钮，系统将自动卸载该应用程序。

▶▶ 试一试

请在 Windows 7 操作系统中安装下载软件“迅雷”。

（3）打开或关闭 Windows 功能。Windows 7 默认自带了许多功能，当不需要某些功能或需要使用某些功能完成更多的任务时，可以进行打开或关闭 Windows 7 功能的操作。

【任务2－40】关闭 Windows 7 操作系统“游戏”功能。

操作步骤：

（1）在“控制面板”窗口中，选择“程序→打开或关闭 Windows 7 功能”选项，打开“Windows 7 功能”对话框，如图2－94所示。

图2－94 “程序和功能”窗口

（2）将“游戏”前复选框的“√”去掉，如图2－95所示，单击“确定”完成操作。

图2－95 关闭“游戏”功能

> **▶▶ 试一试**
>
> 请将 Windows 7 的“Internet 信息服务（IIS）”功能打开。

2.3.4.2　设备和打印机

【任务 2－41】 请将打印机添加到 Windows 7 中，并命名为“发票打印专用打印机”。

打印机是电脑常见的输出设备之一，用户可以用它打印文件、图形、照片或计算结果等。电脑也是一种共享资源，所有的应用程序都可以使用同一个打印机资源，而不需要自带打印机驱动程序。Windows 7 操作系统还允许用户添加或删除打印机。

操作步骤：

(1) 在电脑关闭状态下，用数据线将打印机与电脑相连，在分别启动打印机、电脑。

(2) 执行“开始→设备和打印机”命令，打开“设备和打印机”窗口，如图 2－96 所示。

(3) 单击“添加打印机”图标，打开“添加打印机”对话框，单击该对话框中的“添加本地打印机”选项。

(4) 打开“选择打印机端口”对话框，选中“使用现有的端口”单选项，在其下拉列表中选择 LPT1 端口，单击“下一步”按钮。

(5) 打开“安装打印机驱动程序”对话框，选择打印机的相应厂商和型号，如图 2－97 所示，单击“下一步”按钮。

图 2－96 “设备和打印机”窗口

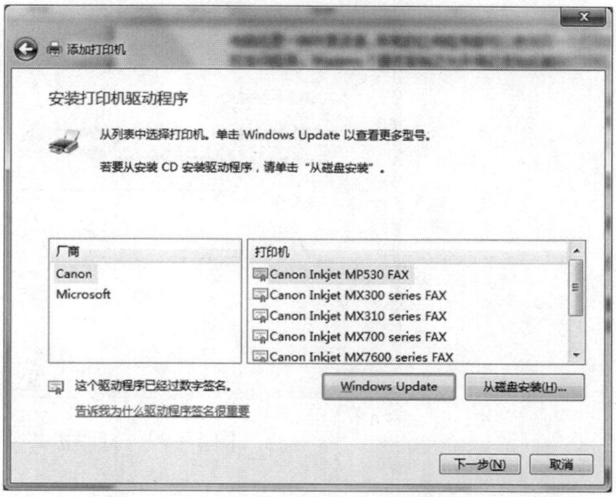

图 2－97 选择打印机厂商和型号窗口

(6) 打开“输入打印机名称”对话框，输入打印机名称“发票打印专用打印机”，如图 2－98 所示，单击“下一步”，系统开始安装选中打印机的驱动程序。

(7) 安装完成后，将打开“打印机共享”对话框，选中“共享这台打印机”单选项，如图 2－99 所示，单击“下一步”按钮，在得到成功添加打印机的提示后，单击“完成”按钮，完成安装。

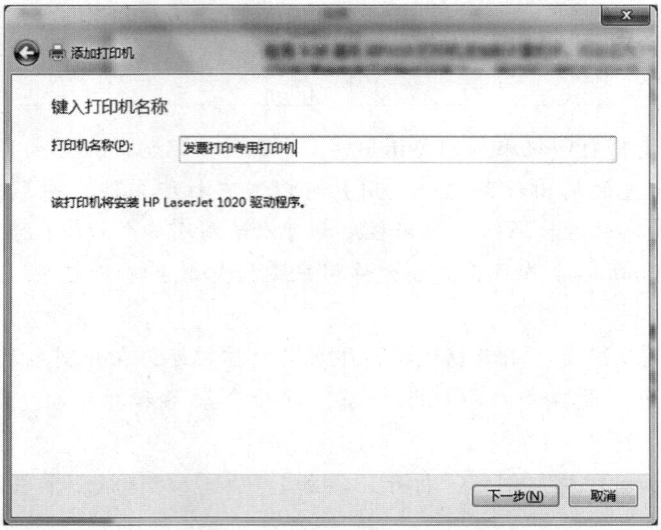

图 2-98　打印机命名设置窗口

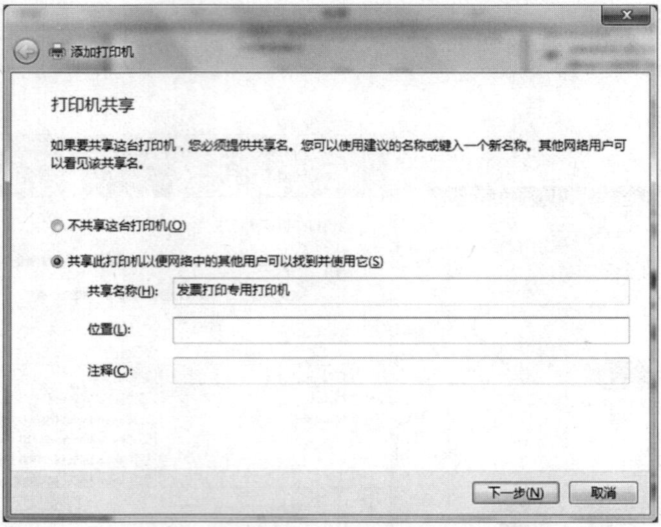

图 2-99　打印机共享设置窗口

【小技巧】

如果用户的所安装的打印机制造商和型号未在列表中显示，可以使用打印机所附带的安装光盘进行安装。单击“从磁盘安装”按钮，打开厂商的安装盘，然后在“制造商文件复制来源”文本框中输入驱动程序文件的正确路径，或者单击“浏览”按钮，在打开的窗口中选择所需的文件，然后单击“确定”按钮。

2.3.5　系统安全与维护

Windows 7 已经自动设置来给用户提供足够的性能，但是还可以进一步改善，通过对系统的设置来提高性能，主要是磁盘性能。在“系统”窗口中用户可以查看和更改系统的属性和配置。

2.3.5.1　查看系统属性

执行“开始→控制面板→系统和安全”命令，打开“系统和安全”窗口（图 2－100），在“系统和安全窗口”中点击“系统”按钮，打开“系统”窗口（图 2－101），用户就可以了解系统信息了。

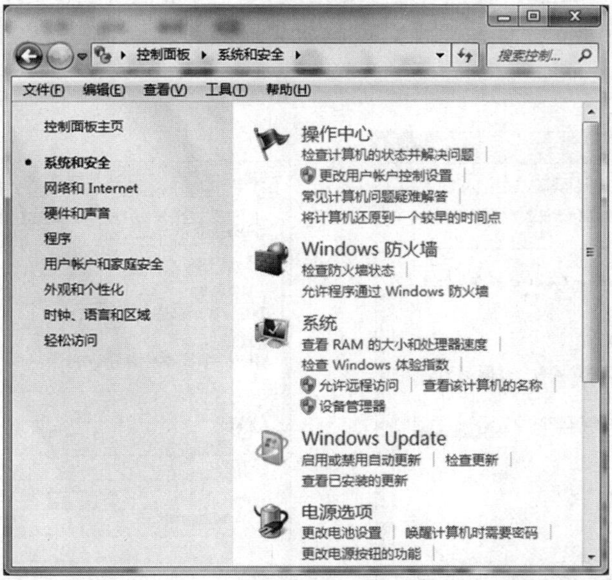

图 2－100　“系统和安全”窗口

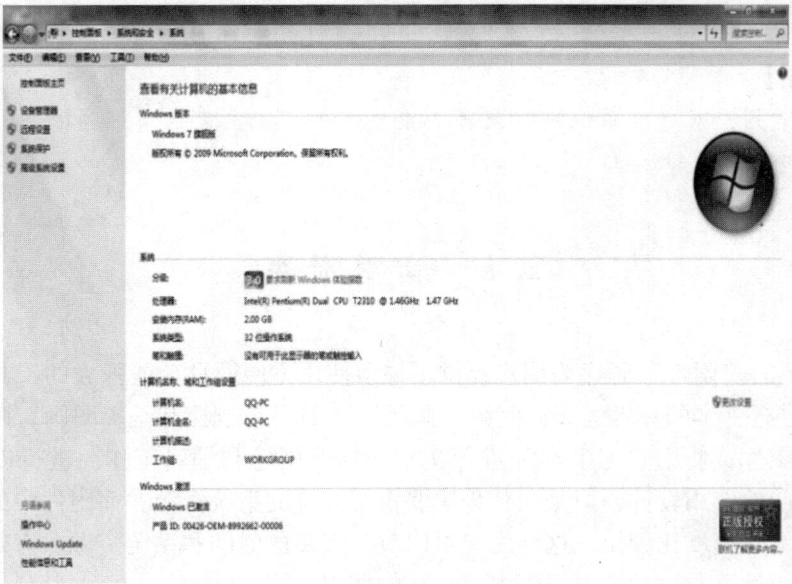

图 2－101　“系统”窗口

2.3.5.2 查看/更改计算机名称

【任务 2-42】请将电脑名称更改为“财经计算机基础教材编写组专用”。

操作步骤：

(1) 打开“系统”窗口，选择“计算机名称、域和工作组设置”中的“更改设置”，打开“系统属性”对话框，选择“计算机名”选项卡，如图 2-102 所示。

(2) 单击“更改”按钮，在“计算机名称更改”对话框（图 2-103）中输入“财经计算机基础教材编写组专用”，单击“确定”按钮完成操作。

(3) 重新启动计算机。

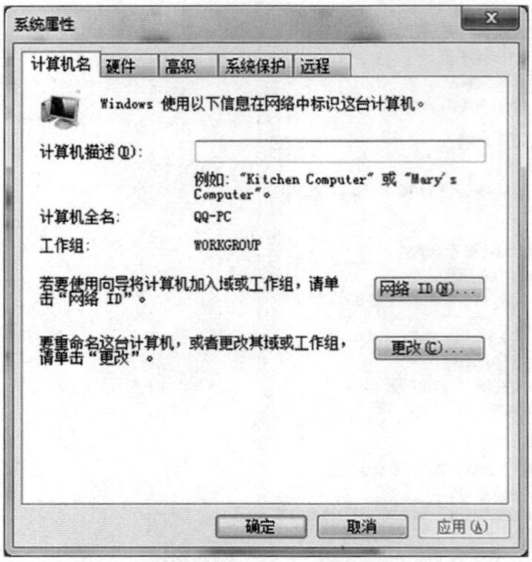

图 2-102 “计算机名”选项卡

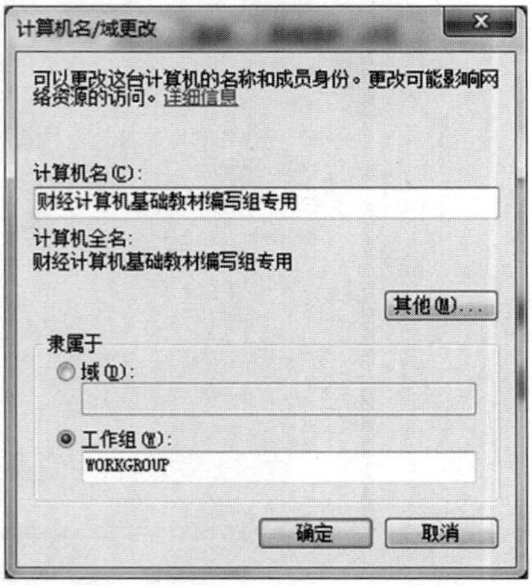

图 2-103 “计算机名称/域更改”对话框

【本节小结】

控制面板是用户对电脑系统进行配置的重要界面，它主包括系统的外观、属性、软硬件、安全 4 大方面。

2.4 常用附件

Windows 7 的“附件”程序为用户提供了许多使用方便而且功能强大的工具，比如使用“计算器”来进行基本的算术运算；使用“画图”工具可以创建和编辑图画，以及显示和编辑扫描获得的图片；使用“记事本”进行文本文档的创建和编辑工作。进行以上工作虽然也可以使用专门的应用软件，但是运行程序要占用大量的系统资源，而附件中的工具都是非常小的程序，运行速度比较快，这样用户可以节省很多的时间和系统资源，有效地提高工作效率。本章介绍计算器、画图、记事本等工具的使用。

2.4.1　计算器

计算器可以帮助用户完成数据的运算，它可分为“标准计算器”“科学计算器”“程序员计算器”“统计信息计算器”4 种。“标准计算器”可以完成日常工作中简单的算术运算，“科学计算器”可以完成较为复杂的科学运算，“程序员”可以完成程序员工作中简单的逻辑运算，“统计信息”可以完成日常统计工作中的统计计算。它的使用方法与日常生活中所使用的计算器的方法一样，可以通过鼠标单击计算器上的按钮来取值，也可以通过从键盘上输入来操作。

2.4.1.1　启动计算器

在使用计算器工具时，可选择“开始→所有程序→附件→计算器”命令，就可以进入计算器窗口，系统默认为“标准计算器”。

2.4.1.2　标准计算器

在处理一般的数据时，用户使用“标准计算器”就可以满足工作和生活的需要了。计算器窗口包括标题栏、菜单栏、数字显示区和工作区共 4 部分，工作区由数字按钮、运算符按钮、存储按钮和操作按钮组成，如图 2－104 所示。

图 2－104　标准计算器组成

存储按钮 MC、MR、MS、M＋、M－的意思分别是：M 表示 Memory，即存储器，是指一个中间数据缓存器；MC 表示 Memory Clear，即清除存储器内容；MR 表示 Memory Read 即读取存储器内容；MS 表示 Memory Save，即保存数值进存储器；M＋表示 Memory Add，即将存储器数值与当前数值相加，并存入存储器；M－表示 Memory Minus，即将存储器数值与当前数值相减，并存入存储器。

【任务 2－43】利用标准计算器计算 1000＋21＊50＋10000＊5% 的结果。

操作步骤：

（1）选择“开始”→“程序”→“附件”→“计算器”，打开计算机。

（2）依次单击按键：1000、MS、21、＊、50、＝、M＋、100 000、＊、0.05、＋、MR、＝，计算结果为 7050 元。

【小技巧】

计算器上通常用一个星号（*）来表示乘法运算，而不是用×号或圆点。因此，当在计算器中输入一个算式时，如2乘以3，实际上应输入2*3。除法运算用“/”符号来表示，如10除以5，实际上应输入10/5。

2.4.1.3 科学计算器

当用户从事复杂的数学计算时，可以选择“查看→科学型”命令，弹出“科学计算器”窗口，科学计算器增加数学函数运算符号，如三角函数、代数函数等。

【任务2-44】 请用科学计算器计算 sin30° + com45°等于多少。

2.4.1.4 程序员计算器

当用户从事逻辑运算时，可以选择“查看→程序员”命令，弹出“程序员计算器”窗口，程序员计算器增加了数制转换、逻辑运算等运算符号。

【任务2-45】 请用程序员计算器计算十进制数 108 转换成二进制数是多少？

2.4.1.5 统计信息计算器

当用户从事统计计算时，可以选择“查看→统计信息”命令，弹出“统计信息计算器”窗口，统计信息计算器增加了平均值、平方平均值、和、平方和、标准差等运算符号。

【任务2-46】 请用统计信息计算器计算数列｛1，2，3，4，5｝的平均值、平方平均值、和、平方和分别是多少？

想一想，试一试

你注意到了吗？Windows 7 的计算器除了以上计算模式以外，还提供了单位转换、日期计算、抵押、汽车租赁、耗油等常用的计算工具。去试一试这些功能吧。

2.4.2 画图

“画图”程序是一个位图编辑器，可以对各种位图格式的图画进行编辑，用户可以自己绘制图画，也可以对扫描的图片进行编辑修改，在编辑完成后，可以以 PNG、JPEG、BMP、GIF 等格式存档，用户还可以发送到桌面和其他文本文档中。

2.4.2.1　启动画图程序

在使用画图工具时，可执行“开始→所有程序→附件→画图”命令，就可以进入画图窗口。

【小技巧】

如何在桌面创建“画图快捷方式”？操作步骤如下：(1) 选择“开始→所有程序→附件→画图”；(2) 用鼠标对准“画图”选项，单击右键；(3) 在弹出窗口中选择“发送到→桌面快捷方式”命令；(4) 单击左键，操作完毕，在桌面就会出现“画图”的快捷方式。

2.4.2.2　认识画图窗口

画图工具的程序界面由标题栏、菜单栏、工具栏、状态栏、绘图区构成，如图 2－105 所示。

2.4.2.3　页面设置

在用户使用画图程序之前，首先要根据自己的实际需要进行画布的选择，也就是要进行页面设置，确定所要绘制的图画大小以及各种具体的格式。用户可以通过选择“画图→打印→页面设置”命令来实现，如图 2－106 所示。在“页面设置”对话框中，可以进行相应的设置。

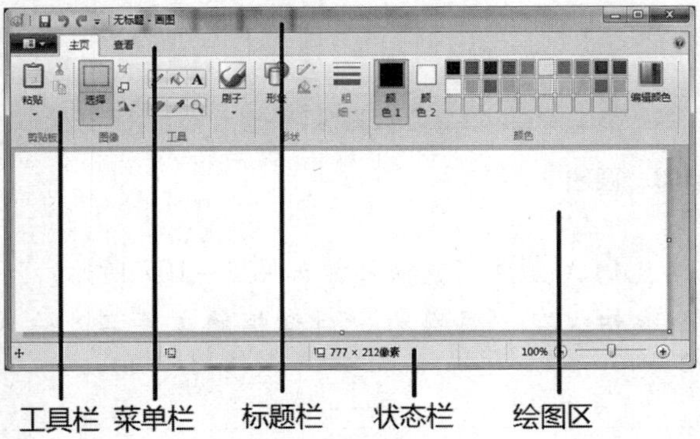

图 2－105　画图窗口

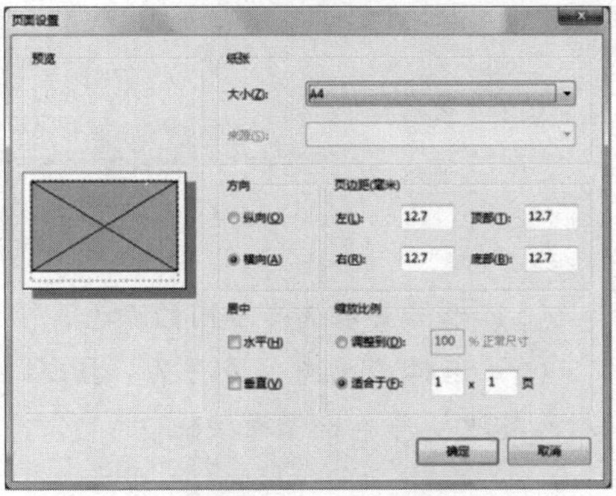

图 2－106　页面设置对话框

2.4.2.4　工具栏使用

【任务 2－47】请使用画图工具画出彩色“奥迪轿车标志”(如图 2－107 彩色的“奥迪”标志图)，并将图片命名为“彩色奥迪”，以 JPEG 格式保存。

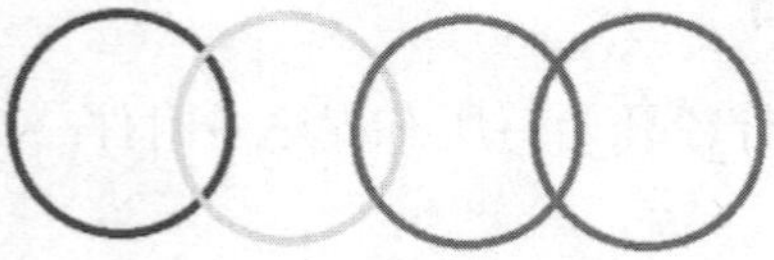

图 2 – 107　彩色的“奥迪”标志图

操作步骤:

(1) 选择“开始”→“所有程序”→“附件”→“画图”打开画图工具。

(2) 在“主页”命令栏下，单击“形状”区域中的椭圆标志。

(3) 将“颜色”选区中的“颜色 1 (前景色)”修改为“红色”。

(4) 在绘图区按住 Shift 健的同时，点击鼠标左键，拖出一个圆圈，如图 2 – 108 所示。

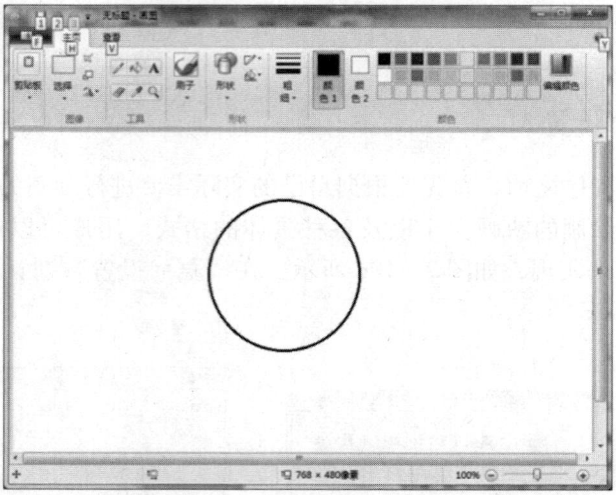

图 2 – 108　圆圈

(5) 根据要求选择不同的颜色，重复动作 (4)，直至完成操作，如图 2 – 107 所示。

(6) 选择“画图→另存为→JPEG 图片”按钮，在“另存为”对话框的文件名处输入“彩色奥迪”并单击保存按钮。

2.4.2.5　文件处理

(1) 保存文件。“画图”软件默认以位图格式保存图片，以位图格式保存的文件一般以 . PNG 为扩展名，也可以以其他的格式（如 BMP、JPEG、GIF 等）存档。执行“画图→保存/另存为”命令（图 2 – 109），弹出“保存为”对话框（图 2 – 110），用户可在“保存在”选项组中选择文件保存位置，在“文件名”选项组中填写文件名，在“保存类型”选项组中选择文件格式，最后单击“保存”按钮确定保存。

(2) 设置为墙纸/打印。当用户的一幅作品完成后，可以设置为墙纸，还可以打印输出，具体的操作都是在“文件”菜单（图 2－109）中实现的，用户可以直接执行相关的命令。

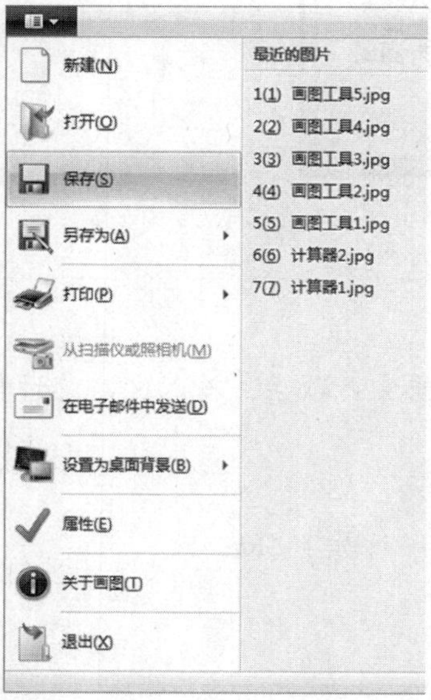

图 2－109　“文件”菜单

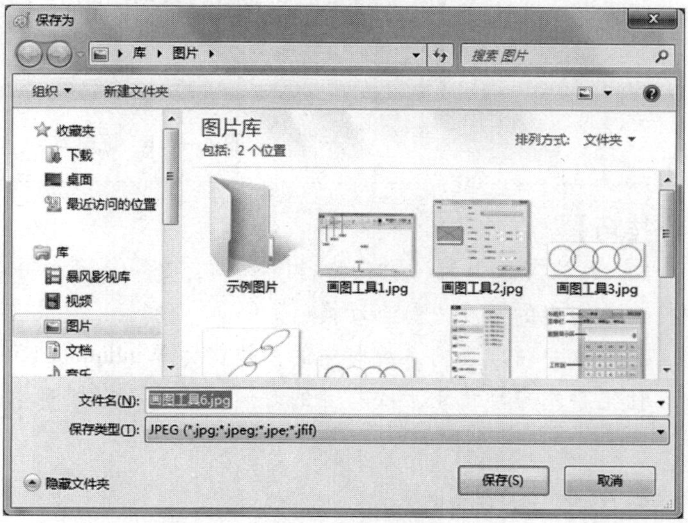

图 2－110　“保存为”对话框

想一想，试一试

利用“画图”工具，画出具有自己个性特点的图画，并设置为电脑的桌面。

2.4.3　记事本

记事本用于纯文本文档的编辑，功能没有写字板强大，适于编写一些篇幅短小的文件，由于它使用方便、快捷，应用也是比较多的。

【任务 2－48】 打开记事本程序，将输入以下信息，保存记事本并命名为“李克强总理的两堂经济公开课”。

录入内容： 十多天前，国务院总理李克强在人民大会堂主讲了一堂形象生动的经济公开课。10 月 21 日，在中国工会第十六次全国代表大会上，他所做的经济形势报告，对中国经济发展现状和未来中长期走势做出了深入浅出的分析，并且从头到尾“没有讲稿”。

操作步骤：

（1）选择“开始”→“程序”→“附件”→“记事本”。

（2）在记事本中录入上述内容，如图 2－111 所示。

（3）单击“文件”→“保存”，再“另存为”对话框的“文件名”处输入“李克强总理的两堂经济公开课”并单击保存按钮。

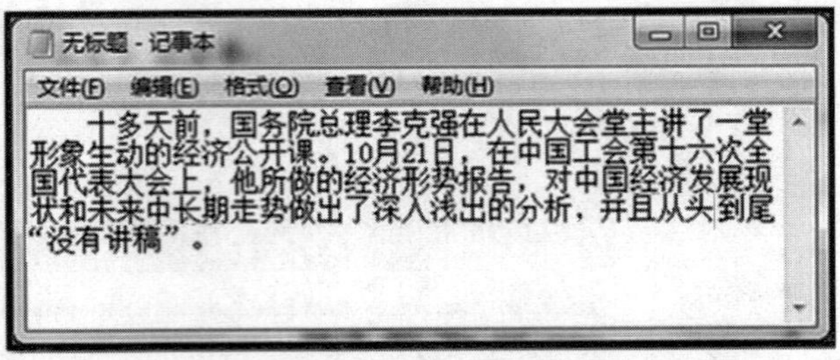

图 2－111　记事本

【小技巧】

“格式”菜单中的“自动换行”选项，是一个开关命令。选中此项后，输入文字的过程中按当前窗口的宽度进行自动换行。

记事本中获取当前系统时间的快捷键为 Windows + F5。

让记事本自动记录上次打开的时间的方法：在记事本的第一行加上 . log。

2.4.4　录音机

【任务 2－49】 请一位同学朗诵“李克强总理的两堂经济公开课”（图 2－111），并录制下来。

操作步骤：

（1）单击“开始”按钮，选择“所有程序→所有附件→录音机”命令，如图 2－112 所示。

图 2－112　“录音机”窗口

（2）单击 ● 开始录制(S) 按钮，即可开始录音。

（3）录制完毕后，单击 ■ 停止录制(S) 按钮，系统自动打开“另存为”对话框，选择好保存路径及名称即可。

注意： 停止录制以后，如果想继续录制的话，可在“另存为”对话框中选择“取消”按钮，再单击 ● 继续录制(S) 即可。

【本节小结】

（1）使用“计算器”程序的操作与使用普通袖珍型计算机相同。

（2）使用“画图”程序能够绘制图片，并且能够对照片和其他图形图像进行一些基本的编辑操作。

(3) 使用“记事本”程序可处理纯文本文档，即无格式的文本。

(4) 使用录音机录制声音。

本章总结

本章全面详细地介绍了 Windows 7 的各项功能及其操作和管理方法，包括系统的功能、发展和分类等基本知识，系统的资源管理器、控制面板、常用软件等基本技巧。

测试题 2

1. 在 Windows 7 环境下，整个显示屏幕称为（　　）。

A. 窗口　　B. 桌面

C. 对话框　　D. 资源管理器

2. 如果在对话框要进行各个选项卡之间的切换，可以使用的快捷键是（　　）。

A. Ctrl + Tab 快捷键　　B. Ctrl + Shift 快捷键

C. Alt + Shift 快捷键　　D. Ctrl + Alt 快捷键

3. 若想直接删除文件或文件夹，而不将其放入“回收站”中，可在拖到“回收站”时按住（　　）键。

A. Shift　　B. Alt

C. Ctrl　　D. Delete

4. 当一个窗口已经最大化后，下列叙述中，错误的是（　　）。

A. 该窗口可以被关闭　　B. 该窗口可以移动

C. 该窗口可以最小化　　D. 该窗口可以还原

5. 将运行中的应用程序窗口最小化后，应用程序（　　）。

A. 还在继续运行　　B. 停止运行

C. 被删除掉　　D. 出错

6. 以下对话框元素中，只有（　　）中能输入文本。

A. 文本框　　B. 单选框

C. 复选框　　D. 列表框

7. 下列文件名中，合法的文件名是（　　）。

A. My. PROG　　B. A\B\C

C. TEXT * . TXT　　D. A/S. DOC

8. 回收站是（　　）的一块区域，而剪贴板是（　　）的一块区域。

A. 内存中　　B. 软盘上

C. 硬盘上　　D. CPU 中

9. 在 Windows 7 的“回收站”中，存放的（　　）。

A. 只能是硬盘上被删除的文件或文件夹

B. 只能是软盘上被删除的文件或文件夹

C. 可以是所有外存储器中被删除的文件或文件夹

D. 可以是硬盘或软盘上被删除的文件或文件夹

10. 文件的类型可以根据（　　）来识别。

A. 文件的大小　　B. 文件的扩展名

C. 文件的用途　　D. 文件的存放位置

11. 在 Windows 7 操作系统中，显示桌面的快捷键是（　　）。

A. “Win”+“P”　　B. “Win”+“Tab”

C. “Win”+“D”　　D. “Alt”+“Tab”

12. 在 Windows 7 操作系统中，关于快捷方式的叙述不正确的是（　　）。

A. 快捷方式是一种扩展名为 .LNK 的特殊文件

B. 快捷方式文件的图标左下角有一个小箭头

C. 文件中存放的是一个指向另一个文件的指针

D. 删除快捷方式文件意味着删除它所指向的文件

13. 在常用软件的使用中，鼠标的复制、剪切、粘贴操作可以通过键盘的快捷键方式来实现，以提高工作效率。以下复制、剪切、粘贴快捷键的正确组合是（　　）。

A. Ctrl + D、Ctrl + X、Ctrl + V　　B. Ctrl + C、Ctrl + X、Ctrl + V

C. Ctrl + X、Ctrl + D、Ctrl + C　　D. Ctrl + V、Ctrl + D、Ctrl + X

14. 执行硬盘格式化后，硬盘原有的数据会（　）。

A. 全部丢失　　B. 被放入回收站

C. 变得有条理　　D. 更安全

第3章

文字处理软件 Word 2010

Word 2010 是 Office 2010 办公软件中的一个重要组件，它提供了直观的操作界面和丰富的命令工具，是一个具有所见即所得，易学易用等特点的文字、图、表格等混排软件，是当前最受广大用户欢迎的文字处理软件之一，被广泛应用于文稿制作、格式处理、图文排版和图表制作等方面。

本章主要内容结构如图 3－1 所示。

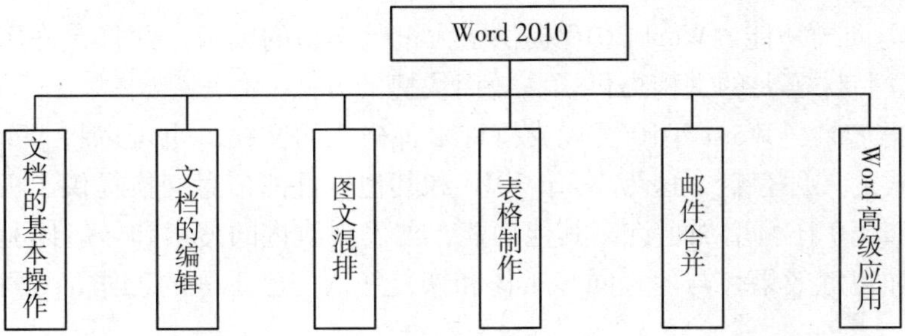

图 3－1　本章内容结构

学习目标

1. 掌握 Word 2010 的基本功能、启动和退出；
2. 掌握文档的创建、打开、输入、保存、编辑和打印等基本操作；
3. 掌握文字的格式化、段落格式化、页面设置和特殊格式化；
4. 掌握表格的创建和编辑、属性设置、数据处理、表格与文本的转换；
5. 掌握图片、图形、艺术字、文本框和公式的插入和编辑；
6. 掌握 Word 的高级应用。

3.1　Word 2010 文档的基本操作

Word 用于制作和编辑办公文档，通过它不仅可以进行文字的输入、编辑、排版和打印，而且还可以制作出图文并茂的各种办公和商业文档。本节通过制作会议通知文档，了解 Word 的功能、打开、关闭和操作界面等知识，掌握文档的基本操作。

3.1.1　Word 2010 简介

3.1.1.1　Word 2010 基本功能

Word 2010 的主要功能和特点概括为以下几点：

（1）所见即所得，使用 Word 2010 软件编排文档，使得打印效果在屏幕上一目了然。

（2）简单易学易用，Word 2010 的操作界面友好，提供了各种功能强大的工具，利用鼠标就可以完成选择和格式化设置等编辑处理操作。

（3）多媒体混排，用 Word 2010 可以编辑文字图形、图像、声音、动画，还可以插入其他软件制作的信息，也可以用 Word 2010 提供的绘图工具进行图形制作，编辑艺术字、数学公式，能够满足用户的各种文档处理要求。

（4）Word 2010 提供了强大的制表功能，不仅可以自动制表，也可以手动制表，表格中的数据可以自动计算，表格还可以进行各种修饰，既轻松又美观，既快捷又方便。

（5）Word 2010 提供了拼写和语法检查功能，提高了英文文章编辑的正确性，如果发现语法错误或拼写错误并提供修正的建议。

（6）模板与向导功能，Word 2010 提供了大量且丰富的模板，并且允许用户自己定义模板，为用户建立特殊需要的文档提供了高效而快捷的方法。

（7）超强兼容性，Word 2010 可以支持许多种格式的文档，也可以将 Word 2010 编辑的文档以其他格式的文件存盘，这为 Word 2010 和其他软件的信息交换提供了极大的方便。

（8）Word 2010 还新增加了许多其他功能，如发现改进的搜索和导航体验、屏幕截图功能、向文本添加视觉效果、与他人同步工作和恢复您认为已丢失的工作，等等。

3.1.1.2 Word 2010 的启动和退出

（1）Word 2010 的启动。单击在屏幕左下角的“开始”菜单，执行“所有程序”→“Microsoft Office”→“Microsoft Word 2010”命令。

在桌面上如果生成一个 Word 2010 的快捷方式，双击 Word 2010 图标 启动。

在“资源管理器”中双击已经存在的 Word 2010 文档也可以启动 Word 2010，同时打开该文档。

当 Word 2010 启动后，出现如图 3－2 所示的窗口。

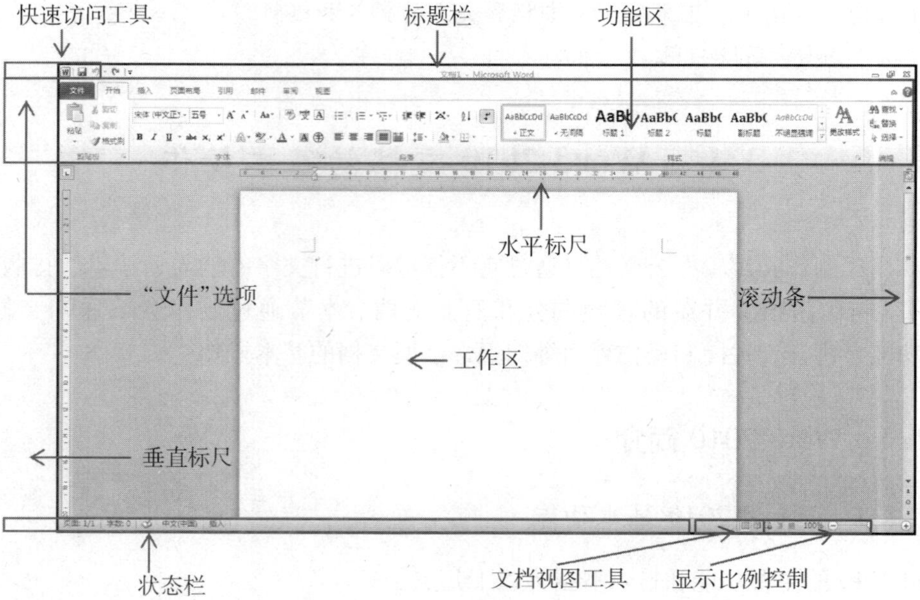

图 3－2

（2）Word 2010 的退出。单击“文件”选项卡中的“退出”命令，将执行 Word 退出操作。在执行退出 Word 2010 操作时，如有文档输入或修改后尚未保存，那么 Word 2010 将会弹出一个对话框来询问是否要保存该文档，选择“保存”按钮则会再弹出“保存”对话框或直接保存，选择“不保存”按钮则不保存文档或放弃对文档的修改直接退出 Word 2010，选择“取消”按钮则取消退出或关闭操作，回到 Word 2010 对当前文档的工作状态。

3.1.1.3 Word 2010 的操作界面

Word 2010 窗口由标题栏、快速访问工具栏、文件选项卡、功能区、工作区、状态栏、文档视图具栏和显示比例控制栏等几个部分组成，如图 3-2 所示。

【小技巧】

在 Word 2010 中，“快速访问工具栏”和“功能区”都可以通过“文件”→“选项”来进行自定义。

3.1.2 文档的新建

【任务 3-1】新建一个 Word 文档，用于制作会议通知文档。

操作步骤：

单击“文件”选项卡→“新建”命令→选择“空白文档”→“创建”新文档。

Word 用于制作和编辑办公文档。使用 Word 制作文档的第一步操作是新建一篇 Word 文档，其新建方式为：当启动 Word 2010 程序后，它就自动创建并打开一个空白文档，临时暂存名为“文档 1”，这时用户可以开始对新文档进行后续的相关操作了。除了系统自动创建文档的办法之外，如果在文档的编辑过程中还需要创建新文档，还可以通过以下的方法创建 Word 2010 新文档：

①单击“文件”选项卡→“新建”命令，选择相应的模板创建新文档，Word 2010 中的模板可以联网从 Office. com 中搜索并下载下来。

②直接按快捷键“Ctrl + N”来创建。

③在操作系统的桌面空白位置或者文件夹中单击鼠标右键→“新建”命令→“Microsoft Word 文档”命令。

3.1.3 文档内容的输入

3.1.3.1 输入基本字符

当启动 Word 2010 或者新建一个 Word 文档后，在窗口的工作区有一个闪烁着的黑色竖条“|”，称为插入点，它表明输入的字符（包括图片、表格和特殊符号等）出现的位置。输入内容时，插入点自动向右移动，当输入到每行的末尾时 Word 2010 会自动换行将插入点移动到下一行的开头。

【任务3-2】输入远景能源公司的“会议通知”。

操作步骤：

（1）切换到中文输入法，在文档的开头输入“广州市远景能源公司关于召开第二季度工作小结会议的通知”后按下 ENTER 键，将输入一个段落符号“↵”并将光标跳至下一行的开头位置，依据通知内容依次输入文字，如图 3-3 所示。

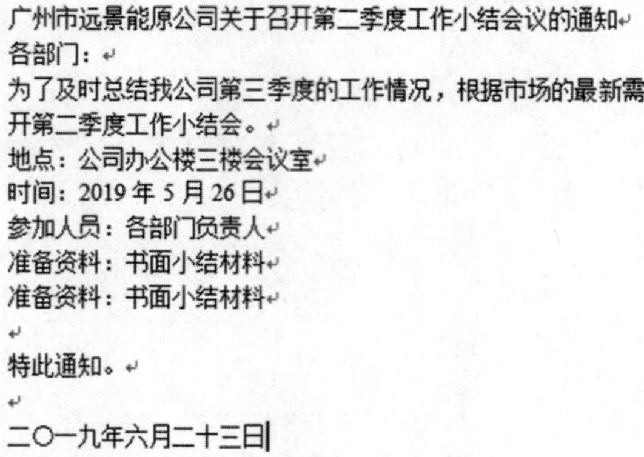
广州市远景能原公司关于召开第二季度工作小结会议的通知↵
各部门：↵
为了及时总结我公司第三季度的工作情况，根据市场的最新需求调整工作部署，决定召开第二季度工作小结会。↵
地点：公司办公楼三楼会议室↵
时间：2019 年 5 月 26 日↵
参加人员：各部门负责人↵
准备资料：书面小结材料↵
准备资料：书面小结材料↵
↵
特此通知。↵
↵
二〇一九年六月二十三日

图 3-3　输入日期

（2）输入日期和时间。

✧ 输入“日期：”之后，可以按顺序依次按【2】【0】【1】【9】键，输入数字 2019，用同样的方法输入 5 月和 26 日。

✧ 输入当天的日期也可以用“插入”功能区→“文本”功能组→“日期和时间”命令插入日期和时间，如图 3-4 所示，输入“二〇一九年六月二十三日”。

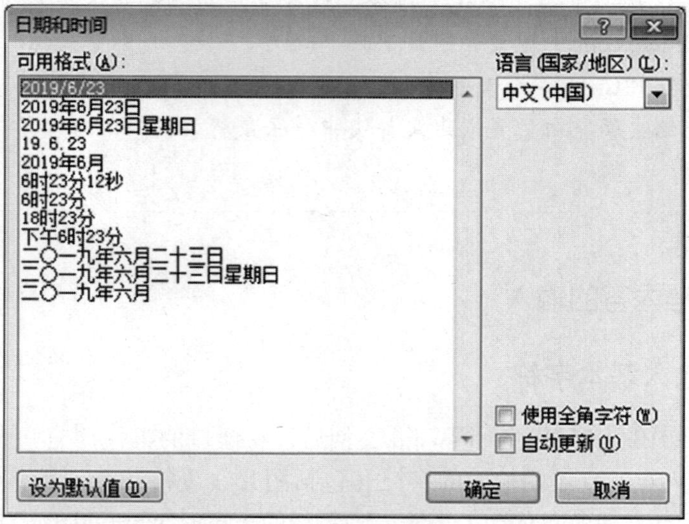

图 3-4　输入当天的日期

在 Word 2010 中输入文本时应注意以下几点内容：

（1）“全角”和“半角”。标点符号和空格等符号在“半角”方式下占一个字符的位置，而在“全角”方式下则占两个字符的位置。

（2）回车符。在文档的工作区按下回车键（Enter 键），在插入点处输入了一个段落符号（回车符）“↵”。表示当前段落的结束和新段落的开始，插入点移动到新段落的开头。段落与段落之间是用回车符分隔开的，合并段落的操作就是将段落间的回车符“↵”删除；而拆分段落的方法正好相反，将插入点移到要拆分处，键入回车符即可。按下回车键后，新段落的格式会自动“继承”上一段落的格式。回车符“↵”不会被打印出来，如果在 Word 2010 中显示/隐藏回车符则执行“文件”→“选项”中的“显示”选项，在该对话框窗口右侧的“段落标记”复选框上执行选中/取消操作，即可显示/隐藏回车符。

（3）换行符。如果要另起一行，不另起一个段落，可以输入换行符：按组合键 Shift + Enter 或单击“页面布局”功能区→“页面设置”组→“分隔符”按钮分隔符，选择“自动换行符”即可。换行符显示为“↓”，同样不会被打印出来。换行符显示为“↓”，与回车符“↵”不同，“回车”是一个段落的结束，开始新的段落，“换行”只是另起一行显示文档的内容。

（4）文档中红色和绿色波形下划线的含义。如果没有在文本中设置下划线格式，却在文本中出现了红色或绿色的波形下划线，可能是 Word 2010 处在检查“拼写和语法”状态，用红色波形下划线表示可能的拼写错误，用绿色波形下划线表示可能的语法错误。启动/关闭检查“拼写和语法”的操作是：单击“审阅”功能区→“语言”组中“语言”按钮，执行菜单中的“设置校对语言”命令，在打开的“语言”对话框中，对“不检查拼写或语法”复选框撤销/选中即可启动/关闭“拼写和语法”检查；通过“只隐藏此文档中的拼写错误”和“只隐藏此文档中的语法错误”来设置显示/隐藏检查“拼写和语法”出现的波形下划线，其操作是：执行“文件”选项卡→“选项”中的“校对”选项，在该对话框窗口右侧的“只隐藏此文档中的拼写错误”和“只隐藏此文档中的语法错误”复选框上执行选中/取消操作，即可显示/隐藏。

3.1.3.2　输入特殊字符

在文档的录入过程中，除了字母、数字、汉字和常用的标点符号外，还有可能需要录入一些特殊的符号。一般的符号可以通过键盘直接输入，但一些特殊的图形化符号却不能直接输入，如“◆”和“✈”等。这些符号可以通过“插入”→“符号”插入“◆”符号。

【任务 3－3】在远景能源公司的“会议通知”文档中，输入“◆”符号，效果如图 3－5 所示。

操作步骤：

（1）单击“插入”功能区→“符号”组中的“符号”按钮Ω，在随之出现的列表框中，上方列出了最近插入过符号，下方是“其他符号”按钮，点击“其他符号”按钮。

（2）在“符号”对话框中的字体下拉列表中选择“（普通文本）”和“几何图形符”子集，如图 3－6 所示，选择所需字符“◆”，单击“插入”按钮。

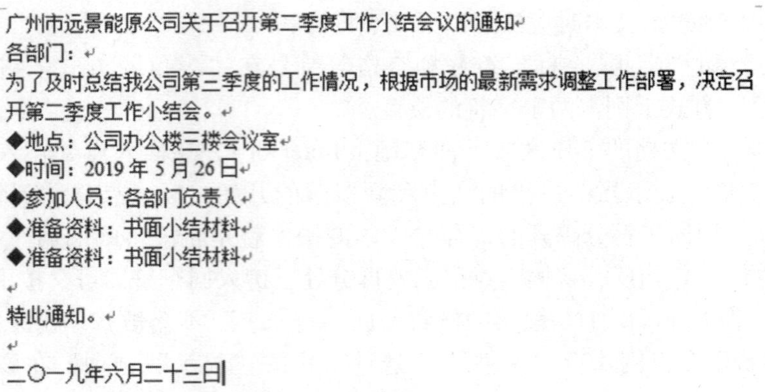
广州市远景能原公司关于召开第二季度工作小结会议的通知

各部门：

为了及时总结我公司第三季度的工作情况，根据市场的最新需求调整工作部署，决定召开第二季度工作小结会。

◆地点：公司办公楼三楼会议室

◆时间：2019 年 5 月 26 日

◆参加人员：各部门员责人

◆准备资料：书面小结材料

◆准备资料：书面小结材料

特此通知。

二〇一九年六月二十三日

图 3-5　输入"◆"符号

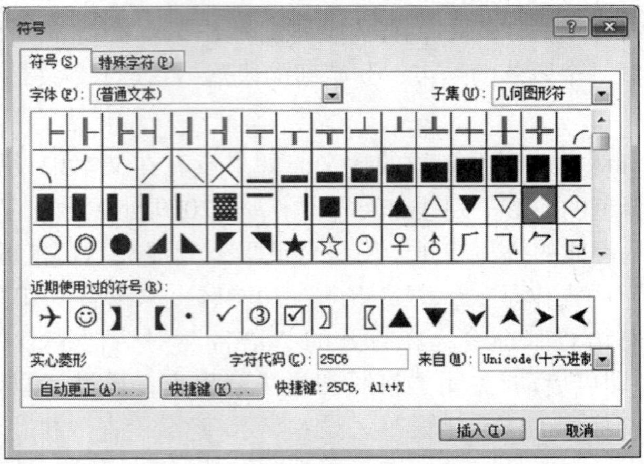

图 3-6　选择下拉列表子集

(3) 重复上述步骤，一一插入到文档当中。

3.1.4　文本的基本操作

Word 2010 作为文档处理软件，有强大的文档编辑功能。在文档录入内容之后，难免会需要对某个字符、某个词组、某段或整篇文档进行修改，这时需要在 Word 中进行各种基本的编辑操作。文档基本的操作主要包括文本的选定、文本的复制和移动、文本的撤销和恢复以及文本的查找和替换等。

3.1.4.1　文本的选定

编辑对象的选定是执行编辑操作前的重要步骤。在文档中，当鼠标指针显示为"I"形的区域是文档的编辑区；当鼠标指针移动到文档编辑区的左侧空白处，鼠标指针显示为指向右上方的 ↗ 形时，这个空白区域称为文档选定区，文档选定区可以用于快速选定文本。

（1）用鼠标选定文本。

- 选定任意大小的文本区：首先将 I 鼠标指针移动到要选择的文本开始处，按下鼠标左键不松开，拖动鼠标指针到所要选定的文本结束处并松开鼠标左键。这样，鼠标所拖过的区域被选定，并以反白的方式显示出来。
- 选定大块文本：首先将插入点光标移动到所要选定的文本的开始处，然后按住 Shift 键，配合滚动条移动找到所要选定的文本的结束处，单击鼠标左键要选定区域的末尾，则前后两次范围中所包括的文本被选定。
- 选定矩形区域中的文本：将鼠标指针移动到所选区域的左上角，按住 Alt 键，拖动鼠标直到所选文本区域的右下角，松开鼠标。
- 选定一个句子：按住 Ctrl 键，将鼠标指针移动到所要选定句子的任意处单击鼠标左键。
- 选定一个段落：将鼠标指针移动到所要选定段落的任意处连击三下，或者将鼠标指针移动到该段文本的文档选定区，当鼠标指针变成 ↗ 形时双击鼠标左键。
- 选定一行或多行：将鼠标指针移动到所要选定这一行文本左端的文档选定区，当鼠标指针变成 ↗ 形时，单击鼠标左键可选定一行文本，如果上下拖动鼠标则可选定若干行文本。
- 选定整个文档：移动鼠标指针到编辑区左侧文档选定区，快速连击鼠标左键三下或按住 Ctrl 键单击鼠标左键，也可以单击“开始”功能区→“编辑”组中的“选择”命令 选择 右侧的 ▾ 按钮，在弹出的列表中选择“全选”或“Ctrl + A”快捷键选定全文。

（2）使用键盘选定文本。先将插入点光标移动到所选文本区的开始处，然后使用表 3 – 1 所示的组合键选定文本。

表 3 – 1　常用选定文本的组合键

键　面	功 能 说 明
Shift + ←	选定当前光标左边的一个字符
Shift + →	选定当前光标右边的一个字符
Shift + ↑	选定到上一行同一位置之间的所有文本
Shift + ↓	选定到下一行同一位置之间的所有文本
Shift + Home	选定从插入点到所在行开头的文本
Shift + End	选定从插入点到所在行末尾的文本
Shift + Page Up	选定上一屏的文本
Shift + Page Down	选定下一屏的文本
Ctrl + Shift + Home	选定从插入点到文档首
Ctrl + Shift + End	选定从插入点到文档尾
Ctrl + A	选定整个文档

（3）取消选定的方法。如果要取消文本的选定，可以用鼠标单击文档工作区的任意位置或按键盘上的任一个方向的箭头键。

3.1.4.2　文本的复制和移动

（1）移动文本。移动文本的操作是把需要移动的文本从一个位置移动到另一个位置。

【任务 3－4】在远景能源公司的“会议通知”文档中，把时间和地点交换位置，效果如图 3－7 所示。

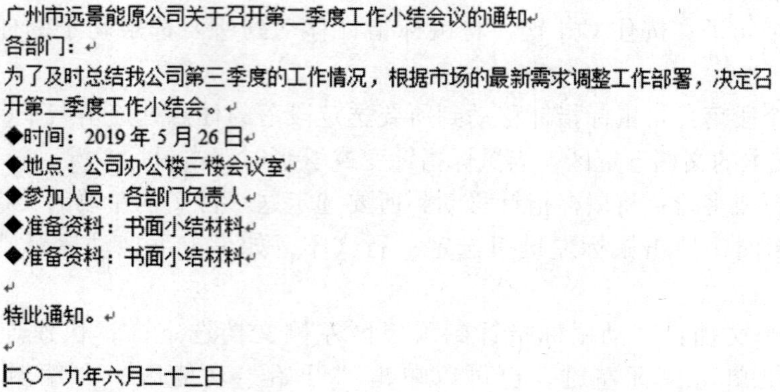
广州市远景能原公司关于召开第二季度工作小结会议的通知
各部门：
为了及时总结我公司第三季度的工作情况，根据市场的最新需求调整工作部署，决定召开第二季度工作小结会。
◆时间：2019 年 5 月 26 日
◆地点：公司办公楼三楼会议室
◆参加人员：各部门负责人
◆准备资料：书面小结材料
◆准备资料：书面小结材料

特此通知。

二〇一九年六月二十三日

图 3－7　时间地点换位

操作步骤：

（1）将鼠标指针移动到“地点”行的文档选定区，当鼠标指针变成⇗形时双击鼠标左键。

（2）单击“开始”功能区→“剪切板”组中“剪切”命令。

（3）将光标“|”定位至“参加人员前面”。

（4）单击“开始”功能区→“剪切板”组中“粘贴”按钮中保留源格式粘贴。

在 Word 2010 中，常用的移动方法有：

第一，使用剪切命令。先选中需要移动的文本，执行剪切命令（使用“开始”功能区→“剪切板”组中“剪切”按钮或 Ctrl + X 键），然后将插入点光标移动到新的位置执行粘贴命令（使用“开始”功能区→“剪切板”组中“粘贴”按钮或 Ctrl + V 键）即可。

第二，使用鼠标拖动。先选中需要移动的文本，将鼠标指针移动到已选定文本处按住鼠标左键拖动插入点光标“|”至新位置松开鼠标即可。或先选中需要移动的文本，将鼠标指针移动到已选定文本处按住鼠标右键拖动插入点光标“|”至新位置松开鼠标，在弹出的右键菜单选择“移动到此位置”命令即可。

（2）复制文本。复制文本操作是重复录入文档中已存在的文本，可以提高文本插入效率减少键入错误。

【任务 3－5】 在远景能源公司的“会议通知”文档中，把“广州市远景能原公司”公司名复制到“特此通知”的下一行，效果如图 3－8 所示。

广州市远景能原公司关于召开第二季度工作小结会议的通知
各部门：
为了及时总结我公司第三季度的工作情况，根据市场的最新需求调整工作部署，决定召开第二季度工作小结会。
◆时间：2019 年 5 月 26 日
◆地点：公司办公楼三楼会议室
◆参加人员：各部门负责人
◆准备资料：书面小结材料
◆准备资料：书面小结材料

特此通知。
广州市远景能原公司
二〇一九年六月二十三日

图 3－8　复制

操作步骤：

（1）首先将 I 鼠标指针移动到首行“广州远景能原公司”的“广”前面，按下鼠标左键不松开，拖动鼠标指针到“公司”处，松开鼠标左键。

（2）单击“开始”功能区→“剪切板”组中的“复制”命令。

（3）将光标“|”定位至“特此通知”下一行处。

（4）单击“开始”功能区→“剪切板”组中“粘贴”按钮中保留源格式粘贴。

在 Word 2010 中复制的操作方法与移动文本类似，归纳如下：

第一，使用复制命令。先选中需要复制的文本，执行复制命令（使用“开始”功能区→“剪切板”组中“复制”按钮或 Ctrl＋C 键），然后将插入点光标移动到新的位置执行粘贴命令（使用“开始”功能区→“剪切板”组中“粘贴”按钮按钮或 Ctrl＋V 键）即可。

第二，使用鼠标拖动。先选中需要复制的文本，按住 Ctrl 键，将鼠标指针移动到已选定文本处按住鼠标左键拖动插入点光标“|”至新位置松开鼠标即可。或先选中需要复制的文本，将鼠标指针移动到已选定文本处按住鼠标右键拖动插入点光标“|”至新位置松开鼠标，在弹出的右键菜单选择“复制到此位置”命令即可。

（3）文本的查找和替换。在使用 Word 编辑文档时，经常会出现词语或者字符输入错误的情况，逐个修改会花大量的时间，利用查找和替换功能可以快速地改正文档中的错误，提高工作效率。

【任务 3－6】 在远景能源公司的“会议通知”文档中，把“广州市远景能原公司”名称利用查找替换的方式更正为“广州市远景能源公司”，效果如图 3－9 所示。

广州市远景能源公司关于召开第二季度工作小结会议的通知
各部门：
为了及时总结我公司第三季度的工作情况，根据市场的最新需求调整工作部署，决定召开第二季度工作小结会。
◆时间：2019年5月26日
◆地点：公司办公楼三楼会议室
◆参加人员：各部门负责人
◆准备资料：书面小结材料
◆准备资料：书面小结材料

特此通知。
广州市远景能源公司
二〇一九年六月二十三日

图3-9　查找替换

操作步骤：

(1) 单击“开始”功能区→“编辑”组中“替换”按钮，弹出“查找和替换”对话框。

(2) 在“替换”选项卡中，“查找内容”文本框中输入“能原”，在“替换为”文本框中输入“能源”，如图3-10所示。

(3) 按下“全部替换”按钮，将文档当中“能原”文本全部替换，进行全文替换。

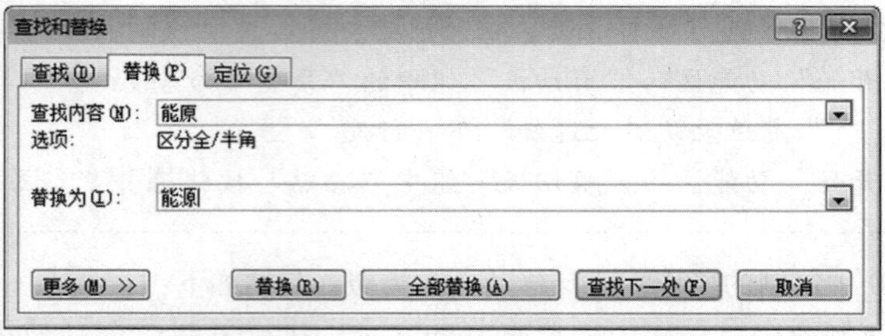

图3-10　替换

在Word 2010中查找替换的操作方法，归纳如下：

第一，常规查找。单击“开始”功能区→“编辑”组中“替换”按钮，打开“查找和替换”对话框，单击“查找”选项卡，如图3-11所示，在“查找内容”文本框中输入要查找的文本，按“查找下一处”按钮，Word 2010就会查找与指定文本相符的内容，当查

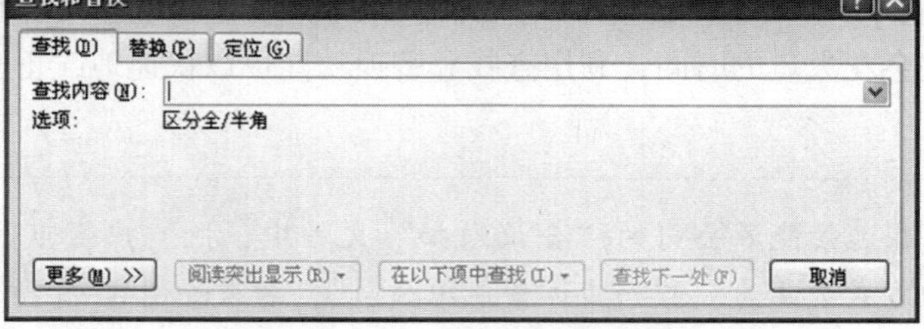

图3-11　“查找和替换”对话框

到相应文本时，窗口滚动到该文本所在的第一个位置并且反白显示该文本，再次单击“查找下一处”则窗口继续滚动到该文本所在的下一个位置。

第二，高级查找。在图 3 - 11 “查找和替换”对话框中，单击“更多”按钮，可以展开设置详细搜索选项的对话框（如图 3 - 12 所示），这些条件包括：搜索范围、是否区分大小写、是否全字匹配、是否使用通配符和格式等选项。

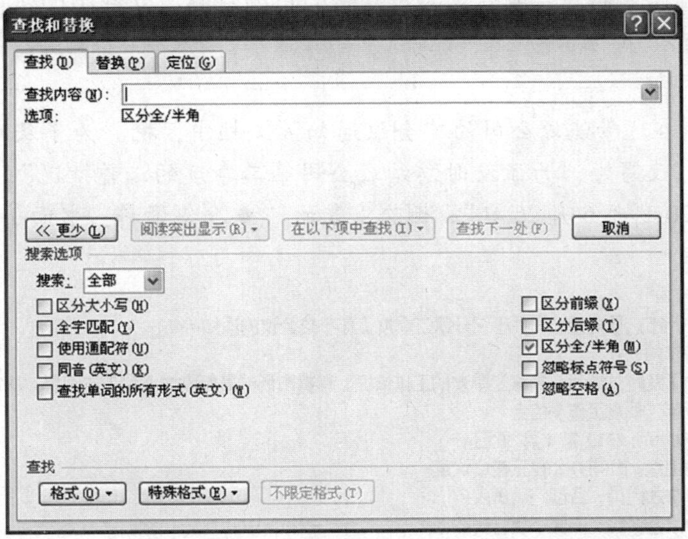

图 3 - 12 “查找”选项卡及其更多选项

第三，替换文本。Word 2010 的替换功能是将文档中与查找内容相符的文本“替换为”文本框中的文本，是一种进行文档中相同步骤修改操作的快速重复方式，提高了工作效率。其具体操作步骤如下：

单击“开始”功能区→“编辑”组中“替换”按钮，打开“查找和替换”对话框（如图 3 - 13 所示），在“查找内容”列表框中键入要查找的内容，在“替换为”列表框中

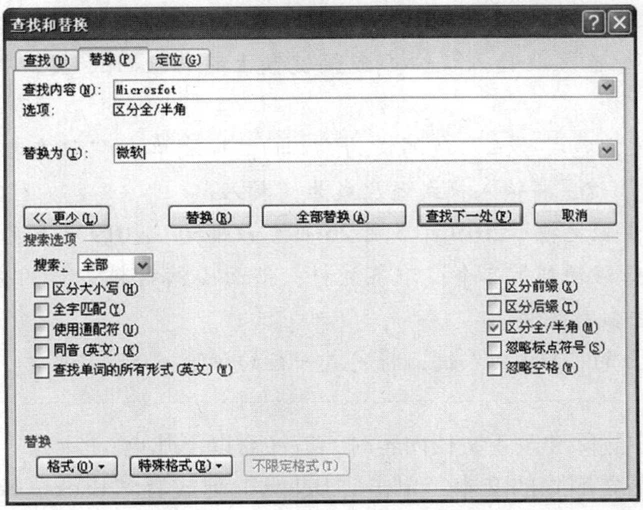

图 3 - 13 “替换”选项卡及其更多选项

键入要替换的内容，设置所要查找和替换内容的格式，按“替换”或“全部替换”按钮将替换所查找到的内容并定位。

在设置“查找内容”格式时要先将鼠标指针指向该列表框，将插入点光标移动到列表框中，然后进行格式设置，设置完毕后可以在列表框下面看到所设置的格式详细内容。可以用同样的方法设置“替换为”内容的格式。

（4）文本的删除和改写。删除和改写文本的目的是修改文档中的错误、多余或重复的文本，以提高工作效率。

【任务 3－7】在远景能源公司的“会议通知”文档中，把“为了及时总结我公司第三季度的工作情况”改写为“为了及时总结我公司第二季度的工作情况”；把“2019 年 5 月 26 日”改写为“2019 年 6 月 26 日”；删除重复的“◆准备资料：书面小结材料”，效果如图 3－14 所示。

广州市远景能源公司关于召开第二季度工作小结会议的通知
各部门：
为了及时总结我公司第二季度的工作情况，根据市场的最新需求调整工作部署，决定召开第二季度工作小结会。
◆时间：2019 年 6 月 26 日
◆地点：公司办公楼三楼会议室
◆参加人员：各部门负责人
◆准备资料：书面小结材料

特此通知。
广州市远景能源公司
二〇一九年六月二十三日

图 3－14　删除和改写

操作步骤：

（1）首先将 I 鼠标指针移动到“为了及时总结我公司第三季度的工作情况”的“三”前面。

（2）单击“状态栏”→“插入”命令或按键盘上的“Insert”键，将输入模式修改成为“改写”。

（3）输入“二”，完成“三”改写成为“二”，再次单击“状态栏”→“插入”命令或按键盘上的“Insert”键，将输入模式还原成为“插入”。

（4）重复以上步骤把把“2019 年 5 月 26 日”改写为“2019 年 6 月 26 日”。

（5）将鼠标指针移动到第二个“准备资料：书面小结材料”行的文档选定区，当鼠标指针变成↗形时双击鼠标左键。

（6）按下键盘上的“Delete”键，将完成一行的删除。

在 Word 2010 中删除和改正文档内容时，应注意以下几点：

第一，先选中需要删除的文本，单击“Delete”键或者“Backspace”键，能一次性完成选中文本的删除。

第二，“Delete”键和“Backspace”键都能删除文本，“Delete”键删除光标右侧的字符，而“Backspace”键删除光标左侧的字符。

第三，Word 2010 的默认输入状态是插入方式，单击状态栏的“插入/改写”按钮或按键盘的“Insert”键进行插入与改写状态的切换。当输入状态是“改写”方式时，输入的内容自动将光标后面已有的内容替换掉。

（5）文本的撤销与恢复。编辑文本时系统会自动记录执行过的所有操作，通过“撤销”可以将错误的操作撤销，如误撤了某些操作，还可将其恢复。

【任务 3－8】查看远景能源公司的“会议通知”文档中“撤销”命令所能撤消的所有操作，操作“撤消”按钮下拉列表中出现的第一个步骤，观察撤消结果，效果如图 3－15 所示。撤消完成之后，这时右侧的“重复 Ω”按钮被激活，单击“重复”就可恢复刚刚的撤消操作。

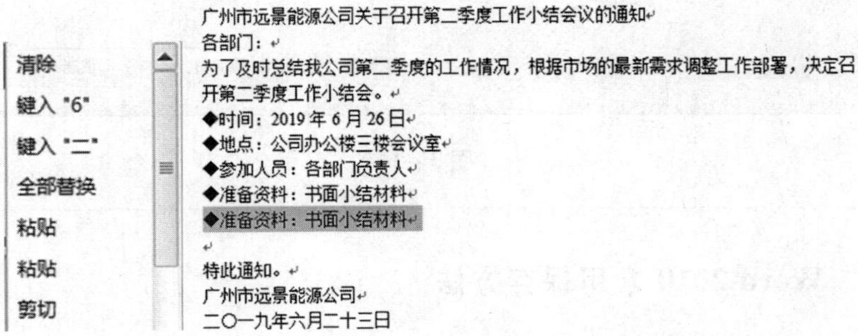

图 3－15 撤销步骤及结果

3.1.5 文档的保存关闭和保护

通常在 Word 中新建文档之后，都需要对其进行保存操作，主要是设置文档的名称和保存的位置。

【任务 3－9】把远景能源公司的“会议通知”文档中保存至“库\文档\”中，文件名命名为“远景能源会议通知”。

操作步骤：

（1）执行“文件”选项卡→“保存”命令。

（2）在弹出的保存对话框中，选择保存位置，并在文件名中输入“远景能源会议通知”。如图 3－16 所示。

（3）点击“保存”按钮。

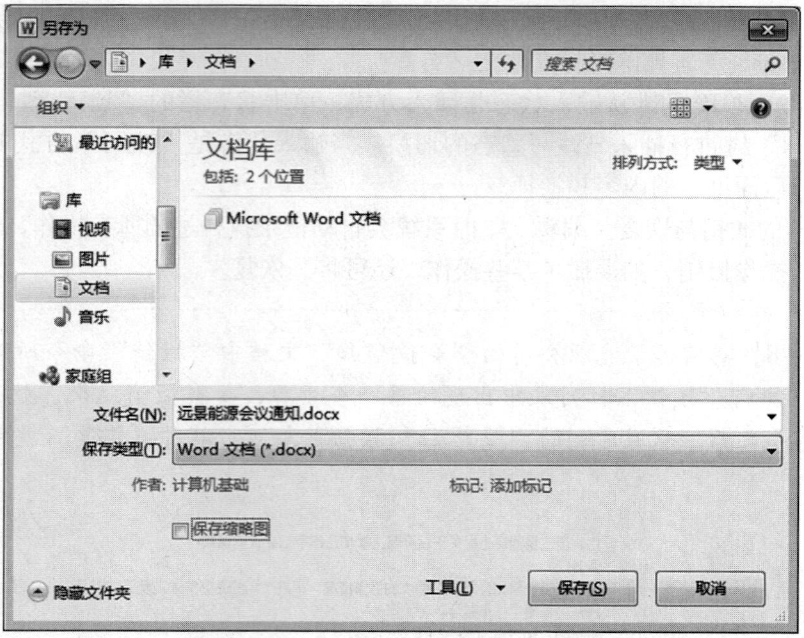

图 3 – 16

3.1.5.1 Word 2010 常用保存方法

在 Word 2010 中，常用的保存方法有：

（1）保存新建文档。当文档经过录入或修改后，文档的内容还驻留在计算机的内存当中，为了永久保留所新建文档的内容，就应当在 Word 退出前将文档保存起来。根据保存的方法不同，分为：①执行“文件”选项卡→“保存”命令。②单击“快速访问工具栏”中的“保存”按钮。③使用快捷键“Ctrl + S”。

因为是第一次保存文档，所以 Word 2010 在执行保存命令时就会弹出“另存为”对话框，如图 3 – 16 所示。在对话框中选择文档要存放的位置；在“文件名”文本框中输入要保存文档的文件名；在“保存类型”中选择文档按照何种文件格式保存，默认情况下为 Word 2010 文档，其后缀名是 . docx，也可保存为非 Word 文档格式，最后点击“保存”按钮即可。

（2）保存已有的文档。对已存在的文档打开进行修改后进行保存，可按照上述的方法按照原有的文件名保存在原来的文件夹中，与上述方法相比所不同的是不会弹出“另存为”对话框。

（3）用另一文档名保存文档。在打开已有文档编辑后需要以另一文档名保存该文档或将该文档保存在另一文件夹中，那就要执行“文件”→“另存为”命令保存。而原有的文件仍然以原有的文件名存放在原来的文件夹中，其内容也保持为编辑前的状态。另存为的方法与直接保存的方法所不同的地方是：直接保存是将文档按照原有的文件名和位置存放编辑后的文档，而另存为的方法是可选择保存的文件名和存放位置来存放编辑后的文档。

【小技巧】

输入或编辑文档时，应该随时保存文档，以免计算机的意外停电或死机等故障引起文档内容的丢失。通过“文件”选项卡→“选项”→“保存”，如图 3－17 所示，在“保存”选项卡中的“保存自动恢复信息时间间隔”前打钩，输入间隔时间，Word 2010 将每间隔一段时间自动保存所打开的文档。

图 3－17　设置文档自动保存时间间隔

【任务 3－10】 给“远景能源会议通知”文档设置打开和修改密码。

操作步骤：

（1）执行“文件”选项卡→“另保存”命令。

（2）在弹出的另保存对话框中，单击“工具”→“常规选项”。

（3）如图 3－18 所示，输入相应的打开和修改密码。

图 3－18　常规选项

3.1.5.2　Word 2010 基本保护功能

Word 2010 向用户提供一些基本的保护功能，包括设置文档为只读、标记为最终状态、设置文档加密、限制编辑等。

（1）设置文档为只读。将文档设置为“只读”，对文档起一定的保护作用，其步骤：①执行“文件”选项卡→“另保存”命令；②在弹出的另保存对话框中，单击“工具”→“常规选项”；③在图 3－18 所示对话框中，选中“建议以只读方式打开文档”→“确定”。

（2）标记为最终状态。标记为最终状态的目的是让读者知道文档是最终版本，标记为最终状态的文档也是只读文档，当用户打开此文档时，文档标题显示“只读”，且无法进行编辑。如果需要编辑，则单击标题栏下方的“仍然编辑”。

标记为最终状态的步骤：①执行“文件”选项卡→“信息”；②在中间的“信息”栏中，单击“保护文档”按钮→“标记为最终状态”选项；③ 单击“确定”按钮。提示用户此文档被标记为终稿，已完成编辑，如图 3－19 和图 3－20 所示。

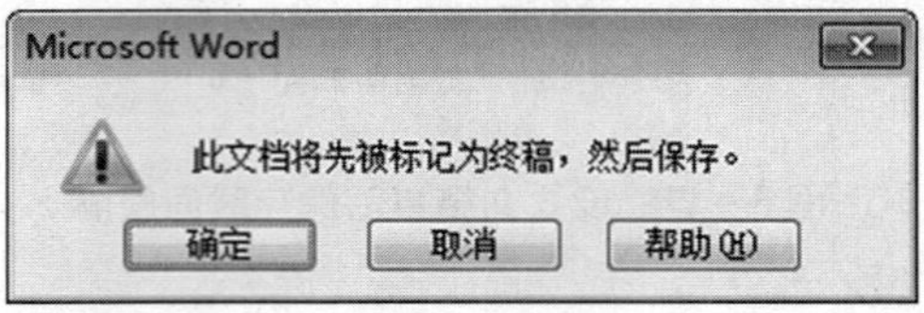

图 3－19　提示

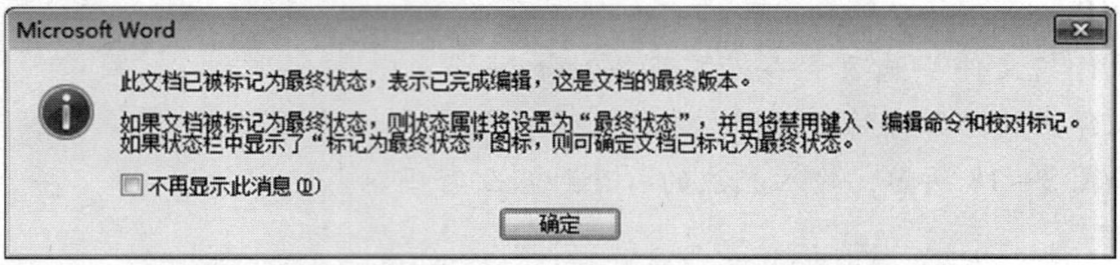

图 3－20　终稿提示

（3）设置文档加密。当文档中的数据或信息非常重要，且禁止传阅时，可以通过设置文档加密的方法进行保护。其步骤：①执行“文件”选项卡→“信息”；②在中间的“信息”栏中，单击“保护文档”按钮→“用密码进行加密”选项；③在打开的“加密文档”对话框中，输入密码，单击“确定”按钮，如图 3－21 所示；④在打开“确认密码”对话框，提示用户再次输入密码，单击“确定”按钮，文档被加密。

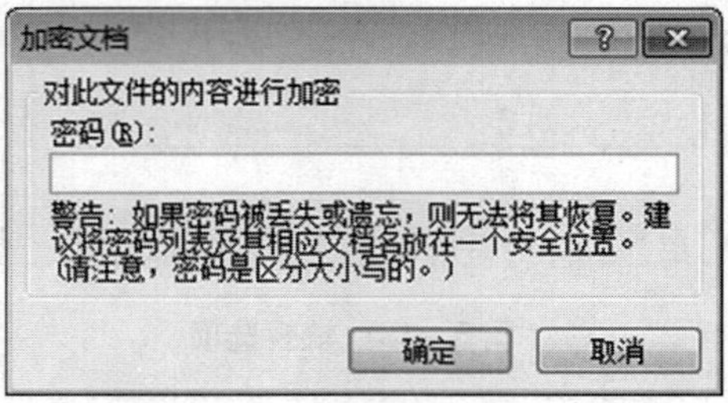

图 3－21　加密文档

（4）另存为加密。设置文档的打开权限可防止机密文件被无关人员查看，具体步骤：①执行“文件”选项卡→“另保存”命令；②在弹出的另保存对话框中，单击“工具”→“常规选项”；③如图 3－18 所示，在“打开文件时的密码”文本框中输入密码，就要求该文档在重新打开时必须输入密码，否则将不能打开。

同样，设置文档的修改权限可防止机密文件被无关人员修改，具体步骤：①执行“文件”选项卡→“另保存”命令；②在弹出的另保存对话框中，单击“工具”→“常规选项”；③如图3－18所示，在“修改文件时的密码”文本框中输入设定的修改密码后，就要求该文档在重新打开时必须输入修改密码，否则将无权修改文档。

（5）限制编辑。为了防止文档被自己或他人误编辑，可以用限制编辑的方式来保护文档的格式或内容。

◆ 限制格式设置。如果不想他人修改文档的格式，可以用限制格式设置来保护格式，其步骤：①执行“文件”选项卡→“信息”，在中间的“信息”栏中，单击“保护文档”按钮→“限制编辑”选项；或单击“审阅”功能区→“保护”组中的“限制编辑”命令。②勾选第一项“1. 格式设置限制”的“限制对选定的样式设置格式”。③勾选第三项“3. 启动强制保护”的“是，启动强制保护”，输入密码，设置强制保护。

设置后，选定文本，所有设定格式样式的功能按钮，全部变成灰色未激活状态，不能再设定格式样式。

◆ 限制编辑。如果让他人部分内容可以修改，部分内容不能修改，那么限制编辑的步骤：①选中可修改内容。②执行“文件”选项卡→“信息”，在中间的“信息”栏中，单击“保护文档”按钮→“限制编辑”选项；或单击“审阅”功能区→“保护”组中的“限制编辑”命令。③勾选第二项“2. 编辑限制”的“仅允许在文档中进行此类的编辑：”→「不允许任何更改（只读）→勾选“每个人”。④勾选第三项“3. 启动强制保护”的“是，启动强制保护”，输入密码，设置强制保护。

设置完毕后，被选中的可修改的段落是完全可以修改的，没有选中的内容，无论怎么删除修改，都会提示：由于所选内容已被锁定，您无法进行此更改。

【任务3－11】关闭“远景能源会议通知”文档。

操作步骤：

执行“文件”选项卡→“关闭”命令。

Word 2010的退出与Word文档的关闭是两个不同的操作，在打开多个文档的情况下，退出Word 2010是关闭所有Word文档并退出Word 2010程序，而关闭则是关闭当前打开的文档，但并未退出Word 2010程序。如果是在只打开一个Word文档的情况下，关闭即是退出。

常用的关闭方式：

①执行“文件”选项卡→“关闭”命令。

②单击Word 2010窗口标题栏右端的关闭按钮。

③双击Word 2010窗口标题栏左端的控制菜单的图标。

④单击Word 2010窗口标题栏左端的控制菜单的图标或右击标题栏，在弹出的菜单中选择“关闭”。

⑤使用快捷键Alt＋F4。

⑥鼠标光标在任务栏中的Word文档按钮上并停留片刻，在展开的文档窗口缩略图中

单击“关闭”按钮。

执行关闭文档命令前，若文档未保存，则弹出对话框询问是否保存文档以提醒文档的编辑和修改被保存。

3.1.6 文档的合并

有时有多个文件，可能需要将这些多个文件合并成一个文件，即将多个文件中的内容全部放到一起。当然，一个个手动打开去复制的话，也是可行的，但文件一多就会比较麻烦。Word 2010 提供插入对象的方法，可以快速将多个文档合并在一起。

【任务 3－12】 在“远景能源会议通知”文档的“准备资料：书面小结材料”之后，合并“远景能源会议要求”文档，如图 3－22 所示。

广州市远景能源公司关于召开第二季度工作小结会议的通知
各部门：
为了及时总结我公司第二季度的工作情况，根据市场的最新需求调整工作部署，决定召开第二季度工作小结会。
◆时间：2019 年 6 月 26 日
◆地点：公司办公楼三楼会议室
◆参加人员：各部门负责人
◆准备资料：书面小结材料
◆会议要求：
1. 与会人员请勿必准时参加，无特殊情况不得请假。
2. 会议期间务必关闭电话或调制成为静音，不得看报纸、杂志或做与会议内容无关的事情。
特此通知。
广州市远景能源公司
二〇一九年六月二十三日

图 3－22　合并文档

操作步骤：

(1) 将 I 光标移动到“准备资料：书面小结材料”下一行首。

(2) 执行“插入”功能区→“文本”组→“对象”。

(3) 在弹出的下拉菜单中选择“文件中的文字”。

在弹出的“插入”对话框中，选择要合并到当前文档中的文件“远景能源会议要求”，点击“插入”完成合并。

快速将多个文档合并在一起，其步骤：①打开第一个文件，将 I 光标定位到需要插入其他文档的位置。②执行“插入”功能区→“文本”组→“对象”。③在弹出的下拉菜单中选择“文件中的文字”。④在弹出的“插入”对话框中，选择要合并到当前文档中的文件，点击“插入”完成合并。在选择要合并的文件时，可以按住 Ctrl 键来选择多个文档，同时最上面的文档将最先被合并。

3.2　Word 2010 文档编辑

Word 文档在输入文档内容后，还需要进行一系列格式化文档的操作，如字体、段落以及页面格式的设置，使文档显示的效果更加合理和美化，本节通过编辑制作“远景能源招聘启事”海报来介绍文档的编辑功能。

3.2.1　设置文档视图

在对 Word 文档进行编辑前，通常需要调整 Word 文档的视图模式和视图比例，使文档更加容易被人编辑，从而提高编辑的效率。而所谓“视图”就是查看文档的显示方式，文档可以在不同的视图下查看或修改，虽然文档的显示方式不同，但是文档的内容是不变的，一般 Word 文档都是在“页面视图”下。

【任务 3-13】 打开“远景能源招聘启事”文档，切换至视图显示比例为 150% 大纲视图。

操作步骤：

(1) 执行“文件”选项卡→“打开”命令，打开“远景能源招聘启事”文档。

(2) 执行“视图”功能区→“文档视图”组→“大纲视图”命令或者在文档右下角的文档视图工具栏上单击大纲视图命令。

(3) 在文档右下角的显示比例控制栏中，通过缩放滑块，将视图显示比例调整为 150%。

Word 2010 有 5 种视图，即页面视图、阅读、Web 版式、大纲视图和草稿视图，如图 3-23 所示，用户可以根据对文档的操作需求不同采用不同的视图，可以单击“视图切换按钮”来切换文档视图，也可以在“视图”功能区选择对应的命令进行切换。

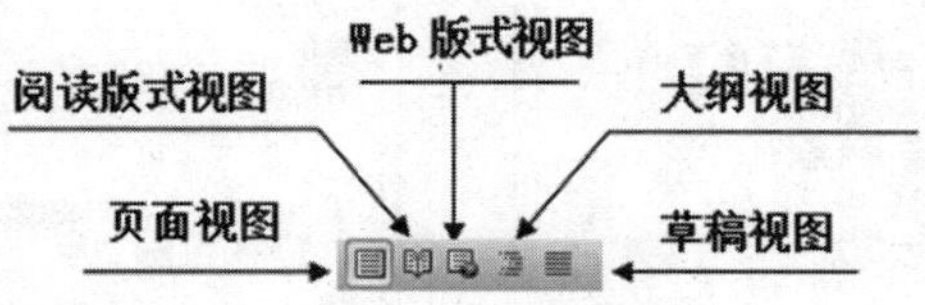

图 3-23　视图切换按钮（其中“页面视图”为当前的视图状态）

3.2.2　设置字符格式

字符的格式化主要是指对字符的字体、字形和字号等进行设置，还包括对字符的颜色、底纹、边框、加下划线、加粗、斜体、字符间距等的设置。字符格式化的主要方法是：通过

“开始”功能区“字体”组中的各种命令进行设置；或者通过“字体”对话框进行字符的格式化设置。

【任务3－14】设置“远景能源招聘启事”的字体格式，任务要求：标题字体为“标题”样式、蓝色，正文字体为“宋体”，字号为“五号”；将招聘启事当中的标题“公司简介”字间距加宽为1.5磅；将招聘启事当中的标题“公司简介”设置着重号，加粗；将招聘启事当中的标题“公司简介”文字设置蓝色、0.5磅点式边框和5%浅蓝色图案底纹。

操作步骤：

(1) 打开“远景能源招聘启事”文档，选中标题文本，在“开始”功能区→“样式”组中设置字体的样式为“标题”，同时在“开始”功能区→“字体”组中设置字体颜色A为“蓝色”。

(2) 选中正文内容，在“开始”功能区→“字体”组中设置字体为“宋体”，字号为“五号”，如图3－24所示。

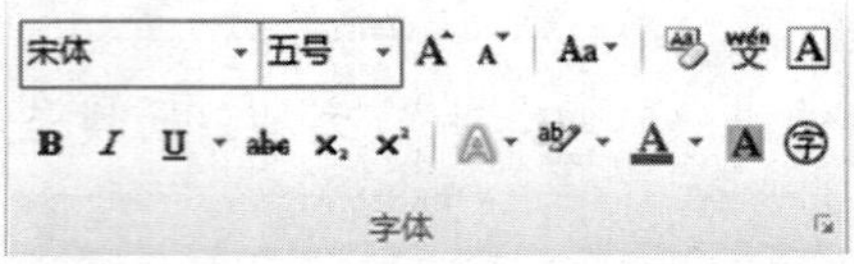

图3－24　设置字体格式

(3) 选中招聘启事当中的小标题“公司简介”，单击鼠标右键，在右键菜单中选择“字体”选项，在弹出的“字体”对话框中，切换至高级选项卡，设置字间距加宽1.5磅，如图3－25所示。

(4) 切换“字体”选项卡至“字体”处，在弹出的“字体”对话框中，设置着重号，点击“确定”，如图3－26所示；点击“开始”功能区→“字体”组中的“加粗B”按钮，设置文本的加粗效果。

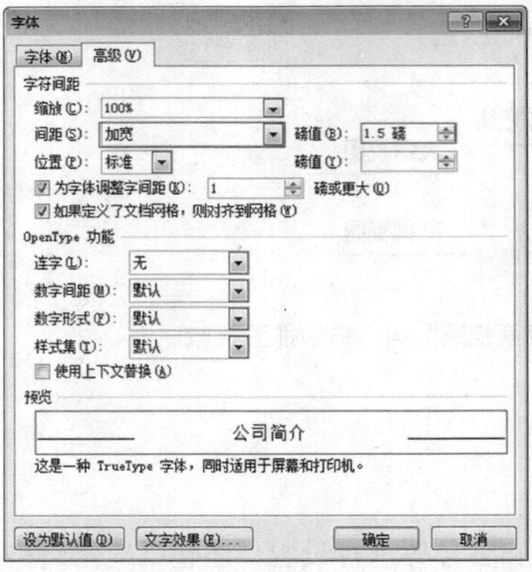

图3－25　字距设置

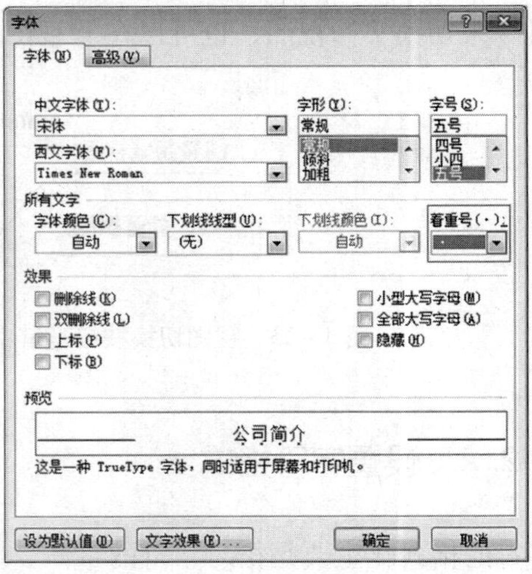

图3－26　字体设置

(5) 选中招聘启事当中的小标题“公司简介”文字，单击“开始”功能区→“段落”组中“页面边框按钮”，在弹出的“边框和底纹”对话框中的“边框”选项卡中如图 3-27 设置；单击“底纹”选项卡，选择底纹图案样式为 5%，颜色为浅蓝色，如图 3-28 设置。

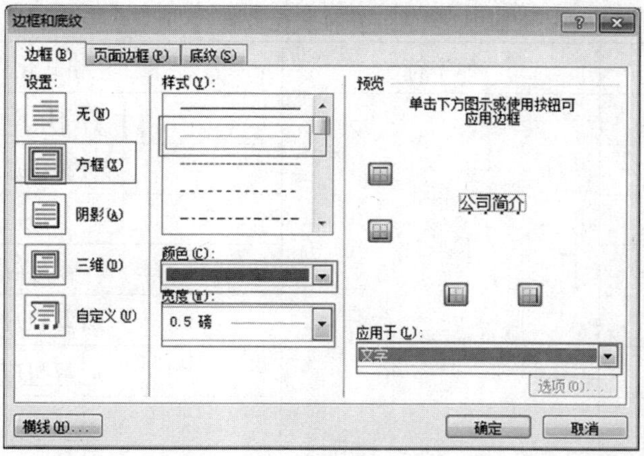

图 3-27 设置边框和底纹对话框的边框选项卡

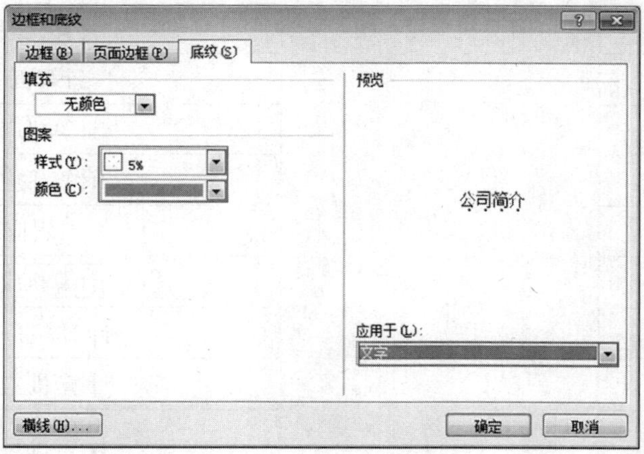

图 3-28 设置边框和底纹对话框的底纹选项卡

(6) 单击“确定”按钮。会议通知的字体格式设置效果如图 3-29 所示。

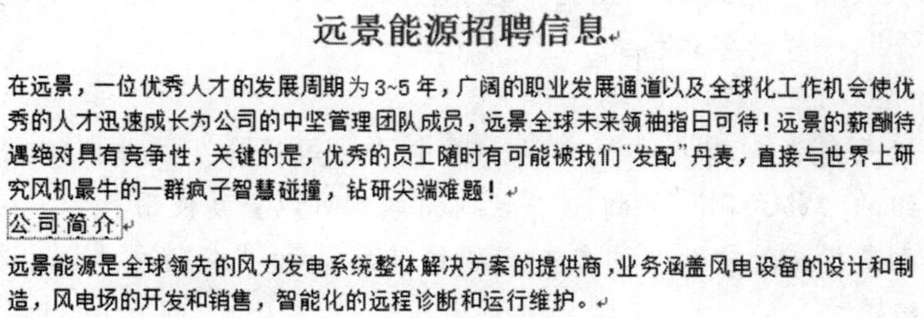
远景能源招聘信息

在远景，一位优秀人才的发展周期为 3~5 年，广阔的职业发展通道以及全球化工作机会使优秀的人才迅速成长为公司的中坚管理团队成员，远景全球未来领袖指日可待！远景的薪酬待遇绝对具有竞争性，关键的是，优秀的员工随时有可能被我们“发配”丹麦，直接与世界上研究风机最牛的一群疯子智慧碰撞，钻研尖端难题！

公司简介

远景能源是全球领先的风力发电系统整体解决方案的提供商，业务涵盖风电设备的设计和制造，风电场的开发和销售，智能化的远程诊断和运行维护。

图 3-29 设置字体后效果

字符的格式化主要是指对字符的字体、字形和字号等进行设置，还包括对字符的颜色、底纹、边框、加下划线、加粗、斜体、字符间距等的设置，常见的字符格式化效果如表 3－2 所示。

表 3－2　　常见字符格式化效果

字符格式	原字符	格式化后效果
四号		计算机应用基础
黑体		**计算机应用基础**
红色		计算机应用基础
倾斜		*计算机应用基础*
加粗		**计算机应用基础**
下划线		计算机应用基础
下划波浪线		计算机应用基础
着重号		计算机应用基础
删除线		~~计算机应用基础~~
双删除线	计算机应用基础	~~计算机应用基础~~
阴影		计算机应用基础
映射		计算机应用基础
发光		计算机应用基础
上标　下标		^{计算机}应用$_{基础}$
边框		计算机应用基础
字符缩放 150%		计算机应用基础
字符间距加宽 2 磅		计 算 机 应 用 基 础
拼音指南　小三		jì suàn jī yīng yòng jī chǔ 计算机应用基础
带圈文字		计算机应用基础

【任务 3－15】 使用“格式刷”设置“远景能源招聘启事”中的“职位信息”“应聘方式”与“公司简介”一样的字体格式。

操作步骤：

（1）打开“远景能源招聘启事”文档，选中“公司简介”文本，双击“开始”功能区→“剪贴板”组的“格式刷”按钮，此时格式刷可以重复使用。

（2）将格式刷鼠标指针分别刷过文本“职位信息”和“应聘方式”，设置与“公司简介”一样的字体格式。

（3）单击“”按钮取消格式刷应用状态（或按 ESC 键亦可）。

格式刷是字体格式的复制与应用工具，可以简化相同的字体格式操作，操作时要先选中文本内容再按下格式刷按钮，这是格式的复制过程，而当格式刷鼠标指针刷过目标文本时，这是格式的应用过程。

3.2.3　设置段落格式

文章的段落格式设置是使文章版面简洁、醒目美观的重要操作。段落是以段落标记“↵”来划分段落间的结束和开始。每次当按下“Enter”键就插入一个段落标记，并开始了新的段落，新段落也自动会“继承”前一段落的格式，而用“Backspace”键删除段落标记“↵”，实现段落的合并。段落是一个独立的格式编排单位，它具有自身的格式特征。段落格式的设置包括段落的对齐方式、行距、段间距等的设置。

【任务 3－16】设置“远景能源招聘启事”的段落格式，任务要求：设置“远景能源招聘信息”标题段文字居中；设置“公司简介”标题段，左缩进“0.5 字符”，段前间距“0.5 行”；设置“职位信息”和“应聘方式”标题段和“公司简介”标题段一样的段落格式；设置“公司简介”内容段，首行缩进“2 字符”，1.1 倍行距；设置“公司简介”内容段，自定义上下两条双划线边框，样式为 5% 和颜色为蓝色，强调文字颜色 1，淡色 80% 的图案底纹；对“职位信息”中的每一个岗位要求，添加项目符号“◆”。

操作步骤：

（1）将光标移动到标题的任意位置，点击“开始”功能区→“段落”组的“居中”对齐按钮 。

（2）光标定位于“公司简介”标题段任一位置，按鼠标右键选择“段落…”，在段落对话框的“缩进和间距”选项卡中，设置左侧缩进 0.5 字符和段前间距 0.5 行，如图 3－30 所示。

（3）光标定位于“公司简介”标题段任一位置，双击格式刷“”按钮，在“职位信息”和“应聘方式”标题段上单击，完成段落格式复制，单击“”按钮取消格式刷应用状态。

（4）选中“公司简介”内容段，即从“远景能源是全球领先”到“期待您的加盟!”，选择“开始”功能区→“段落”组右下角的按钮，打开“段落”对话框，设置缩进中特殊格式“首行缩进”2 字符，行距为“多倍行距”，设置值中设置为“1.1”，如图 3－31 所示。

（5）选中“公司简介”内容段，单击“开始”功能区→“段落”组中“页面边框按钮”，在弹出的“边框和底纹”对话框中的“边框”选项卡中如图 3－32 设置；单击“底纹”选项卡，选择底纹图案样式为 5%，颜色为蓝色，强调文字颜色 1，淡色 80%，如图 3－33 设置。

（6）光标定位于“运营管理培训生”的第一个要求上，即“自信并具备领导力潜质”这一段的任何位置，单击“开始”功能区→“段落”组中的“项目符号”按钮，如果此时的项目符号不符合要求，可单击按钮右侧的按钮，选择合适的符号◆，为该段落添加项目符号，应用格式刷完成剩下的岗位要求，效果如图 3－34 所示。

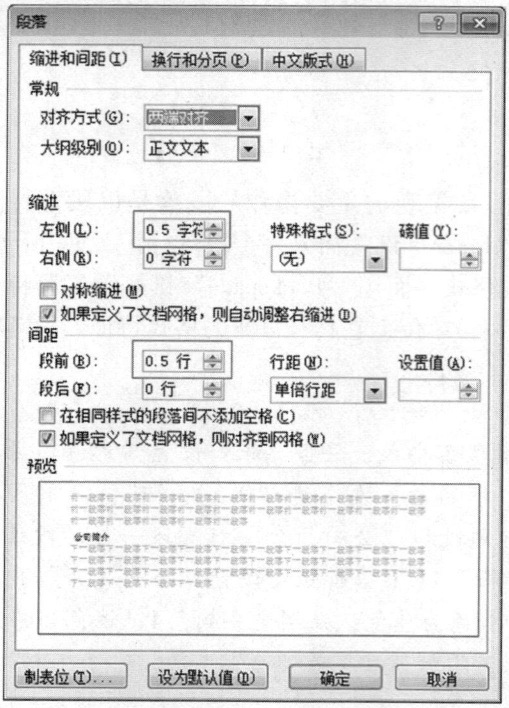

图 3-30　段落设置

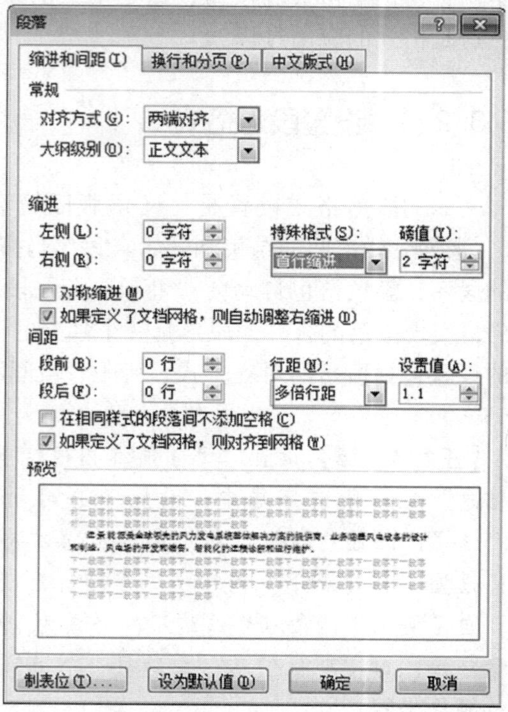

图 3-31　行距设置

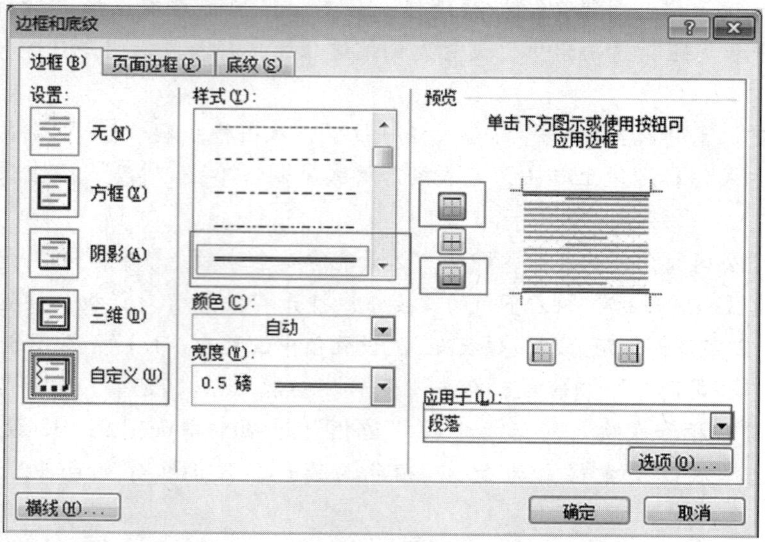

图 3-32　边框底纹设置

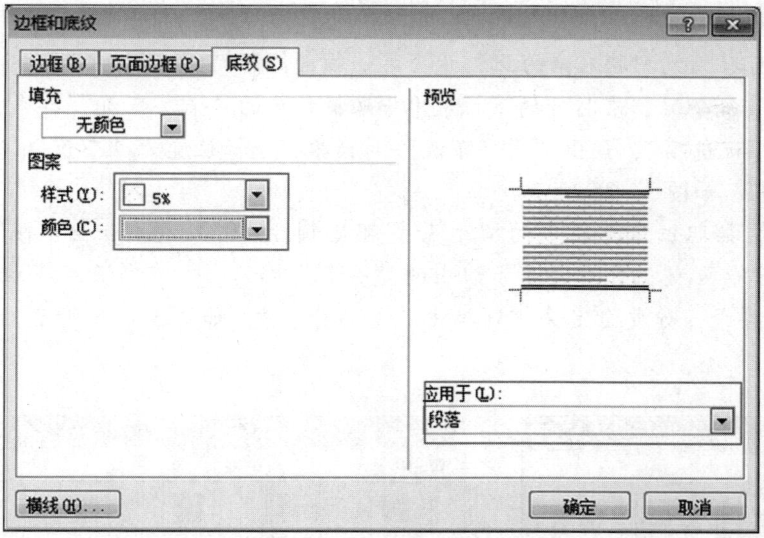

图 3－33　颜色设置

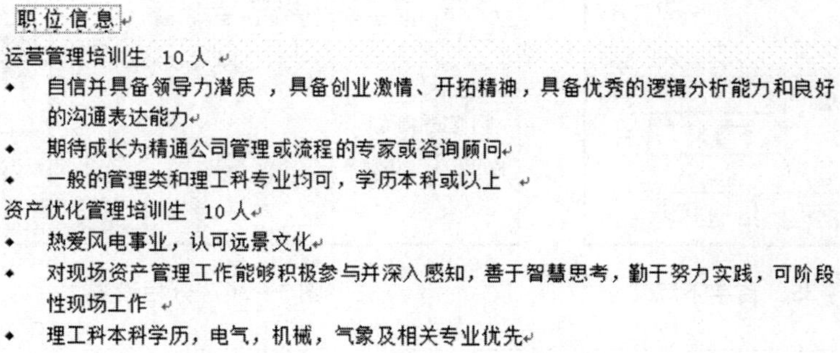

职位信息

运营管理培训生　10 人

- 自信并具备领导力潜质，具备创业激情、开拓精神，具备优秀的逻辑分析能力和良好的沟通表达能力
- 期待成长为精通公司管理或流程的专家或咨询顾问
- 一般的管理类和理工科专业均可，学历本科或以上

资产优化管理培训生　10 人

- 热爱风电事业，认可远景文化
- 对现场资产管理工作能够积极参与并深入感知，善于智慧思考，勤于努力实践，可阶段性现场工作
- 理工科本科学历，电气，机械，气象及相关专业优先

图 3－34　格式刷应用效果

格式刷也是段落格式复制与应用的工具，对于段落格式，复制参照段落格式时只需将光标移动到参照段落后按下格式刷，再移动鼠标的格式刷指针到目标段落单击段落中的任意位置即可将参照段落的格式应用到目标段落。

文字和段落的边框底纹设置方法基本上是一样的，除了应用的范围是文字还是段落的不同。

3.2.4　设置中文版式

有时在排版时，为了修饰和美化文档结构，需要给文档的内容进行分栏、首字下沉等特殊格式的设置。

【任务 3－17】设置“远景能源招聘启事”的中文版式，任务要求：设置“远景能源招聘信息”第一段，首字下沉 2 行，距正文 0.3 厘米；设置“职业信息”内容段分 2 栏，有分隔线，栏宽相等。

操作步骤：

（1）将光标移动到招聘启事的正文开头第一段，执行“插入”功能区→“文本”组中的“首字下沉”命令，在打开的下拉菜单中选择相应的“首字下沉”样式，如要自定义，则单击“首字下沉选项”，弹出“首字下沉”对话框，选择位置为“下沉”，下沉行数为2，距正文0.3厘米，如图3－35所示。

（2）选择文档职位信息当中的“运营管理培训生10人……专业不限”部分，执行“页面布局”功能区→“页面设置”组中的“分栏”命令，在打开的下拉菜单中选择相应的“分栏”样式，如要自定义，则单击“更多分栏”，如图3－36所示，设置相应的分栏设置。

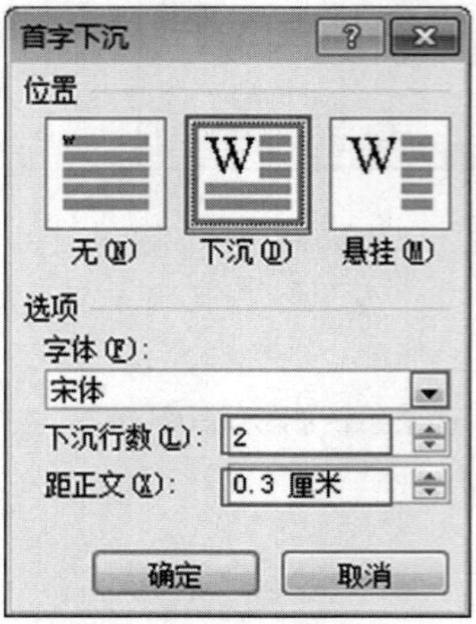

图3－35 首字下沉

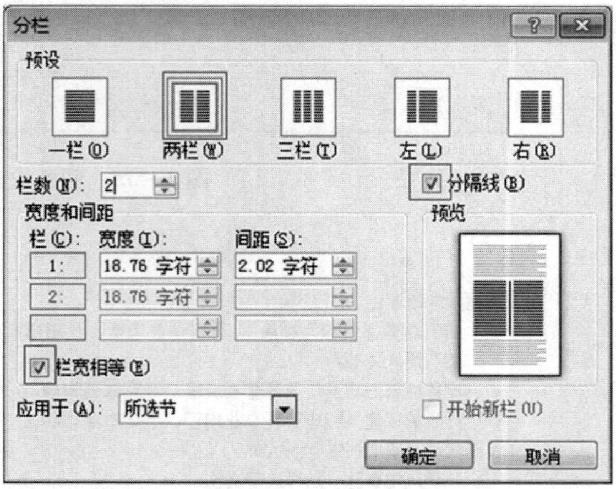

图3－36 分栏设置

3.2.5 设置页面格式

不同的文档对页面的要求有所不同，所以在制作文档时，通常需要对页面进行设置。设置文档页面格式包括对页面的大小、方向、背景和页边距等进行设置，而这些设置将应用于文档的所有页。

【任务3－18】设置“远景能源招聘启事”的页面格式，任务要求：设置“远景能源招聘启事”页面背景颜色为角度辐射的雨后初晴；设置文档大小为A4、纵向，左右页边距为2厘米。

操作步骤：

（1）执行“页面布局”功能区→“页面背景”组中的“页面颜色”命令，在打开的下拉菜单中选择“填充效果”，在渐变选项卡中，颜色为预设，预设颜色是雨后初晴，底纹样式是角度辐射，如图3－37所示。

（2）执行“页面布局”功能区→“页面背景”组右下角的按钮，打开“页面设置”对话框，在纸张选项卡设置纸张大小为A4，切换至页边距选项卡，设置纸张方向为纵向，左右边距为 2 厘米，如图 3 – 38 所示。

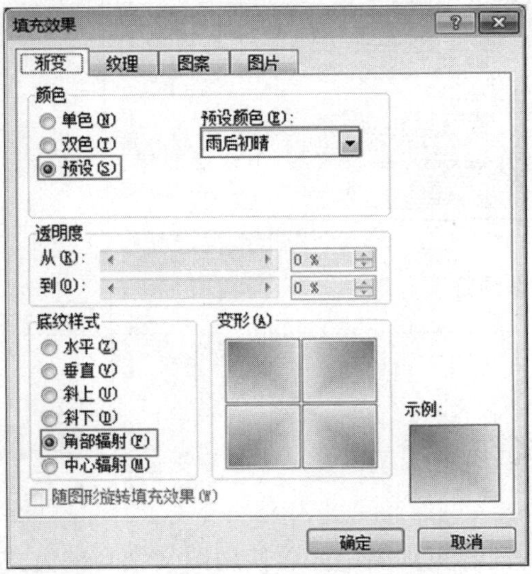

图 3 – 37　背景颜色设置

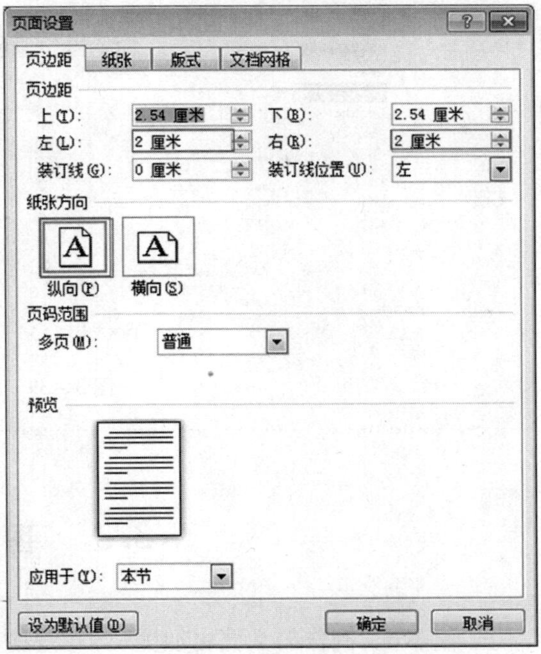

图 3 – 38　页面设置

3.2.6　打印文档

当文档经过内容录入，完成格式化和排版设置，就可以打印了。打印前，可以通过“页面设置”对打印格式进行设置，还可以利用打印预览功能查看排版和打印效果，如果满意则可打印，否则就继续回到文档中修改文档的格式和排版。

【任务 3 – 19】 打印“远景能源招聘启事”，任务要求：预览打印效果；打印所有页，3 份。

操作步骤：

(1) 单击“文件”选项卡→“打印”命令，在打开“打印”窗口右侧就是打印预览内容，如图 3 – 39 所示，用户还可以通过调整预览区下面的缩放滑块改变预览视图的大小。

(2) 在“打印机”下拉列表中选中执行打印任务的打印机，在“份数”文本框中输入 3 份。

在“设置”中单击“打印所有页”右侧的下拉列表，在打开列表的“文档”选项组中，选择“打印所有页”。

(3) 单击“打印”按钮，执行打印操作。

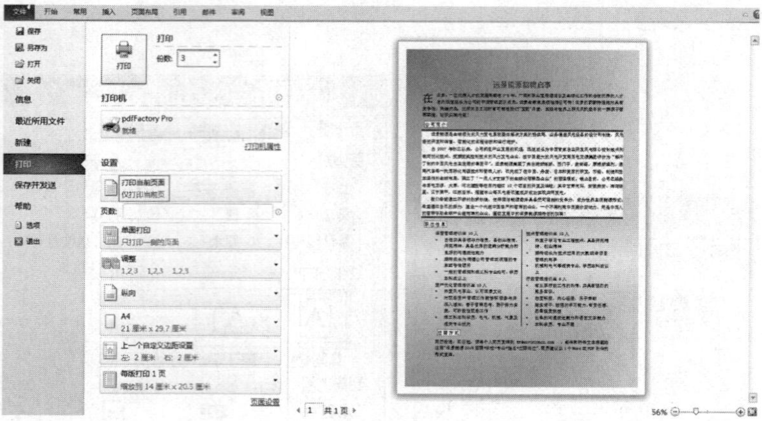

图 3－39　打印预览

3.3　图文混排

为了使 Word 制作的文档更加美观，要表达的内容更加突出，可使用图文结合的方式来编辑和表现，Word 利用图片、艺术字、文本框、形状和 SmartArt 等方式来实现图文混排、美化文档。本节将通过制作"招聘启事"宣传册，来介绍图文混排知识点。

3.3.1　插入与编辑图片

【任务 3－20】 在"远景能源招聘宣传册"，插入和编辑图片。

操作步骤：

（1）打开文档"招聘启事宣传册 . docx"，插入背景图片"bg. jpg"，设置图片的自动换行布局方式为"衬于文字下方"，调整背景图片大小与文档版面大小一致。

（2）在文档中"【公司简介】"的右侧插入图片"公司图片 2. jpg"，设置图片的自动换行布局方式为"四周型环绕"，在宽度处输入"5 厘米"，拖动图片到合适的位置；单击选中图片，应用"图片工具"功能区"格式"选项卡的"图片效果→柔化边缘→2.5 磅"；在功能区"调整"组中的"颜色→饱和度→200%"，效果如图 3－40 所示。

图 3－40　插入图片

（3）在文档的左侧插入图片“封面图片 1. jpg”，设置为“浮于文字上方”布局，输入宽 10 厘米，拖动图片下方控制点改变图片高度为 7 厘米，拖动使之与左侧边缘对齐，在“图片工具”功能区中的“格式”选项卡中的“颜色”命令下拉选项中选择“设置透明色”命令，当鼠标指针变为后，在图片的白色区域单击使该图片的白色变为透明；在左下角插入图片“封面图片 2. jpg”，设置宽度为 6 厘米，旋转度数为 340°，同样将白色设为透明色；效果如图 3－41 所示。

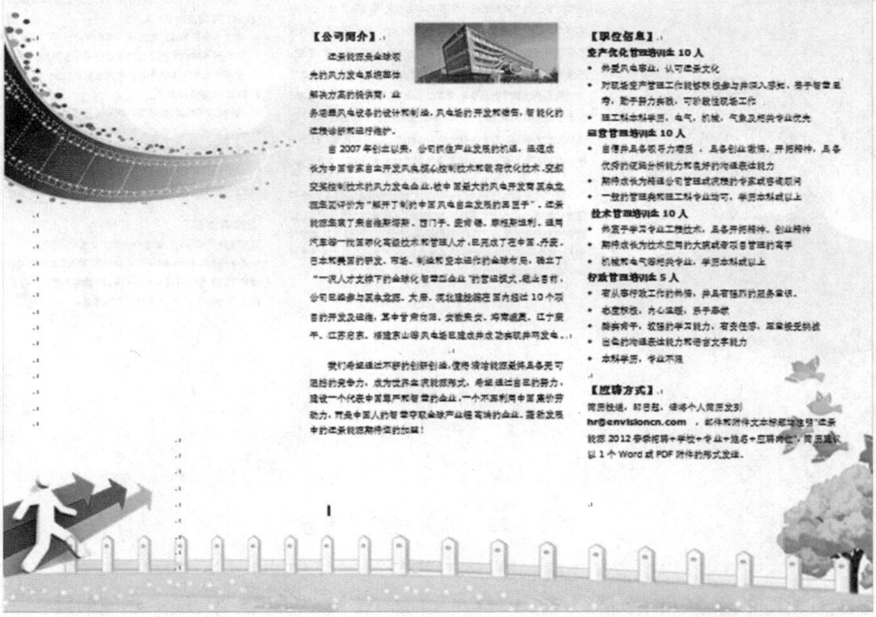

图 3－41　颜色设置

Word 2010 在“图片工具”功能区提供了强大的图片编辑功能，用户可以通过简单的操作就可以获得较好的图片修饰效果，而无须专业的修图软件。

3.3.2　插入与编辑形状

【任务 3－21】 在“远景能源招聘宣传册”中插入和编辑“形状”。

操作步骤：

（1）在文档的左边，插入“横卷形”形状，在文档中拖动画出高 3.6 厘米、宽 15.2 厘米的图形；并在“横卷形”形状中输入文字“校园招贤榜”，设置文字居中对齐，小初华文琥珀字体；在“绘图工具”功能区的“格式”选项卡下对形状的样式指定为“细微效果－蓝色，强调颜色 1”；在“排列”组中选择“自动换行”下拉菜单中“浮于文字上方”的文字环绕方式。

（2）选择形状的文字部分（注意不要把段落符号↵选中），在“绘图工具”功能区的“格式”选项卡中的“艺术字样式”组中给形状的文字选择“渐变填充－蓝色，强调文字颜色 1，轮廓－白色”样式，效果如图 3－42 所示。

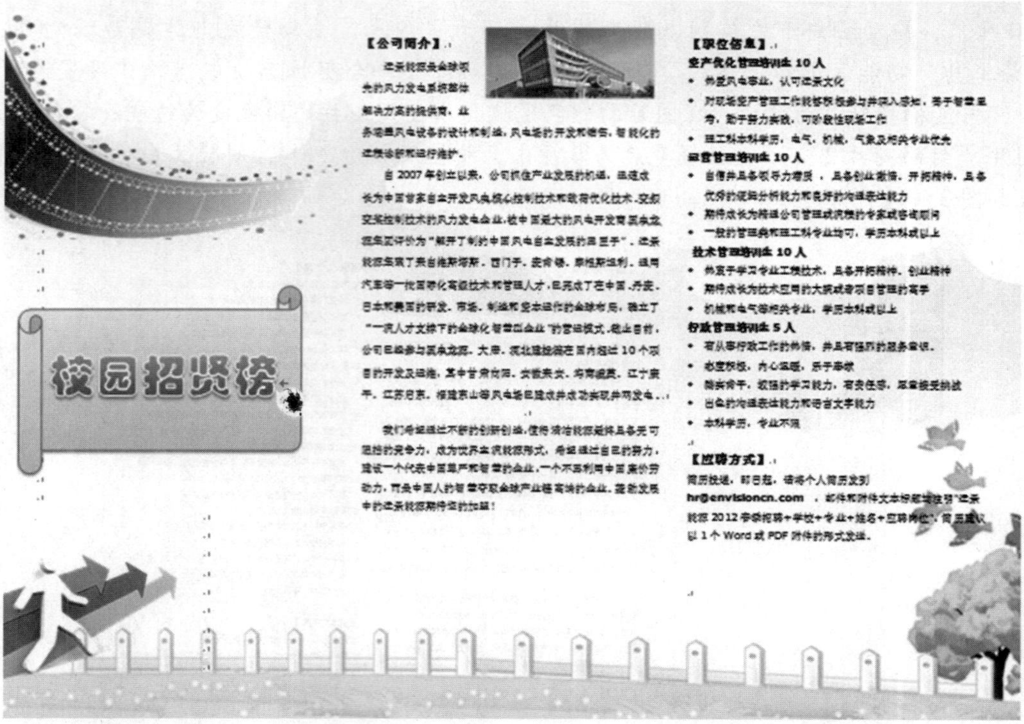

图 3－42　插入与编辑形状

Word 2010 中通过多种形状绘制工具，可绘制出线条、正方形、椭圆、箭头、流程图、星和旗帜以及标注等形状，在文档中快速有效地插入现在的形状，使文档美观且有效。

3.3.3　插入与编辑 SmartArt 图形

【任务 3－22】在“远景能源招聘宣传册”中插入和编辑“SmartArt”图形。

操作步骤：

（1）在文档第二栏的下方，插入“基本射线结构”SmartArt 图形，在文档中拖动画出高 5 厘米、宽 9 厘米的图形；并在“基本射线结构”SmartArt 图形中间单元中输入文字“远景能源”，设置文字居中对齐，上下左右圈中依次输入“资产优化管理”“经营管理”“技术管理”“行政管理”。

（2）在“SmartArt 工具”功能区的“设计”选项卡下，对 SmartArt 的样式指定为“卡通”。

（3）在“SmartArt 工具”功能区的“格式”选项卡下，对 SmartArt 图形在“排列”组中选择“自动换行”下拉菜单中“浮于文字上方”的文字环绕方式，效果如图 3－43 所示。

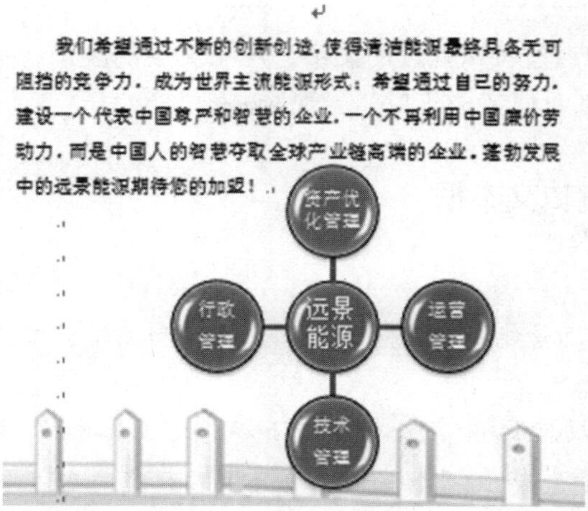

图 3－43　编辑图形

Word 2010 中 SmartArt 图形以直观的方式交流信息，SmartArt 图形有图形列表、流程图以及更复杂的图形，用这些图形可以很方便地表示流程、层次结构、循环和列表等关系的图形，使用户快速有效地在文档中插入现有的 SmartArt 图形。

3.3.4　插入与编辑艺术字

【任务 3－23】 在“远景能源招聘宣传册”中插入和编辑艺术字。

操作步骤：

(1) 将光标移至文档左上方空白处，在“插入”功能区“文本”组下单击“艺术字”按钮，在下拉菜单中选择艺术字的样式为“填充－蓝色，强调文字颜色 1，内部阴影－强调文字颜色 1”后，在文档中出现浮于文字上方的一个文本框，输入文字“远景能源”，居中，小初华文琥珀字体。

(2) 选中艺术字，在“绘图工具”功能区的“格式”选项卡中“艺术字样式”组里选择“文本效果→转换→双波形 1”效果，效果如图 3－44 所示。

图 3－44　插入编辑艺术字

艺术字是在 Word 中经过特殊处理的文字，用于文字的装饰，在文档中使用艺术字，可使文档呈现出不同的效果，使文档醒目、美观。

3.3.5 插入与编辑文本框

【任务 3 – 24】在“远景能源招聘宣传册”中插入和编辑文本框。

操作步骤：

（1）单击“插入”功能区中“文本”组下单击“文本框”按钮，在下拉菜单中选择“绘制文档”，在文档第三栏的下方，按住鼠标左键并拖动鼠标至合适的大小，插入一个横排文本框。

（2）输入文字“欢迎您的加入”，初号，华文琥珀。

（3）选中文本框，在“绘图工具”功能区的“格式”选项卡中的“形状样式”组中设置形状填充为无填充颜色，形状轮廓为无轮廓。

（4）选中文本框文字（注意不要把段落符号↵选中），在“绘图工具”功能区的“格式”选项卡中的“艺术字样式”组中给文本框中的文字选择“渐变填充 – 蓝色，强调文字颜色 1，轮廓 – 白色”样式。

（5）选中文本框，在“绘图工具”功能区的“格式”选项卡中的“排列”组中设置旋转 330°，效果如图 3 – 45 和图 3 – 46 所示。

图 3 – 45　插入编辑文本框

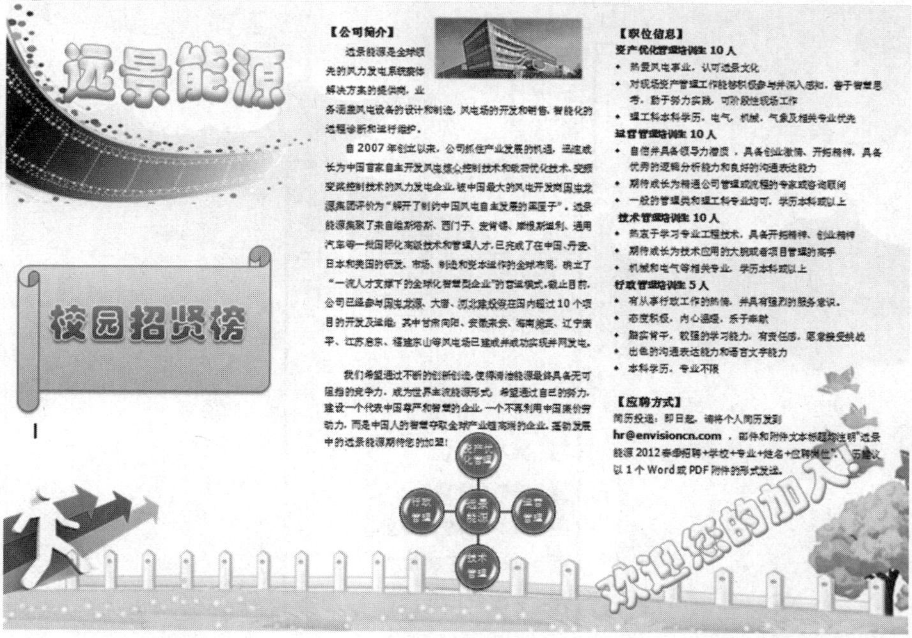

图 3－46　编辑文本框效果

在 Word 中，使用文本框可在文档页面任何位置输入需要的文本或插入图片，且其插入的对象不影响文本框中的文本或图片，具有很大的灵活性，因此在制作页面元素比较多的文档时，会经常使用到文本框。

3.4　案例：制作销售统计表格

表格是常用的数据表达和处理方式，具有简洁、直观的特色，在工资发放、员工信息记录、库存、销售情况统计等方面应用广泛。Word 2010 在表格处理方面提供了更加便捷实用的操作界面和工具，使表格的创建、编辑、格式化设置、数据排序、计算等方面的操作更加简单。

3.4.1　建立表格

在 Word 2010 中是通过“插入”功能区中的“表格”按钮下的“插入表格”菜单的相关命令来创建表格的，如图 3－47 所示。

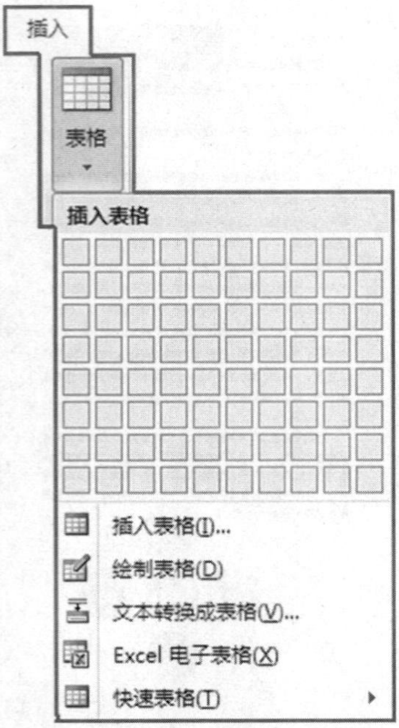

图 3-47　插入表格菜单

3.4.1.1　创建表格

某公司员工基本情况如表 3-3 所示。

表 3-3　某公司员工基本情况

编号	姓名	性别	所在部门	职务	年龄	工龄
01	张一鸣	男	行政部	总经理	45	12
02	王芳	女	行政部	总经理助理	36	6
03	李国强	男	营业部	销售总监	30	8
04	张楚新	男	营业部	销售代表	31	7
05	袁炳恒	男	人事部	经理	34	10
06	陈彩英	女	行政部	文员	29	3
07	肖镇远	男	营业部	店面经理	37	11
08	周哲	男	营业部	主管	27	6
09	李瑾瑜	女	财务部	财务总监	30	5
10	陈怀安	男	财务部	出纳	29	4

根据表 3-3，创建一个公司员工基本情况表。首先我们看到员工基本情况中有 7 个项目，共有 10 名员工，这决定了表的大小（7 列 11 行）；其次可以看到第一行是标题行，另外 10 行是数据项，数据项中有字符型和数字型两种数据类型。

操作如下：

（1）在文档的顶端居中输入“某公司员工基本情况表”后按 Enter 键，光标移动至第二行中间。

（2）在功能区选择“插入”选项卡中的“表格”组的“表格”按钮，选择“插入表格”菜单，如图 3－48 所示输入行列数，点击“确定”按钮创建表格。系统自动生成 7 列 11 行的表格。

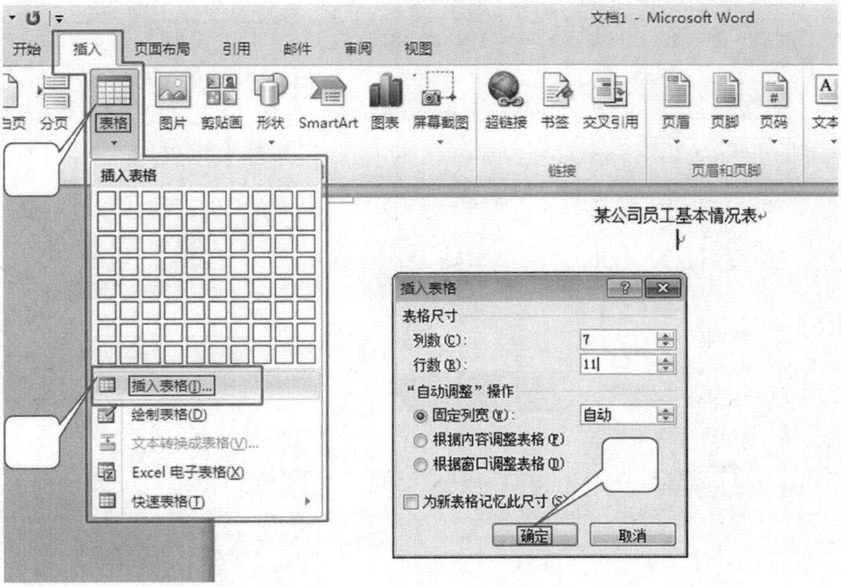

图 3－48　插入表格

（3）在每个格子中录入相应的数据项即可，完成后的表格如表 3－4 所示。

表 3－4　某公司员工基本情况

编号	姓名	性别	所在部门	职务	年龄	工龄
01	张一鸣	男	行政部	总经理	45	12
02	王芳	女	行政部	总经理助理	36	6
03	李国强	男	营业部	销售总监	30	8
04	张新民	男	营业部	销售代表	31	7
05	袁炳恒	男	人事部	经理	34	10
06	陈彩英	女	行政部	文员	29	3
07	肖镇远	男	营业部	店面经理	37	11
08	周哲	男	营业部	主管	27	6
09	李瑾瑜	女	财务部	财务总监	30	5
10	陈怀安	男	财务部	出纳	29	4

注：表格中的标题行的文字作加粗处理，适当调整了列宽。

3.4.1.2　Word 2010 的其他创建表格方法

（1）在“插入”功能区的“表格”菜单下的表格框内拖动鼠标选择所需的行列数后单击鼠标左键即可在光标处插入表格，如图 3－49 所示。

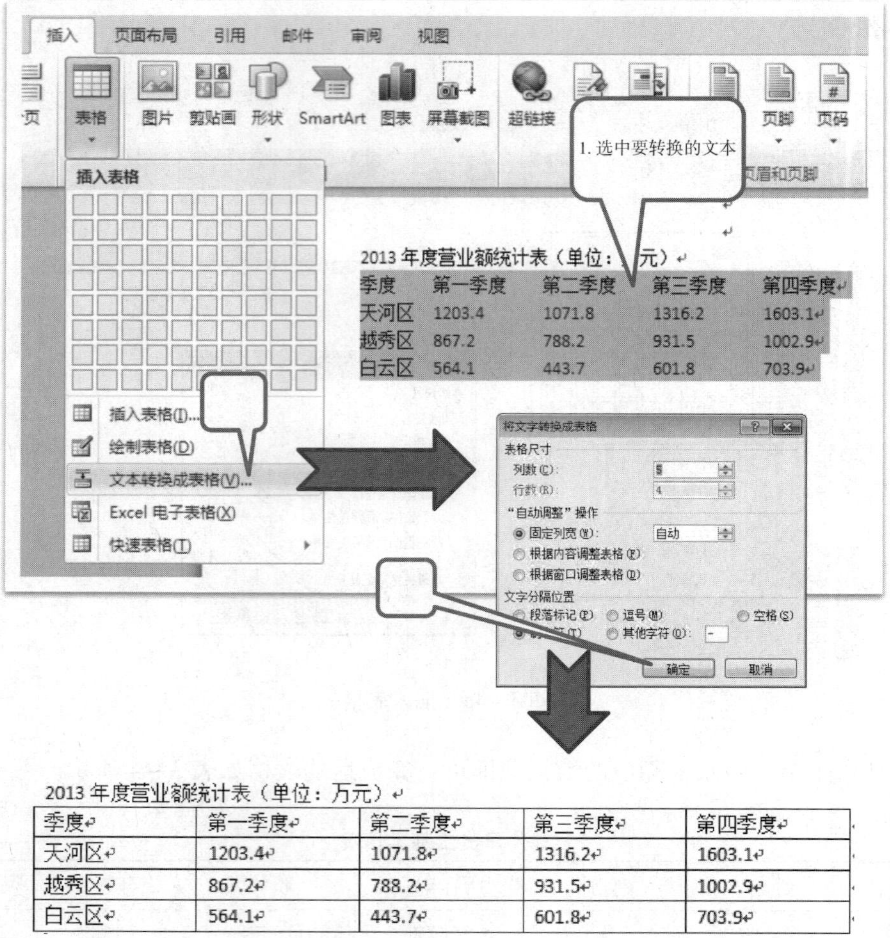

图 3－49　文本转换为表格

（2）选择部分需要转换为表格的文字后，在“插入”功能区内的插入表格菜单中选择“文本转换为表格”命令即可将文字转换为文本。

（3）在插入表格菜单选择“绘制表格”命令，当鼠标指针变成钢笔形状，在文档中拖动鼠标画出表格的大小后再将表格的行与列画出，按 Esc 键退出绘制表格模式完成表格的绘制。

（4）Word 2010 还提供了带内置样式的快速表格，让用户根据需要选择样式创建表格。

练一练： 尝试使用绘制表格的方法创建表格；参考将文本转换为表格的方法尝试选中表格后将表格转换为文本；制作“表格式列表”样式的《2013 年度营业额统计表》的快速表格。

3.4.2　编辑表格

Word 2010 提供了十分便捷的表格编辑和修饰方法，用户可以很方便地对表格进行行高和列宽的调整、行列和单元格的插入和删除以及对单元格的拆分与合并，简单的操作就可以拆分表格，可以对表格框线与底纹进行设置、编辑和排版单元格中的文字。

当用户选中表格中的任何一个对象或将光标移动至表格中的任何一个单元格时，功能区会出现“表格工具”，包含“设计”和“布局”两个选项卡，如图 3－50 和图 3－51 所示。

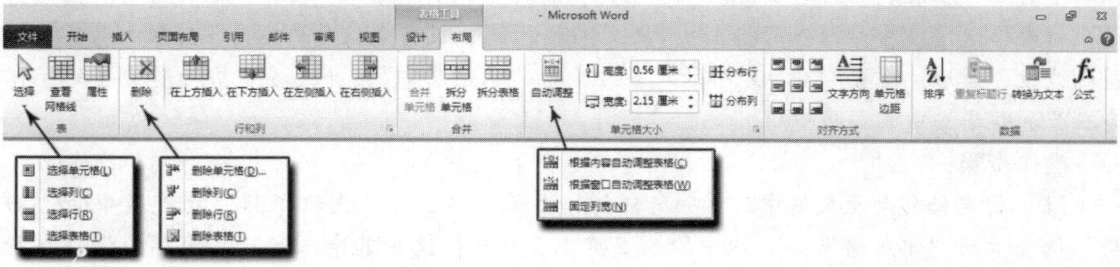

图 3－50　“表格工具”功能区的“布局”选项卡

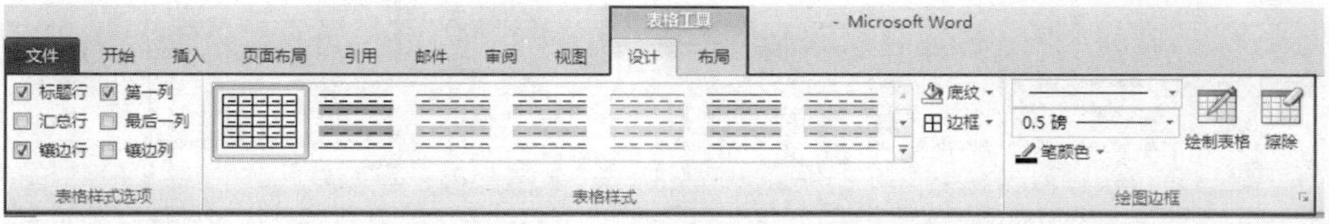

图 3－51　“表格工具”功能区的“设计”选项卡

对表格进行编辑和修饰之前必须掌握选定操作对象的方法，表格的选定通常有以下一些情况：

（1）选定整个表格：单击表格左上角的移动控制点⊞，就可以选定整个表格了。

（2）选定表格中的行：将鼠标移动到表格的左侧，当鼠标指针变成↗状时，单击鼠标左键就可选定表格中的一行，拖动鼠标则可选定多行。

（3）选定表格中的列：将鼠标移动到表格的上边，当鼠标指针变成⬇状时，单击鼠标左键就可选定表格中的一列，拖动鼠标则可选定多列。

（4）选择单元格：将鼠标指针移动到单元格的左侧，当鼠标指针变成↗状时，单击鼠标左键就可选中该单元格了，拖动鼠标移动可以选中相连的多个单元格。

（5）插入行或列：选中表格中的某一行或列，右键单击，在弹出的菜单中选择“插入行”或“插入列”。将光标移到表格右侧的最后一个段落标记前按回车键，就可添加新的一行在表格的后面。

（6）删除行或列：选中表格中要删除的行或列，右键单击，在弹出的菜单中选择“删除行”或“删除列”；也可将光标移动到表格中要删除的行或列中的某个单元格中，在右键弹出的菜单中选择“删除…”命令，在弹出的对话框中选择“删除整行”或“删除整列”

命令。同样地，在选中表格中的行或列后执行“剪切”命令也可删除相应的行或列。

（7）删除整个表格：选中要删除的表格，执行“表格→删除→表格”命令或执行“剪切”命令即可。

另外当光标在表格之中的任何一个地方都可以在“表格工具”功能区的“布局”选项卡中，“选择”按钮的下拉菜单中选择执行选定表格、行、列或单元格操作。

我们通过设定任务，来实例阐释表格的编辑和修饰。

【任务3－25】设置第一行行高1.5厘米，其余行高1厘米；设置单元格对齐方式为中部水平居中；在最后一列的右边插入一列，在最后一行下方插入一行，分别作为行和列的合计；为表格选定“中等深浅网格3－强调文字颜色1”，设置表格外边框为3磅粗细双实线深蓝色边框。最后，设置所有单元格的对齐方式为“水平居中”，并设置表格标题文字的字体为三号加粗华文中宋，居中。

操作步骤：

（1）将光标移动至表格中的第一行任何一个单元格，在“表格工具”功能区中的“布局”选项卡的“单元格大小”组中输入高度1.5厘米；选中其余三行后，同样的操作在行高处输入“1厘米”，如图3－52所示。

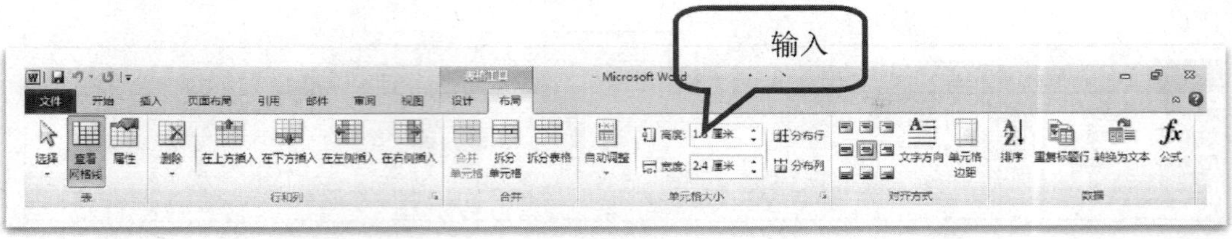

图3－52　输入行高

（2）将光标移动至表格的最后一列，在“表格工具”功能区中的“布局”选项卡的“行和列”组中，选择“在右侧插入”命令插入新的一列；再把光标移动至表格的最后一行，在“表格工具”功能区中的“布局”选项卡的“行和列”组中，选择“在下方插入”命令插入新的一行；在表格的顶端和左侧给新的行和列输入“合计”，如图3－53所示。

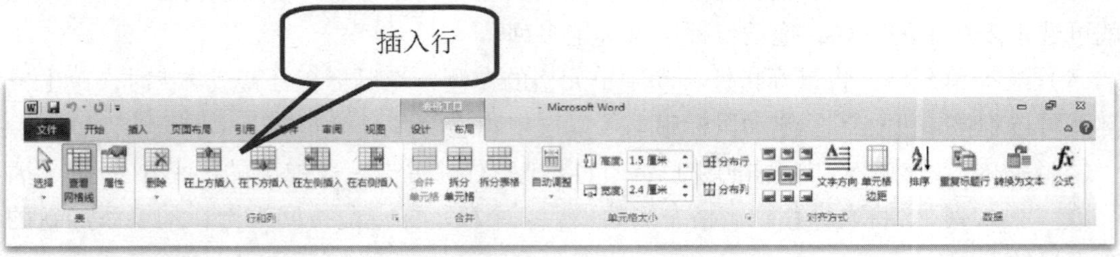

图3－53　插入行和列

（3）选择表格或将光标移动至表格的任何一个单元格中，在“表格工具”功能区中的

“设计”选项卡的“表格样式”组中下拉列表中选择“中等深浅网格 3 - 强调文字颜色 1”表格样式，获得如图 3 - 54 所示效果。

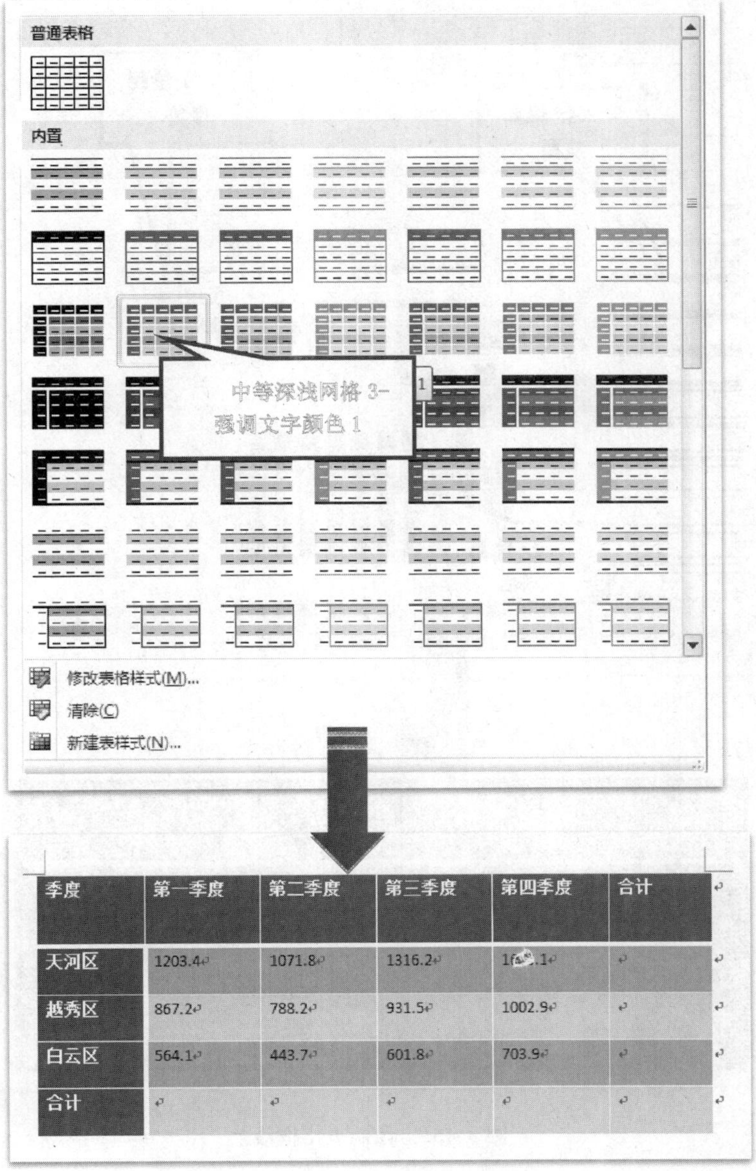

图 3 - 54　设置表格样式

(4) 将光标移动至表格中，在“表格工具”功能区中的“设计”选项卡的“绘图边框”组中，选择线型、边框线条粗细和线条颜色后，点击“绘制表格”命令，鼠标指针的形状变为钢笔状，沿着表格的外边框拖动鼠标画出表框线，如图 3 - 55 所示。

(5) 选择表格，在“表格工具”功能区中的“布局”选项卡的“对齐方式”组中，选择单元格的对齐方式为“水平居中”，如图 3 - 56 所示，设置表格标题文字的字体为三号加粗华文中宋，居中。此表格的编辑和修饰完成，如图 3 - 57 所示。

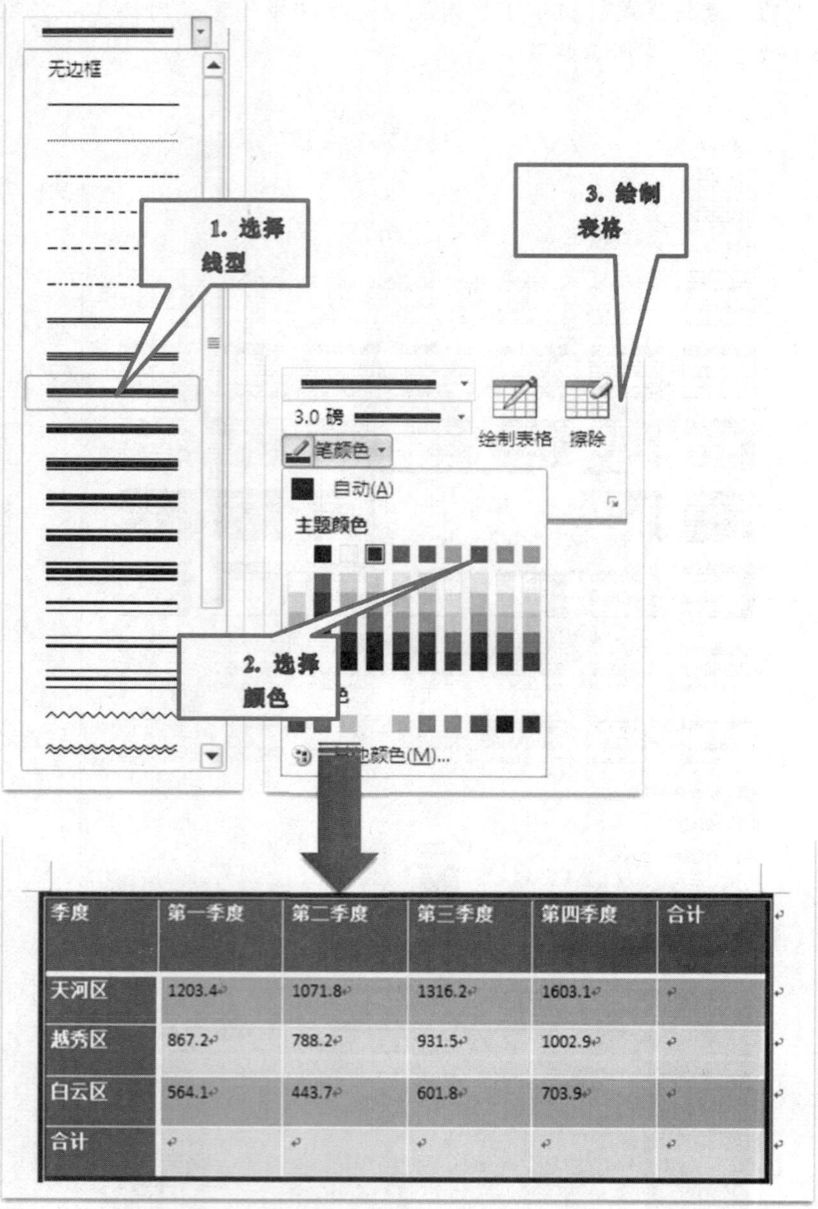

图 3－55　绘制表格框线

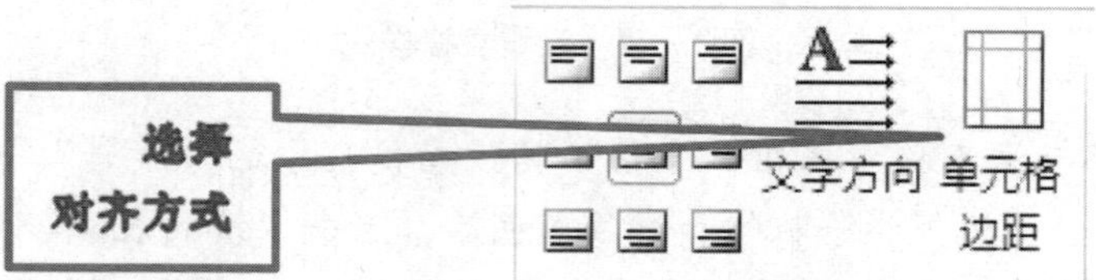

图 3－56　设置单元格对齐方式

2013 年度营业额统计表（单位：万元）

季度	第一季度	第二季度	第三季度	第四季度
天河区	1203.4	1071.8	1316.2	1603.1
越秀区	867.2	788.2	931.5	1002.9
白云区	564.1	443.7	601.8	703.9

2018 年度营业额统计表（单位：万元）

	第一季度	第二季度	第三季度	第四季度	合计
天河区	1203.4	1071.8	1316.2	1603.1	
越秀区	867.2	788.2	931.5	1002.9	
白云区	564.1	443.7	601.8	703.9	
合计					

图 3－57　表格编辑修饰前后

3.4.3　排序与计算

以制作某公司工资发放表的实例，阐释排序和计算。

基本资料：参加计件工资核算员工 8 人，三个工种：组装、包装、送货，该公司员工工作量统计数据如表 3－5 所示。

表 3－5　　　　**工作量统计**

员工编号	姓名	工种	工作量	单位	单位工资：元
03	李国强	组装	182	件	18
04	张楚新	组装	230	件	18
07	肖镇远	组装	153	件	18
08	周哲	包装	320	件	6. 5
09	李瑾瑜	包装	245	件	6. 5
10	陈怀安	送货	208	工时	8. 75
13	顾悦	送货	216	工时	8. 75
14	纪工	送货	184	工时	8. 75

注：组装每件商品 18 元，包装每件 6. 5 元，送货每个工时 8. 75 元。

【任务3-26】将文字转换为表格，增加应发工资列与员工应发工资总额合计行；在应发工资列中对应的员工用公式计算应发工资金额，并最终计算应发工资总额；根据员工应发工资金额降序排列各行数据。

操作步骤：

（1）将数据转换成9行4列的表格，并在最后一列右侧插入一列作为应发工资列和最后一行下方插入一行作为应发工资总额行，合并最后一行部分单元格，如表3-6所示。

表3-6　　工资发放表

员工编号	姓名	工种	工作量	单位	单位工资：元	应发工资：元
03	李国强	组装	182	件	18	3276.00
04	张楚新	组装	230	件	18	
07	肖镇远	组装	153	件	18	
08	周哲	包装	320	件	6.5	
09	李瑾瑜	包装	245	件	6.5	
10	陈怀安	送货	208	工时	8.75	
13	顾悦	送货	216	工时	8.75	
14	纪工	送货	184	工时	8.75	
应发工资总额						

（2）将光标移动至第二行最右端单元格中，单击“表格工具”功能区的“布局”选项卡，右侧的“数据”组中“公式”按钮，弹出“公式”对话框，在公式文本框处输入“=D2*F2”，选择适当的编号格式，如图3-58所示。

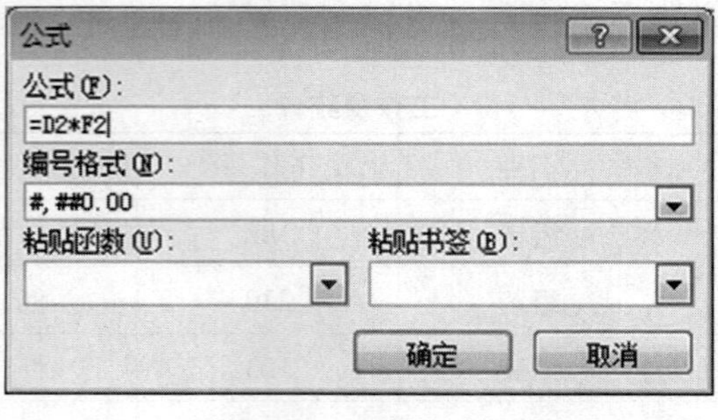

图3-58　公式对话框

（3）参考步骤（2）依次对每个员工的应发工资输入公式，其中公式中单元格依照相对位置变化计算出每个员工的应发工资金额；将光标移动至右下方单元格插入公式，如图3-59所示。

（4）选择表格第1~9行，单击“表格工具”功能区的“布局”选项卡，右侧的“数据”组中“排序”按钮，弹出“排序”对话框，在列表选项中选择“有标题行”，主要关

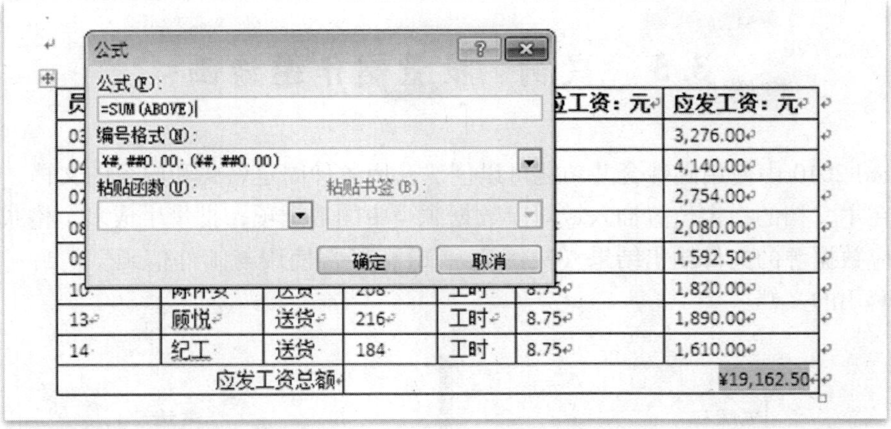

图 3-59 计算应发工资总额

键字选择“应发工资：元”以数字按降序排列，次要关键字选择“员工编号”，以数字按升序排列，如图 5-60 所示，按“确定”按钮完成表格数据的排序。

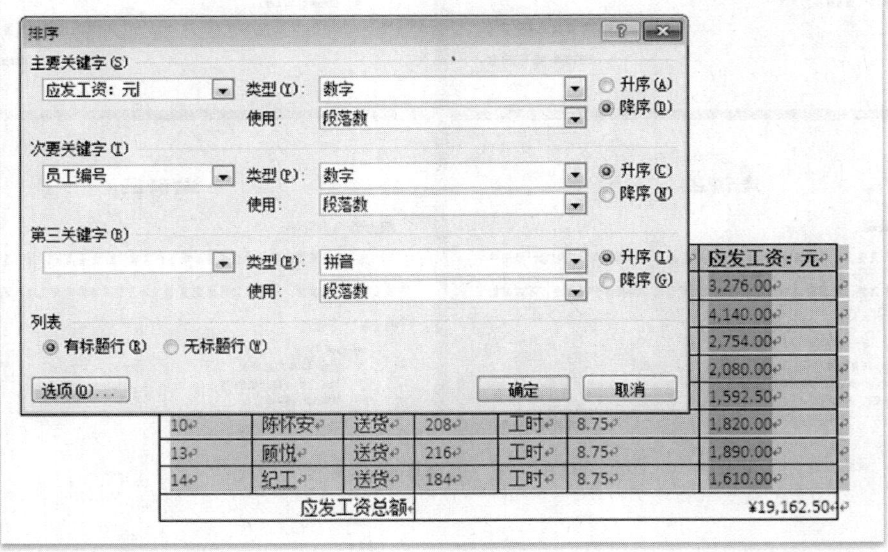

图 3-60 设置表格数据排序

在 Word 2010 中的表格里，行用数字 1、2、3……表示，列用字母 A、B、C……表示，如第三行第四个单元格用 D3 标识。在计算公式中可以用单元格的标识直接代表表格内的数据，例如在“公式”对话框中的“公式”文本框中输入“ = D3 + F3”表示计算结果为 D3 和 F3 两个单元格内数据的和。注意：公式输入时应使用英文状态下的半角符号。

3.5 案例：批量制作邀请函

在 Word 2010 中使用邮件合并功能可以创建套用各种固定格式和内容的文档，通过与数据源绑定在主文档的指定位置插入域对应数据源当中的数据项，批量生成多个格式相同而关键信息对应数据源的文件输出结果（见图 3－61），经常使用与邮件信函、信封、标签或目录等各种套用的文档。

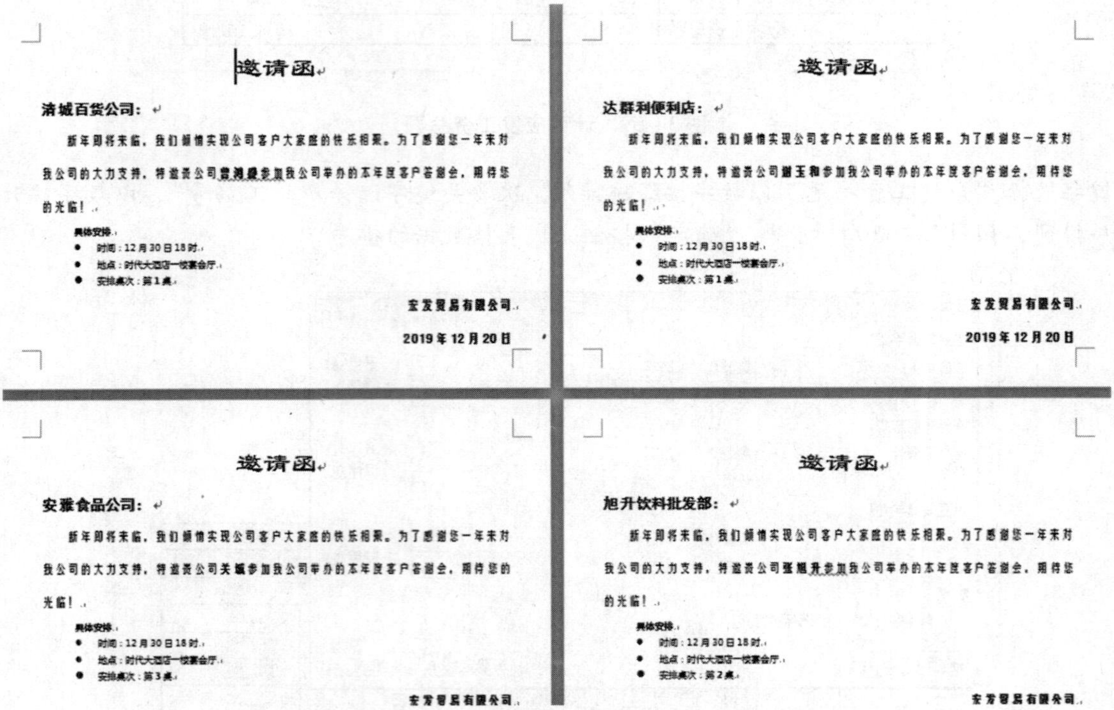

图 3－61 邀请函合并文档

3.5.1 创建主文档

主文档是内容相同的统一格式文档，是邮件合并后生成邀请函的模板。

【任务 3－27】 建立“邀请函 .docx”，保存在 D 盘 Word 文件夹中。

操作步骤：

（1）启动 Word 2010 应用程序，将文档保存为“邀请函 .docx”。

（2）输入邀请函内容。

（3）设置邀请函的字体格式和段落格式，完成效果如图 3－62 所示。

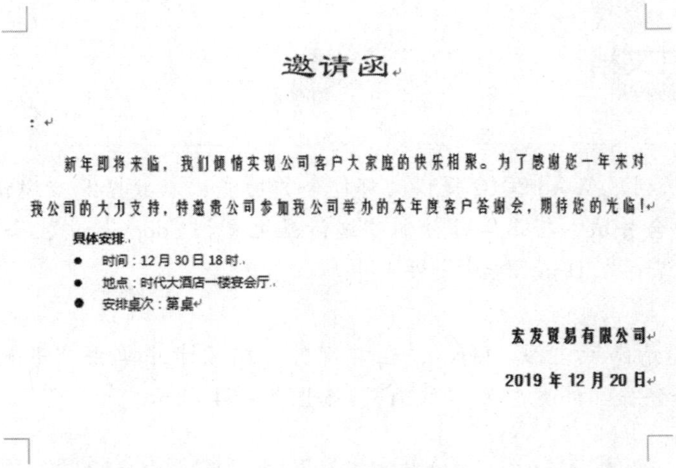
邀请函

:

新年即将来临，我们倾情实现公司客户大家庭的快乐相聚。为了感谢您一年来对我公司的大力支持，特邀贵公司参加我公司举办的本年度客户答谢会，期待您的光临！

具体安排：

- 时间：12 月 30 日 18 时
- 地点：时代大酒店一楼宴会厅
- 安排桌次：第桌

宏发贸易有限公司

2019 年 12 月 20 日

图 3－62　邀请函主文档

3.5.2　建立邀请函名单

数据源是主文档中合并域对应信息的数据来源，不同的合并域对应数据源表格中不同的列，本案例中的数据源为宴会邀请名单。

【任务 3－28】 建立邮件合并数据源，“邀请函名单 .docx”，并保存在 D 盘 Word 文件夹下。

操作步骤：

（1）新建 Word 文档，插入一个 3 列 N 行的表格，根据名单长度录入相应数据，如图 3－63 所示。

公司名称	受邀人	桌次
清城百货公司	曾鸿盛	1
达群利便利店	谢玉和	1
安雅食品公司	关城	3
旭升饮料批发部	张旭升	2
泰和茶叶厂	吴泰兴	5
易文文具批发公司	陈轶	4
永南烟酒贸易公司	朱永南	5

图 3－63　邀请函名单表格数据

（2）保存文档为“邀请函名单 .docx”。

表格形式的内容都可以作为数据源，包括 Excel 表格、数据库表等。

3.5.3 合并文档

【任务3-29】利用 Word 2010 提供的邮件合并功能，以数据源“邀请函名单.docx”当中的表格字段作为合并域，将名单合并到“邀请函主文档.docx”中，合并后的文档命名为“邀请函.docx”，保存在D盘Word文件夹中。

操作步骤：

(1) 打开“邀请函主文档.docx”，在“邮件”选项卡中单击“开始邮件合并”按钮，在下拉列表中选择合并邮件类型为“信函”，如图3-64所示。

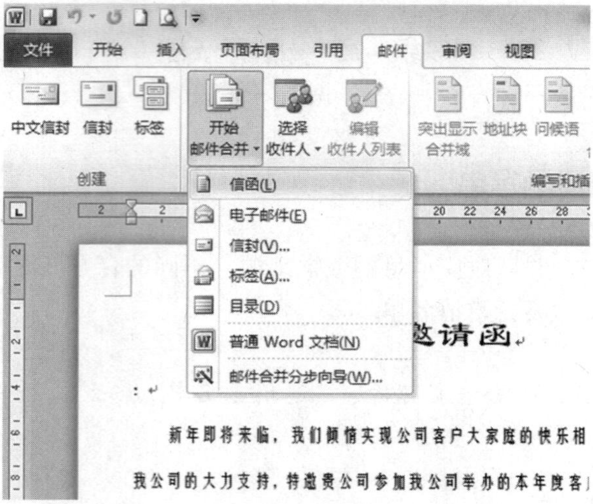

图3-64 选择合并邮件类型

(2) 在“开始邮件合并”选项组中单击“选择收件人”按钮，在下拉列表中选择“使用现有列表”按钮，如图3-65所示，并在弹出的“选取数据源”对话框中选择“邀请函名单.docx”，单击“打开”按钮，如图3-66所示。

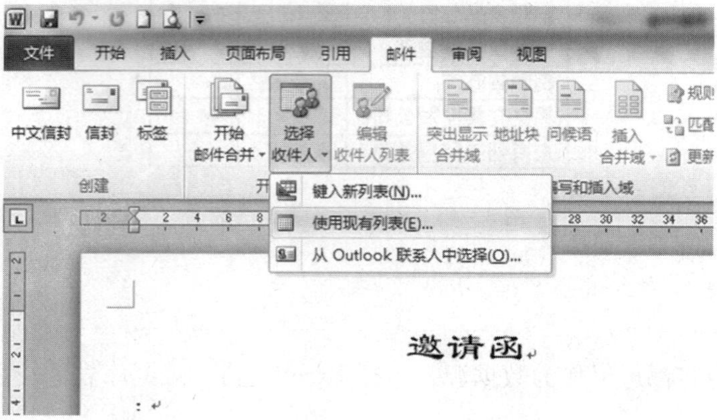

图3-65 选择合并数据源

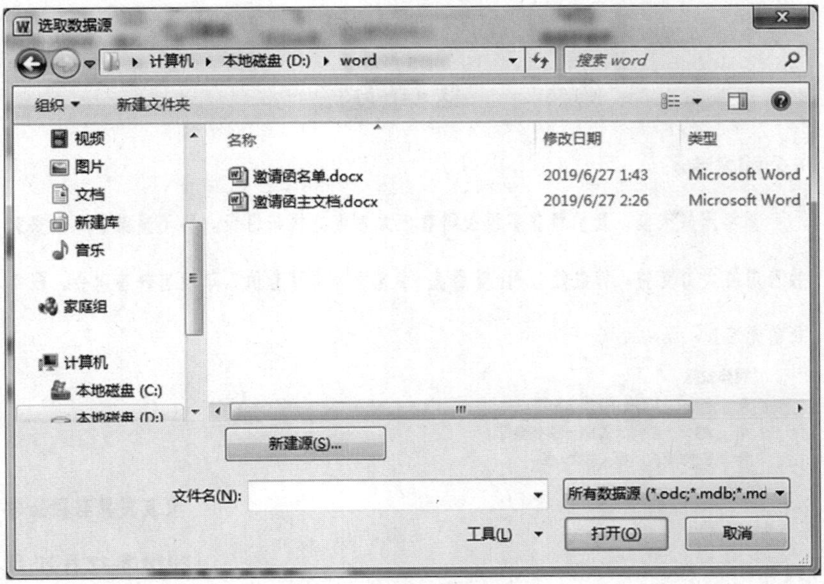

图 3-66　选取合并数据源文件

（3）把光标定位在正文第一段开头位置，在冒号之前。单击“邮件”选项卡中的“编写和插入域”选项组中的“插入合并域”按钮，在其下拉列表中已经出现邀请函名单表格中列明为合并域的选项，选择“公司”，如图 3-67 所示。

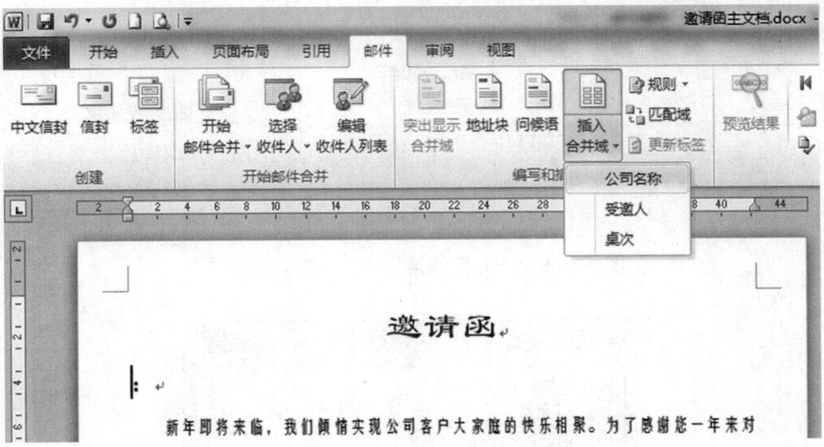

图 3-67　插入合并域

（4）重复步骤（3），在文档中的合适位置插入对应的合并域，如图 3-68 所示，将域文字加粗。

（5）在“邮件”选项卡中选择“预览结果”按钮可以查看“信函”内容，并且可以翻看每一条记录的合并后效果；单击“完成并合并”按钮，在其下拉列表中选择“编辑单个文档”，如图 3-69 所示，弹出“合并到新文档”对话框，如图 3-70 所示，单击“确定”按钮，把合并后的内容保存为“邀请函合并文档.docx”。

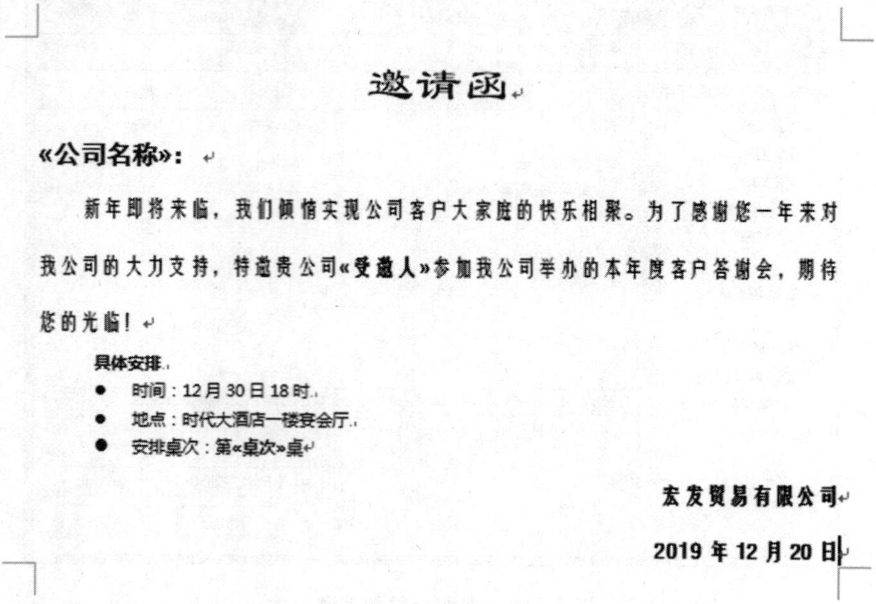
邀请函

«公司名称»：

新年即将来临，我们倾情实现公司客户大家庭的快乐相聚。为了感谢您一年来对我公司的大力支持，特邀贵公司«受邀人»参加我公司举办的本年度客户答谢会，期待您的光临！

具体安排

- 时间：12月30日18时
- 地点：时代大酒店一楼宴会厅
- 安排桌次：第«桌次»桌

宏发贸易有限公司

2019年12月20日

图 3－68　完成插入合并域

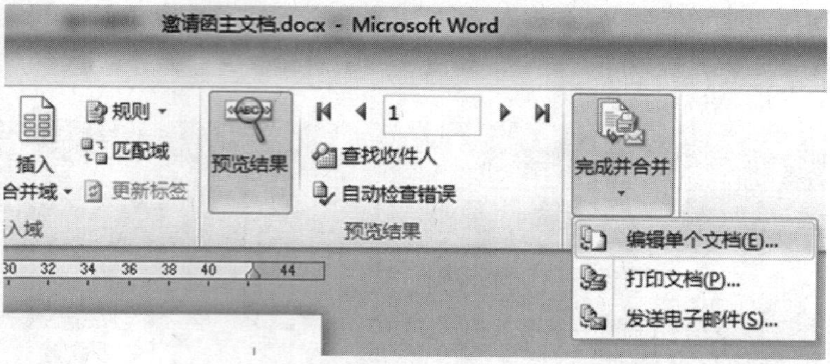

图 3－69　“预览结果”与“完成并合并”

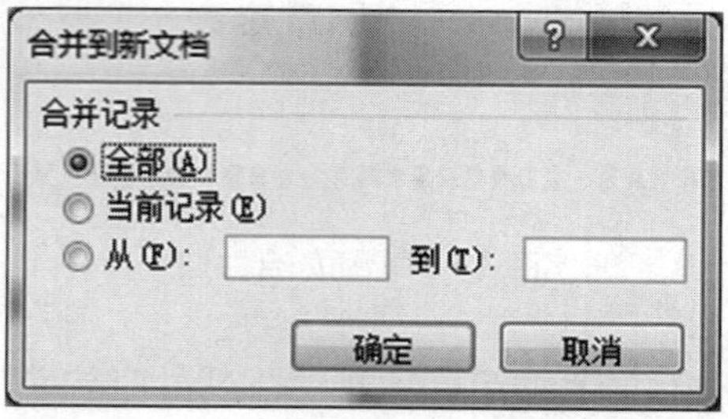

图 3－70　合并到新文档

单击“邮件”选项卡中“开始邮件合并”选项组中的“编辑收件人列表”按钮，弹出“邮件合并收件人”对话框，如图 3－71 所示，可以选择要合并的数据源中的记录，也可以对数据源的记录进行排序、筛选、查找等操作。

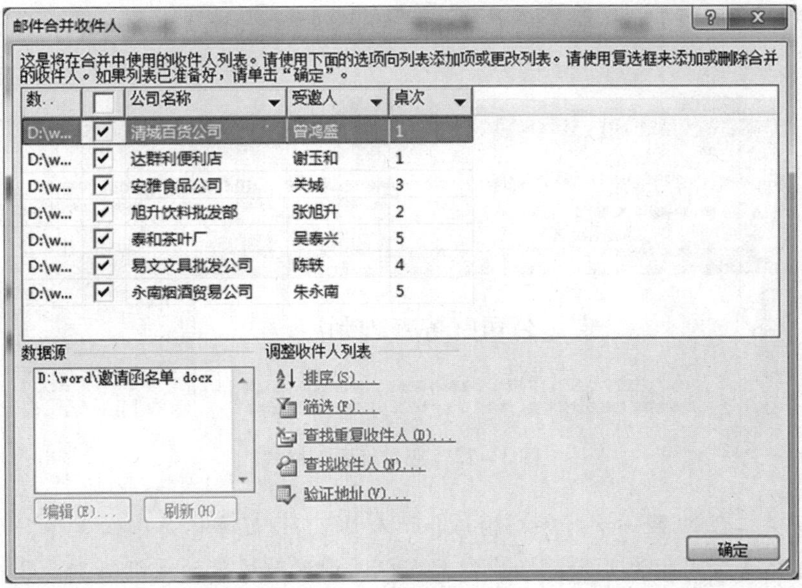

图 3－71　“邮件合并收件人”对话框

邮件合并的应用场景有许多，关键是做好数据源表格和主文档的内容与格式的排版编辑以及合并域的合理设计，可以大大提高效率，批量处理文件。

3.6　案例：长文档综合排版

Word 提供了许多文字处理的高级应用，在编辑纲目复杂、内容长达几十页或几百页的文档时使文档层次结构条理清晰，方便快捷地添加目录，定制常用的格式样式，减少文档中编号、序号、页码错乱等要求得到实现。

本案例引入公司财务管理制度小册子的制作步骤，学习掌握长文档的综合排版技巧。

打开“长文档.docx”文件另存为“宏达公司财务管理制度.docx”，文件的纸张大小是 A5，页边距窄，内容较多，虽然有章节等纲目但没有目录，不便于阅读和查找。通过学习文档的排版操作来掌握 Word 高级应用技巧。

3.6.1　使用样式

样式是指定制的字体、段落格式的组合，方便重复使用相同格式的需要，提高排版效率并保持风格一致。

【任务 3－30】 添加并应用“章”“节”“小节”样式，使文档的纲目结构清晰且格式统一。

操作步骤：

(1) 打开“长文档.docx”，把光标定位在第一段，在“开始”选项卡中有“样式”选项组，选择应用“标题1”样式，居中，如图3－72所示，将“××公司财务管理制度”修改为标题格式。

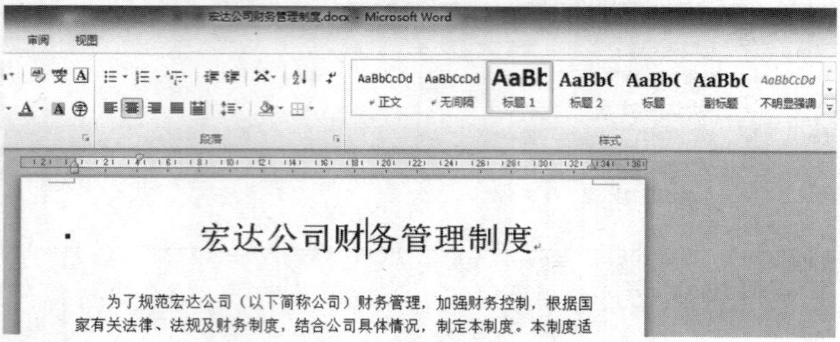

图3－72　应用标题1样式

（2）选择第二段“第一章财务机构与会计人员”，设置字体是小四黑体，加粗，设置段落格式，段前和段后间距为1行，切换到大纲视图设置该段落的大纲级别为2级；切换为页面视图，选择该段文字，在“样式”选项组中的样式列表框中的右下方点击▾，展开样式列表，如图3－73所示，选择“将所选内容保存为新快速样式…”弹出对话框，如图3－74所示，输入样式名称“章”。

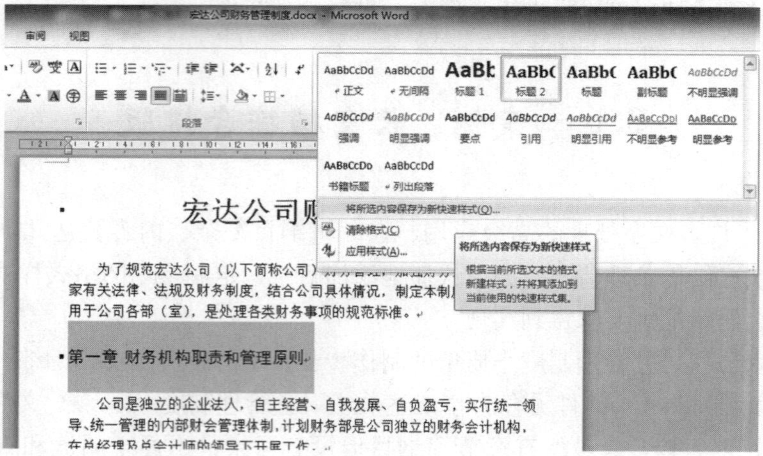

图3－73　样式列表

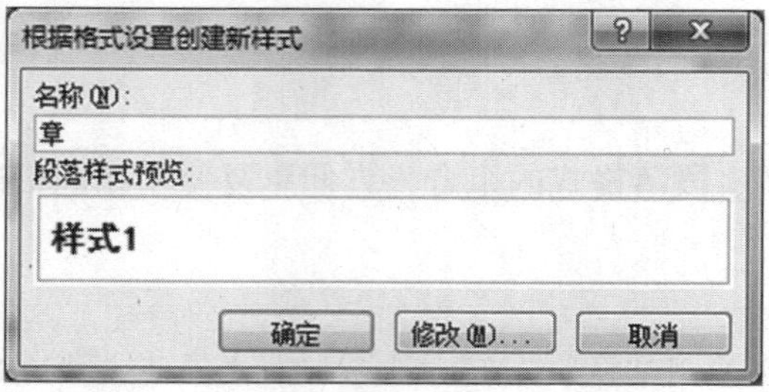

图3－74　根据格式设置创建新样式

(3) 在样式列表中出现新的样式“章”，将文中所有的章题目选择应用该样式。

(4) 重复步骤 (2) (3) 可以设置“节”样式为五号黑体加粗字体，段前段后间距为 6 磅，首行缩进 2 字符，大纲级别为 3 级，并应用到适当的内容段落。

3.6.2 管理样式

(1) 应用样式。从样式列表可见，Word 为用户内置了许多常用样式，如“标题 1”“正文”等，样式的应用方法是：选择需要应用的样式，在“开始”选项卡中的“样式”选项组选择相应的样式即可。

(2) 修改样式。样式的修改有三种方式：第一，右键点击样式，在弹出的菜单中选择“修改”命令进入“修改样式”对话框，如图 3 – 75 所示，在这个对话框中可以设置样式的字体、段落的格式参数，单击左下方的“格式”按钮还可以选择修改更多的格式；第二，选中应用了某个样式的内容修改其格式，修改完毕后在格式列表中对应的格式名称右键单击，在菜单命令中选择“更新样式名以匹配所选内容”；第三，选择“样式”选项组中最右边的按钮“更改样式”，在下拉选项中进入需要修改的选项即可。

(3) 清除样式。样式的清除可以用样式列表右侧的下三角按钮，在下拉菜单中选择“清除格式”命令，就可以将所应用的格式还原成正文的样式。

(4) 删除样式。在“样式”列表中右键要删除的样式名称，选择“从快速样式库中删除”命令即可将样式从样式列表中删除；在“样式”任务窗格中选中某个样式单击右键，选择“全部删除”则可以将该样式在列表中被删除且应用了该样式的内容也恢复为无样式的状态。

(5) 管理样式。单击“样式”任务窗格下方的管理样式按钮，弹出“管理样式”对话框，如图 3 – 76 所示，可以对所有样式进行新建、修改、删除等操作。

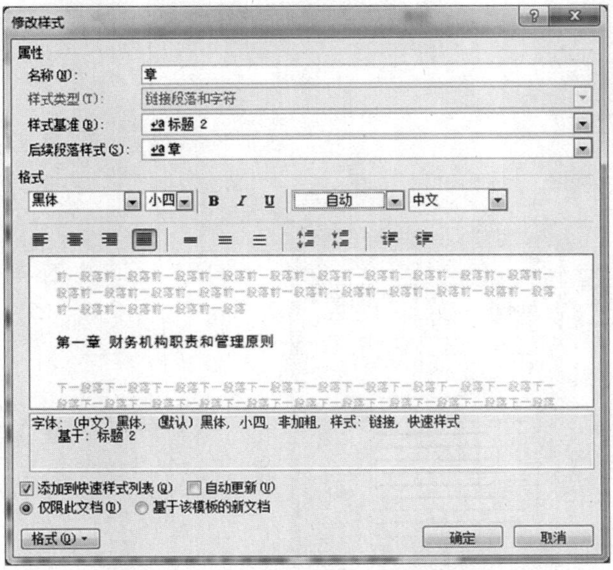

图 3 – 75 修改样式对话框

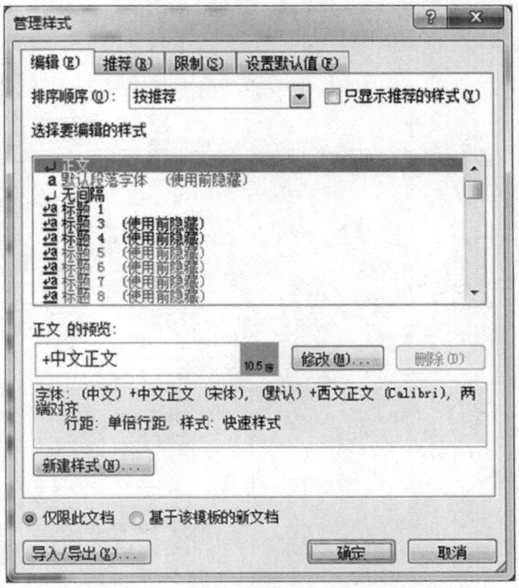

图 3 – 76 管理样式对话框

3.6.3 编号列表与项目符号

在文档中添加编号或项目符号可以是文档的层次结构更分明、条理清晰。

（1）添加编号。在“宏达公司财务管理制度.docx”中的第三段开始的“总会计师职责”部分有4条职责，可以使用编号：选中这4条职责的内容，单击“开始”选项卡中“段落”选项组的“编号”按钮，给这四段文字添加编号，调整段落的缩进和制表位，如图3-77所示。

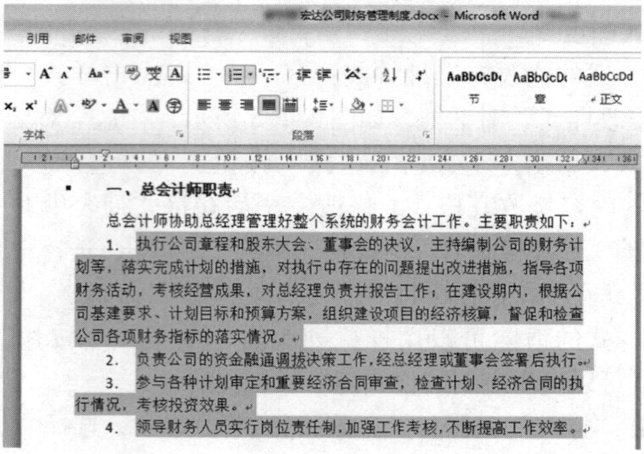

图3-77 添加编号

选择编号按钮右侧的下三角按钮，弹出编号格式样式列表，选择所需的文档编号格式，点击“定义新编号格式”命令，在弹出的“定义新编号格式”中可以增加新的编号格式，如图3-78所示，可以选择编号的格式。

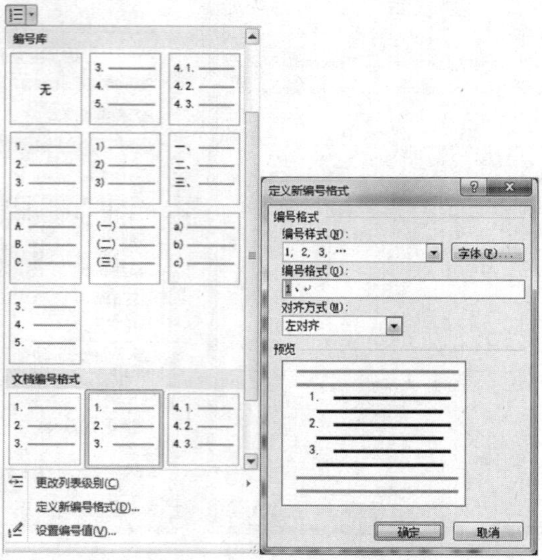

图3-78 编号库和文档编号格式列表、定义新编号格式对话框

选择“设置编号值”命令弹出“起始编号”对话框，如图 3 – 79 所示，可以设置是否开始新列表或者继续上一列表的序号，也可以设置编号的起始值。

（2）添加多级列表。多级列表可以使文档的层次结构分明，且列表的格式风格统一。在“开始”选项卡中“段落”选项组中单击“多级列表”按钮，在列表库中可以选择多级列表的样式，如图 3 – 80 所示。

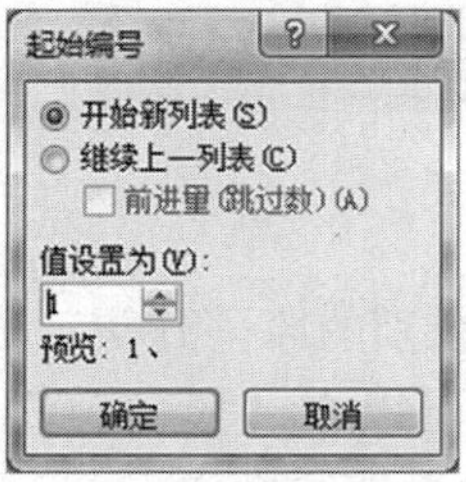

图 3 – 79　起始编号对话框

图 3 – 80　列表库

选择列表库菜单中的“定义新的多级列表”命令，弹出“定义新多级列表”对话框，如图 3 – 81 所示，可以设置多级列表中多个级别的编号字体格式、样式、级别、对齐格式等参数。

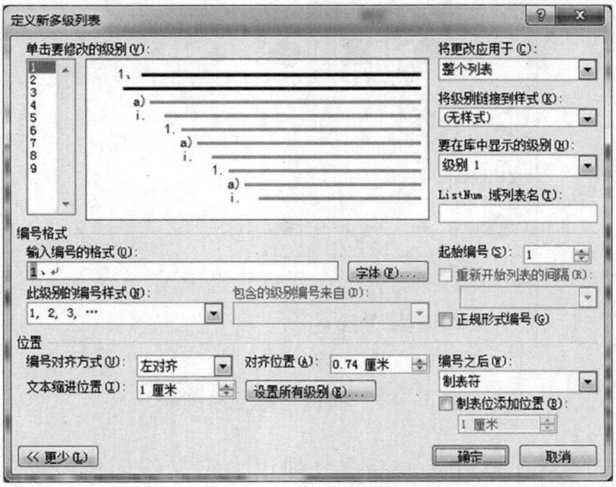

图 3 – 81　定义新多级列表

选择列表库菜单中的“定义新的列表样式”命令，弹出“定义新列表样式”对话框，如图 3－82 所示，可以设置列表中的编号字体、段落、制表符等格式的参数。

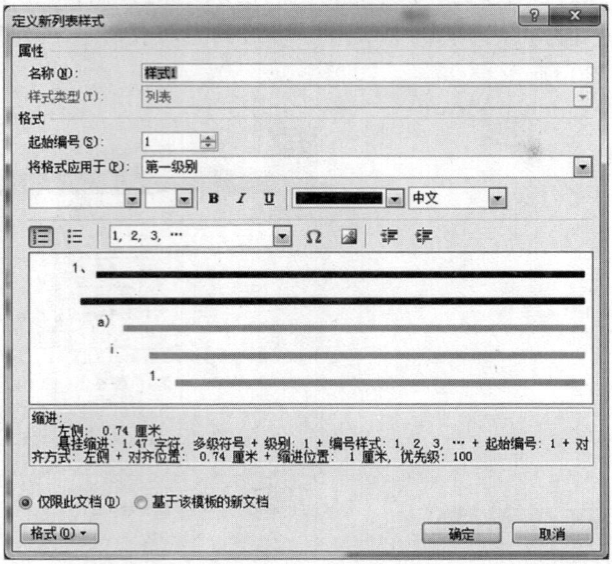

图 3－82　定义新列表样式

更改列表的级别方法：将光标定位在需要更改列表级别的段落开头，按 Tab 键可以降低列表的级别，按 Shift＋Tab 键可以提高列表的级别；也可以在“段落”选项组中单击“减少缩进量丨增加缩进量”按钮，调整列表的级别和文档缩进情况。

（3）添加项目符号。选择一个或多个段落，在“开始”选项卡中的“段落”选项组中的项目符号按钮的下三角按钮，出现“项目符号”下拉列表，如图 3－83 所示，可以给文档添加项目符号。

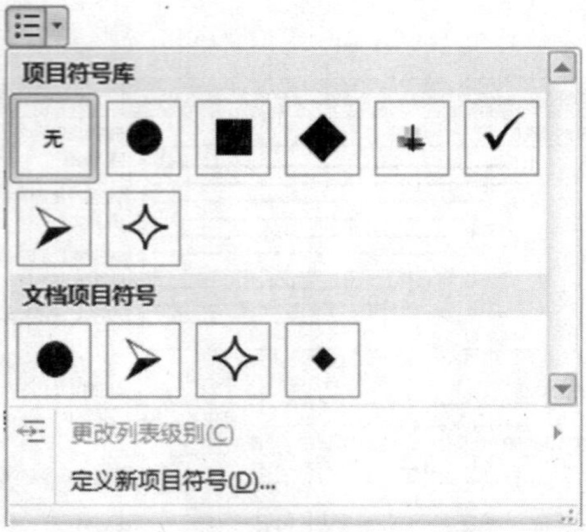

图 3－83　项目符号下拉列表

单击下拉列表“定义新项目符号”命令，弹出“定义新项目符号”对话框，如图 3－84 所示，单击“符号”按钮，如图 3－85 所示，在“符号”对话框中可以选择项目符号。

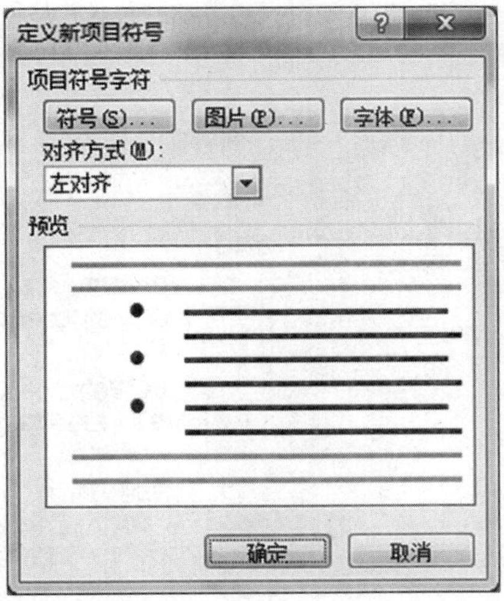

图 3-84　“定义新项目符号”对话框

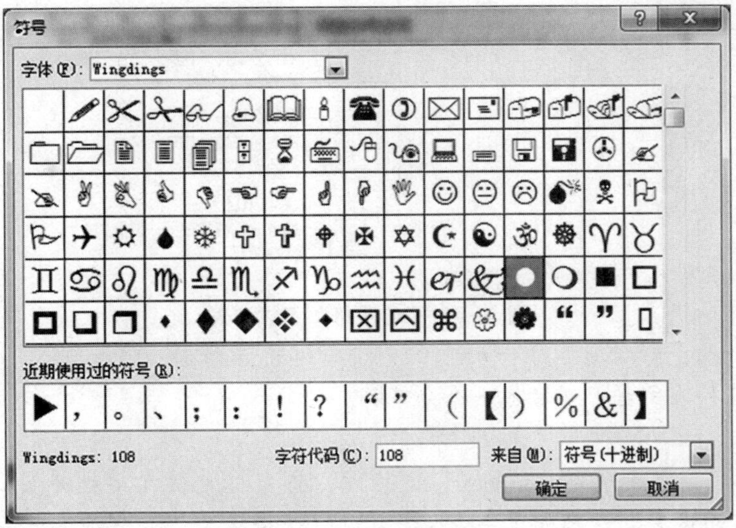

图 3-85　“符号”对话框

在添加了项目符号后，“更改项目符号级别”命令被激活，可以更改不同级别的项目符号样式。

3.6.4　文档分页分节

Word 有各种分割符来分割不同格式的对象，如段落符号 ↵ 是分割段落的，段落的格式就会相对独立设置；在“段落”选项组中单击“显示/隐藏编辑标记”按钮，可以看到分节符与分页符，分页符 ……分页符…… 可以用于分割两个页面的内容，也可以插入新的空白页；分节符 ……分节符(连续)…… 可以分割两个部分的内容有不同的页面设置格式，如纸张大小、纸张方向、页边距和页码等都可以根据不同的节分别设置。

在“页面布局”选项卡中的“页面设置”单击“分隔符”按钮可以插入所需的分隔符，如图3-86所示。

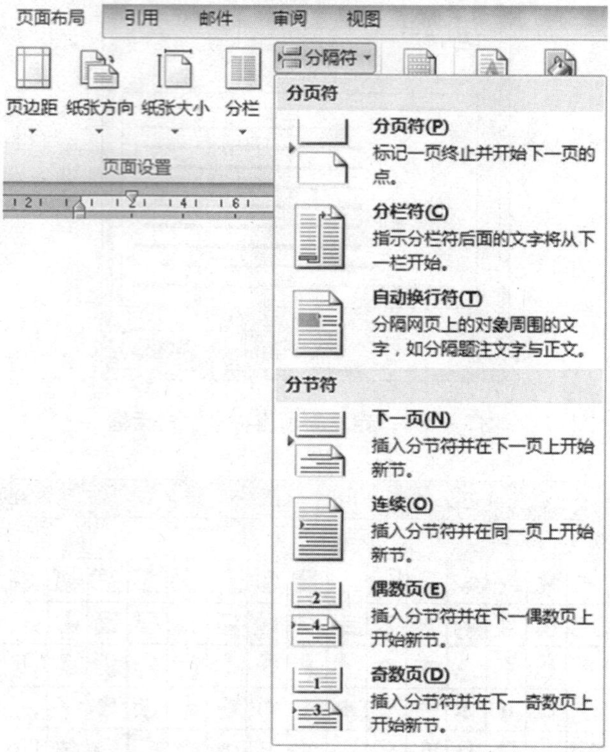

图3-86 “分隔符”下拉列表

【任务3-31】 在文档开头插入一个分节符。

操作步骤：

在“宏达公司财务管理制度.docx”文档中，将光标定位在文档开头，选择“页面布局”选项卡“页面设置”选项组单击分隔符按钮，选择插入“分节符：下一页”，可以在文档的开头插入一个空白页。

3.6.5 文档视图与添加目录

所谓“视图”就是查看文档的显示方式。文档可以在不同的视图下查看或修改，虽然文档的显示方式不同，但是文档的内容是不变的。“视图切换按钮”在水平滚动条的左边，如图3-87所示，它包含5个按钮分别代表5种视图：页面视图、阅读、Web版式、大纲视图和草稿视图，用户可以根据对文档的操作需求不同采用不同的视图，可以单击“视图切换按钮”来切换文档视图，也可以在“视图”功能区选择对应的命令进行切换。

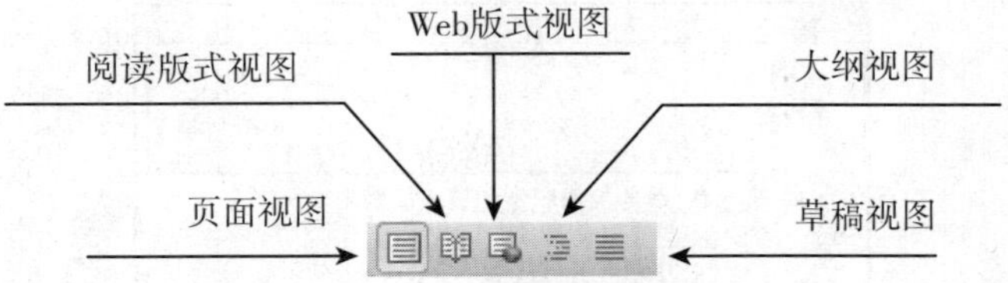

图 3－87　视图切换按钮
(其中“页面视图”为当前的视图状态)

Word 2010 的 5 种视图的区别和特点:

(1) 页面视图。页面视图主要用于版面设计，页面视图显示所得文档的每一页面都与打印所得的页面相同，即“所见即所得”。在页面视图下可以进行文字处理中所有的操作，但在页面视图下占用的计算机资源相对较多，使得处理速度变慢。

(2) 阅读版式视图。阅读版式视图适用于阅读长篇文章，在阅读版式视图下将工作区中编辑区域缩小，而文字的大小不变，根据文章的字数自动分屏，并且在该视图下同样可以进行文字的编辑工作。通过单击“阅读版式”工具栏上的“关闭”按钮，或按 Esc 键或 Alt＋C 键来退出阅读版式视图，切换到原先的视图。

(3) Web 版式视图。使用 Web 版式视图，可以在 Word 2010 窗口中查看 Web 页在 Web 浏览器中的显示效果。

(4) 大纲视图。大纲视图适合于编辑文档的大纲，以便能审阅和修改文档的结构。在大纲视图中，可以单击 ▬ 标识来折叠文档以便只查看到某一级的标题或子标题，亦可以单击 ✚ 标识来展开文档查看整个文档的内容。在大纲视图下，通过对大纲中各级标题进行“上移” ▲ 或“下移” ▼、“提升” ⇦ 或“降低” ⇨ 等操作来调整文档结构。

(5) 草稿视图。草稿视图取消了页面边距、分栏、页眉页脚和图片等元素，仅显示标题和正文，是最节省计算机系统硬件资源的视图方式。当然现在计算机系统的硬件配置都比较高，基本上不存在由于硬件配置偏低而使 Word 2010 运行遇到障碍的问题。

【任务 3－32】 设置“宏达公司财务管理制度”的大纲级别并且添加目录。

要求：将“宏达公司财务管理制度”文档分为三个大纲级别，其中标题为第 1 级，各章为第 2 级，节为第 3 级；在文档开头添加目录页。

操作步骤：

(1) 打开“宏达公司财务管理制度 . docx”，将光标移动到标题“宏达公司财务管理制度”一行，在“开始”功能区→“样式”组中选择样式“标题 1”。

(2) 参考上一个任务已经添加样式“章”“节”至样式列表中，在添加这两种样式的时候已经分别将大纲级别设置为第 2 级、第 3 级。按照同样的方法将文档当中的各章标题设置格式样式为“章”，左对齐。

(3) 按照同样的方法将文档当中的各章中的节标题设置格式样式为“节”，左对齐。

(4) 单击“大纲视图”按钮 ☰ 查看大纲视图下的文档，并且调出大纲工具栏，把光标移动到文档第一行标题当中，按下大纲工具栏中的“折叠”按钮，可以折叠章节内容，只显示章节标题，如图 3－88 所示。

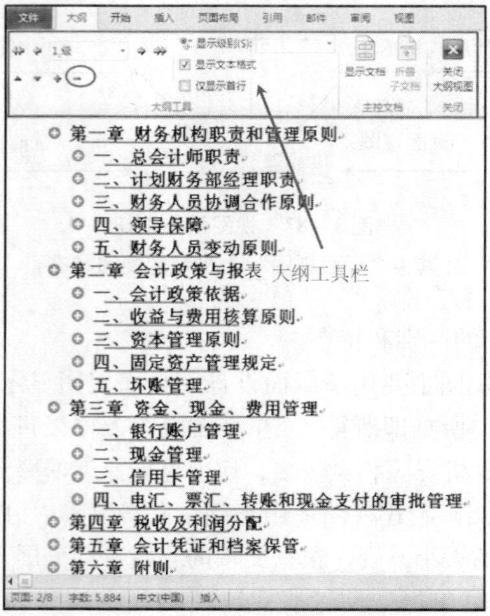

图 3－88 大纲视图

（5）单击页面视图按钮回到页面视图，将光标移动到文档的开始位置，单击“页面布局”功能区→“页面设置”组中的“分隔符”按钮分隔符右侧的，在弹出的分节符列表中单击下一页命令，插入新页。

（6）将光标移动到新插入的页面开头，选择“正文”样式，居中位置输入“目录”，按下 Enter 键，文本左对齐即执行“开始”功能区→“段落”组中“文本左对齐”命令；执行“引用”功能区→“目录”组中“目录”命令，在弹出列表中，单击“插入目录”，弹出目录对话框，如图 3－89 所示。

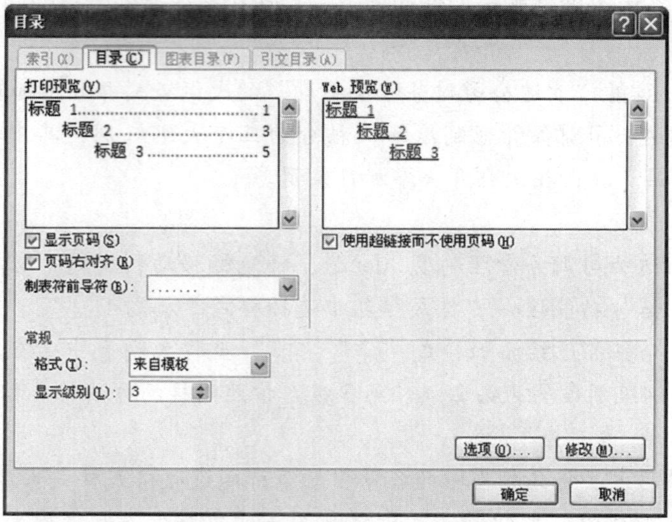

图 3－89 插入索引和目录对话框

按下“确定”按钮，则可生成目录，如图 3－90 所示。

目录

宏达公司财务管理制度……2
第一章 财务机构职责和管理原则……2
一、总会计师职责……2
二、计划财务部经理职责……2
三、财务人员协调合作原则……3
四、领导保障……3
五、财务人员变动原则……3
第二章 会计政策与报表体系……3
一、会计政策依据……3
二、收益与费用核算原则……3
三、资本管理原则……4
四、固定资产管理规定……4
五、坏账管理……5
第三章 资金、现金、费用管理……5
一、银行账户管理……5
二、现金管理……6
三、信用卡管理……6
四、电汇、票汇、转账和现金支付的审批管理……6
第四章 税收及利润分配……7
第五章 会计凭证和档案保管……7
第六章 附则……8

图 3－90　插入目录效果

上述步骤（6）中，可单击“目录”对话框中“修改”按钮，对各级目录的字体格式进行设置。

设置一：选择目录部分，从“宏达公司财务管理制度”至“附则”，单击鼠标右键，在右键菜单中选择“编辑域”命令，在“域”对话框中选择相应的域类别、域名和域属性，如图 3－91 所示。

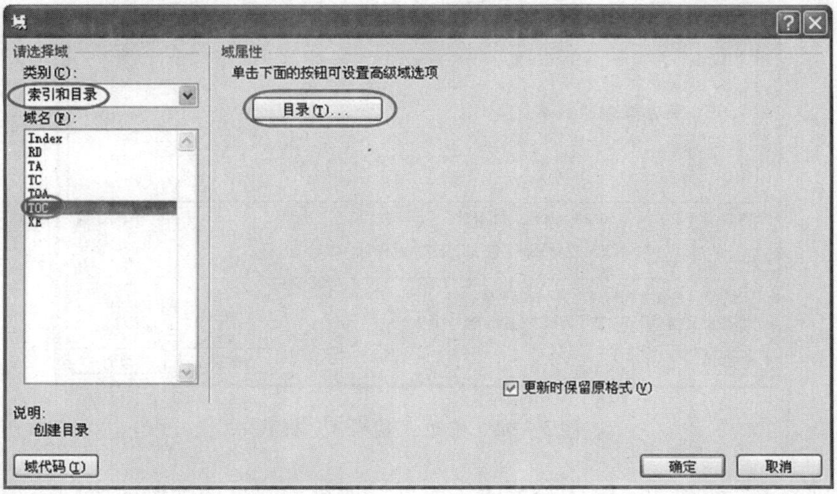

图 3－91　选择域

单击“目录”按钮，在弹出的“目录”对话框中选择“修改”命令，如图3－92所示。单击“修改”按钮，弹出“样式”对话框，如图3－93所示。

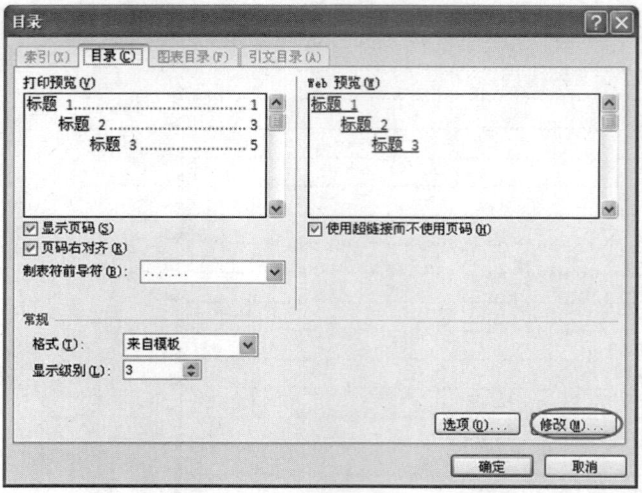

图3－92　选择目录的修改命令

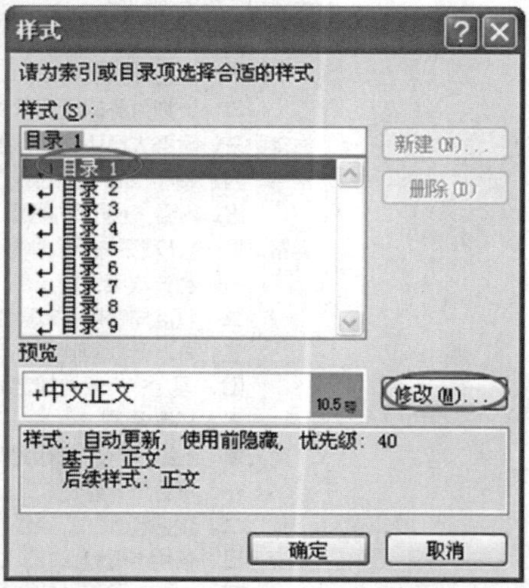

图3－93　修改目录样式

选择“目录1”，单击“修改”命令，弹出“修改样式”对话框，如图3－94所示。

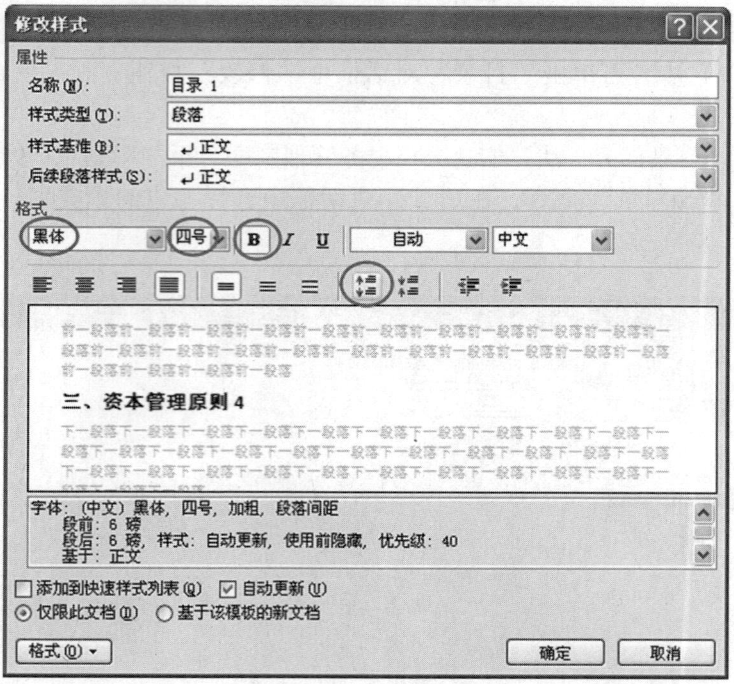

图3－94　修改“目录1”样式

设置“目录1”的样式，字体为黑体，四号，加粗，并且增加段前段后距为6磅，单击“确定”按钮。

设置二：回到“样式”对话框，按照同样的步骤修改“目录 2”的样式为：小四号宋体，加粗，段前段后距为 6 磅；最后确定修改并在弹出对话框确定替换所选目录，如图 3－95 所示。

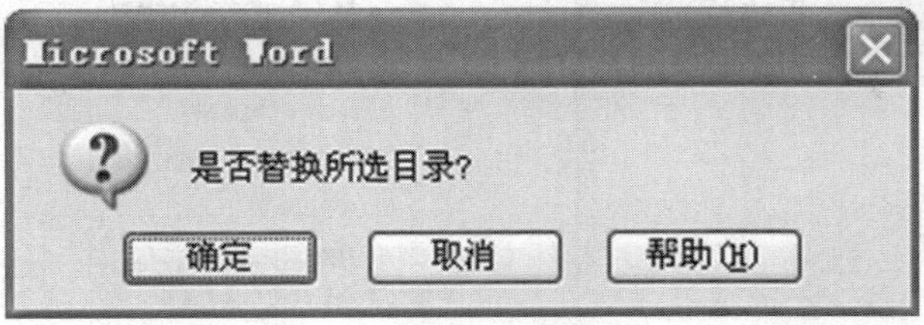

图 3－95　确定替换所选目录

单击“确定”按钮，更新了目录样式，效果如图 3－96 所示。

宏达公司财务管理制度 **2**

第一章 财务机构职责和管理原则 **2**

一、总会计师职责 2

二、计划财务部经理职责 2

三、财务人员协调合作原则 3

四、领导保障 3

五、财务人员变动原则 3

第二章 会计政策与报表体系 **3**

一、会计政策依据 3

二、收益与费用核算原则 3

三、资本管理原则 4

四、固定资产管理规定 4

五、坏账管理 5

第三章 资金、现金、费用管理 **5**

一、银行账户管理 5

二、现金管理 6

三、信用卡管理 6

四、电汇、票汇、转账和现金支付的审批管理 6

第四章 税收及利润分配 **7**

第五章 会计凭证和档案保管 **7**

第六章 附则 **8**

图 3－96　设置目录样式后效果

设置三：选中目录，右键单击目录，在右键菜单中选择“段落”选项，在“段落”对话框中设置目录的行距“固定值”为“26 磅”，如图 3－97 所示；单击“确定”按钮，效果如图 3－98 所示。

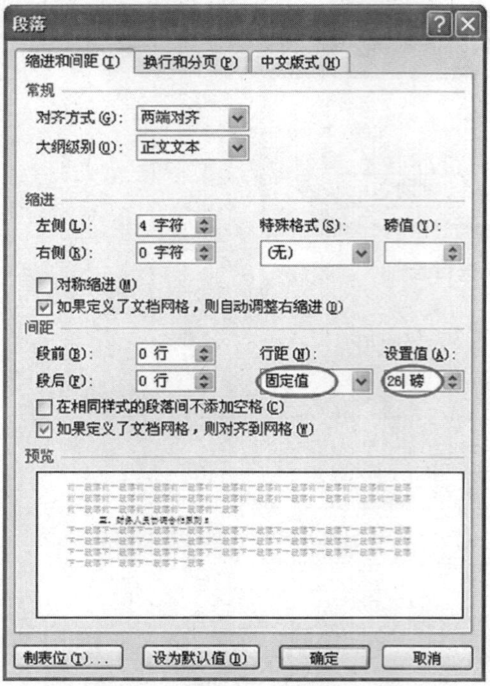

图 3－97　设置目录行距

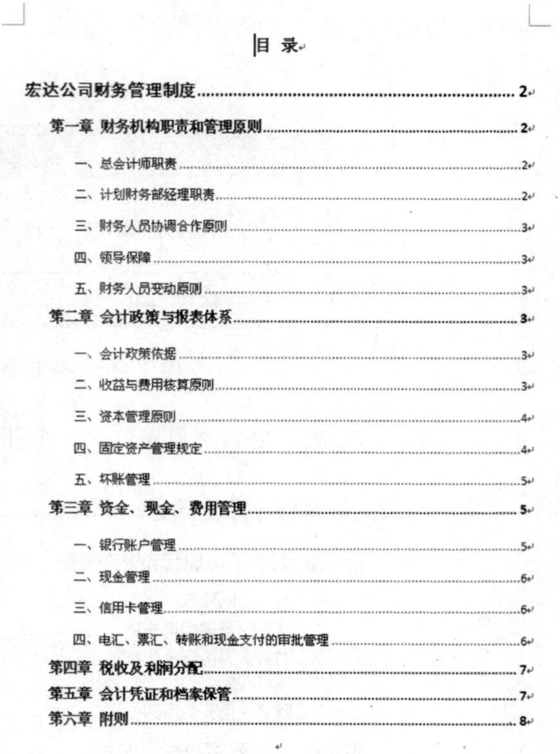
目 录

图 3－98　修改目录行距效果

3.6.6　添加页码、页眉和页脚

【任务 3－33】给“宏达公司财务管理制度”插入页码。

要求：插入页码，页码从正文开始第 1 页，目录页不显示页码。

操作步骤：

(1) 在【任务 3－32】步骤 (5) 生成文档目录时曾插入一个分节符，那是为了使插入的页码分成两部分的关键操作。

(2) 将光标移动到正文处，单击“插入”功能区→“页眉和页脚”组中的“页码”按钮，在弹出“页码”的下拉菜单中选择“页面底端”中的“普通数字 2”样式，如图 3－99 所示，使页码位置为页码底端，居中对齐，首页显示页码。

(3) 在插入页码之后，可以发现目录和正文都显示了页码，而且都是从 1 开始。将光标移至正文的页码 1 处，单击“页眉和页脚”功能区→“导航”组中的“链接到前一页眉”按钮 链接到前一条页眉，取消与“与上一节相同”的功能。

(4) 由于目录页只有 1 页，为了使目录页不显示页码，将光标移动至目录的页码处，选定页码并按 Delete 键删除，取消目录页的页码。

(5) 选择目录，单击“引用”功能区→“目录”组中的“更新目录”按钮更新目录，在打开的“更新目录”对话框中选择“只更新页码”选项，如图 3－100 所示。

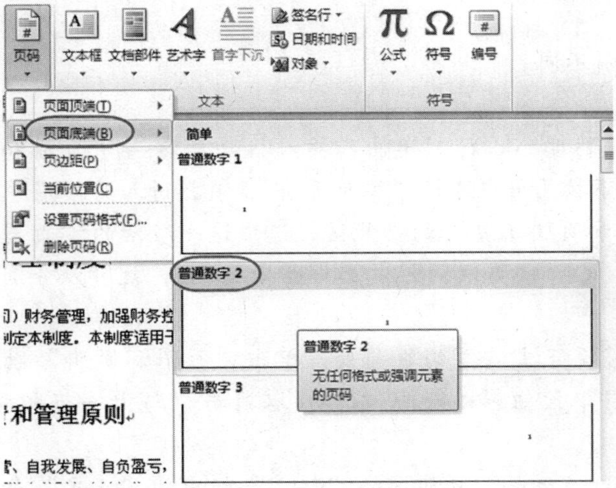

图 3－99　页码对话框

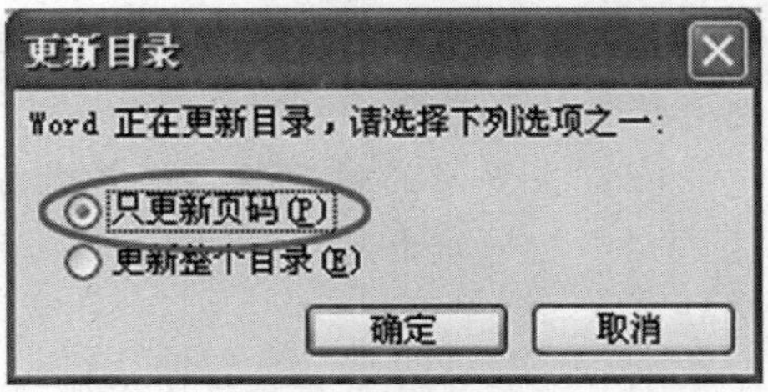

图 3－100　更新页码

单击“确定”按钮使文档中目录页码与正文页脚显示的页码对应，如图 3－101 所示。

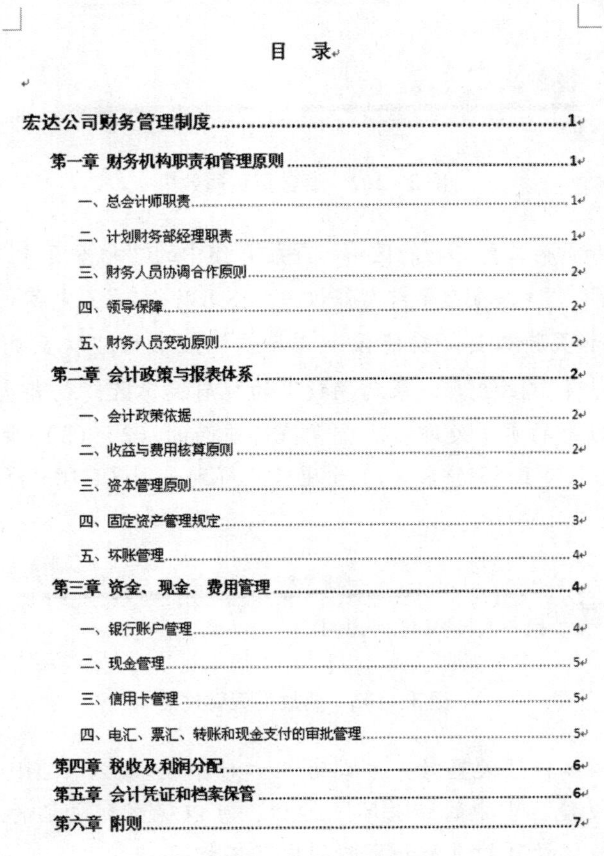
目　录

图 3－101　更新目录后效果

可以看到更新后的目录页码是从第 1 页开始的，而在目录页当中没有显示页码。

【任务 3－34】 插入页眉页脚。

要求：插入页眉页脚，奇偶页的页眉不同。

操作步骤：

（1）打开文档“宏达公司财务管理制度 .docx”，单击“插入”功能区→“页眉和页脚”组中的“页眉”按钮，在打开的下拉菜单中选择“编辑页眉”，直接进入“页眉”的编辑状态，并自动添加一个名为“页眉和页脚工具”的功能区，选中这一激活的“页眉和页脚工具”功能区→“选项”组中的→“奇偶页不同”复选框☑ 奇偶页不同，就可以分别编辑奇偶页的页眉内容。

（2）在页眉的编辑状态，将光标移至正文首页的页眉处，单击“页眉和页脚”功能区→“导航”组中的“链接到前一页眉”按钮 链接到前一条页眉，取消与“与上一节相同”的功能。

（3）当光标在页眉编辑区闪烁，执行“开始”功能区→“样式”组中的“正文”命令可以将页眉的横线去掉，执行“插入”功能区→“插图”组中的“图片”命令，找到“奇数页页眉. jpg”，调整图片大小为 1. 55 厘米 ×14. 6 厘米，如图 3－102 所示。

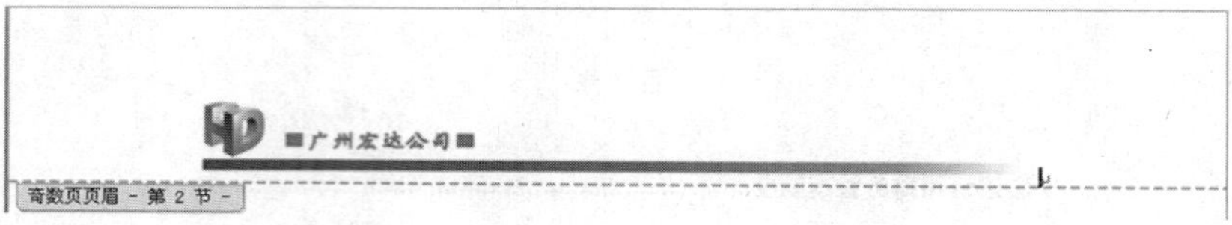

图 3－102　奇数页页眉效果

（4）单击“页眉和页脚工具”功能区→“导航”组中的“转至页脚”按钮，进入页脚的编辑状态。在光标处输入“●本制度最终解释权归本公司财务部”，完成奇数页页脚的编辑。

（5）单击“页眉和页脚工具”功能区→“导航”组中的“转至页眉”按钮，再单击“导航”组中的“下一项”按钮，来到偶数页的页眉编辑区；或者也可直接用鼠标移动光标至偶数页，单击偶数页的页眉处即可。重复执行前面的（2）（3）步，插入图片为“偶数页页眉 . jpg”，调整大小为 1. 55 厘米 ×14. 6 厘米，得到如图 3－103 的效果。

图 3－103　偶数页页眉效果

切换到偶数页页脚编辑区设置对齐方式为“右对齐”，输入“2019 年 10 月制定生效”，单击“页眉和页脚”功能区当中的“关闭”按钮，可以观察到文档的正文部分插入了页眉和页脚，而且奇数页与偶数页的页眉和页脚的内容不相同。

相关知识

如何在一些较大的长文档中的页眉显示当前文章所在的章节题目？

在页眉编辑状态中，在“插入”选项卡的“文本”选项组，选择“文档部件”中的“域”，在弹出的“域”对话框中，域的类别选择“链接和引用”中的“StyleRef”，右边则会显示出样式列表，选择章题目所选用的样式名称，单击“确定”按钮，就可以将页眉显示为章题目的内容。参考任务的操作步骤，也可以设置奇偶页分别显示章和节的题目。

3.6.7　添加引用内容

在长文档的编辑过程中，文档内容的索引和脚注等非常重要，他们可以使文档的引用内容和关键内容得到有效的组织。引用内容的类型包括脚注、尾注和题注。

（1）添加脚注和尾注。脚注是对文章的内容进行解释和说明的文字，一般位于当前页的底部或指定文字的下方。尾注是对文章引用资料的出处或输入补充性的信息，一般被添加在文章的末尾。

【任务 3－35】 添加脚注。

操作步骤：

（1）将光标定位在正文第一段的末尾，在“引用”选项卡中的“脚注”选项组中，单击“插入脚注”按钮，如图 3－104 所示。

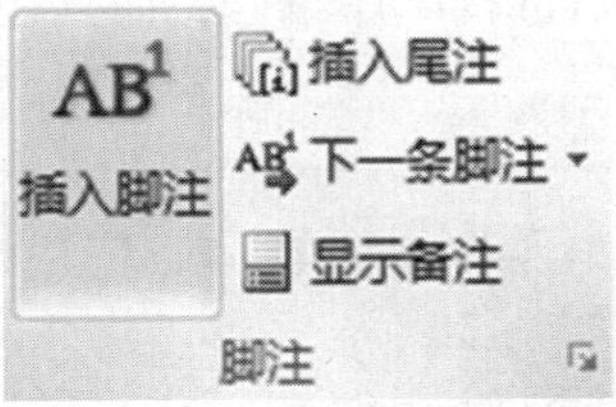

图 3－104　插入脚注

（2）光标处出现图 3－104 数字序号 1，当前页底部出现脚注序号和待输入的内容，输入“本制度如与国家现行相关法律法规和财务制度不一致的地方，以国家法律法规为准”。如图 3－105 所示。

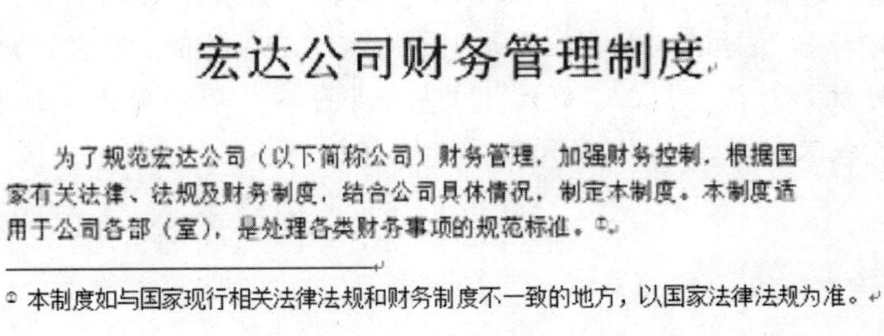

图 3－105　插入脚注效果

（3）单击“脚注”选项组的右下方按钮，弹出“脚注和尾注”对话框，如图 3－106 所示，选择编号格式为带圈数字为序号，点击“应用”按钮。

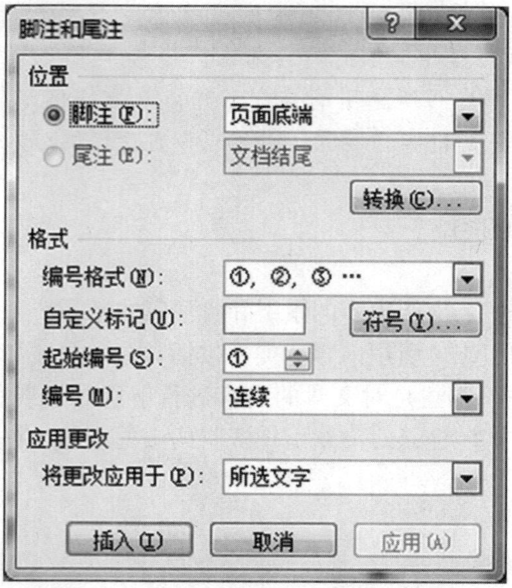

图 3－106 “脚注和尾注”对话框

（2）添加题注。题注是给文档中的图、表、公式和其他对象添加编号的标签，利用 Word 提供的标题题注为相应的项目进行顺序编号，而且还可在不同的地方引用文档中的相同内容。

【任务 3－36】给“宏达公司财务管理制度.docx”中的表格添加题注。

操作步骤：

（1）打开“宏达公司财务管理制度.docx”，选择第三章第四节的第三小节，将各类固定资产折旧年限的相关文本转换为表格，如图 3－107 所示。

（2）将光标定位于表格的下方，新建段落居中，单击“引用”选项卡，在“题注”组中单击“插入题注”按钮，如图 3－108 所示。

（3）在“题注”对话框中的“标签”下拉列表中选择适合的标签，如图表、表格、公式等，如果没有合适的标签，可单击“新建标签”按钮，如图 3－109 所示。

（4）在“新建标签”对话框中输入“表”，如图 3－110 所示，单击“确定”按钮。

（5）返回“题注”对话框，在“题注”文本框中输入“固定资产折旧年限表”后，单击“确定”按钮，效果如图 3－111 所示。

类别	折旧年限
A.公路及构筑物	
1.路基、桥梁、隧道	25 年
2.排水及挡防构造物	10 年
3.水泥混凝土路面	20 年
B.安全设施	
1.防护栏	10 年
2.道路照明设施	5 年
3.标志标线	5 年
4.其他安全设施	10 年
C.通信设施	
1.通信线路	10 年
2.电源设备	6 年
3.通信设备	5 年
4.其他通信设施	5 年
D.监控设施	5 年
E.收费设施	5 年
F.机械设备	10 年
G.车辆	5 年
H.房屋及建筑物	
1.房屋	30 年
2.建筑物	20 年
I.电子设备	5 年
J.其他	5 年

图 3－107　转换文本为表格

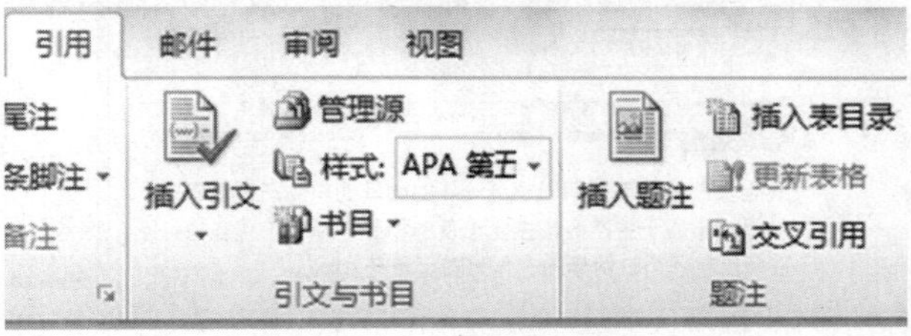

图 3－108　插入题注

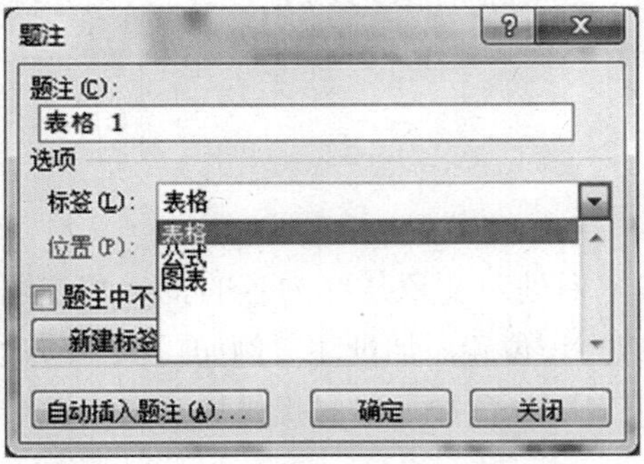

图 3－109　“题注”对话框

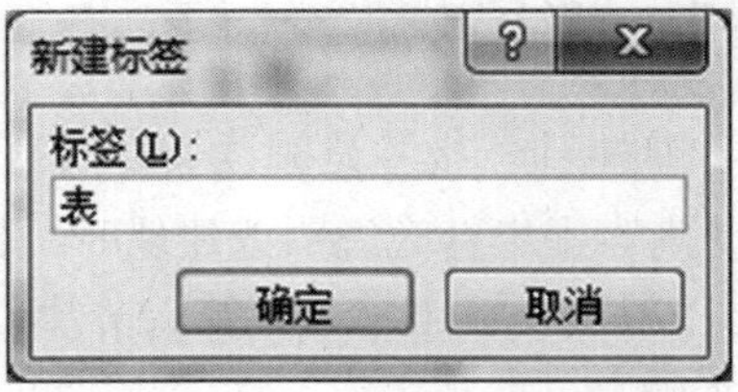

图 3－110　新建题注标签

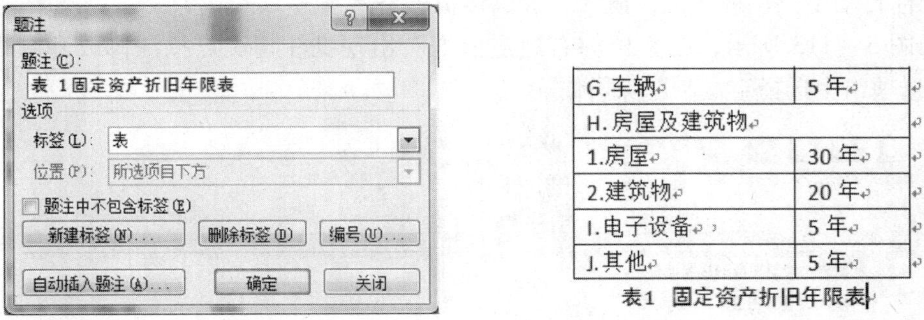

图 3－111　插入题注效果

（3）交叉引用。交叉引用是指在长文档中不同位置相互引用同一内容。例如，之前制作的“固定资产折旧年限表”如果需要在别的地方引用，则将光标定位在合适位置，单击“引用”选项卡中“题注”选项组中的“交叉引用”按钮，在弹出的“交叉引用”对话框中的“引用类型”下拉列表中选择之前创建的题注的标签“表”，可以在下方题注列表中见到文中该类的题注，选中后单击“插入”按钮，如图 3－112 所示，光标位置就会多了“表1 固定资产折旧年限表”，因为“插入为超链接”按住 Ctrl 键单击链接，就可以快速跳转到题注所在的位置。

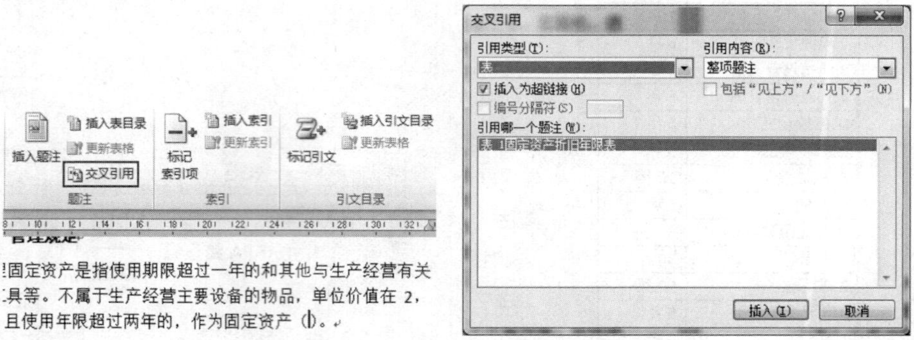

图 3－112　交叉引用

题注和交叉引用同样可以适用于以图、公式等为对象的内容，方便顺序编号及快速定位。

3.6.8　批注和修订

（1）添加批注。批注是阅读文章时在文章空白处对文章某些内容的批示和注解，当需要对文章某些内容提出补充说明或建议时，就可以在该位置添加批注。例如，在“宏达公司财务管理制度.docx”文档中第二章第六节“会计报表”处添加批注“提供样板表格供参考”。

操作步骤：

①选择文本“会计报表”，在“审阅”选项卡中的“批注”组中单击“新建批注”。

②光标自动定位在批注框，输入“提供样板表格供参考”。

③如图 3－113 所示，在文档的右边空白处会出现批注情况。批注修改和管理可以在“批注”选项组中选择定位和删除操作。

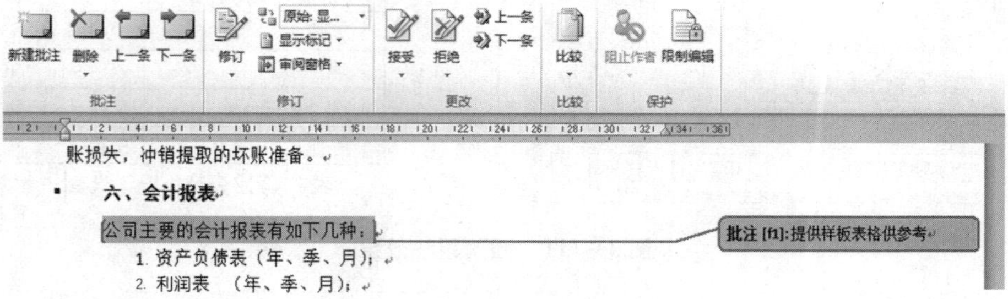

图 3－113　添加批注

④在“修订”选项组中的“显示标记”下拉选项中，可以选择隐藏/显示批注和修订内容。

（2）修订文档。文档需要多个人审阅并修改时，为了方便标记其他用户或原作者对文章所做的修订情况，设置修订标记来记录对文档的修改情况，进入修改状态对文档进行编辑操作，用修订标记来显示所做的修改。

在“审阅”选项卡中“修订”组中，单击“修订”按钮则进入修订状态，此时对文章所做的操作都会被标记，再次单击“修订”按钮则退出修订状态。在“修订”按钮的下三角菜单中选择“修订选项”，弹出“修订选项”对话框，可以设置标记的相关选项，如图 3－114 所示。

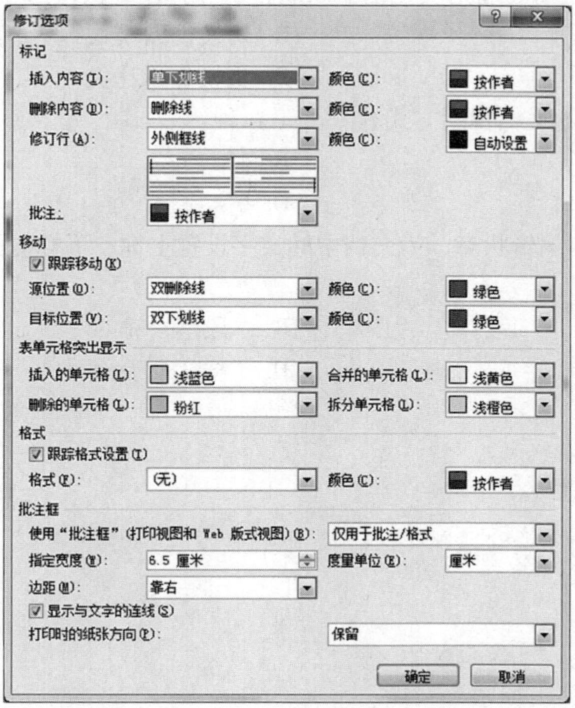

图 3－114　修订选项组和“修订选项”对话框

在“修订”组中的“显示标记”选项，可以选择是否显示/隐藏修订标记内容，在“更改”选项组中可以选择“接受”或“拒绝”命令来采纳修订意见。

测试题 3

1. 以下软件中不是操作系统的是（　　）。

A. UNXI　　B. OFFICE　　C. MS－DOS　　D. WINDOWS

2. Microsoft Word 2010 软件是一个（　　）软件。

A. 文字处理软件　　B. 电子表格软件

C. 演示文稿软件　　D. 操作系统

3. Microsoft Word 2010 文档的扩展名是（　　）。

A. txt　　B. docx

C. jpg　　D. exe

4. 下列（　　）功能区中包含“显示/隐藏编辑标记”命令。

A. 开始　　B. 页面布局

C. 引用　　D. 视图

5. 在 Word 中，当插入点在文档中时，按 Del 键将删去（　　）。

A. 插入点右边的一个字符　　B. 插入点左边的一个字符

C. 插入点所在的段落　　D. 插入点所在的行

6. 在 Word 中（　　），将对文档的编辑、排版和打印等操作都产生影响。

A. 进行打印预览　　B. 切换视图模式

C. 进行页面设计　　D. 更换显示比例

7. Word 2010 提供的文档视图方式有（　　）种。

A. 3　　B. 4

C. 5　　D. 6

8. 在 Word 2010 的编辑状态，为文档中的文字设置上标、下标效果，应当使用（　　）命令。

A. “字体”命令　　B. “段落”命令

C. “分栏”命令　　D. “样式”命令

第
4
章

电子表格处理软件 Excel 2010

Excel 2010 是 Microsoft Office 2010 系列的成员之一，是继 Word 2010 之后的又一力作。它是专门处理电子表格的软件。Excel 之所以被称为电子表格，是因为它采用表格的方式来管理数据。Excel 2010 电子数据表软件工作于 Windows 平台，具有 Windows 环境软件的所有优点，在图形用户界面、表格处理、数据分析、图表制作和网络信息共享等方面具有更突出的特色。Excel 2010 的主要功能有：功能全面、操作方便、丰富的处理函数以及丰富的绘制图表功能。本章主要内容结构如图 4－1 所示。

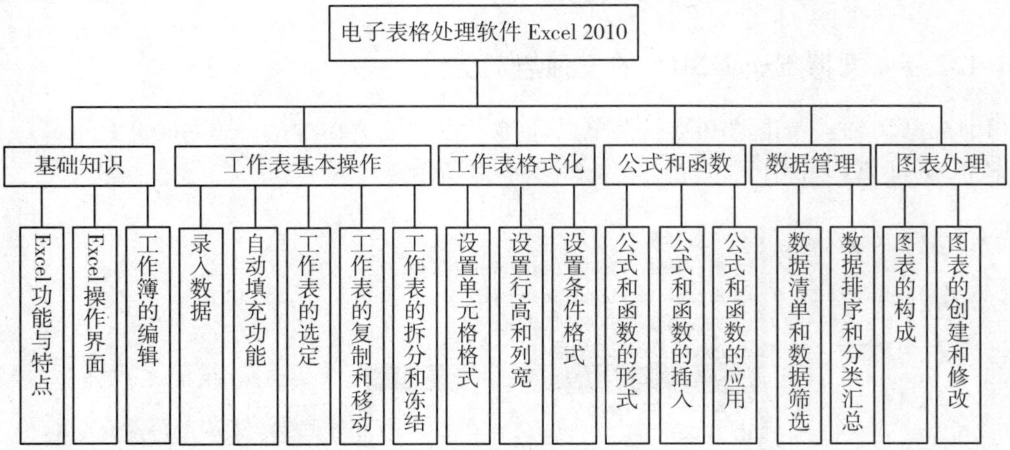

图 4－1　Excel 2010 处理软件结构

学习目标

1. 掌握 Excel 2010 的基本概念以及工作表的基本操作。
2. 掌握工作表的建立、数据输入以及数据保护等。
3. 掌握工作表的格式化。
4. 掌握排序、检索、分类汇总、筛选和数据透视表。
5. 掌握在工作表中用公式和函数进行数据加工和挖掘。
6. 掌握工作表的图表处理。

4.1　Excel 2010 的基础知识

本节主要介绍 Excel 2010 启动和退出以及 Excel 2010 的操作界面。

4.1.1　Excel 2010 的主要功能

（1）功能全面。Excel 2010 具有强大的数据处理功能，几乎可以处理各种数据。

（2）操作方便。Excel 2010 操作非常方便，可以通过窗口、菜单、对话框、工具栏等进行方便快捷的表格操作。

（3）丰富的数据处理函数。Excel 2010 具有丰富的数据处理函数，它提供了包括财务、日期与时间、数学与三角函数、统计、查找与引用、数据库、文本、逻辑和信息等九大类几百个内置函数，可以满足许多领域的数据处理与分析的要求。

（4）丰富的绘制图表功能。Excel 2010 具有强大的图表处理功能，通过图表，可以直观地显示出数据的众多特征，如数据的最大值、最小值、发展变化趋势、集中程度和离散程度等都可以在图表中直接反映出来。

4.1.2　Excel 2010 的启动和退出

4.1.2.1　掌握 Excel 2010 的三种启动方式

（1）常规方法：单击“开始”菜单，选择“程序”菜单中的“Microsoft Office”，然后单击“Microsoft Excel 2010”。完成效果如图 4 - 2 所示。

图 4 - 2　常规方式启动 Excel 2010

（2）用快捷方式启动 Excel 2010，完成效果如图 4 - 3 所示。

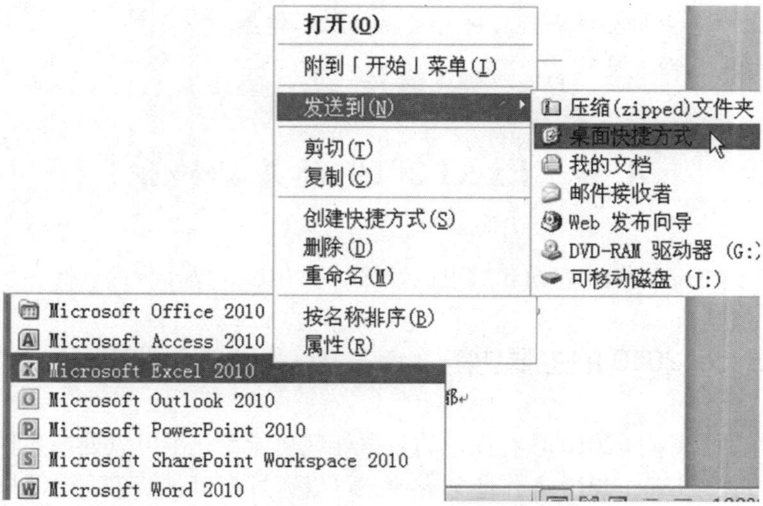

图 4 - 3　创建 Excel 的桌面快捷方式

操作步骤：

（1）在上一种方法找到 Excel 2010 并右键选择“发送到桌面快捷方式”。

（2）用上面的方法在桌面生成一个快捷方式图标，以后每次启动 Excel 2010 都以单击此图标来运行 Excel 2010，如图 4－4 所示。

图 4－4　用快捷方式启动 Excel 2010

（3）鼠标右键单击“桌面”空白处，在弹出的快捷菜单中选择“新建”→“Microsoft Excel 工作表”。

【任务 4－1】新建名为“金达公司工资表. xlsx”的 Excel 文件并打开它。

操作步骤：

（1）右键点击桌面空白处，新建 Excel 工作表，并重命名为“金达公司工资表”，如图 4－5 所示。

（2）双击“金达公司工资表”，启动 Excel 2010，如图 4－6 所示。

图 4－5　新建 Excel“金达公司工资表”

图 4－6　双击“金达公司工资表”进入 Excel 2010

4.1.2.2　掌握 Excel 2010 的四种退出方式

（1）单击“文件”下拉菜单中的“退出”命令。在已经打开的“金达公司工资表”中，左键单击左上角的“文件”选项卡，选择“退出”命令，完成操作，如图 4－7 所示。

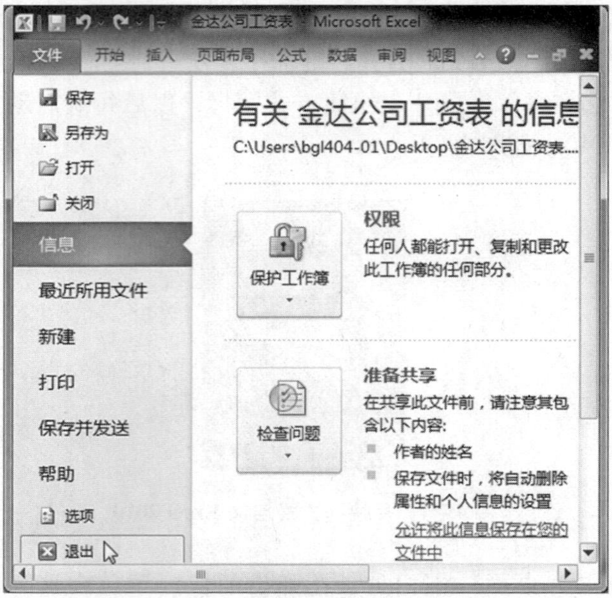

图 4 – 7　通过“文件→退出”命令退出 Excel 2010

（2）单击 Excel 2010 窗口标题栏右端的关闭按钮，如图 4 – 8 所示。

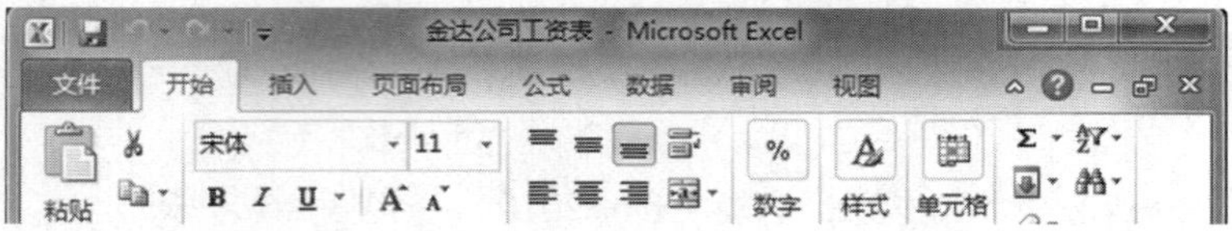

图 4 – 8　使用窗口标题栏右端关闭按钮退出 Excel 2010

（3）单击 Excel 2010 窗口标题栏左端的控制菜单图标，并选择“关闭”命令，如图 4 – 9 所示。

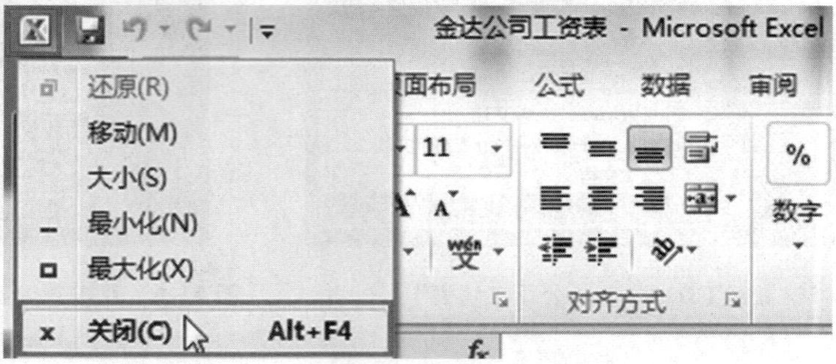

图 4 – 9　用控制菜单图标退出 Excel 2010

（4）按快捷键 Alt + F4。选中已经打开的“金达公司工资表 . xlsc”，用左手大拇指在键盘上按住 Alt 键，另一个手指点击 F4 功能键，即可退出 Excel 2010。此方法也适用于退出所有的当前窗口或程序。

4.1.3　Excel 2010 的操作界面

Excel 2010 的窗口组成与 Word 的窗口组成类似，启动 Excel 2010 后，就打开了 Excel 的应用程序工作窗口，如图 4－10 所示。Excel 2010 的应用程序窗口由位于上部的功能区和下部的工作表窗口组成。功能区包含当前工作簿标题栏、八组选项卡及其相应命令，每个选项卡中又根据命令功能的不同划分了不同的命令组；工作表区包括名称框、数据编辑区、状态栏和工作表区等组成。观察 Excel 2010 的窗口组成：

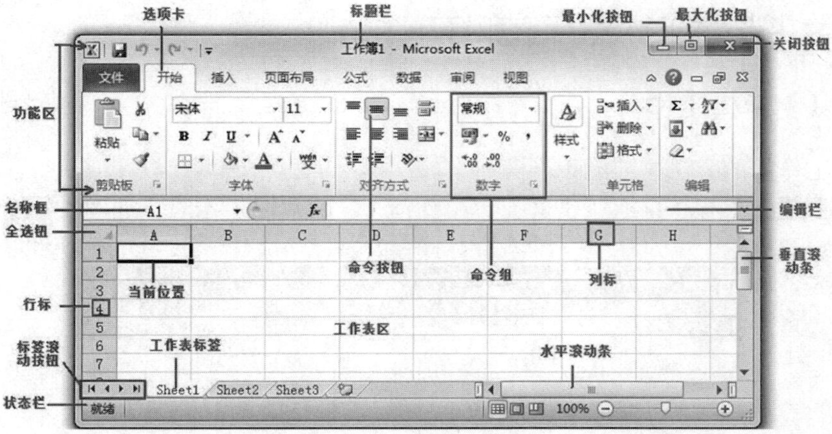

图 4－10　Excel 应用程序窗口

相关知识

（1）标题栏。标题栏位于 Excel 2010 应用程序功能区的顶部，用来显示 Excel 当前工作簿名。其左侧的图标还包含工作簿控制菜单，其中有还原、移动、最大化、最小化、关闭选项。标题栏左侧还有保存、撤销清除、恢复清除、自定义快速访问工具栏等按钮，右侧有最小化、还原（最大化）、关闭等按钮。拖动标题栏可以改变 Excel 窗口的位置，双击标题栏可放大 Excel 窗口到最大化或还原到最大化之前的大小。

（2）选项卡。选项卡位于标题栏下方，它由左到右分别为文件、开始、插入、页面布局、公式、数据、审阅、视图等，每个选项卡中又根据命令功能的不同划分了不同的命令组，用于进行绝大多数的 Excel 操作。使用时先单击选项卡的名称，然后在命令组中选择所需的命令即可。

（3）数据编辑区域和名称框。数据编辑区域和名称框均位于功能区的下方，用来输入或编辑当前选中的单元格的值或公式，该区域的左侧为名称框，用来显示当前单元格或区域的地址或名称。

（4）状态栏。状态栏位于窗口的底部，用于显示当前窗口操作命令或工作状态的有关信息。

（5）工作表窗口。在 Excel 2010 应用程序窗口中还有子窗口，称为工作表窗口。它有标题栏、控制菜单、最小化和最大化按钮以及关闭窗口按钮。

工作表由单元格、行号、列标、工作表标签等组成。在工作表中行和列交汇处的区域称为单元格，用于保存数值或文字等数据。工作表由 1048576×16384 个单元格组成，即水平方向有 16384 个单元格，垂直方向有 1048576 个单元格。每一个单元格都有一个地址，由“行号”和“列标”组成，列标在前行号在后，如第 5 行第 6 列的单元格地址是“F5”。列标的表示范围为 A～Z、AA～Z、BA～BZ、…、IA～IV、…、XFD，行号的表示范围为 1～1048576。

每个工作表都有标签，工作表标签即是工作表的名字。用鼠标单击工作表标签该工作表即成为当前工作表。

用鼠标单击单元格，该单元格即成为当前（活动）单元格，就可对当前单元格进行编辑。

4.1.4 工作簿的建立、保存和打开

4.1.4.1 新建工作簿

建立新工作簿的方法主要有以下三种。

（1）启动 Excel 后会自动新建名为“工作簿 1”的空白工作簿，如图 4－11 所示。

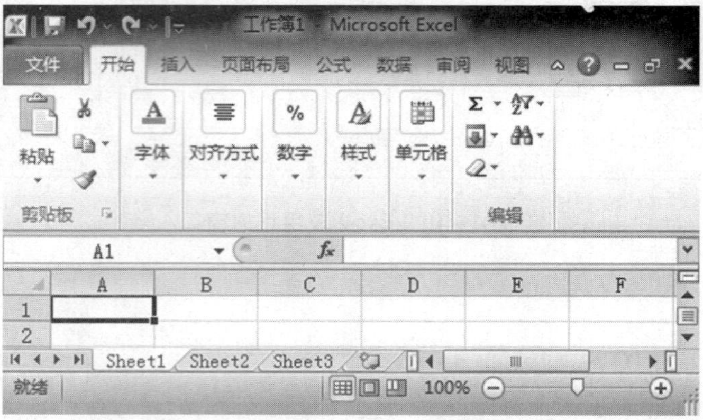

图 4－11 启动 Excel 2010 自动创建新工作簿

（2）在 Excel 应用程序窗口中，按快捷键 Ctrl＋N 可新建空白工作簿，如图 4－12 所示。

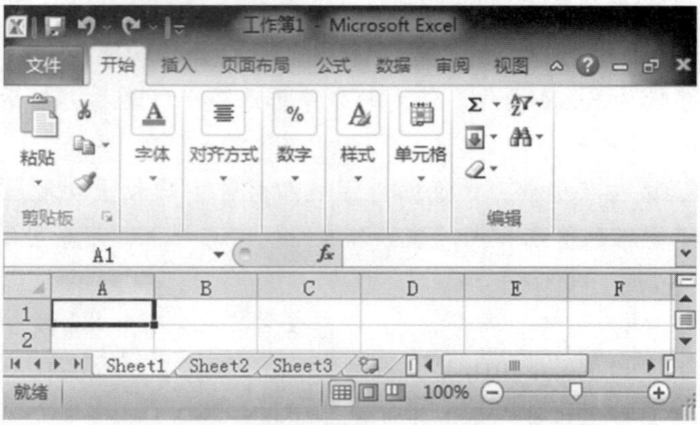

图 4－12 按快捷键 Ctrl＋N 新建空白工作簿

（3）在 Excel 应用程序窗口中，单击“文件”选项卡下的“新建”命令，在“可用模板”下双击“空白工作簿”，如图 4－13 所示。

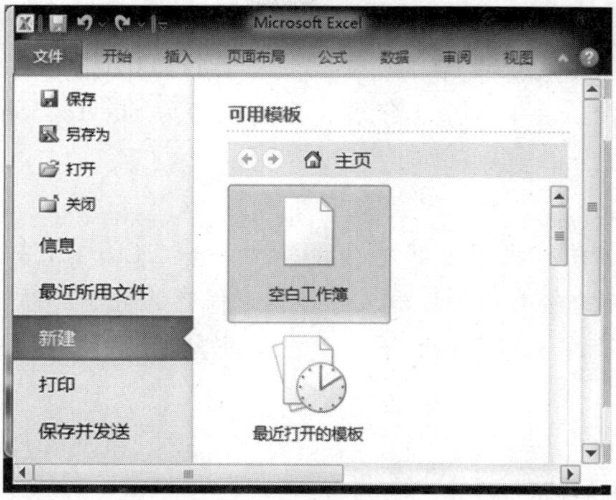

图 4－13　在“文件”菜单中，“新建”工作簿

4.1.4.2　保存新工作簿的两种方法

（1）在 Excel 应用程序窗口中，单击窗口左上角的“保存”按钮，如图 4－14 所示。

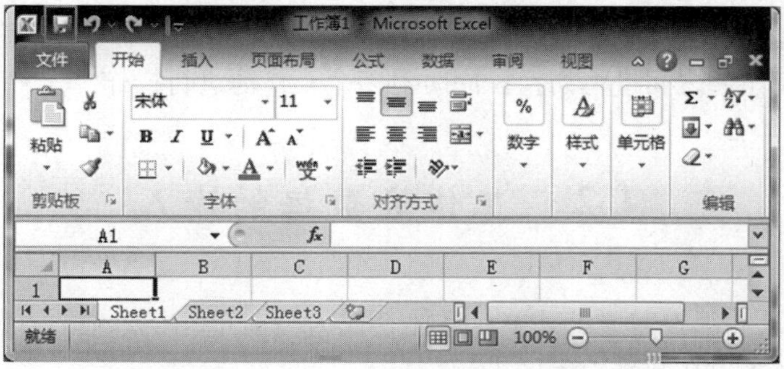

图 4－14　在工具栏中点“保存”按钮保存工作簿

（2）在 Excel 应用程序窗口中，单击“文件”选项卡→“保存”或“另存为”命令，如图 4－15 所示。

图 4－15　使用“文件”选项卡→“保存”或“另存为”命令

相关知识

工作簿是一个扩展名为 . xlsx 的 Excel 文件，其中可以含有一个或多个表格，这些表格被称为工作表。如果把工作簿比作一个文件夹，工作表则可以看成是这个文件夹里的各个文件。一个工作簿最多可以含有 255 个工作表。启动 Excel 2010 以后会自动新建一个名为“工作簿 1”的工作簿，并默认会有 3 个工作表，分别命名为 Sheet1、Sheet2 和 Sheet3。

【小技巧】

快速保存工作簿的方法：我们可以使用键盘的组合键 Ctrl + S 来进行工作簿的快速保存，这种方法在 Word 2010 中也经常用到。养成经常快速保存的习惯可以使我们在编辑文档时能保护好在编辑过程中更新了的内容，从而不至于在电脑出现死机或程序无响应的时候造成数据丢失。

4.1.4.3 打开工作簿

打开一个已经保存过的工作簿，可以用下面任意一种方法。

方法一：使用快速访问工具栏中的“打开”命令。

方法二：使用“文件”菜单中的“打开”命令。

方法三：在“文件”菜单中单击最近使用过的 Excel 文件，即可打开相应的工作簿。

方法四：在“我的电脑”或者资源管理器中找到需要打开的工作簿，双击即可将其打开。

Excel 2010 允许同时打开多个工作簿，可以在不关闭当前工作簿的情况下打开其他工作簿；可以在不同工作簿之间进行切换，同时对多个工作簿进行操作。

4.2 工作表数据的输入

Excel 数据输入和编辑需选定某单元格使其成为当前单元格，输入和编辑数据要在当前单元格中进行，也可以在数据编辑区进行。

4.2.1 输入文本

文本数据可由汉字、字母、数字、特殊符号、空格等组合而成。文本数据的特点是可以进行字符串运算，但是不能进行算术运算。

在当前单元格输入文本后，按 Enter 键或移动光标到其他单元格或单击数据编辑区的“√”按钮，即可完成该单元格的文本输入。文本数据默认的对齐方式是单元格靠左对齐。

注意：

（1）如果输入的内容有数字和其他字符的组合，例如输入“88 元”，默认是文本数据。

（2）如果文本数据出现在公式中，文本数据必须用半角英文状态的双引号括起来。

（3）如果把数字作为文本输入，如电话号码和身份证号码等，则需在数字前面加一个半角英文状态的单引号“'”，就当文本数据处理，否则当数值数据处理。

【任务 4－2】建立金达公司工资表，并输入如图 4－16 所示文字内容。

图 4－16　金达公司工资表文本输入

操作步骤：

（1）新建一个工作簿，保存并命名为“金达公司工资表 . xlsx”。

（2）选中工作表 Sheet1 的 A1～H1 单元格区域，点击“开始”选项卡内“对齐方式”命令组内的“合并后居中”按钮，然后输入文本数据“金达公司工资表”，字体选“华文新魏”，字号选“24”，如图 4－17 所示。

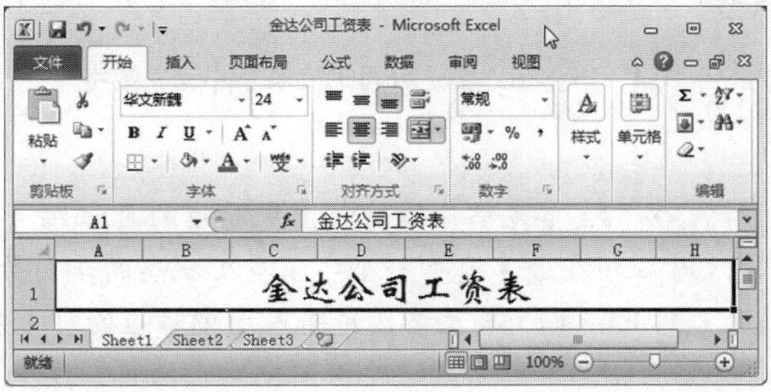

图 4－17　新建“金达公司工资表 . xlsx”

（3）在 A2～H2 单元格区域分别输入“编号”“姓名”“性别”“部门”“职称”“基本工资”“奖金”“应发工资”。

（4）在 B3～E15 单元格区域依次输入如图 4－16 所示文字内容，完成操作。

4.2.2 输入数字

数值一般由数字、+、-、(、)、小数点、¥、$、%、/、E、e 等组成。数值数据的特点是可以进行算术运算。输入数值时，默认形式为常规表示法，如输入 2009、88.8 等。当数值长度超过单元格宽度时，自动转换成科学表示法，如输入 1234567891234567. 则可以显示为 1.23456E+12。数值数据默认的对齐方式是单元格右对齐。

【**任务 4-3**】在【任务 4-2】的“金达公司工资表”中输入数字，完成结果如图 4-18 所示。

编号	姓名	性别	部门	职称	基本工资	奖金	应发工资
0001	石俊玲	女	财务部	会计师	3000	400	3400
0002	刘海云	女	财务部	会计师	2500	1300	3800
0003	黄东	男	培训部	技师	4000	400	4400
0004	刘文	女	培训部	工程师	2500	1500	4000
0005	江涛	男	培训部	工程师	2500	500	3000
0006	陈春生	男	销售部	高工	4800	900	5700
0007	冯文辉	男	销售部	技师	4000	1100	5100
0008	刘瑜	女	销售部	工程师	2500	1700	4200
0009	陈石	男	销售部	工程师	2500	1900	4400
0010	曲晓东	男	研发部	工程师	2500	2100	4600
0011	赵丹	女	研发部	工程师	2500	700	3200
0012	王海涛	男	研发部	高工	4800	1000	5800
0013	王佐	男	研发部	高工	4800	1200	6000

图 4-18　在“金达公司工资表”中输入数字

操作步骤：

(1) 在“编号”列 A3～A15 单元格区域输入图中对应的员工编号，注意编号中的数字是作为文本输入的，输入时必须在数字前加一个半角英文状态的单引号“'”。

(2) 在“基本工资”列 F3～F15 单元格区域输入图中对应的员工基本工资。

(3) 在“奖金”列 G3～G15 单元格区域输入图中对应的员工奖金。

(4) 在“应发工资”列 H3～H15 单元格区域输入图中对应的员工应发工资，完成操作。

注意：

(1) 如果单元格中的数字出现“######”，则说明单元格宽度不够，增加单元格的宽度即可解决此类问题。

(2) 如果要在单元格中输入分数，必须先输入 0 和空格，再输入分数。

4.2.3　输入时间和日期

在单元格中输入能被 Excel 2010 识别的日期或时间数据时，单元格的格式会自动转换为相应“日期”或“时间”格式。如要输入日期2019 年6 月 14 日20 点20 分，可以采用的日期输入形式有：2019/06/14 或 2019 - 6 - 14 或 14 - Apr - 2019；时间的输入形式有：20：20 或 8：20PM。

注意：

(1) 如果输入的内容是不能识别的日期或时间格式，则以文本方式输入。

(2) 如果单元格首次输入的值是日期，则该单元格就被格式化为日期格式。

【任务 4 - 4】 编制《金达公司 6 月初自制半成品各明细账余额》表，完成后如图 4 - 19 所示。

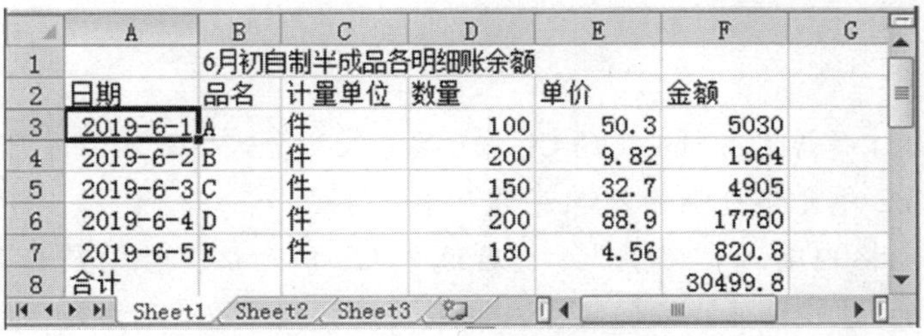

	A	B	C	D	E	F	G
1		6月初自制半成品各明细账余额					
2	日期	品名	计量单位	数量	单价	金额	
3	2019-6-1	A	件	100	50.3	5030	
4	2019-6-2	B	件	200	9.82	1964	
5	2019-6-3	C	件	150	32.7	4905	
6	2019-6-4	D	件	200	88.9	17780	
7	2019-6-5	E	件	180	4.56	820.8	
8	合计					30499.8	

图 4 - 19　金达公司 6 月初自制半成品各明细账余额

操作步骤：

(1) 新建一个工作簿，保存并命名为“金达公司自制半成品明细账 . xlsx”。

(2) 选中工作表 Sheet1 的 B1 单元格，输入文本数据“6 月初自制半成品各明细账余额”。

(3) 在 A2 ~ F2 中分别输入文本数据“日期”“品名”“计量单位”“数量”“单价”“金额”。

(4) 在 A3 ~ A7 中输入图 4 - 20 对应的日期型数据。

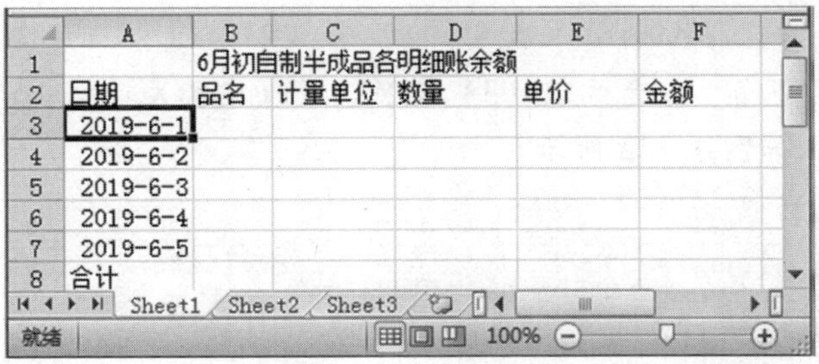

	A	B	C	D	E	F
1		6月初自制半成品各明细账余额				
2	日期	品名	计量单位	数量	单价	金额
3	2019-6-1					
4	2019-6-2					
5	2019-6-3					
6	2019-6-4					
7	2019-6-5					
8	合计					

图 4 - 20　输入日期型数据

(5) 在 B3 ~ B7 中输入文本型数据“A”“B”“C”“D”“E”；在 C3 ~ C7 中输入文本型数据“件”；在 D3：F7 中输入图 4 - 19 对应的数值型数据；在 A6 ~ F8 中输入“合计”等数据，完成后如图 4 - 20 所示。

(6) 再次保存 Excel 工作簿，操作完成。

4.2.4 自动填充功能

对于一些有规律或相同的数据，可以采用自动填充功能来进行高效率输入。自动填充单元格数据序列的方法主要有如下两种：

4.2.4.1 利用填充句柄进行数据序列的填充

在工作表中选择需要填充的起始单元格或单元格区域，在其右下角会出现一个填充柄，当鼠标移动至填充柄时会出现“+”形状；拖动“+”填充柄可以实现快速的自动填充。利用填充柄不但可以填充相同的数据（复制），还可以填充有规律的数据。

【任务 4-5】 新建“金达公司 2019 年计算机销售统计表.xlsx”工作簿，统计上半年各品牌计算机的销售量。

操作步骤：

(1) 新建 Excel 工作簿，在 Sheet1 的 C1 单元格输入“金达公司 2019 年计算机销售统计表”。

(2) 在 A2 和 B2 单元格分别输入“序号”和“品牌”。

(3) 在 C2 单元格内输入“一月”，然后选中 C2 单元格，移动鼠标到 C2 单元格右下角，当出现“+”填出句柄时，按住鼠标左键拖动光标至 H2 单元格处，放开鼠标，即完成填充，出现“一月”至“六月”的填充数列，如图 4-21 所示。

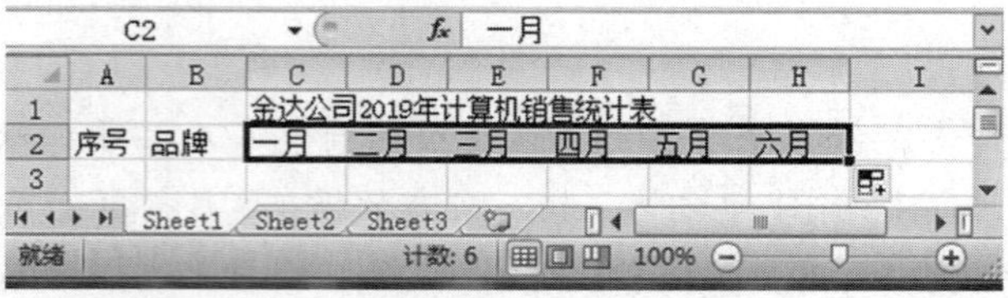

图 4-21 自动填充序列

(4) 在 A3 和 A4 单元格分别输入数字“1”和“2”，选中 A3：A4 单元格区域，并把鼠标移到 A4 单元格右下角，重复步骤（3）动作，拖动鼠标左键至 A6 单元格处，完成序号“1”至“4”的填充，如图 4-22 所示。

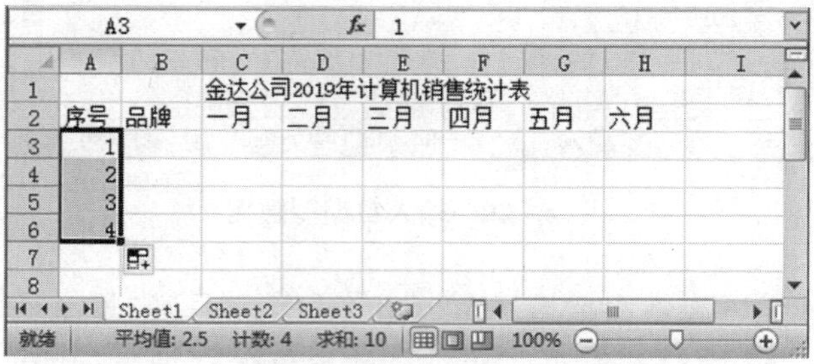

图 4-22 填充序列

（5）把工作簿保存为“金达公司 2019 年计算机销售统计表 . xlsx”，完成操作。

4.2.4.2　利用对话框进行数据序列的填充

（1）用“开始”选项卡“编辑”命令组内的“填充”命令进行数据序列的填充，可自动填充已定义序列，包括数值、日期和文本等类型。首先在需填充序列的单元格区域开始处的第一个单元格中输入序列的第一个数值（等差或等比序列）或文字（文本序列），然后选定这个单元格或单元格区域，再执行“填充”命令下的“系列”选项对应的“序列”对话框。

（2）利用“自定义序列”对话框进行数据序列的填充。具体方法：选择“文件”选项卡的“选项”命令，打开“Excel 选项”对话框，单击左侧的“高级”选项，在“常规”栏目下单击“编辑自定义列表”，打开“自定义序列”对话框，然后在“输入序列”框中输入用户自定义的数据序列，最后单击“添加”和“确定”按钮即可；或在打开的“自定义序列”对话框中单击右下角的▣按钮，选中工作表中已定义的数据序列，再按“导入”按钮导入所需的序列即可。

【任务 4－6】 在“金达公司 2019 年计算机销售统计表 . xlsx”中利用“序列”对话框的方式按等差数列输入序号序列，利用“自定义序列”定义品牌“科普、金科、新拓、闪星”。

操作步骤：

（1）在 A3 单元格输入起始值“1”，并选中 A3：A6 单元格区域，单击“开始”选项卡，选择“编辑”命令组内的“填充”命令，选择“系列”，打开“序列”对话框。

（2）在“序列产生在”选项组中选择“列”，在“类型”选项组中选择“等差数列”，“步长值”设为“1”，“终止值”中输入“4”，如图 4－23 所示，单击“确定”按钮完成填充，填充结果如图 4－24 所示。

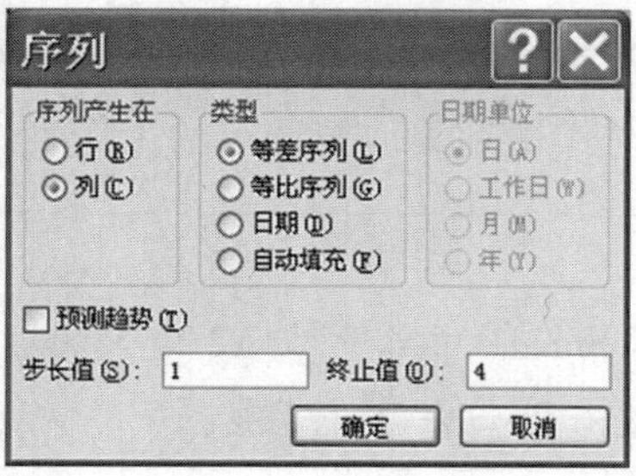

图 4－23　填充等差序列

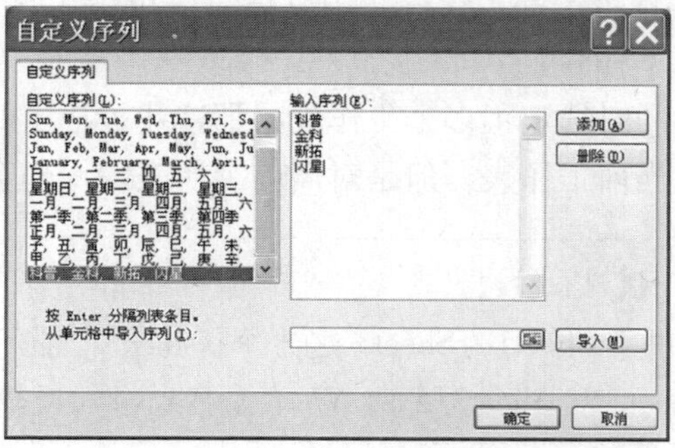

图 4－24　编辑自定义序列

（3）选择“文件”选项卡的“选项”命令，打开“Excel 选项”对话框，单击左侧的“高级”选项，在“常规”栏目下单击“编辑自定义列表”，打开“自定义序列”对话框，然后在“输入序列”框中输入“科普、金科、新拓、闪星”，单击“添加”按钮，确定即可，如图 4－24 所示。

（4）在B3单元格中输入“科普”，把鼠标移动到B3单元格右下角，按住鼠标左键，拖动“+”填充句柄到B6，松开鼠标即完成序列的填充，如图4-25所示。

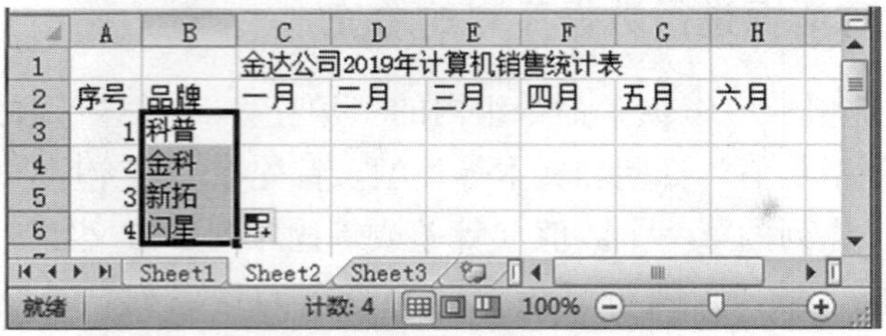

图4-25　填充自定义序列

4.3　工作表的基本操作

本节主要介绍Excel 2010工作表的基本操作，如建立、插入、删除、重命名、移动或复制工作表、拆分和冻结工作表等。

4.3.1　工作表的选定

（1）选定一个工作表。单击工作表标签，即可选定该工作表使其成为当前活动工作表。

（2）选定相邻的多个工作表。单击第一个工作表标签，同时按住Shift键单击最后一个工作表标签即可。

（3）选定不相邻的多个工作表。单击第一个工作表标签，同时按住Ctrl键逐个单击所要选定的其他工作表标签。

（4）选定全部工作表。用鼠标右键单击工作表标签，然后在快捷菜单中选择“选定全部工作表”命令。

如果同时选定了多个工作表，那这些被选定的工作表就会构成一个工作组，虽然其中只有一个是当前工作表，但是对当前工作表的操作会同时作用到其他被选定的工作表。

▶▶ 试一试

选中了Sheet1～Sheet3这3个工作表，那么若对Sheet1中单元格A7输入的数据20，则在Sheet2和Sheet3中的A7单元格也会同时输入数据20，注意观察结果。

4.3.2　工作表的插入、删除和重命名

4.3.2.1　插入工作表

Excel默认在选定的工作表左侧插入新的工作表，插入新工作表的方法有两种。

（1）打开“金达公司工资表”，选定一个或多个工作表（如果是多个工作表，那它们必须是相邻的）后，单击“开始”选项卡，选择“单元格”命令组的“插入”命令，选择“插入工作表”选项，即可在左侧插入与所选定数量相同的新工作表，如图 4 – 26 所示。

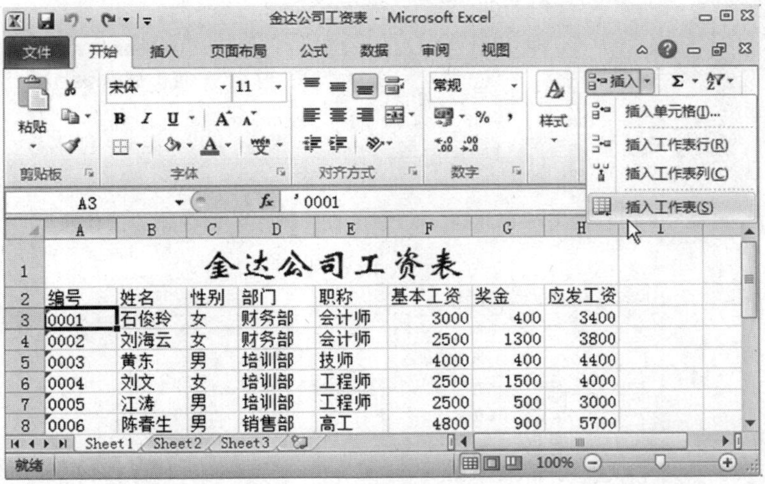

图 4 – 26　通过“插入”命令“插入工作表”

（2）在工作表标签上单击鼠标右键，在弹出的菜单中选择“插入”命令，可打开“插入”对话框，选择“工作表”并插入，如图 4 – 27 所示。

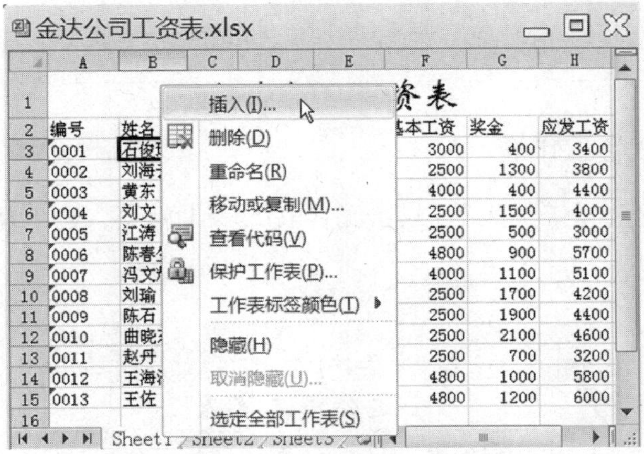

图 4 – 27　在工作表标签上右键插入新工作表

4.3.2.2　删除工作表

（1）打开“金达公司工资表”，选定需要删除的工作表 Sheet1，选择“开始”选项卡的“单元格”命令组，单击“删除”命令，在弹出的菜单选择“删除工作表”命令，如图 4 – 28 所示。

（2）选定工作表 Sheet1 标签，使用鼠标右键，在弹出的菜单中选择“删除”命令，如图 4 – 29 所示。

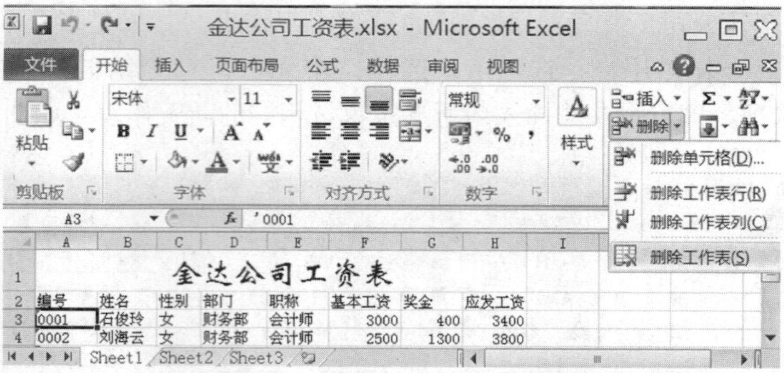

图 4－28　使用“单元格”命令组的“删除”命令删除工作表

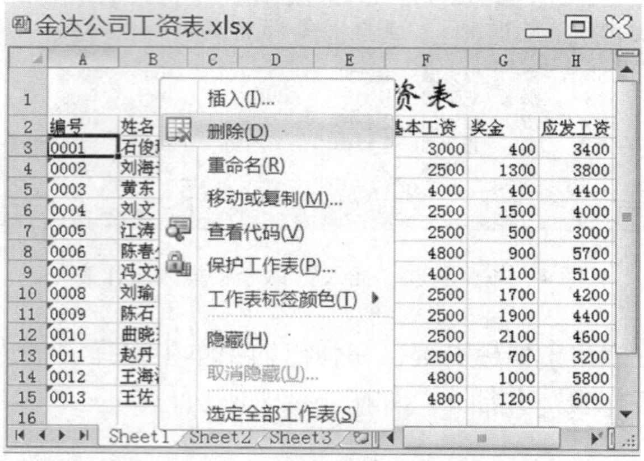

图 4－29　在工作表标签上右键删除工作表

4.3.2.3　重命名工作表

（1）打开“金达公司工资表”，双击工作表 Sheet1 标签，输入新的名字“一月份工资”，如图 4－30 所示。

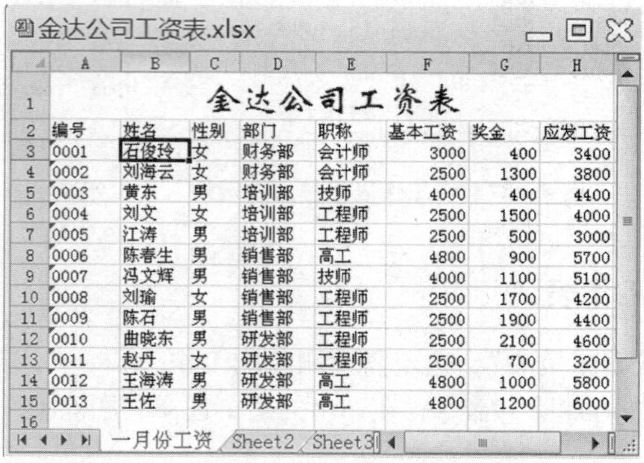

图 4－30　使用双击工作表标签的方法重命名工作表

（2）打开“金达公司工资表”，选中工作表 Sheet2 标签，在弹出的菜单中选择“重命名”命令，输入新名字“二月份工资”，如图 4－31 所示。

图 4－31　在工作表标签上右键重命名工作表

4.3.3　工作表的复制和移动

4.3.3.1　利用鼠标在工作簿内移动或复制工作表

（1）打开一个工作簿文件，选定需要移动的一个或多个工作表标签。

（2）鼠标指针指向要移动的工作表标签，按住鼠标左键沿标签向左或向右拖动工作表标签（此时会出现黑色倒三角小箭头）。

（3）观察小箭头位置，当它指向移动的目标位置时放开鼠标按键，即可完成移动操作。

利用鼠标在工作簿中复制工作表的操作步骤与移动工作表的操作类似，只是在拖动工作表标签的同时按住 Ctrl 键，当鼠标指针移动到目标位置时，先放开鼠标按键，再放开 Ctrl 键即可。

4.3.3.2　利用对话框在不同的工作簿之间移动或复制工作表

利用“移动或复制工作表”对话框，既可以实现一个工作簿内所有工作表的移动或复制，也可以实现不同工作簿之间工作表的移动或复制。

（1）打开“金达公司工资表”，选定需要移动或复制的一个或多个工作表标签，如“一月份工资”。

（2）点击鼠标右键，在弹出的菜单中选择“移动或复制工作表”命令。

（3）在弹出的“移动或复制工作表”对话框中，在“工作簿”下拉列表框中选择要复制或移动的目标工作簿，在“下列选定工作表之前”下拉列表框中选择要插入的位置，“确定”即可完成工作表的移动，如果要复制工作表，则在“确定”前选中“建立副本”复选框即可。

注意：使用对话框方法对工作表进行移动与复制的区别：如果移动工作表，则在“移动或复制工作表”中清除“建立副本”复选框；如果是复制工作表，则需要选中“建立副本”复选框。

4.3.4 拆分和冻结工作表

4.3.4.1 拆分窗口

一个工作表窗口可以拆分为“两个窗口”或“四个窗口”。分隔条将窗格拆分为四个窗格。窗口拆分后，可同时浏览一个较大工作表的不同部分。

拆分窗口的两种方法：

（1）打开“金达公司工资表”，鼠标指针指向水平滚动条（或垂直滚动条）上的“拆分条”，当鼠标指针变成“双箭头”时，沿箭头方向拖动鼠标至A6单元格下面，放开鼠标即可。这时，拆分框变成分隔条。拖动分隔条，可以调整分割后窗格的大小，如图4－32所示。

图4－32 通过鼠标拖动“分隔条”的方法拆分窗口

（2）打开“金达公司工资表”，鼠标单击需要拆分的行或列的位置如F5，单击“视图”选项卡的“窗口”命令组的“拆分”命令，一个窗口就被拆分为两个窗格，如图4－33所示。

图4－33 使用菜单栏“窗口→拆分”命令拆分窗口

4.3.4.2　取消窗口的拆分

将拆分条拖回原来的位置或者单击“视图”选项卡内“窗口”命令组的“取消拆分”命令，即可取消窗口的拆分。

4.3.4.3　冻结窗口

当工作表中的数据比较多时，在向下或向右滚动浏览时将无法始终在窗口中显示前几行或前几列。使用“冻结”行或列的方法则可以满足上述要求。

冻结行或列的方法是：选定要开始冻结的某个单元格（如 C3）后，使用“视图”选项卡内“窗口”命令组的“冻结窗格”命令，单击“冻结拆分窗格”命令即可冻结当前选定行（如第 3 行）上方和当前选定列（如 C 列）左侧的窗格。

4.3.4.4　撤销冻结窗口

使用“视图”选项卡内“窗口”命令组的“冻结窗格”命令，单击“取消冻结窗格”命令，即可取消窗口的冻结。

4.3.5　工作表中的链接

工作表中的链接包括超链接和数据链接两种。超链接可以建立在单元格的文本或图形上，作用是从一个工作簿或文件快速跳转到其他工作簿或文件。数据链接是使得数据之间发生关联关系，当一个数据发生更改时与之相关联的数据也会相应改变。

选定已建立超链接的单元格或单元格区域，右击鼠标左键，在弹出的菜单中选择“编辑超链接”或“取消超链接”即可编辑或取消超链接。

【任务 4-7】 在“金达公司工资表”中分别建立一月份和二月份的工资链接。

操作步骤：

（1）打开“金达公司工资表 .xlsx”，右键单击“一月份工资”表标签，在弹出的菜单中选择“插入”选项，在打开的“插入”对话框中选择“工作表”后确定。

（2）在新插入的 Sheet1 工作表中输入如图 4-34 所示的内容。

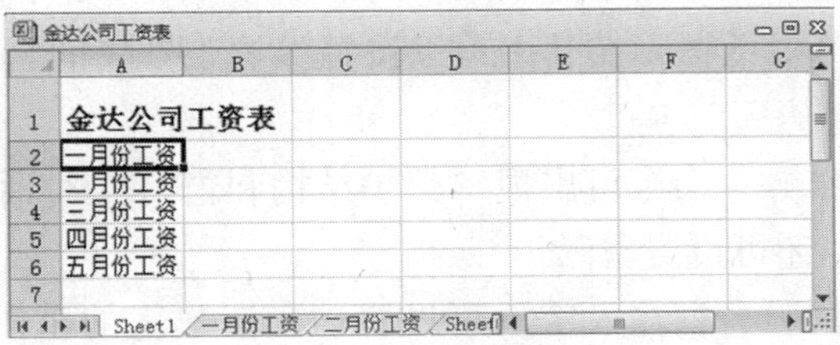

图 4-34　输入内容

（3）右键单击 A2 单元格，在弹出的菜单中选择“超链接”命令，打开插入超链接对话框，在“链接到”栏选择“本文档中的位置”，在“或在此文档中选择一个位置”框选择

“一月份工资”，如图 4－35 所示，“确定”即可在 A2 单元格建立一个链接到“一月份工资”工作表的超链接。

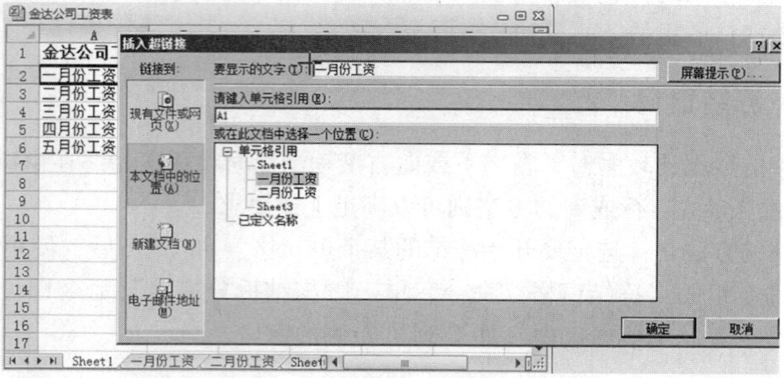

图 4－35　从一个单元格链接到一个工作表

（4）同理可建从 A3 单元格到“二月份工资”工作表的超链接。

4.3.6　工作簿和工作表的保护

4.3.6.1　保护工作簿

为了防止无关人员对工作簿或者工作表的数据进行非法访问或者破坏，可以通过设置访问密码保护工作簿或者工作表，也可隐藏工作表。

（1）打开工作簿，选择“文件”选项卡下的“另存为”命令，打开“另存为”对话框。

（2）单击“另存为”对话框中的“工具”下拉列表框，在其中选择“常规选项”，打开“常规选项”对话框。

（3）在“打开权限密码”框输入密码可设置访问工作簿的密码，在“修改权限密码”框输入密码可设置修改工作簿的密码，删除上述密码则可取消密码保护。

4.3.6.2　保护工作表

（1）打开工作簿，选择“审阅”选项卡下的“更改”命令组，选择“保护工作表”命令，出现“保护工作表”对话框，在其中可以设置保护工作表的具体内容，还可设置“取消工作表保护时使用的密码”。

（2）选择“保护工作簿”命令可出现“保护结构和窗口”对话框，在其中可以设置保护工作簿的结构或窗口，还可设置密码。

（3）在“打开权限密码”框输入密码可设置访问工作簿的密码，在“修改权限密码”框输入密码可设置修改工作簿的密码，删除上述密码则可取消密码保护。

4.3.6.3　隐藏工作表

打开工作簿，选择“视图”选项卡下的“窗口”命令组，选择“隐藏”命令可以隐藏工作簿工作表的窗口，隐藏后屏幕上不再出现该隐藏的工作表，但其中的数据还可以引用。隐藏后单击“取消隐藏”可取消工作表的隐藏。

4.4　工作表格式化

前两节主要介绍 Excel 2010 的基本概念以及基本操作，本节则主要介绍 Excel 2010 工作表的格式化内容，如设置单元格格式、设置行高和列宽以及设置条件格式等。

4.4.1　设置单元格格式

选择菜单栏“格式→单元格”命令，在弹出的“单元格格式”对话框中，有“数字”“对齐”“字体”“边框”“图案”“保护”共 6 个选项卡，利用这些选项卡，可以设置单元格的格式。

4.4.1.1　设置数字格式

利用“单元格格式”对话框中“数字”选项卡，可以改变数字（包括日期）在单元格中的显示形式，但是不改变在编辑区的显示形式。数字格式主要有以下分类：常规、数值、分数、日期和时间、货币、会计专用、百分比、科学计数和自定义等，用户可以设置小数点后的位数。默认情况下的数字格式为“常规”格式，如图 4－36 所示。

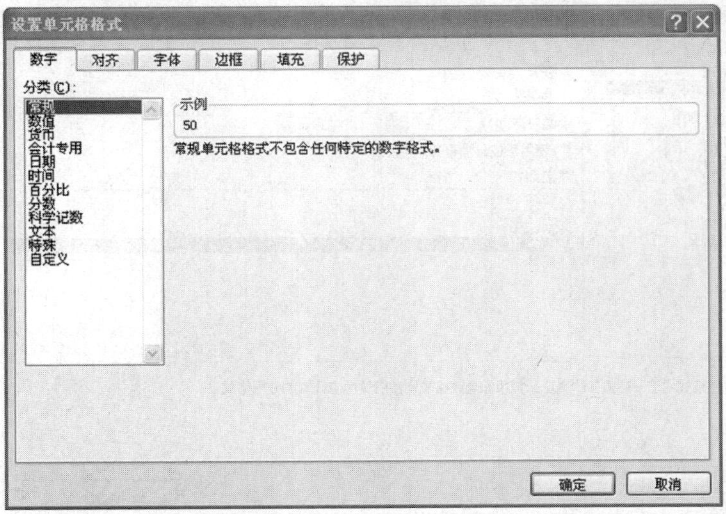

图 4－36　单元格的数字格式

4.4.1.2　设置对齐方式和字体

使用“单元格格式”对话框中的“对齐”选项卡，可以设置单元格中内容的水平对齐、垂直对齐和文本方向，还可以完成相邻单元格的合并，合并后只有选定区域左上角的内容放到合并后的单元格中。若要取消合并单元格，则选定已合并的单元格，清除“对齐”选项卡中的“合并单元格”复选框即可。此外，利用“单元格格式”对话框中的“字体”选项卡可以对单元格内容的字体、颜色、下划线或特殊效果进行设置。

4.4.1.3 设置单元格边框

使用“单元格格式”对话框中的“边框”选项卡，可以为单元格设置上边框、下边框、左边框、右边框和斜线等；同时还可以设置边框的线条样式和颜色等。

4.4.1.4 设置单元格图案

使用“单元格格式”对话框中的“图案”选项卡，可以为某些单元格添加底纹和图案。

【任务4-8】 设置单元格的数字格式练习。新建一个Excel文件，名为“单元格格式设置练习.xls”，要求在A1单元格中输入数字99.8，要求选择数值型数据，小数点后保留3位小数，接着在A2单元格中输入数字50，要求选择货币型数据，小数点后保留1位小数。

操作步骤：

(1) 在A1单元格中输入“99.8”，然后用鼠标右键点击A1单元格，在弹出的菜单中选择“设置单元格格式”。

(2) 接着在弹出的“单元格格式”页的“数字”属性页中选择“数值”，在右边的“小数位数”栏中输入“3”，并点击“确认”按钮，如图4-37所示。

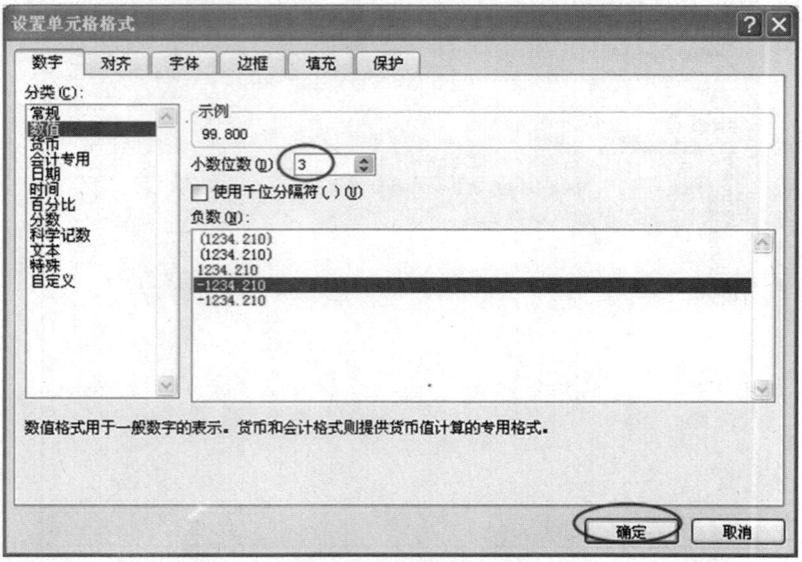

图4-37 设置单元格数字格式

(3) 在B1单元格中输入“50”，然后用鼠标右键点击B1单元格，在弹出的菜单中选择“设置单元格格式”，接着在弹出的“单元格格式”页的“数字”属性页中选择“货币”，在右边的“小数位数”栏中输入“1”，并在“货币符号”栏中选择“$”符号，并点击“确认”按钮，如图4-38所示；效果如图4-39所示。

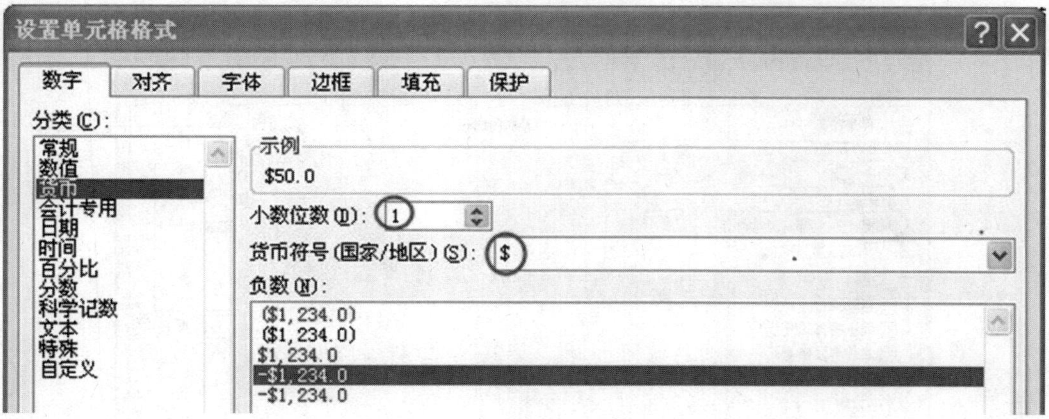

图 4－38 “设置单元格格式”对话框

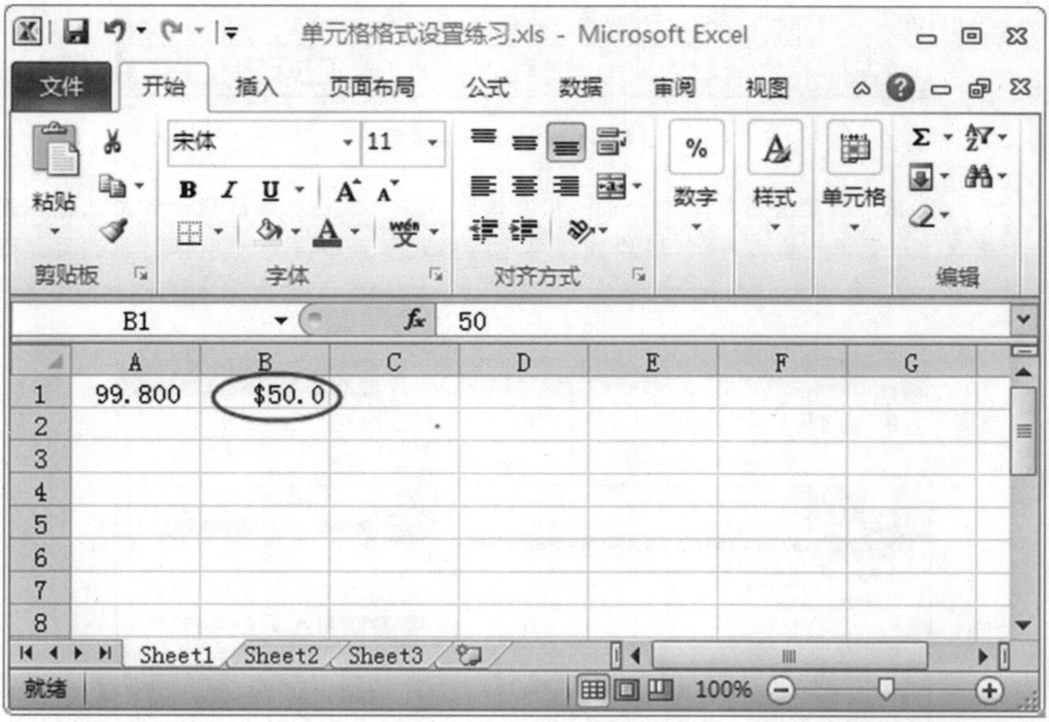

图 4－39 设置好的数字单元格

【任务 4－9】设置“金达公司员工工资表”的单元格格式。要求设置“水平对齐”和“垂直对齐”方式均为“居中”，设置字体为“黑体”，字形为“加粗”，字号为“12”，设置边框颜色为“蓝色”内外边框。

操作步骤：

(1)“金达公司员工工资表”，选中标题行“金达公司员工工资表”，右键选取“设置单元格格式”，打开“单元格格式”页面，选取“对齐”页，设置“水平对齐”和“垂直对齐”方式均为“居中”，最后点“确定”按钮完成操作，如图 4－40 所示。

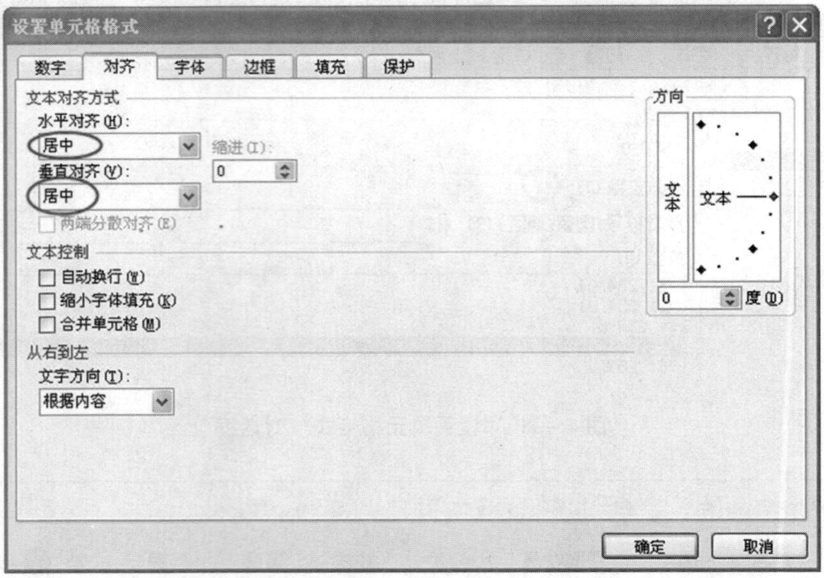

图 4－40　对齐单元格设置

(2) 接着在“金达公司员工工资表”中，选取 A2～H2 单元格区域，右击鼠标在弹出菜单中选取“设置单元格格式”，然后在“单元格格式”页中点击“字体”属性页，设置字体为“黑体”，字形为“加粗”，字号为“12”，点“确定”按钮完成操作，如图 4－41 所示。

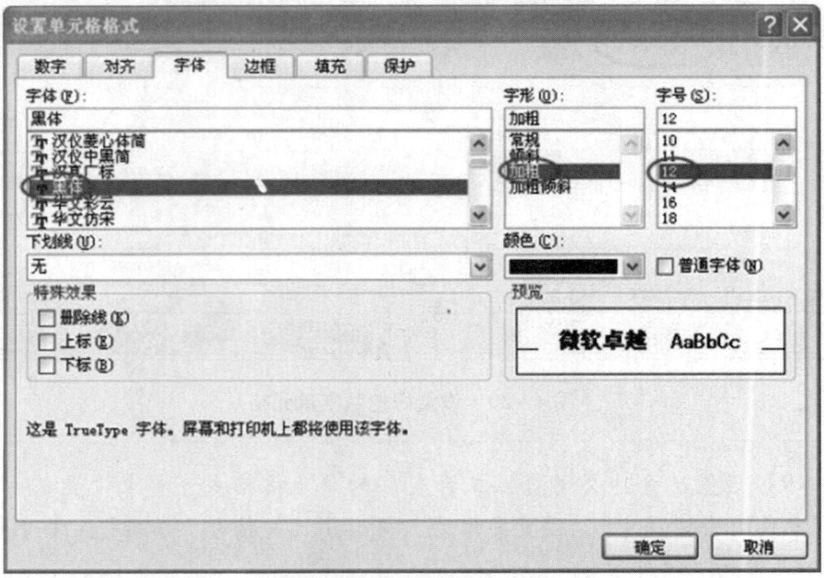

图 4－41　字体单元格设置

(3) 在“金达公司员工工资表”中，选取 A2～H15 单元格区域，按照上面的方法，进入“单元格格式”页里的“边框”属性页，设置颜色为“蓝色”，然后点击设置“外边框”“内部”框线，并点击“确定”按钮完成操作，如图 4－42 所示；效果如图 4－43 所示。

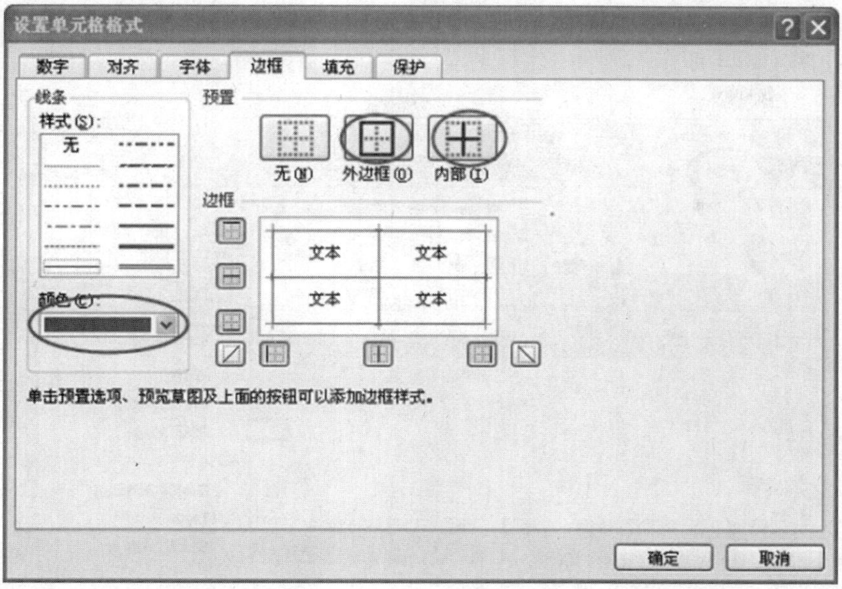

图 4－42　边框、颜色单元格设置

金达公司员工工资表

编号	姓名	性别	部门	职称	基本工资	奖金	应发工资
0001	石俊玲	女	财务部	会计师	3000	400	3400
0002	刘海云	女	财务部	会计师	2500	1300	3800
0003	黄东	男	培训部	技师	4000	400	4400
0004	刘文	女	培训部	工程师	2500	1500	4000
0005	江涛	男	培训部	工程师	2500	500	3000
0006	陈春生	男	销售部	高工	4800	900	5700
0007	冯文辉	男	销售部	技师	4000	1100	5100
0008	刘瑜	女	销售部	工程师	2500	1700	4200
0009	陈石	男	销售部	工程师	2500	1900	4400
0010	曲晓东	男	研发部	工程师	2500	2100	4600
0011	赵丹	女	研发部	工程师	2500	700	3200
0012	王海涛	男	研发部	高工	4800	1000	5800
0013	王佐	男	研发部	高工	4800	1200	6000

图 4－43　设置好的边框、颜色单元格

4.4.2　设置行高和列宽

Excel 工作表默认每个单元格具有相同的行高和列宽，但用户在使用过程中需要各种形式的单元格内容，因此 Excel 也提供用户自行设置列宽和行高的功能。

4.4.2.1　设置行高的方法

（1）使用“行高”命令进行设置。首先选定需要调整行高的区域（如第 1 至 5 行），然后选择菜单栏“格式→行高”命令，利用弹出的“行高”对话框进行精确设置（如设置行高为20），如图4－44所示。

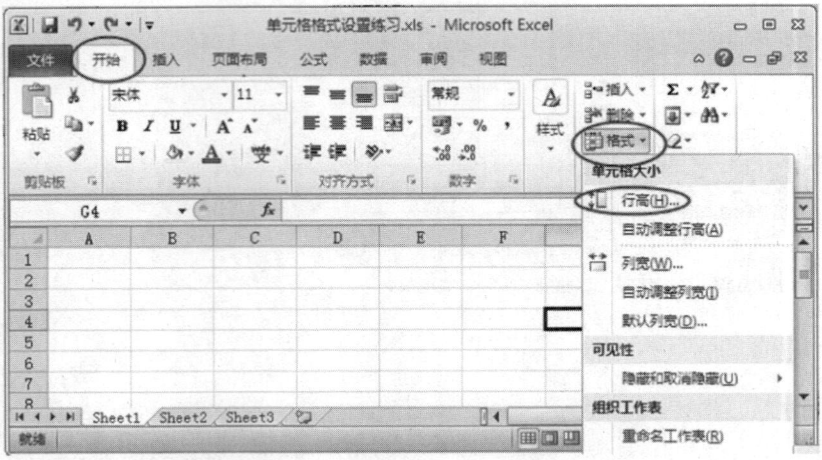

图4－44 设置工作表单元格的行高

（2）使用鼠标设置行高。使用鼠标可以对行高进行粗略设置，方法是：将鼠标指针指向要改变行高的行号之间的分割线上，当鼠标指针变成垂直双向箭头形状时，按住鼠标左键并拖动鼠标，直到将行高调整到合适的高度放开鼠标即可。

可见，使用“行高”命令可以精确调整行高，而使用鼠标设置只能对行高进行粗略设置，在实际应用中前者使用的频率比较高。

4.4.2.2 设置列宽

（1）使用“列宽”命令进行设置。首先选定需要调整列宽的区域（如第A至E行），然后选择菜单栏“格式→列宽”命令，利用弹出的“列宽”对话框进行精确设置（如设置列宽为10），如图4－45所示。

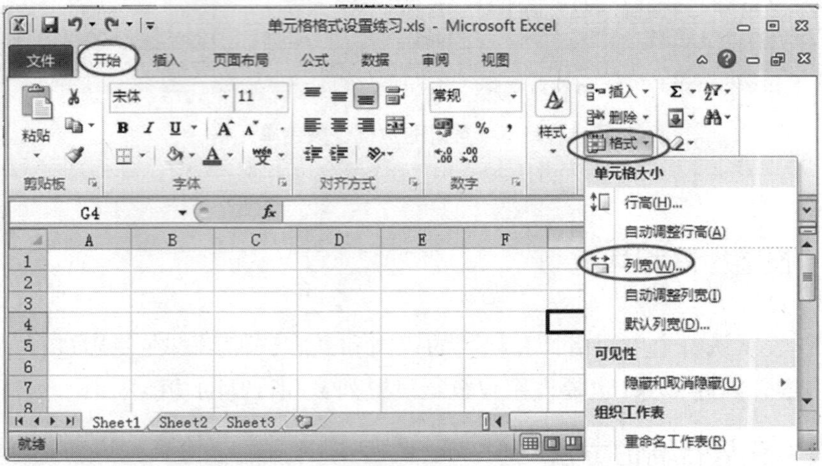

图4－45 设置工作表单元格的列宽

（2）使用鼠标设置列宽。同样，也可以使用鼠标对列宽进行粗略设置，方法是：将鼠标指针指向要改变行高的行号之间的分割线上，当鼠标指针变成垂直双向箭头形状时，按住鼠标左键并拖动鼠标，直到将行高调整到合适的宽度放开鼠标即可。

同理可见，使用“列宽”命令可以精确调整列宽，而使用鼠标设置只能对列宽进行粗略设置，在实际应用中前者使用的频率比较高。

4.4.3　设置条件格式

所谓条件格式是指对单元格应用某种条件来决定数值的显示格式。条件格式的设置方法为：选中单元格区域，单击菜单栏“条件格式”命令，在弹出的“条件格式”对话框中进行具体条件的设置。

【任务 4-10】 在“金达公司员工工资表”中设置条件格式：如果员工基本工资超过 4000 元，则该单元格显示为绿填充色深绿色文本；如果基本工资不足 3000 元，则在该单元格显示浅红填充色深红色文本；对于不满足条件的单元格不做任何处理。

操作步骤：

（1）在工作表中选定单元格 F3：F15。

（2）在菜单栏上选择“条件格式”选项，弹出菜单选择“突出显示单元格规则→大于”命令，如图 4-46 所示。

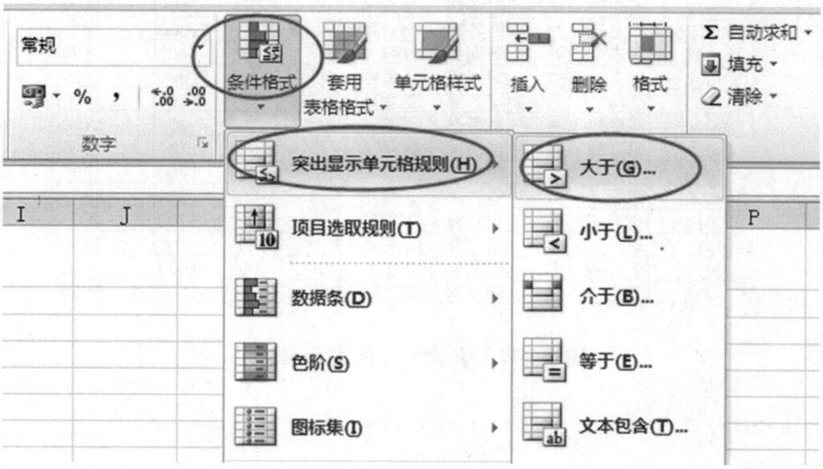

图 4-46　“条件格式”对话框

（3）在弹出的“大于”对话框的文本框里输入“4000”，并设置为“绿填充色深绿色文本”，按“确定”按钮完成设置，如图 4-47 所示。

（4）同理设置低于 3000 元的单元格，条件格式浅红填充色深红色文本，如图 4-48 所示。

（5）完成条件格式的设置结果如图 4-49 所示。

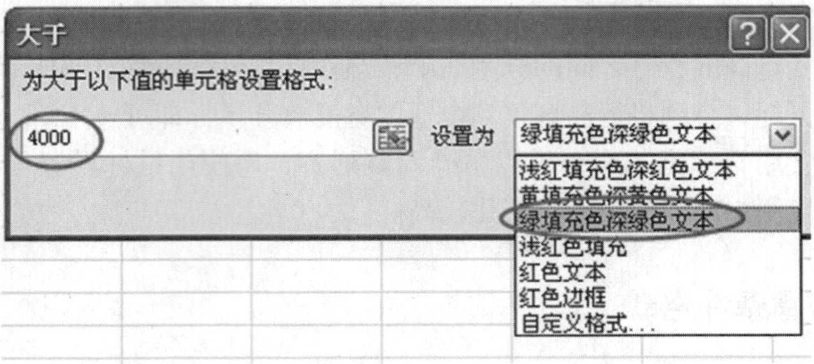

图 4－47　设置工资大于 4000 元的单元格格式

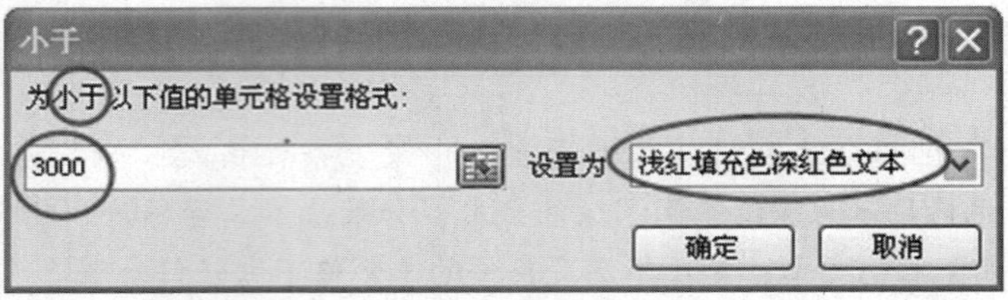

图 4－48　设置工资小于 3000 元的单元格格式

	A	B	C	D	E	F	G	H
1	金达公司员工工资表							
2	编号	姓名	性别	部门	职称	基本工资	奖金	应发工资
3	0001	石俊玲	女	财务部	会计师	3000	400	3400
4	0002	刘海云	女	财务部	会计师	2500	1300	3800
5	0003	黄东	男	培训部	技师	4000	400	4400
6	0004	刘文	女	培训部	工程师	2500	1500	4000
7	0005	江涛	男	培训部	工程师	2500	500	3000
8	0006	陈春生	男	销售部	高工	4800	900	5700
9	0007	冯文辉	男	销售部	技师	4000	1100	5100
10	0008	刘瑜	女	销售部	工程师	2500	1700	4200
11	0009	陈石	男	销售部	工程师	2500	1900	4400
12	0010	曲晓东	男	研发部	工程师	2500	2100	4600
13	0011	赵丹	女	研发部	工程师	2500	700	3200
14	0012	王海涛	男	研发部	高工	4800	1000	5800
15	0013	王佐	男	研发部	高工	4800	1200	6000

图 4－49　设置条件格式示例结果

想一想，试一试

若把上题中的条件格式改成：员工应发工资超过 3000 元，则该单元格的背景颜色显示为蓝色；应发工资不足 3000 元，则该单元格上的背景颜色用红色显示；对于不满足条件的单元格不做任何处理。同学们是否能做对呢?

【本节总结】

Excel 2010 工作表的格式化操作包括设置单元格格式、设置行高和列宽以及设置条件格式等内容，这些操作对我们美化工作表的外观以及规范工作表数据有很大的帮助。

4.5　公式与函数的使用

Excel 工作表不仅用来显示数据内容，与普通表格相比，还可以用来统计和计算。Excel 在统计计算功能方面有三大特点：一是系统提供的大量运算符和函数，方便用户构造计算公式；二是系统将按计算公式自动进行计算并显示运算结果，当与公式相关数据更新时，运算也会随之自动更新；三是以用自动填充方式快速复制公式，大大提高了运算速度。以上三大特点足以显示 Excel 在统计计算方面的强大功能。

4.5.1　公式的输入

4.5.1.1　公式的形式

公式的形式：= 表达式。表达式是由运算符、常量、变量（单元格地址）、括号组成，但不包括空格。例如，“= A1 * B1 + 100”“= SUM(A1：D1)/E1”是正确的公式，而“A1 + B1 + C1”是错误的，因为缺省了一个“=”号。

4.5.1.2　公式的输入

输入公式有两个方法：第一个方法是直接在某一指定单元格中输入公式，按“回车键”结束输入；第二个方法是先选中某一指定单元格，然后在编辑栏中直接输入公式，按“Enter”键或编辑栏左边的 ✓ 按钮结束输入，如图 4 - 50 所示。如果在输入公式的过程中，按“Esc”键或编辑栏左边的按钮 ✕，即可取消当前输入，恢复单元格原来的状态。

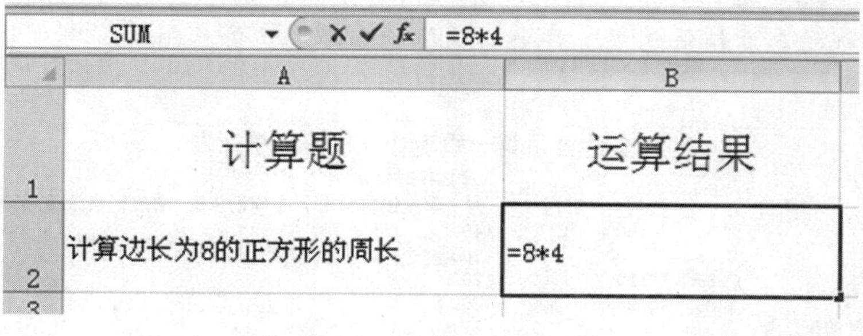

图 4 - 50　在编辑栏中输入公式

4.5.1.3　运算符

用运算符把常量、变量（单元格地址）、函数等连接起来就构成表达式。常用运算符可分为算术运算、字符运算和关系运算三类，如果一个公式出现多个运算符，那就要按运算符的优先级先后执行。例如，4 + 5 * 8，应先做乘法，后做加法，因为乘法的优先级高于加法。表 4 - 1 列出了常用运算符。

表 4-1　　常用运算符

运算符	功能	举例	优先级
( )	括号	8 * (6+8)	高
-	负号	-8，-A1	↓
%	百分号	8%（即 0.05）	
^	乘方	8^2（即 8^2）	
*，/	乘除	8*6，8/6	
+，-	加减	8+6，5-6	
&	字符串连接	“Excel” & “2003”（即“Excel 2010”）	
=，< > >，> = <，< =	等于，不等于 大于，大于等于 小于，小于等于	8=6 的值为假，8< >6 的值为真 8>6 的值为真，8> =6 的值为真 8<6 的值为假，8< =6 的值为假	低

4.5.2　公式的使用

公式的应用范围很广，从一两个数字的运算到大数据量表格（如工资表、销售表）的计算，公式都能运用自如。

4.5.2.1　公式在表格中的使用

【任务 4-11】 金达公司第一季度计算机销售情况如图 4-51 所示，请使用公式计算“科普”牌计算机的季度销售总量、月平均销售量和季度销售总额。

	A	B	C	D	E	F	G	H	I
1	金达公司第一季度计算机销售统计表								
2	2019年3月30日								
3	品牌	单价	一月	二月	三月	季度销售总量	月平均销售量	季度销售总额	销售评级
4	科普	2888	1000	1200	1400				
5	金科	2588	800	700	900				
6	新拓	2688	1100	1300	1200				
7	闪星	2388	900	800	1000				
8	各月份销售总量								
9	各月份销售总量最大值								
10	各月份销售总量最小值								
11	各月平均销售量								
12	品牌数量								

图 4-51　金达公司第一季度计算机销售统计

操作步骤：

(1) 单击单元格 F4，输入季度销售总量公式：“=C4+D4+E4”，如图 4-52 所示。

(2) 单击“Enter”键或✓按钮，完成该公式的输入。这时，单元格 F4 中出现数字“3600”，而编辑栏则出现计算公式“=C4+D4+E4”。

图 4－52　在单元格中输入公式

（3）同样方法，单击单元格 G4，输入月平均销售量公式：“＝(C4＋D4＋E4)/3”或“＝F4/3”单击“Enter”键或✓按钮，完成该公式的输入。

（4）单击单元格 H4，输入月平均销售量公式：“＝B4＊(C4＋D4＋E4)”或“＝B4＊F4”，如图 4－53 所示。单击“Enter”键或✓按钮，完成该公式的输入。

图 4－53　在单元格中输入公式

4.5.2.2　公式的复制

以上案例中对单元格 F4，输入公式“＝C4＋D4＋E4”，那么对单元格 F5 就得输入公式“＝C5＋D5＋E5”，对单元格 F6 就得输入公式“＝C6＋D6＋E6”，对单元格 F7 就得输入公式“＝C7＋D7＋E7”，十分烦琐。但可以观察到这些公式是很相似的，且公式中的单元格地址是有规律变化的。像这样公式类似，其中单元格地址有规律变化的公式就不必要再重复输入，而应该采用复制公式的方法。因为复制含有单元格相对地址的公式时，系统可以自动推算出单元格地址的变化。公式的复制有两种方法：单元格复制和自动填充。

【任务 4－12】请用复制公式计算以上销售统计表中各个品牌计算机的季度销售总量、月平均销售量和季度销售总额。

操作步骤：

（1）按照【任务 4－11】的步骤计算“科普”牌计算机的季度销售总量和月平均销售量。

（2）采用单元格复制方法，单击单元格 F4，单击右键，弹出菜单后选择“复制”，这时 F4 单元格出现虚框。

（3）再选中 F5，单击右键，弹出菜单后选择“粘贴”，这时 F5 得出了计算结果。

（4）同样方法，在 F6、F7 单元格粘贴公式。

（5）采用自动填充方法，单击单元格 G4，鼠标指针移动到 G4 单元格的边框句柄上，拖动到单元格 G7，即可得出所有品牌计算机的月平均销售量，如图 4－54 所示。

图 4－54　向下填充公式

（6）采用自动填充方法，向下填充 H4 的公式至 H7。

想一想，试一试

以上单元格 F4 中，输入公式：“＝C4＋D4＋E4”与直接输入“1000＋1200＋1400”有何区别？

相关知识

单元格地址的分类及其在复制公式过程中的变化，如表 4－2 所示。

表 4－2　　单元格地址分类及其在复制公式过程中的变化

地址分类	举例	说　明
相对地址	C4，E5，H10	随公式复制的单元格位置的变化而变化
绝对地址	$C$4（绝对地址） $E5（混合地址） H$10（混合地址）	行列均固定。公式复制时，该地址不做任何变化
		公式复制时，列固定为 E，行为相对地址
		公式复制时，行固定为 10，列为相对对址
跨工作表的单元格地址引用	[book1.xls] Sheet1！C1 Sheet2！$C$1	C1 是相对地址，所以会随公式复制的单元格位置的变化而变化
		$C$1 是绝对地址，所以不会随公式复制的单元格位置的变化而变化

4.5.3　函数的使用

Excel 中的函数是 Excel 系统预定义好的，用于进行数学、文本和逻辑等运算。如计算 A1 到 A10 单元格中 10 个数字的总和，使用普通表达式计算，需要输入公式“=A1+A2+A3+A4+A5+ A6+A7+A8+A9+A10”，如果使用函数，则输入公式“=SUM（A1：A10）”就可以了。虽然两者的功能都是求和，但后者的计算速度更快，且输入量较少。实际应用中，使用函数进行计算比直接使用表达式的计算速度更加方便快捷。

4.5.3.1　函数的形式

函数的形式为：

函数名(number1,number2,…)

函数名用于说明该函数的功能，number1，number2，…是参数，是参与运算的一些常量、单元格地址或表达式。函数以函数名开始，函数名后面紧跟一个圆括号，括号中包含 n 个参数（n>=0），参数之间用逗号隔开，函数运算的结果称为返回值。例如，SUM（10，20，30，A1：A10）中有四个参数（“A1：A10”只算一个参数），它表示求出 10、20、30 以及 A1：A10 中数据（共 13 个数值）的总和。又如，NOW( )，该函数不带任何参数，表示调用当前系统的日期。

4.5.3.2　常用函数

Excel 提供了数学函数、统计函数、逻辑函数、财务函数和数据库函数等 11 类函数，常用的函数包括了 SUM 函数、AVERAGE 函数、MAX 函数、MIN 函数、ROUND 函数、COUNT 函数、IF 函数、Rand 函数和 Rank 函数。

（1）SUM 函数。

主要功能：计算所有参数数值的和。

函数类型：数学函数。

使用格式：SUM（number1，number2，…）。

参数说明：number1，number2，…代表需要计算的值，可以是具体的数值、引用的单元格（区域）、逻辑值等。

举例：=SUM（10，20，30）返回值：20。

特别提醒：如果参数为数组或引用，只有其中的数字将被计算。数组或引用中的空白单元格、逻辑值、文本或错误值将被忽略。

（2）AVERAGE 函数。

主要功能：求出所有参数的算术平均值。

函数类型：统计函数。

使用格式：AVERAGE(number1，number2，…)。

参数说明：number1，number2，…代表需要求平均值的数值或引用单元格（区域），参数不超过 30 个。

举例：AVERAGE（10，20，30）返回值：20。

特别提醒：如果引用区域中包含“0”值单元格，则计算在内；如果引用区域中包含空白或字符单元格，则不计算在内。

（3）MAX 函数。

主要功能：求出一组数中的最大值。

函数类型：统计函数。

使用格式：MAX（number1，number2，…）。

参数说明：number1，number2，…代表需要求最大值的数值或引用单元格（区域），参数不超过 30 个。

举例：=MAX（10，20，30）返回值：30。

特别提醒：如果参数中有文本或逻辑值，则忽略。

（4）MIN 函数。

主要功能：求出一组数中的最小值。

函数类型：统计函数。

使用格式：MIN（number1，number2，…）。

参数说明：number1，number2，…代表需要求最小值的数值或引用单元格（区域），参数不超过 30 个。

举例：MIN（10，20，30）返回值：10。

特别提醒：如果参数中有文本或逻辑值，则忽略。

（5）ROUND 函数。

主要功能：根据 number2 对数值 number1 进行四舍五入。

函数类型：数学函数。

使用格式：ROUND（number1，number2）。

参数说明：number1、number2，…代表需要计算的值，可以是具体的数值、引用的单元格（区域）、逻辑值等。

举例：=ROUND（23.45，1）返回值：20。

=ROUND（23.45，-1）返回值：23.4。

特别提醒：number2 可以是正数，也可以是负数或零。

（6）COUNT 函数。

主要功能：计算包含数字的单元格以及参数列表中数字的个数。

函数类型：统计函数。

使用格式：COUNT（number1，number2，…）。

参数说明：number1、number2，…代表需要计算的值，可以是具体的数值，也可以是引用的单元格（区域）。

举例：COUNT（10，20，30，"A"）返回值：3。

特别提醒：COUNT 函数和 COUNTA 函数是有区别的。

（7）IF 函数。

主要功能：根据对指定条件的逻辑判断的真假结果，返回相对应的内容。

函数类型：逻辑函数。

使用格式：=IF(logical,value_if_true,value_if_false)。

参数说明：logical 代表逻辑判断表达式；value_if_true 表示当判断条件为逻辑“真（true）”时的显示内容，如果忽略返回“true”；Value_if_false 表示当判断条件为逻辑“假（false）”时的显示内容，如果忽略返回“false”。

举例：=IF（A1>=3000,"完成任务","未完成任务"）。

如果 A1 单元格中的数值大于或等于 3000，返回值：完成任务。如果 A1 单元格中的数值小于 3000，返回值：未完成任务。

特别提醒：IF 函数可以嵌套使用，最多可嵌套 7 层。

（8）RAND 函数。

主要功能：返回大于等于 0 及小于 1 的均匀分布随机实数，每次计算工作表时都将返回一个新的随机实数。

函数类型：逻辑函数。

使用格式：=RAND（）。

参数说明：如果要使用函数 RAND 生成一随机数，并且使之不随单元格计算而改变，可以在编辑栏中输入“=RAND（）”，保持编辑状态，然后按 F9，将公式永久性地改为随机数。

（9）RANK 函数。

主要功能：用于对一组数据进行排名，或者获取某一数值在一组数值中的排名。

函数类型：统计函数。

使用格式：=RANK（number，ref，order）。

参数说明：number（必需）表示需要找到排位的数字；ref（必需）表示数字列表数组或对数字列表的引用；order（可选），如果 order 为 0（零）或省略，表示按照降序排列，如果 order 不为零，则按照升序排列。

⚠ **注意**：有些函数的参数个数是任意的，如 SUM（number1，number2，…）函数；有些函数的参数个数是固定的，如 ROUND（number1，number2）函数；有些函数是不带任何参数的，如 NOW（）函数，但圆括号是必需的，不可缺省。更要注意的是函数中的标点符号都是英文标点符号。

4.5.3.3　函数的输入

公式中可以出现函数，例如“=A1+B1+SUM（C1：F1）”。可以采用手工输入函数，即在编辑栏中输入“=A1+B1+”后，再输入“=SUM（C1：F1）”，不过手工输入函数容易出错。因此，Excel 系统提供了粘贴函数的命令。

【任务 4－13】 使用函数统计以下销售统计表（见图 4－55）中各月份的销售总量、各月份销售总量最大值、各月份销售总量最小值、各月份平均销售量和品牌的个数。

	A	B	C	D	E	F	G	H	I
1	金达公司第一季度计算机销售统计表								
2	2019年3月30日								
3	品牌	单价	一月	二月	三月	季度销售总量	月平均销售量	季度销售总额	销售评级
4	科普	2888	1000	1200	1400	3600	1200	10396800	
5	金科	2588	800	700	900	2400	800	6211200	
6	新拓	2688	1100	1300	1200	3600	1200	9676800	
7	闪星	2388	900	800	1000	2700	900	6447600	
8	各月份销售总量								
9	各月份销售总量最大值								
10	各月份销售总量最小值								
11	各月平均销售量								
12	品牌数量								

图 4－55　销售统计表

操作步骤：

（1）单击单元格 C8，直接在单元格中输入公式"＝SUM（C4，C5，C6，C7）"或"＝SUM（C4：C7）"。

（2）向右自动填充公式至 H8，即可得出各月份的销售总量。

【小技巧】

输入求和函数还有更方便的方法：单击单元格 C8，点击常用工具栏中的 Σ 自动求和按钮，这时，单元格出现了求和函数，并且系统会自动寻找参数"C4：C7"，如果参数无误，按"Enter"键完成公式的输入。

（3）单击单元格 C9，单击工具栏右上角的 Σ 按钮右边的小三角按钮，在弹出的菜单里选择"最大值"，如图 4－56 所示。

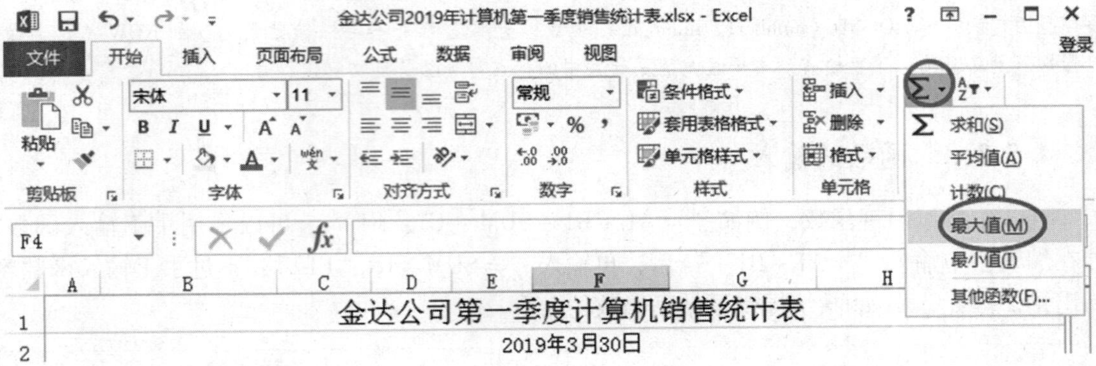

图 4－56　插入函数

（4）把在 C9 单元格快速生成的函数公式"＝MAX（C4：C8）"，改为"＝MAX（C8：E8）"，按回车键完成函数的粘贴，如图 4－57 所示，即可得出各月份销售总量最大值 4500。

（5）同理，选择最小值，并把 C10 单元格的公式改为"＝MIN（C8：E8）"，按回车键

	A	B	C	D	E	F	G	H	I
1	金达公司第一季度计算机销售统计表								
2	2019年3月30日								
3	品牌	单价	一月	二月	三月	季度销售总量	月平均销售量	季度销售总额	销售评级
4	科普	2888	1000	1200	1400	3600	1200	10396800	
5	金科	2588	800	700	900	2400	800	6211200	
6	新拓	2688	1100	1300	1200	3600	1200	9676800	
7	闪星	2388	900	800	1000	2700	900	6447600	
8	各月份销售总量		3800	4000	4500	12300	4100	32732400	
9	各月份销售总量	=MAX(C8:E8)							
10	各月份销售总量最小值								
11	各月平均销售量								
12	品牌数量								

图 4－57 修改函数参数

完成函数的粘贴，即可得出各月份销售总量最小值 3800。

（6）选择求平均值，并把 C11 单元格的公式改为“＝AVERAGE（C8：E8）”，按回车键完成函数的粘贴，即可得出各月份销售总量平均值 4100。

（7）选择计数，并把 C12 单元格的公式改为“＝COUNT（B4：B7）”，按回车键完成函数的粘贴，即可得出品牌数量 4，如图 4－58 所示。

	A	B	C	D	E	F	G	H	I
1	金达公司第一季度计算机销售统计表								
2	2019年3月30日								
3	品牌	单价	一月	二月	三月	季度销售总量	月平均销售量	季度销售总额	销售评级
4	科普	2888	1000	1200	1400	3600	1200	10396800	
5	金科	2588	800	700	900	2400	800	6211200	
6	新拓	2688	1100	1300	1200	3600	1200	9676800	
7	闪星	2388	900	800	1000	2700	900	6447600	
8	各月份销售总量		3800	4000	4500	12300	4100	32732400	
9	各月份销售总量最大值		4500						
10	各月份销售总量最小值		3800						
11	各月平均销售量		4100						
12	品牌数量		4						

图 4－58 案例操作结果

【任务 4－14】 使用 RANK 函数对金达公司各分店的销售额进行排名。

操作步骤：

（1）打开“金达公司销售额统计表”，选中 C3 单元格，然后找到工具里的函数工具，点“其他函数（F）…”，如图 4－59 所示。

（2）在弹出的“插入函数”对话框中的“搜索函数”栏里输入“RANK”，然后单击右侧的“转到”按钮，并点击右下角的“确定”按钮，如图 4－60 所示。

（3）在弹出的“函数参数”对话框中，Number 栏输入“B3”，“Ref”栏输入“$B$3：$B$10”，“Order”栏输入“0”，并点击“确认”按钮，如图 4－61 所示。

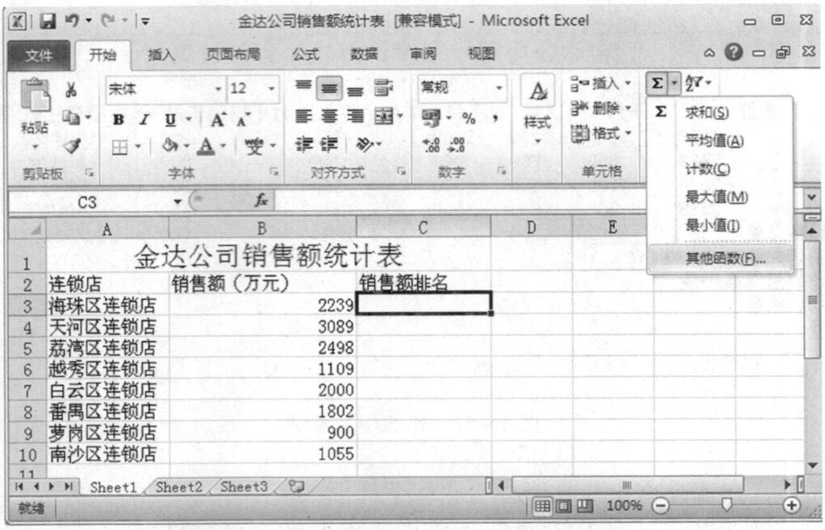

图 4－59　打开其他函数

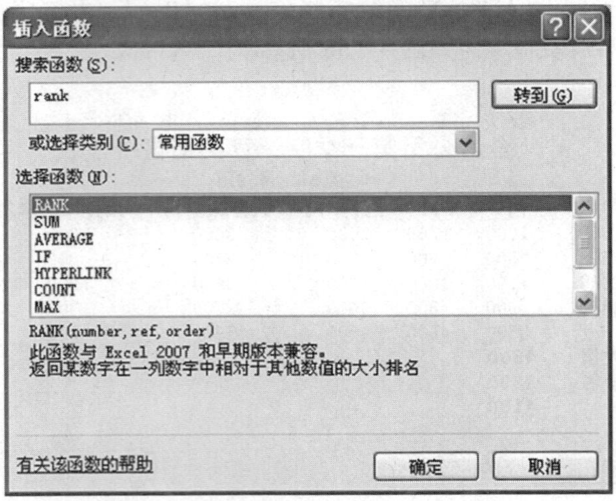

图 4－60　随机函数的使用

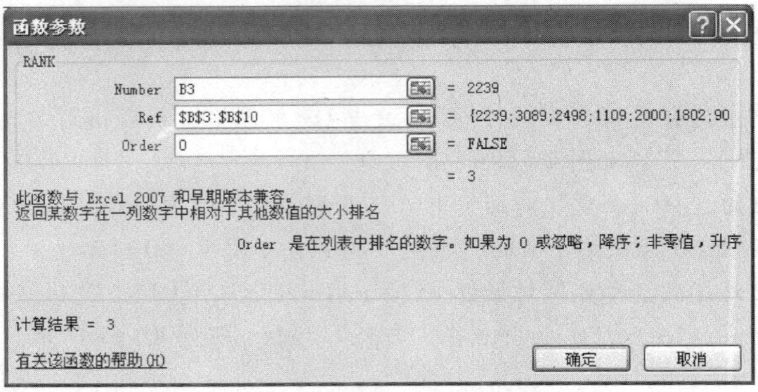

图 4－61　“函数参数”对话框

(4) 此时已完成对“海珠区连锁店”销售额的排名，接着在 B3 单元格内使用向下填充公式，即可完成对所有连锁店的排名，如图 4－62 所示。

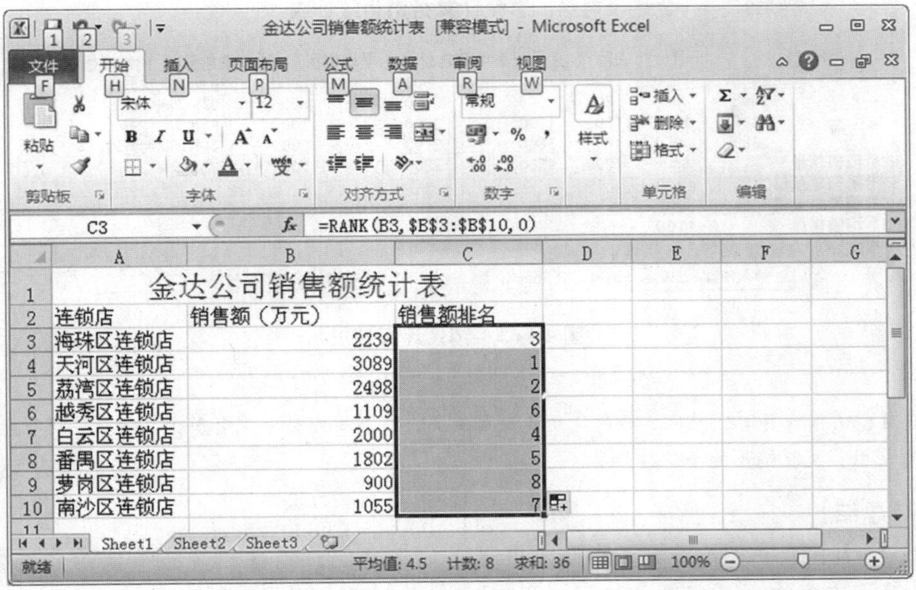

图 4－62　使用向下自动填充公式完成排名

4.5.3.4　函数嵌套

如果 A 函数中的参数是另外一个函数 B 的返回值，这种现象是函数嵌套，可以说，B 函数嵌套于 A 中。如 MAX [10，20，80，SUM（10，20，30）]，MAX 函数中放置另一个函数 SUM 函数。系统先运算 SUM（10，20，30）的返回值是 60，然后再运算 MAX（10，20，80，60），最终结果是 80。不过，函数嵌套时，要注意 B 函数的返回值的数据类型和 A 函数相对应的参数的数据类型要一致。

【任务 4－15】 使用 IF 函数各品牌销售情况评级。如果季度销售总量大于等于 3000，评为“优秀”；如果季度销售总量小于 3000 大于等于 2500，评为“良好”；如果季度销售总量小于 2500，评为“一般”。

操作步骤：

(1) 单击单元格 I4，直接在单元格中输入公式“＝IF（F4＞＝3000，"优秀"，IF（F4＞＝2500，"良好"，"一般"））”。

(2) 采用自动填充方法向下填充公式至 I7，即可得出各月份的销售评级情况，如图 4－63 所示。

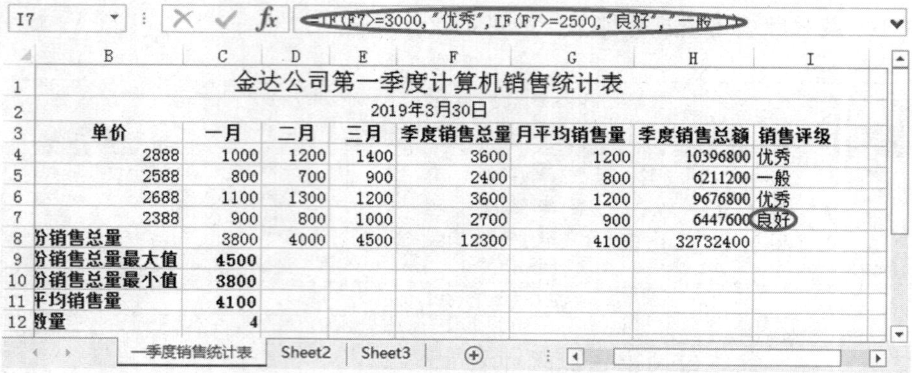

	B	C	D	E	F	G	H	I
1	金达公司第一季度计算机销售统计表							
2	2019年3月30日							
3	单价	一月	二月	三月	季度销售总量	月平均销售量	季度销售总额	销售评级
4	2888	1000	1200	1400	3600	1200	10396800	优秀
5	2588	800	700	900	2400	800	6211200	一般
6	2688	1100	1300	1200	3600	1200	9676800	优秀
7	2388	900	800	1000	2700	900	6447600	良好
8	分销售总量	3800	4000	4500	12300	4100	32732400	
9	分销售总量最大值	4500						
10	分销售总量最小值	3800						
11	平均销售量	4100						
12	数量	4						

图 4-63　销售评级情况

注意： 函数嵌套时括号应该匹配成对，也就是说，有多少左括号就有多少右括号。在直接输入函数时，请注意使用英文状态下的半角符号。

【本节总结】

Excel 系统中的公式和函数，配合使用自动填充功能，能够轻而易举地对大型数据表进行数据计算。它们在财务实务中应用也很广泛。公式可以是表达式，也可以是函数，或两者混合使用。相比之下，使用表达式更灵活多变，而使用函数则更方便快捷。

4.6　数据管理

Excel 2010 具有强大的数据管理功能，它不仅可以对表格中的记录行进行增加、删除和移动，还能够按照数据库管理方式对以数据清单形式存储数据的工作表进行各种排序、筛选、分类汇总、统计和建立数据透视表等操作。

4.6.1　数据清单

在 Excel 2010 中进行数据管理这一功能首先必须建好“数据清单”。数据清单是一种特定格式的 Excel 2010 工作表。数据清单由一个标题行和若干记录行组成，其中，标题行是由若干列标题（相当于字段名）组成，每个记录行是由若干个与列标题对应的数值组成，如图 4-64 所示。

数据清单是 Excel 数据管理的基础，一般具有三个特征：第一，每一列有一个列标题，且每一列必须是相同类型的数据；第二，列标题必须位于数据清单的第一行；第三，数据表中除标题行外的每一行称之为一个记录，每个记录各不相同。数据管理的操作主要有排序、分类汇总、筛选和透视表管理，这些操作都是以记录为单位进行的。

	A	B	C	D	E	F	G	H
1	金达公司员工工资表							
2	编号	姓 名	性别	部门	职称	基本工资	奖金	应发工资
3	0001	江涛	男	培训部	工程师	2500	500	3000
4	0002	赵丹	女	研发部	工程师	2500	700	3200
5	0003	王海涛	男	研发部	高工	4800	1000	5800
6	0004	陈春生	男	销售部	高工	4800	900	5700
7	0005	王佐	男	研发部	高工	4800	1200	6000
8	0006	冯文辉	男	销售部	技师	4000	1100	3600
9	0007	石俊玲	女	财务部	会计师	3000	400	3400
10	0008	刘海云	女	财务部	会计师	2500	1300	3800
11	0009	黄东	男	培训部	技师	4000	400	4400
12	0010	刘文	女	培训部	工程师	2500	1500	4000
13	0011	刘瑜	女	销售部	工程师	2500	1700	4200
14	0012	陈石	男	销售部	工程师	2500	1900	4400
15	0013	曲晓东	男	研发部	工程师	2500	2100	4600
16								

图 4－64　“金达公司员工工资表”数据清单

【小技巧】

建立数据清单时，可以采用建立工作表的方式向行列中逐个输入数据，也可以使用“记录单”建立和编辑数据清单。操作方法：在数据区域的第一行输入列标题，选定数据清单的数据区域；使用菜单命令“数据”→“记录单”，在弹出的输入框中逐条输入记录。

4.6.2　数据筛选

在数据表中，有时只需要查看或操作某一部分的记录，为了方便操作，可以把那些要操作的数据记录“筛选”出来作为数据对象，而把那些与操作无关的记录暂时隐藏起来，使之不参与操作，从而提高操作速度和准确性。例如，要在某个有 1000 个员工的工资表中选出所有工程师的记录，或查找某一部门的女员工的所有记录，都可以“筛选”出来。筛选数据的方法有两种：“自动筛选”和“高级筛选”。

4.6.2.1　自动筛选

【任务 4－16】在“金达公司员工工资表”中筛选男员工的记录。

操作步骤：

(1) 选定数据清单中任何一个单元格，单击菜单命令“数据”→“筛选”，此时，数据清单中每个字段名旁边出现了下拉按钮。

(2) 选择“性别”列标题，单击下拉按钮，在下拉列表中把“女”前面的钩去掉，变成只勾选“男”，然后按回车键，如图 4－65 所示。这时，数据清单中只显示男员工的记录。

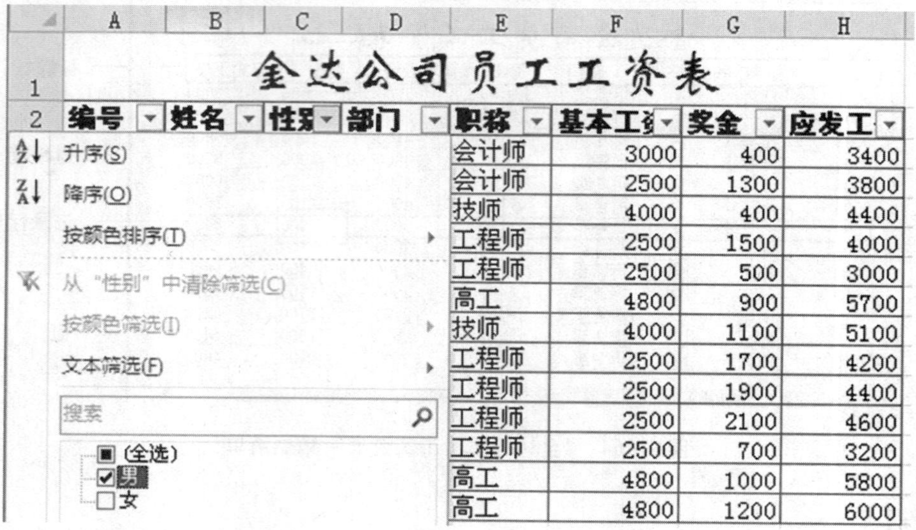

图 4-65　执行筛选命令

【任务 4-17】在“全达公司员工工资表”中筛选出应发工资大于 4500 元的男员工记录。

操作步骤：

（1）按照【任务 4-16】所有步骤，筛选出男员工的记录。

（2）再选择“应发工资”列标题，单击下拉按钮，在下拉列表中选择“数据筛选”，在弹出的菜单里选择“大于（G）…”，如图 4-66 所示。

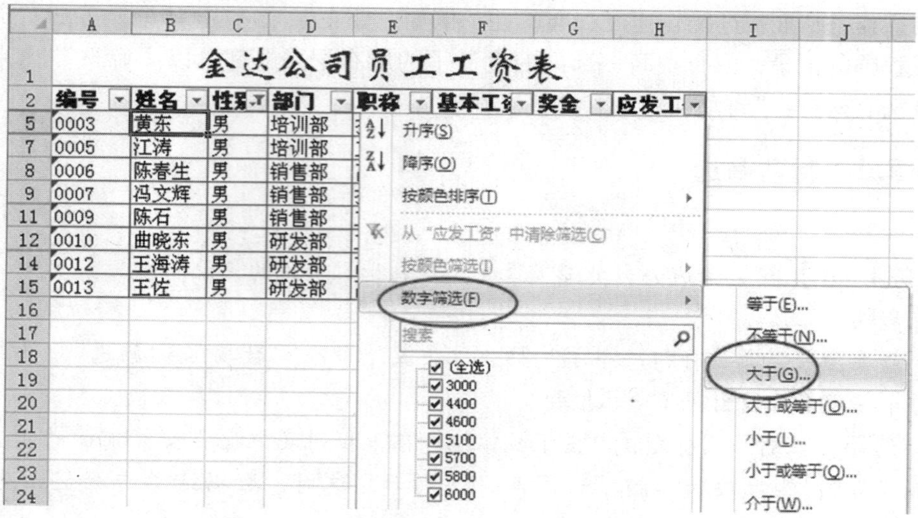

图 4-66　“数据筛选”菜单

（3）接着在弹出的“自定义自动筛选方式”对话框中，选择默认运算符“大于”，然后在第二个下拉列表中输入数值“4500”并按“确定”按钮完成操作，如图 4-67 所示。

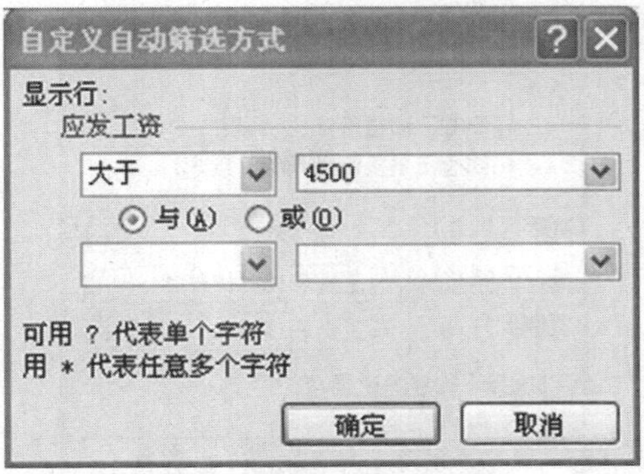

图 4－67　“自定义自动筛选方式”对话框

“自定义自动筛选方式”对话框最多可以设置两个条件，第一排列表框用于设定第一个条件，第二排列表框用于设定第二个条件，中间的单选按钮可以用来确定条件之间的关系：“与”表示两个条件必须同时成立，而“或”表示任一个条件成立即可。

【小技巧】

取消筛选有两种方法：单击“数据”→“筛选”；单击“数据”→“筛选”右侧的“清除”。

4.6.2.2　高级筛选

如果筛选条件涉及多个列标题，涉及“应发工资”大于 4500 元和“性别”等于男两个条件，用自动筛选实现较麻烦（要分两次出现），而采用高级筛选就能一次完成。

【任务 4－18】 在“金达公司员工工资表”中筛选出基本工资大于 3000 元且业绩奖金大于 1000 元的员工记录（以 $A$17 单元格为左上角），并把记录复制到新的单元格区域（以 $A$20 为左上角）中。

操作步骤：

（1）定义筛选条件。在数据表的下方选择相邻几个单元格 $A$17：$B$18 作为条件区域；根据条件输入筛选条件，如图 4－68 所示。

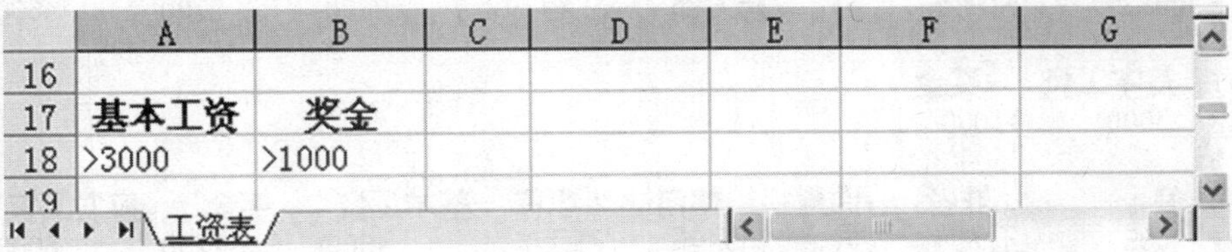

图 4－68　定义条件区域

（2）执行高级筛选。选定数据清单中任何一个单元格，单击菜单命令“数据”→“筛选”→“高级筛选”，此时，打开“高级筛选”对话框，如图 4－69 所示。

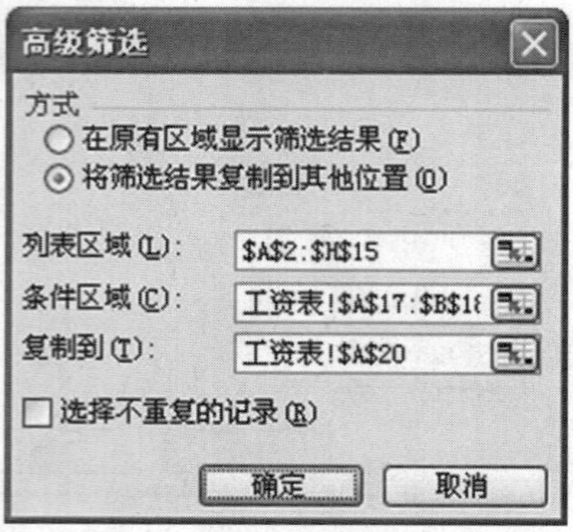

图 4-69 “高级筛选”对话框

(3) 在“方式”栏中选择筛选结果的显示位置。根据案例要求，这里要选中“将筛选结果复制到其他位置”，这时，“复制到”栏就激活了。

(4) 在“数据区域”栏中选定整个数据清单（包括标题行），可以单击右侧的折叠按钮，然后在数据表中选定数据区域，或直接输入“$A$2:$H$15”；用同样的方法在“条件区域”栏指定条件区域“$A$18:$B$19”；用同样的方法在“复制到”栏指定筛选结果的单元格区域的起始位置“$A$20”。

(5) 单击“确定”按钮，筛选的记录如图 4-70 所示。

	A	B	C	D	E	F	G	H
1	金达公司员工工资表							
2	编号	姓 名	性别	部门	职称	基本工资	奖金	应发工资
3	0001	江涛	男	培训部	工程师	2500	500	3000
4	0002	赵丹	女	研发部	工程师	2500	700	3200
5	0003	王海涛	男	研发部	高工	4800	1000	5800
6	0004	陈春生	男	销售部	高工	4800	900	5700
7	0005	王佐	男	研发部	高工	4800	1200	6000
8	0006	冯文辉	男	销售部	技师	4000	1100	3600
9	0007	石俊玲	女	财务部	会计师	3000	400	3400
10	0008	刘海云	女	财务部	会计师	2500	1300	3800
11	0009	黄东	男	培训部	技师	4000	400	4400
12	0010	刘文	女	培训部	工程师	2500	1500	4000
13	0011	刘瑜	女	销售部	工程师	2500	1700	4200
14	0012	陈石	男	销售部	工程师	2500	1900	4400
15	0013	曲晓东	男	研发部	工程师	2500	2100	4600
16								
17	基本工资	奖金						
18	>3000	>1000						
19								
20	编号	姓 名	性别	部门	职称	基本工资	奖金	应发工资
21	0005	王佐	男	研发部	高工	4800	1200	6000
22	0006	冯文辉	男	销售部	技师	4000	1100	3600

图 4-70 筛选后的记录

定义筛选条件时，可以用以下方法实现：

方法一，定义某一个条件时，列标题在上，条件的值在下。例如，表示条件“性别是男”：

性别
男

方法二，多个“与”关系的条件，列标题写在同一行，条件的值也要同行写。例如，表示条件“所属部门是销售部且职称是工程师”：

所属部门	职称
销售部	工程师

方法三，多个“或”关系的条件，列标题写在同一行，但条件的值要隔行写。例如，表示条件“基本工资大于 4000 元或业绩奖金小于 1200 元”：

基本工资	业绩奖金
>4000	
	<1200

▶▶ 试一试

请你筛选出应发工资大于 5000 元的男员工的记录，条件区域为 J2：K3，目标区域为以 J4 为开始的单元格区域；

请你筛选出职称为技师或应发工资小于 3000 元的员工记录，条件区域为 J9：K11，目标区域为以 J12 为开始的单元格区域。

4.6.3　数据排序

数据排序是按照设定的规则对所有数据进行重新排列，以便于查看比较或进一步处理，排序只是记录行之间顺序的调整，它不会改变原有记录的数据。工资表是按照“编号”列标题进行升序排序的，该列标题称为“关键字”。

要注意的是排序的依据和顺序。依据就是根据什么来进行排序，这个依据也就是关键字。关键字可以有多个，包括主要关键字、次要关键字和第三关键字。如果在指定的主要关键字中出现相同的值，则可以根据次要关键字中指定的顺序排序，如果主要关键字和次要关键字都相同则根据第三关键字指定的顺序排序；排序的顺序分为升序和降序，升序即由低到高、由小到大，降序即由高到低、由大到小。

4.6.3.1　排序操作方法

（1）利用工具栏“排序和筛选”中的“升序排序”按钮和“降序排序”按钮进行排序。

【任务 4－19】对“金达公司员工工资表”数据清单的内容按关键字“性别”进行升序排序。

操作步骤：

（1）选定关键字“性别”所在单元格。

（2）单击工具栏“排序和筛选”中的升序按钮，完成排序，如图 4－71 所示。

	A	B	C	D	E	F	G	H
1	金达公司员工工资表							
2	编号	姓 名	性别	部门	职称	基本工资	奖金	应发工资
3	0001	江涛	男	培训部	工程师	2500	500	3000
4	0003	王海涛	男	研发部	高工	4800	1000	5800
5	0004	陈春生	男	销售部	高工	4800	900	5700
6	0005	王佐	男	研发部	高工	4800	1200	6000
7	0006	冯文辉	男	销售部	技师	4000	1100	3600
8	0009	黄东	男	培训部	技师	4000	400	4400
9	0012	陈石	男	销售部	工程师	2500	1900	4400
10	0013	曲晓东	男	研发部	工程师	2500	2100	4600
11	0002	赵丹	女	研发部	工程师	2500	700	3200
12	0007	石俊玲	女	财务部	会计师	3000	400	3400
13	0008	刘海云	女	财务部	会计师	2500	1300	3800
14	0010	刘文	女	培训部	工程师	2500	1500	4000
15	0011	刘瑜	女	销售部	工程师	2500	1700	4200

图 4－71　利用工具栏按钮排序后的数据清单

（2）利用菜单命令“数据”→“排序”进行排序。

【任务 4－20】对“金达公司员工工资表”数据清单的内容先按主要关键字“基本工资”从高到低排序，再按“奖金”从高到低排序。

操作步骤：

（1）选定数据清单中任何一个单元格，单击菜单命令“数据”→“排序”，打开“排序”对话框，如图 4－72 所示。

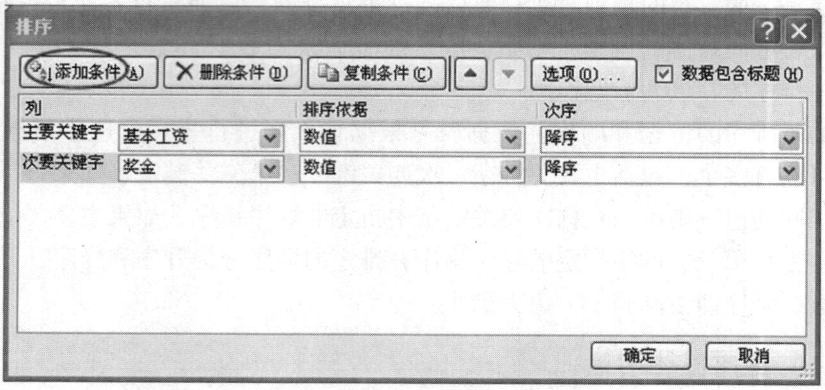

图 4－72　利用“排序”对话框进行排序

（2）单击“主要关键字”下拉列表框，选择“基本工资”，选择“降序”单选框；接着单击“添加条件”按钮，添加“次要关键字”，选择“奖金”，选择“降序”单选框，点击“确定”按钮，完成操作。

注意： 排序前要先选定数据清单中某一个单元格，或者选定整个数据清单，但不能选择若干单元格，这样会导致只有部分数据进行排序处理，从而破坏记录中数据的真实性。排序只是记录行之间位置的调整，它不会修改记录的内容。

4.6.3.2　排序规则

排序有升序和降序两种方式。升序就是“递增”，是按从小到大的顺序排列数据，如数字按 0，1，2，…，9 的顺序排列。降序则是“递减”，是按从大到小的顺序排列数据。按升序排序时，不同类型的数据在 Excel 中的次序为：数字→特殊字符→字母→逻辑→错误→空格；同种类型号数据的排序规则如下：

（1）数字按最小的负数到最大的正数进行排序。

（2）字母按 A，B，…，Z 和 a，b，…，z 的顺序排列。在对文本进行排序时，Excel 从左到右一个字符一个字符地进行排序比较。当两个文本的第一个字符相同就比较第二个字符，第二个字符相同就比较第三个字符，依次类推。

（3）汉字可以按汉语拼音的字母顺序进行排序，也可以按笔画进行排序。

（4）逻辑值，FALSE（相当于 0）排在 TRUE（相当于 1）之前。

（5）错误值和空格。所有错误值的优先级相同，空格始终排在最后。

4.6.3.3　恢复排序

已经过排序的数据清单不容易恢复到排序前的状态，除非你在排序之前有先见之明，在数据清单中暂时添加“序号”列辅助排序，可以采用自动填充方法在该列中输入 1，2，3，…无论经过多少次排序，只要按“序号”排序就可以恢复排序。

注意：前面的工资表中原来已经有“编号”这一列，直接按“编号”升序排序就可以恢复原来的数据清单，不需要再添加“序号”列辅助排序。

4.6.4　分类汇总

分类汇总是分析数据清单的常用方法。例如，在工资表中按部门分类统计各部门人员平均工资，使用软件提供的分类汇总功能，很容易得到这样的统计表，它为分析数据表提供了极大的方便。在进行分类汇总前，必须根据分类汇总的数据类别对数据清单进行排序，也就是说，分类汇总是在排序的基础上进行的。

4.6.4.1　简单分类汇总

【任务 4－21】 对“金达公司员工工资表”数据清单，按部门汇总各部门的平均应发工资。

操作步骤：

(1) 按分类字段“部门”进行排序。

(2) 选定数据清单中任何一个单元格，单击菜单命令“数据”→“分类汇总”，打开“分类汇总”对话框。

(3) 单击“分类字段”栏的下拉按钮“▾”，在下拉列表中选择“部门”。

(4) 单击“汇总方式”栏的下拉按钮“▾”，在下拉列表中选择“平均值”。

(5) 单击“选定汇总项”栏的下拉按钮“▾”，在下拉列表中选择“应发工资”，如图 4－73 所示。

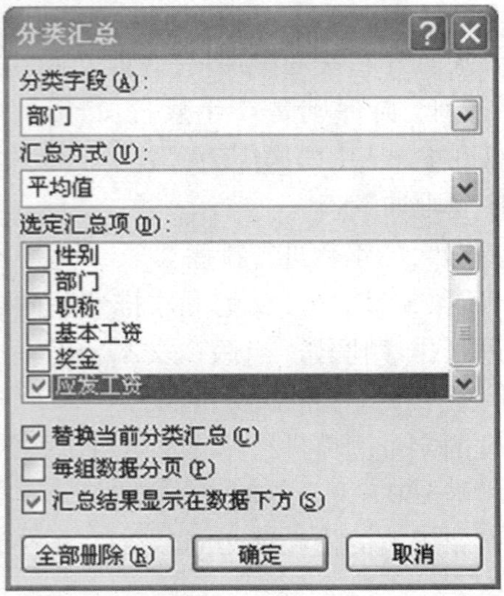

图 4－73　设置“分类汇总”对话框

(6) 单击“确定”按钮完成操作。

汇总结果如图 4－74 所示，同一部门的员工记录通过“排序”进行分类，每个部门下

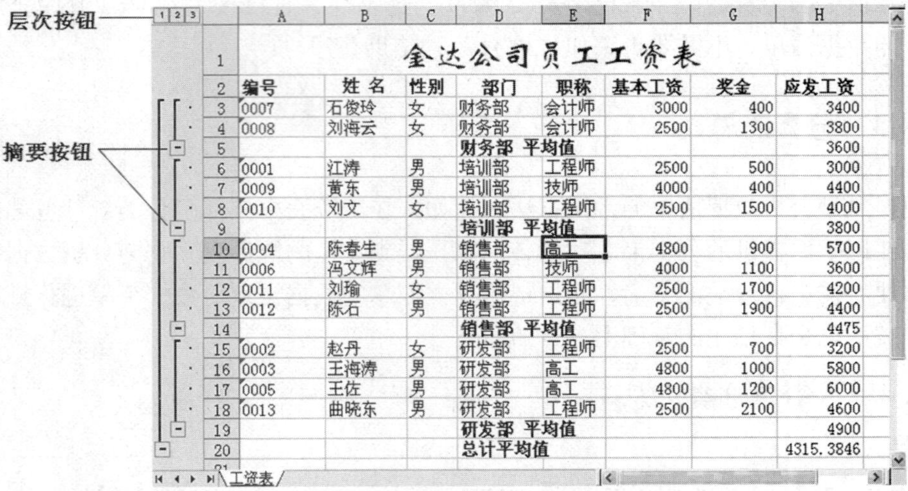

	A	B	C	D	E	F	G	H
1	金达公司员工工资表							
2	编号	姓名	性别	部门	职称	基本工资	奖金	应发工资
3	0007	石俊玲	女	财务部	会计师	3000	400	3400
4	0008	刘海云	女	财务部	会计师	2500	1300	3800
5				财务部 平均值				3600
6	0001	江涛	男	培训部	工程师	2500	500	3000
7	0009	黄东	男	培训部	技师	4000	400	4400
8	0010	刘文	女	培训部	工程师	2500	1500	4000
9				培训部 平均值				3800
10	0004	陈春生	男	销售部	高工	4800	900	5700
11	0006	冯文辉	男	销售部	技师	4000	1100	3600
12	0011	刘瑜	女	销售部	工程师	2500	1700	4200
13	0012	陈石	男	销售部	工程师	2500	1900	4400
14				销售部 平均值				4475
15	0002	赵丹	女	研发部	工程师	2500	700	3200
16	0003	王海涛	男	研发部	高工	4800	1000	5800
17	0005	王佐	男	研发部	高工	4800	1200	6000
18	0013	曲晓东	男	研发部	工程师	2500	2100	4600
19				研发部 平均值				4900
20				总计平均值				4315.3846

图 4－74　按部门汇总，显示全部数据和汇总结果

方都有平均“应发工资”，数据清单最下方还出现总的平均工资。在分类汇总表的左侧出现了“摘要”按钮⊟。“摘要”按钮出现的行就是汇总数据所在的行。单击该按钮，则该按钮变成⊞，且隐藏该类数据，只显示该类数据的汇总结果。单击⊞按钮，会使隐藏的数据恢复显示。单击汇总表的左上方的层次按钮3，显示全部数据和汇总结果；单击层次按钮2，如图 4－75 所示，显示总的汇总结果和分类汇总结果；单击层次按钮1，只显示总的汇总结果，如图 4－76 所示。

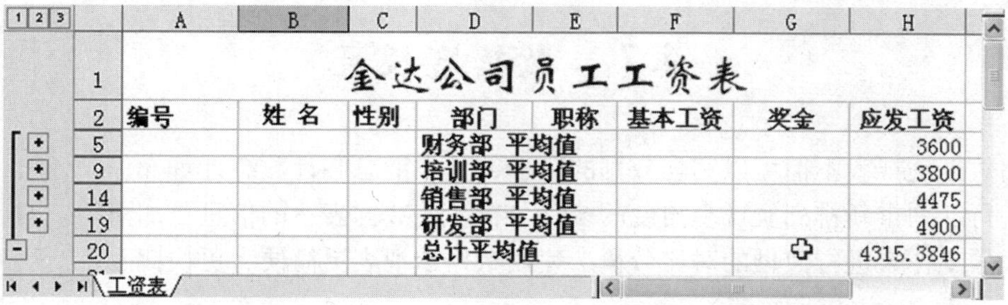

图 4－75　按层次按钮2，显示总的汇总结果和分类汇总结果

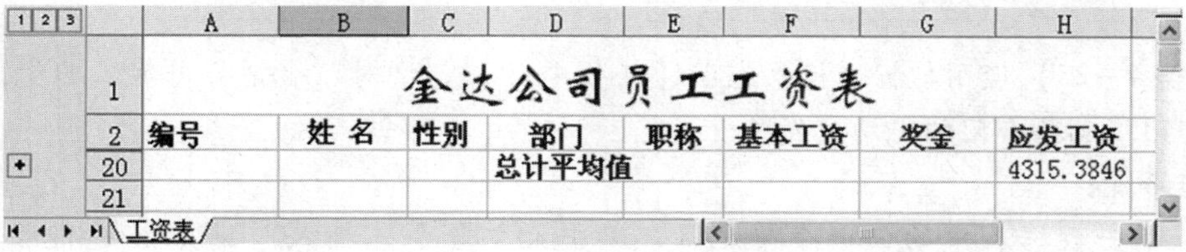

图 4－76　按层次按钮1，只显示总的汇总结果

4.6.4.2　多字段多方式分类汇总

【任务 4－22】 对“金达公司员工工资表”数据清单，按部门汇总各部门的基本工资的最大值，奖金的最小值。

操作步骤：

（1）按分类字段（部门）进行排序。

（2）选定数据清单中任何一个单元格，单击菜单命令“数据”→“分类汇总”，打开“分类汇总”对话框。

（3）单击“分类字段”栏的下拉按钮“▾”，在下拉列表中选择“部门”。

（4）单击“汇总方式”栏的下拉按钮“▾”，在下拉列表中选择“最大值”。

（5）单击“选定汇总项”栏的下拉按钮“▾”，在下拉列表中选择“基本工资”。单击“确定”按钮。

（6）重复第（2）、第（3）步骤，进行第二次汇总。

（7）单击“选定汇总项”栏的下拉按钮“▾”，在下拉列表中选择“奖金”。

因为需要保留第一次的汇总结果，则第二次汇总时取消选中“替换当前分类汇总”项。

4.6.4.3 取消分类汇总

取消分类汇总的方法：可在“分类汇总”对话框中点击“全部删除”按钮，即可取消所有分类汇总。

4.7 数据透视表

使用数据透视表不但可以实现数据的筛选、分类汇总和计数统计等操作，还可以通过源数据表的行、列重新排列实现多角度的统计分析，使数据表达的信息更加清楚。对于处理数据量较大的工作表进行数据的对比分析，使用数据透视表更简便、更快捷。

4.7.1 建立数据透视表

【任务4－23】使用数据透视表完成【任务4－22】，即对“金达公司员工工资表”数据清单按部门汇总各部门的平均应发工资。

操作步骤：

(1) 单击数据表中的任一个单元格，单击菜单命令“插入”→“数据透视表”，选择“数据透视表”，打开“创建数据透视表”对话框，如图4－77所示。

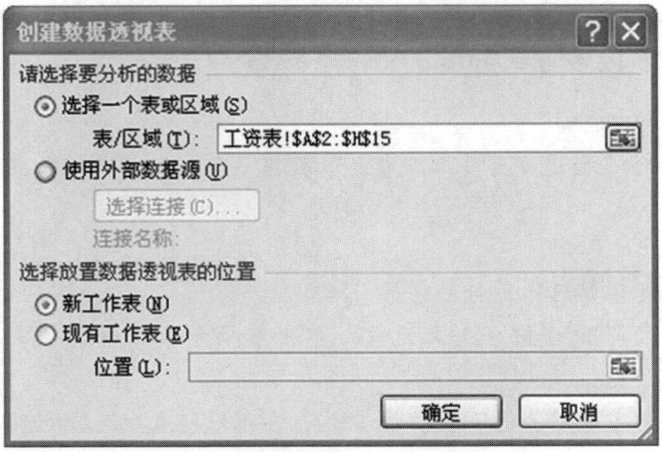

图4－77 “创建数据透视表”对话框

(2) 在“创建数据透视表”对话框的“选择放置数据透视表的位置”栏中，选择“现有工作表”，位置选定为“A19”，如图4－78所示。

(3) 单击“确定”按钮，在A19位置会出现数据透视表1的初始布局内容，同时在右侧会出现“数据透视表字段列表”对话框，上半部分可以选择要添加到报表中的字段，下

图 4-78　“选择放置数据透视表的位置”为现有工作表

半部分则可以把上半部分的字段拖动到对应的位置，如“报表筛选”“列标签”“行标签”“数值”，如图 4-79 所示。

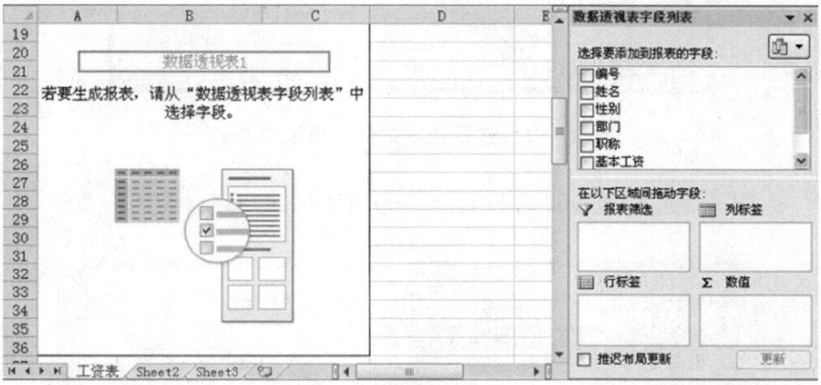

图 4-79　“数据透视表字段列表”对话框

(4) 因为第一行要显示各部门的名称，数据要汇总“应发工资”，所以用鼠标左键拖动“部门”字段到“行标签”位置，拖动“应发工资”字段到“数值”的位置，如图 4-80 所示。

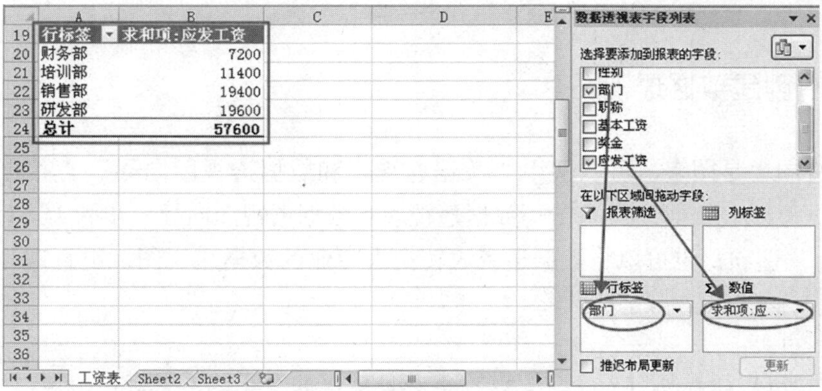

图 4-80　添加列标题

(5) 双击左侧 B19 单元格中“求和项：应发工资”，打开“值字段设置”对话框，选择值汇总方式“平均值”，如图 4-81 所示。

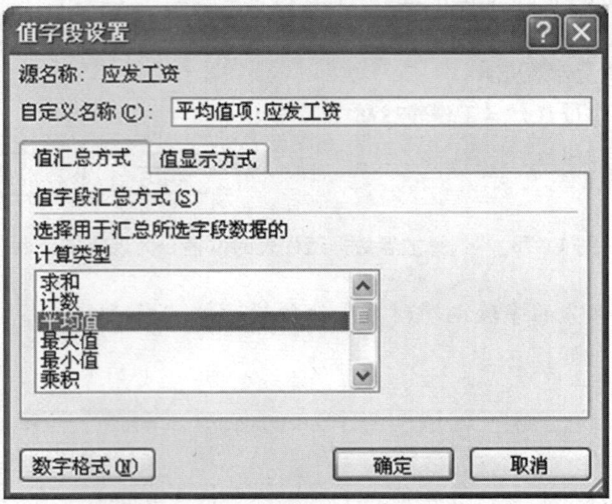

图 4-81　选择应发工资的值汇总方式

(6) 按“确定”结束数据透视表的创建，如图 4-82 所示。

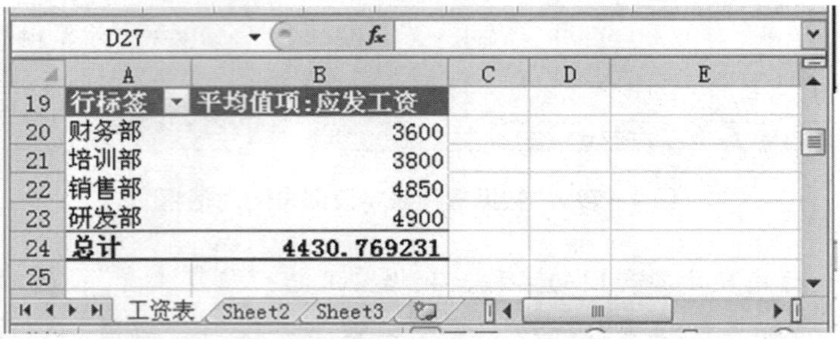

图 4-82　数据透视表

4.7.2　创建数据透视图

数据透视图也是图表，可以利用“数据透视表和数据透视图向导”直接创建，创建方法与创建数据透视表相似，只需在“数据透视表和数据透视图向导—步骤 1”对话框中选择“数据透视图”选项；也可以将数据透视表转换为专业的数据透视图，更直观地进行数据的对比分析。

【任务 4-24】 快速为【任务 4-23】中数据透视表创建一个数据透视图。

操作步骤：

(1) 单击数据透视表中的任一个单元格，在右上角的工具栏中选择“数据透视图”，在弹出的“插入图标”对话框中，选择默认的“柱形图”，如图 4-83 所示。

(2) 点击“确定”按钮，完成操作，如图 4-84 所示。

图 4－83　为数据透视表建立数据透视图

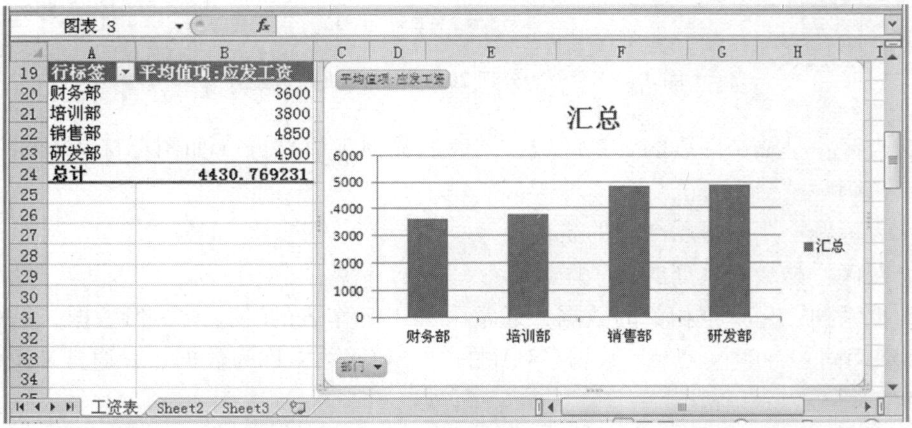

图 4－84　数据透视图

【本节总结】

Excel 2010 具有强大的数据管理功能，包括对工作表中的记录行进行增加、删除和移动，还能够对以数据清单形式存储数据的工作表进行各种排序、分类汇总和筛选，利用数据透视表和透视图更能使我们直观地管理数据。

4.8　图表处理

和 Word 2010 一样，Excel 2010 也提供了更强大的图表功能。通过图表，可以将工作表数据转换成图片，使数据表达得更清晰、更有力，从而使比较或趋势变得一目了然。图表是以工作表的数据为依据，当数据变化，图表立即能反映到图表中。图表建立后，还可以对其进行各种修饰，使图表更直观地反映数据。

4.8.1 图表的构成

图表是用图形表示的，它是由图表区、绘图区、图表标题、数据系列、坐标轴、网格线以及图例等组成，如图 4-85 所示。

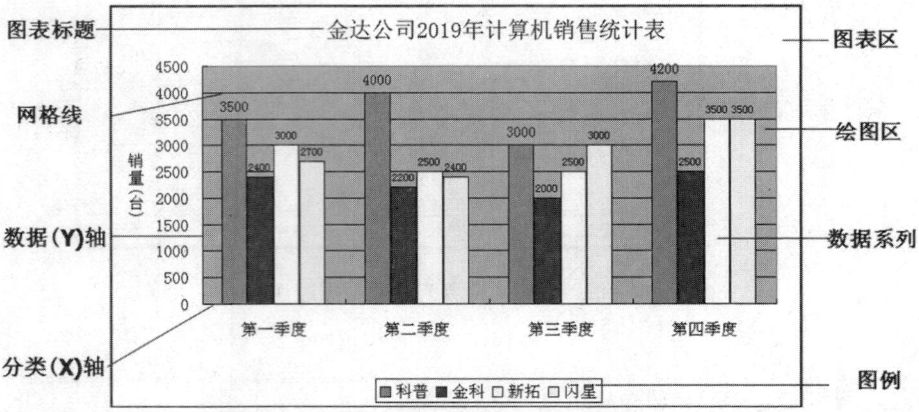

图 4-85 金达公司 2019 年计算机销售统计

- 图表区：是整个图表的背景区域，图表的其他组成部分（如图标标题、图例）都汇集包括在图表区中。
- 图表标题：用于显示图表的名称。
- 绘图区：是数据系列的背景区域。
- 数据系列：是一组相关的数据，通常来源于工作表的一行或一列数据，例如，同一系列的数据用同一种颜色表示。数据系列中的一个独立数据称为数据点，通常来源于一个单元格的数据。
- 坐标轴：包括分类（X）轴和数值（Y）轴，用于表示数值或分类。
- 图例：用于表示图表中数据系列的名称、图案和颜色。

4.8.2 创建图表

4.8.2.1 使用图表向导建立图表

【任务 4-25】使用创建图表为“金达公司 2019 年计算机销售统计表”创建一个图表，如图 4-86 所示。

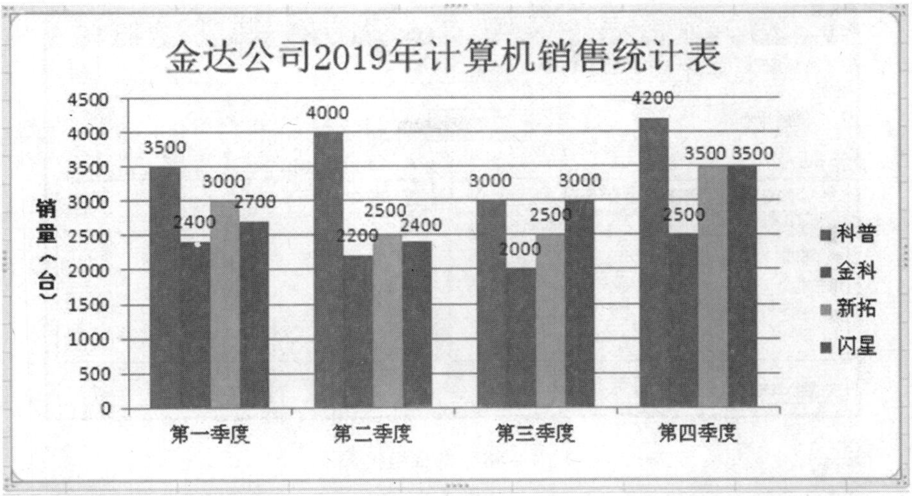

图 4－86　金达公司 2019 年计算机销售统计表

操作步骤：

(1) 选定数据清单中任何一个单元格，单击菜单命令“插入”→“柱形图”，在“二维柱形图”菜单中选择“簇状柱形图”，如图 4－87 所示。

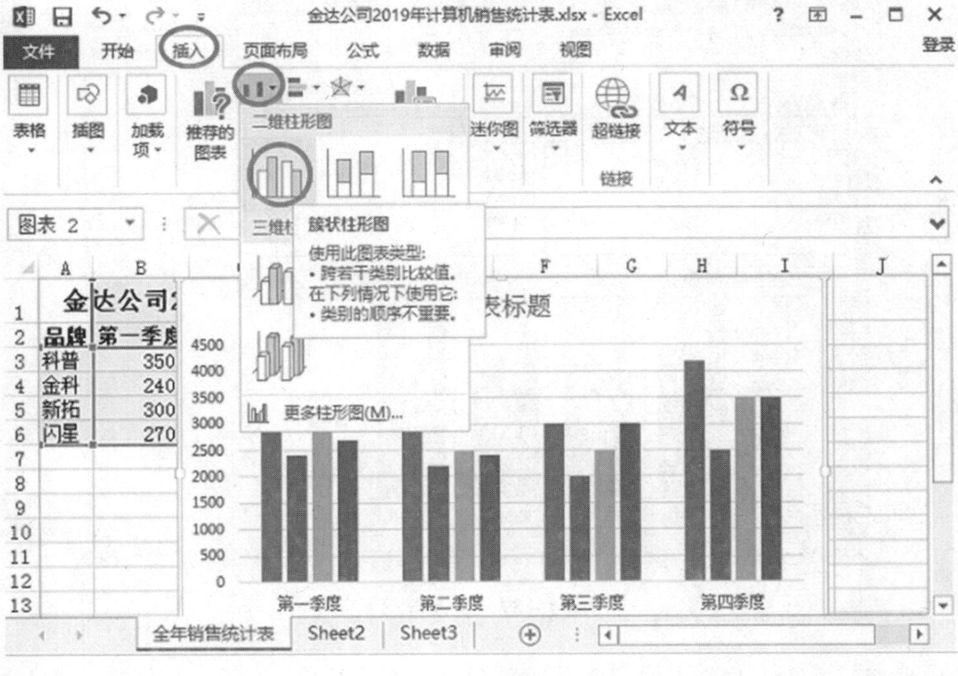

图 4－87　选择图表类型

(2) 生成图表后，点击图表工具里的“设计”，点击“选择数据”。在弹出的“选择数据源”对话框中，系统一般会推算出数据区域，并用虚框在工作表中显示出来。点击折叠按钮可以重新选取数据区域 A2：E6，如图 4－88 所示。

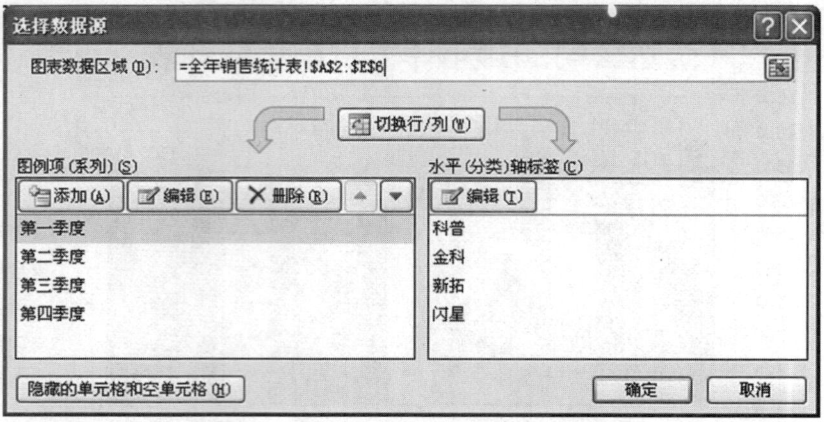

图 4－88　选择数据源

（3）点击“选择数据源”对话框中的按钮，使得“图例项（系列）”框内显示数据清单中第一列的数据“科普”“金科”“新拓”“闪星”，“水平（分类）轴标签”框内则显示“第一季度”“第二季度”“第三季度”“第四季度”，并单击“确认”按钮，如图 4－89 所示。

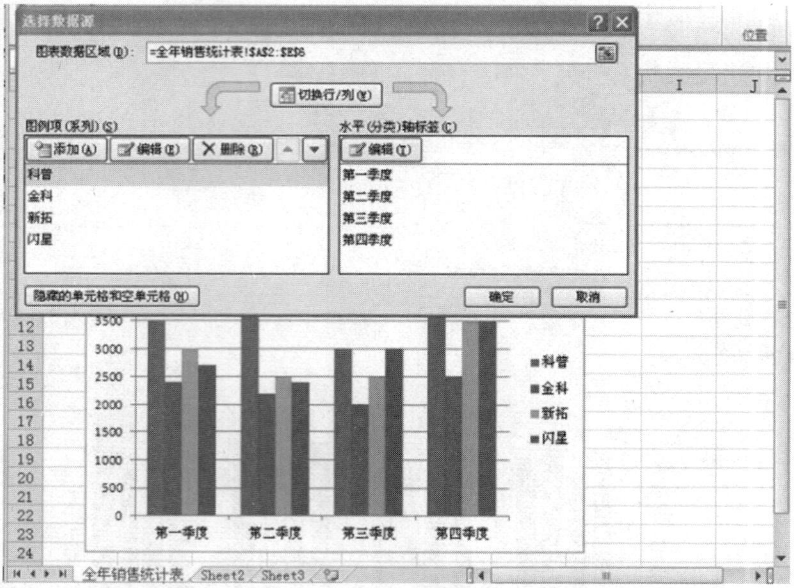

图 4－89　切换行/列

（4）单击“图表工具”里的“布局”按钮，根据效果图 4－89，应该做以下各种设置。单击“图表标题”选项，在弹出的菜单中选择“图表上方”选项，接着在图表内把“图表标题”改为输入“金达公司 2019 年计算机销售统计表”，如图 4－90 所示。

（5）单击“坐标轴标题”选项，选择“主要横坐标轴标题”为“坐标轴下方标题”，并把标题设置为“季度”，接着选择“主要纵坐标轴标题”为竖排标题，并把标题设置为“销量（台）”，设置横坐标的过程如图 4－91 所示。

图 4 – 90　设置图表标题

图 4 – 91　设置横坐标标题（x 轴）

(6) 单击“数据标签”选项，在下拉菜单中选择“数据标签外”，最终的图表如图 4-92 所示。

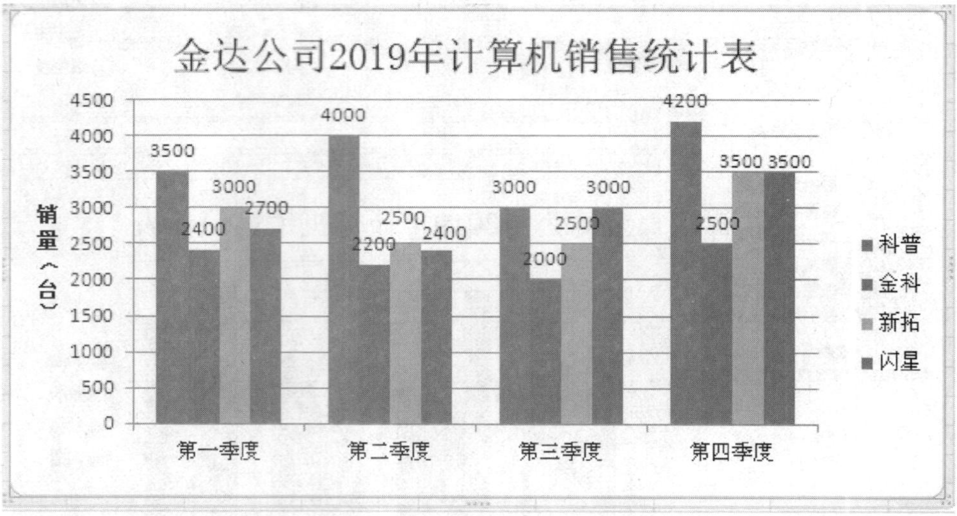

图 4-92 创建的图表

4.8.2.2 图表的移动和缩放

嵌入式图表建立后，如果位置不满意，可以单击图表区，将它移到目标位置；如果图表大小不合适，可以单击图表区，图表的边框上出现了 8 个小黑点，拖动任一小黑点，可以将图表进行缩放。

4.8.3 编辑和修改图表

图表创建后，可以根据需要，对图表的类型、源数据、坐标轴、选项以及格式进行修改。当选中了一个图标后，功能区会出现“图表工具”选项卡，其中的“设计”“布局”“格式”选项卡内的命令可以编辑和修改图表，也可以选中图表后单击鼠标右键，利用弹出的菜单进行编辑和修改。

【任务 4-26】 把【任务 4-25】中建好的图表修改为“簇状棱锥图”，并删除“金科”和“闪星”两个系列。

操作步骤：

(1) 修改图表类型。选中图表，点击“图表工具”里的“设计”选项卡，然后点击左上角的“更改图表类型”选项，在弹出的“更改图表类型”对话框中选择“簇状棱锥图”，如图 4-93 所示。

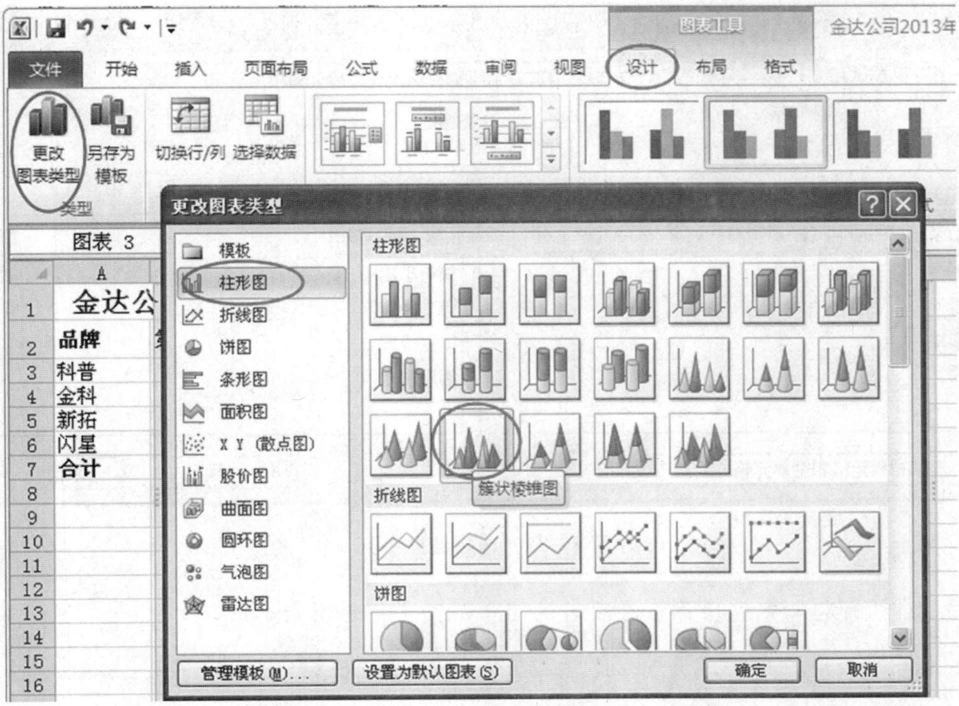

图 4－93　更改图表类型

（2）修改源数据。在图表区中单击右键，选择菜单命令“选择数据”，打开“图表源数据”对话框，如图 4－94 所示。

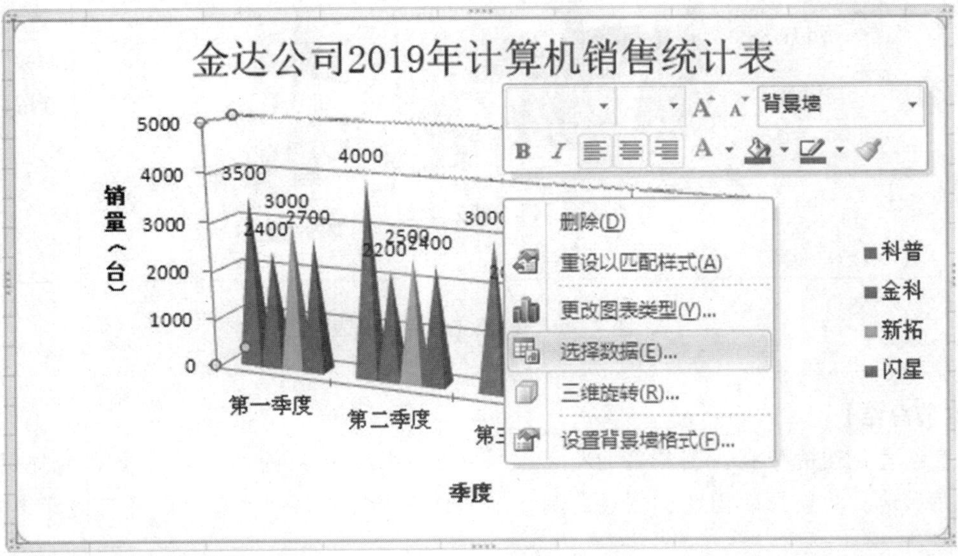

图 4－94　数据源

（3）重新选择数据区域 A2：E6，并在系列选项卡中删除“金科”和“闪星”两个系列，如图 4－95 所示。

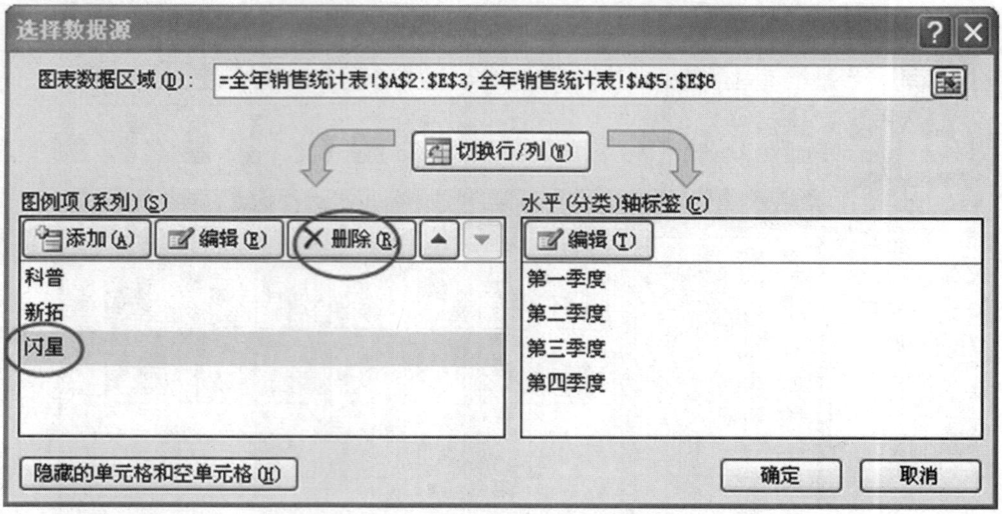

图 4－95　增删数据系列

（4）按“确定”完成操作。修改后的图表如图 4－96 所示。

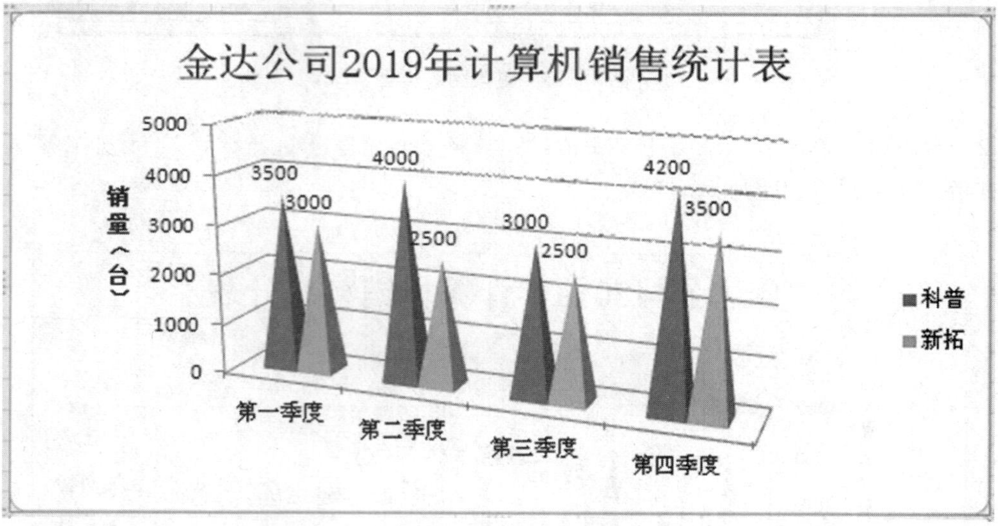

图 4－96　修改完成后的图表

【本节总结】

图表，表是图的依据，图是表的生动反映。Excel 2010 中的图表是数据表的辅助工具，它能更直观地反映问题。因此，图表的制作和修饰更要注重实用和简洁，不宜过于复杂，否则会适得其反。

本章总结

Excel 2010 的基本概念和基本操作，包括 Excel 2010 的启动和退出，Excel 2010 窗口的组成，Excel 2010 的基本概念，如工作簿、工作表、单元格、数据清单，Excel 文档的基本操作。

单元格数据的输入、编辑和修饰。

Excel 2010 工作表的格式化，包括工作表以及单元格区域的格式化。

Excel 2010 数据管理与透视表，包括数据的排序、筛选、分类汇总操作、数据透视表和透视图的制作和编辑。

Excel 2010 公式与函数的使用，包括公式与函数的基本概念以及常用函数的应用。

Excel 2010 图表的制作与编辑，包括图表的基本概念和图表的制作、编辑和修饰。

测试题 4

1. 在 Excel 中，工作簿是指（　　）。

A. 操作系统

B. 不能有若干类型的表格共存的单一电子表格

C. 图表

D. 在 Excel 中用来存储和处理工作数据的文件

2. 在 Excel 中，单元格地址是指（　　）。

A. 每一个单元格　　B. 每一个单元格的大小

C. 单元格所在的工作表　　D. 单元格在工作表中的位置

3. 在 Excel 工作表的单元格中，如想输入数字字符串 070615（如学号），则应输入（　　）。

A. 00070615　　B. “070615”

C. 070615　　D. ‘070615

4.（　　）不能输入到 Excel 工作表的单元格中。

A. “20，12”　　B. =20，12

C. 20，12　　D. = Sheet21Al + 12

5. 使用坐标 $DSl 引用工作表 D 列第 1 行的单元格，这称为对单元格坐标的（　　）。

A. 绝对引用　　B. 相对引用

C. 混合引用　　D. 交叉引用

6. 在某工作表的某一单元格中输入 = LEFT（RIGHT（“ABCDE123”，6），3）后回车，该单元格的显示结果为（　　）。

A. ABC　　B. ABCDEF

C. CDE　　D. CDEl23

7. 在 Excel 中，（　　）形式不符合日期格式。

A. "10/15/04"　　B. 15 - OCT - 04

C. 2004/10/15　　D. 10 - 15 - 04

8. 在 Excel 工作簿中，要同时选择多个不相邻的工作表，可以在按住（　　）键的同时依次单击各个工作表的标签。

A. Tab　　B. Alt

C. Shift　　　　D. Ctrl

9. 在 Excel 中，给当前单元格输入数值型数据时，默认为（　　）。

A. 居中　　　　B. 左对齐

C. 右对齐　　　　D. 随机

10. 在 Excel 中，将 3、4 两行选定，然后进行插入行操作，下面正确的表述是（　　）。

A. 在行号 2 和 3 之间插入两个空行

B. 在行号 3 和 4 之间插入两个空行

C. 在行号 4 和 5 之间插入两个空行

D. 在行号 3 和 4 之间插入一个空行

第5章

PowerPoint 2010 演示文稿应用

PowerPoint 2010 是微软公司办公软件 Office 2010 的重要组件，是专为制作和放映演示文稿而开发的软件。它广泛应用于教学讲解、学术讲座、技术交流、论文答辩、产品介绍等方面。

本章主要内容结构如图 5－1 所示。

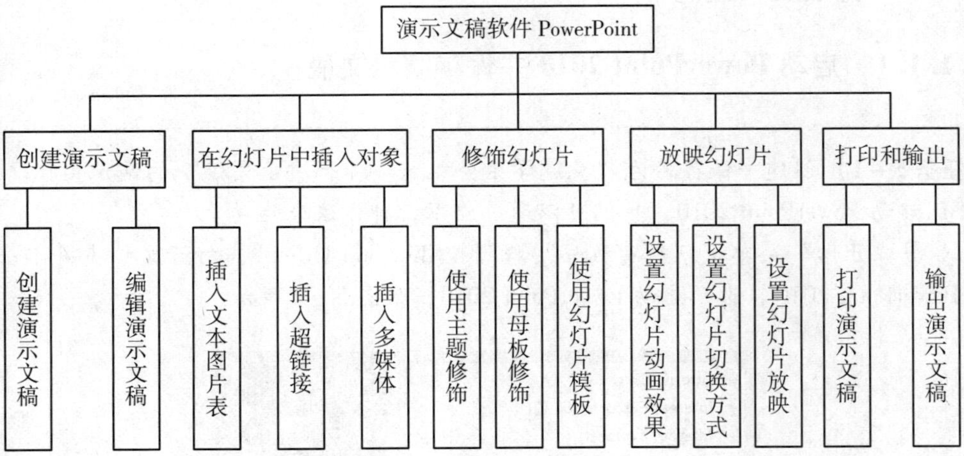

图 5－1　本章主要内容

学习目标

1. 熟悉 PowerPoint 2010 的工作环境；
2. 掌握 PowerPoint 2010 的创建和编辑；
3. 掌握在演示文稿中插入对象；
4. 学会使用主题、模板修饰幻灯片；
5. 掌握演示文稿的放映方法；
6. 掌握演示文稿的打印和输出。

PowerPoint 2010 是专门用于制作演示文稿的应用软件。用 PowerPoint 2010 生成的文件称为演示文稿，其扩展名为 . PPTX。演示文稿中的每一页称之为幻灯片，幻灯片中可插入文本、图片、表格、图表等对象；也可以添加多媒体对象，如音频、视频等；还可以设置动画效果和切换方式。演示文稿既可以使用幻灯机播放，也可以在计算机上演示，还可以通过投影仪在大屏幕上播放。良好的信息交互性，网络、多媒体和幻灯片的有机结合是 PowerPoint 2010 的主要优点。

接下来我们以制作竞选学生会组织部部长演讲的演示文稿为例，向大家展示如何使用 PowerPoint 2010 来制作一份美观且有说服力的演示文稿。

5.1 创建编辑演示文稿

5.1.1 创建演示文稿

5.1.1.1 启动 PowerPoint 2010 并保存演示文稿

【任务5-1】创建并保存名为“竞选学生会组织部部长演示文稿”的演示文稿。

(1) 启动 PowerPoint 2010，我们可以通过以下三种方法来启动。

①单击“开始”菜单下“所有程序”找到“Microsoft Office”，打开文件夹并单击“Microsoft PowerPoint 2010”选项启动 PowerPoint 2010，如图 5-2 所示。

图 5-2 开始菜单启动 PowerPoint 2010

②双击桌面上 PowerPoint 2010 图标启动 PowerPoint 2010，如图 5-3 所示。

③通过双击电脑上已存在的 PowerPoint 2010 演示文稿文件也可以启动 PowerPoint 2010，如图 5-4 所示。

图 5 – 3　桌面图标启动 PowerPoint 2010

图 5 – 4　已存在文档启动 PowerPoint 2010

（2）启动 PowerPoint 2010 后单击“文件”菜单下的“新建”命令，选择“可用的模板和主题”里的“空白演示文稿”，然后单击右侧的“创建”按钮，如图 5 – 5 所示。

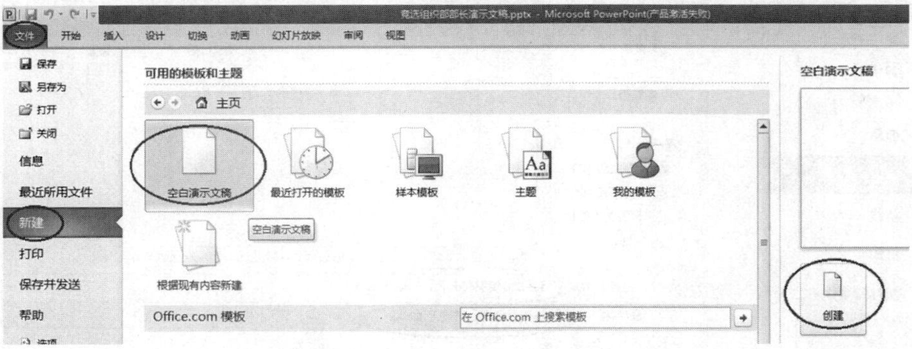

图 5 – 5　新建演示文稿

新建演示文稿如图 5 – 6 所示，是没有颜色、背景、效果等设计元素的空白幻灯片。

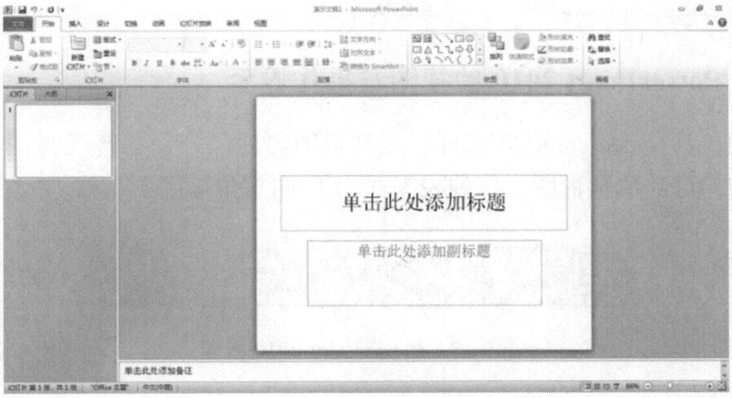

图 5 – 6　空白演示文稿

相关知识

PowerPoint 2010 为用户提供了多种创建演示文稿的方式："创建空白演示文稿""样本模板""主题""根据现有演示文稿"等。其中使用"样本模板"创建演示文稿，用户可以套用已经设计好的一套具有版式、主题字体、主题颜色、主题效果和背景的演示文稿，往里面填充内容即可。使用"主题"创建则是给用户提供一个包含主题字体、主题颜色、主题效果和背景的版式。使用"根据现有演示文稿"创建可以根据已有的演示文稿创建一个样式和内容完全一致的新演示文稿。

（3）保存演示文稿。点击"文件"→"保存"命令。在弹出的"另存为"对话框中选择演示文稿的保存路径，在文件名文本框中输入"竞选学生会组织部部长演示文稿"，保存类型选择"PowerPoint 演示文稿（*.pptx）"，最后单击右下角"保存"按钮，完成保存，如图 5－7 所示。

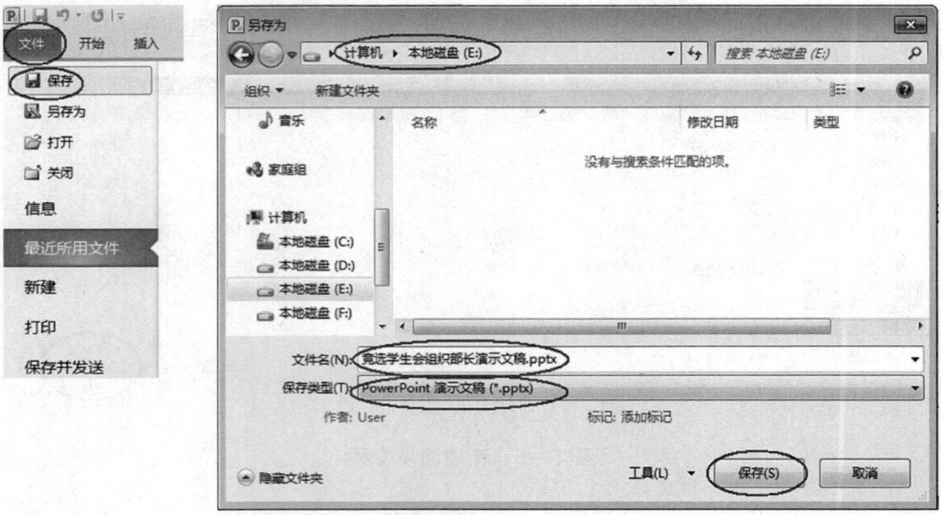

图 5－7　保存演示文稿

5.1.1.2　PowerPoint 2010 的视图与操作界面

如图 5－8 所示，PowerPoint 2010 具有多种视图界面，分别为普通视图、幻灯片浏览视图、阅读视图和幻灯片放映视图。每种视图适用于不同的应用场合。

图 5－8　PowerPoint 2010 视图

（1）普通视图。启动 PowerPoint 2010 后直接进入普通视图，用户一般在普通视图界面进行幻灯片的创建和编辑。普通视图的操作界面如图 5－9 所示，通过拖动窗格分界线，可以调整幻灯片窗格、大纲窗格和备注窗格的大小。

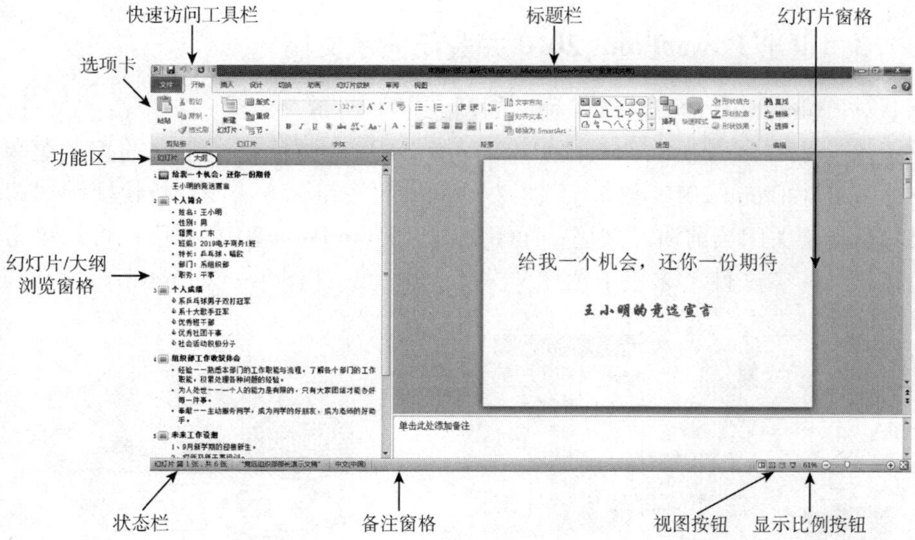

图 5－9　PowerPoint 2010 普通视图界面

在幻灯片窗格中可以查看每张幻灯片的整体效果，还可以对幻灯片进行编辑，包括添加文本、图片、艺术字、图表、表格、声音、影像等，还能插入超链接以及定义动画效果。在大纲窗格中显示演示文稿的标题和主要内容，方便用户对演示文稿的内容进行整体的把握。备注窗格可以添加对当前幻灯片的备注信息，且该信息只出现在这个窗格，不会出现在演示文稿中。

（2）幻灯片浏览视图。该视图将演示文稿中的所有幻灯片以缩略图的形式显示在屏幕上，如图 5－10 所示，方便用户查看、复制、移动和删除幻灯片。

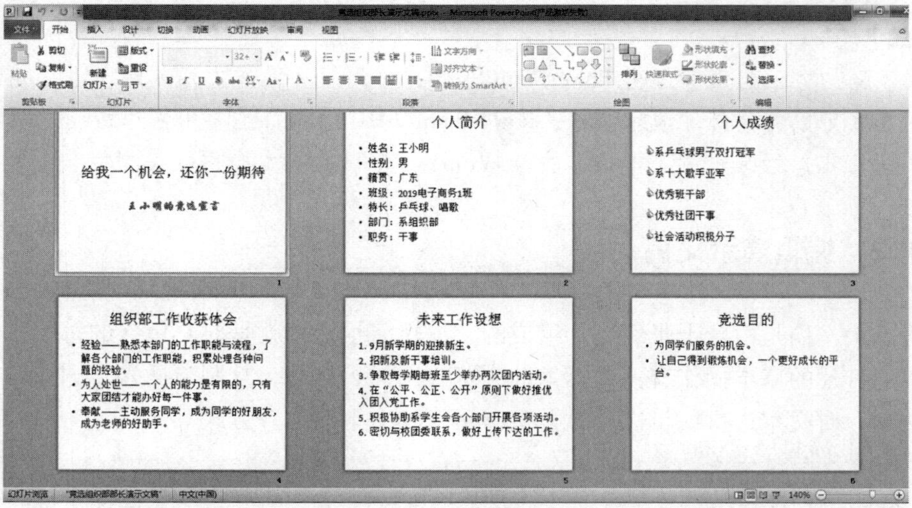

图 5－10　PowerPoint 2010 幻灯片浏览视图

（3）阅读视图。该视图主要方便用户使用计算机查看演示文稿而非向观众展示演示文稿。若要修改幻灯片的内容，则需要切换到其他视图界面下进行。

（4）幻灯片放映视图。该视图用于向观众展示演示文稿的界面。

5.1.1.3 退出 PowerPoint 2010 并关闭演示文稿

退出 PowerPoint 2010 的方法有四种，如图 5-11 所示。方法一：单击“文件”下拉菜单中的“退出”命令。方法二：双击 PowerPoint 2010 窗口标题栏左端的控制菜单的图标。方法三：单击 PowerPoint 2010 窗口标题栏右端的关闭按钮。方法四：按快捷键“Alt + F4”。

如果只是希望关闭当前演示文稿，而不想退出 PowerPoint 2010 程序，可以单击“文件”选项卡，在打开的“文件”菜单中选择“关闭”命令，如图 5-12 所示。

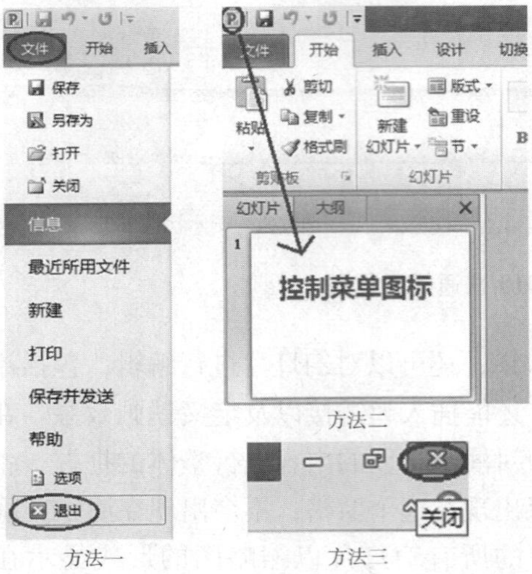

图 5-11 退出 PowerPoint 2010

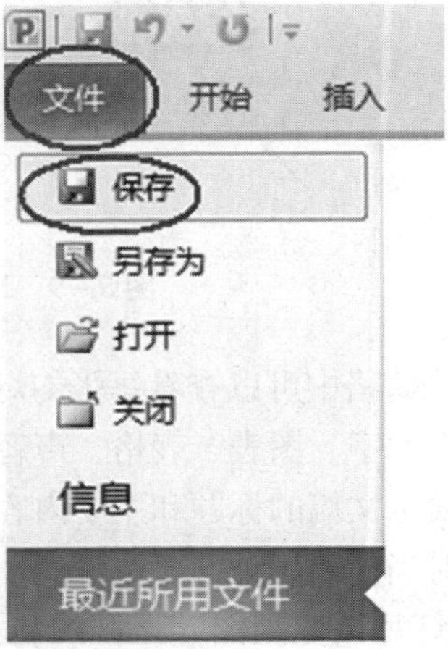

图 5-12 关闭 PowerPoint 2010 文档

【小结】

可用不同的方法启动和退出 PowerPoint 2010；可用多种操作方法创建演示文稿；利用不同的视图模式可以有效管理演示文稿；PowerPoint 2010 的窗口主要由快速访问工具栏、选项卡、功能区、状态栏等组成，操作方法与 Windows 窗口的基本操作方法相似。

5.1.2 编辑演示文稿

一份演示文稿是由若干张幻灯片组成的，编辑演示文稿就是对其包含的每一张幻灯片进行编辑。幻灯片的基本操作有：幻灯片的浏览、选择、移动、复制、插入、删除，在幻灯片中输入文本，对文本进行编辑以及设置文本格式和文本的对齐方式等。

【任务 5-2】在新建的“竞选学生会组织部部长演示文稿”中输入竞选演讲的重点文本并对文本进行编辑。

操作步骤：

(1) 点击第一张幻灯片的标题占位符框内任意位置，输入演讲标题“给我一个机会，还你一份期待”，在副标题占位符框内入“王小明的竞选宣言”。

(2) 插入新的幻灯片：单击“开始”菜单“新建幻灯片”按钮，选择下拉列表中的

“标题和内容”版式，在第二张幻灯片的占位符框内输入个人简介的内容，如图 5 – 13 所示。同样的方法添加第三至第六张幻灯片，并输入相关内容，完成效果如图 5 – 14 所示。

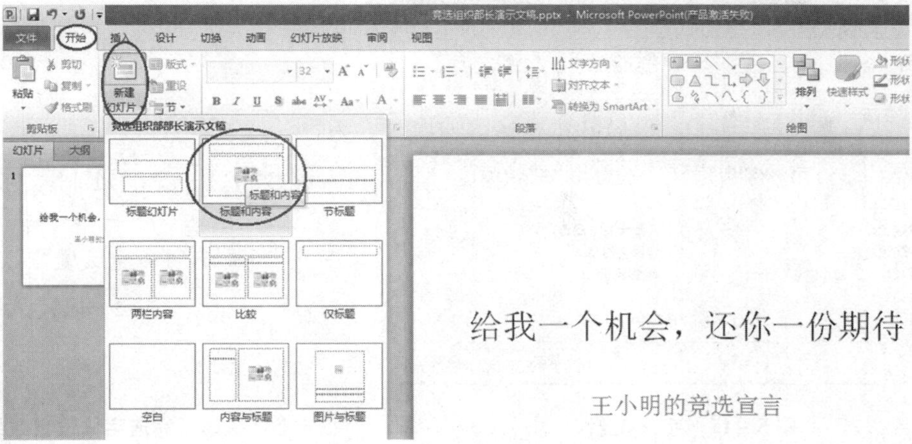

图 5 – 13　新建标题和内容版式幻灯片

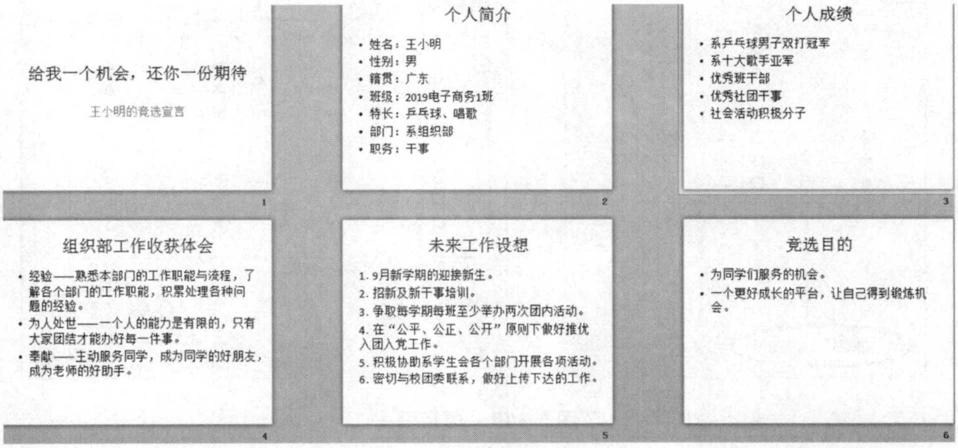

图 5 – 14　新建文档浏览

相关知识

插入新幻灯片的方法还有：一是在幻灯片浏览窗格选择一张幻灯片缩略图，或者单击需要插入新幻灯片的两张幻灯片缩略图之间的位置，点击鼠标右键，在弹出的快捷菜单选择新建幻灯片命令。二是在幻灯片浏览窗格选择一张幻灯片的缩略图，按“Enter”键。三是“Ctrl + M”快捷键方式新建。

（3）对第一页幻灯片的副标题字体进行格式化设置：选择“王小明的竞选宣言”文本，打开字体对话框，按图 5 – 15 进行字体的设置，完成效果如图 5 – 16 所示。

（4）更改项目符号：在第三张幻灯片中选择“内容”占位符框内的所有文本，单击“开始”→“段落”选项组→“项目符号”下拉按钮，点击“项目符号和编号”选项，在打开的“项目符号和编号”对话框中选择“自定义”按键，如图 5 – 17 所示。在“符号”对话框中设置如图 5－18 所示，完成后点击“确定”返回上级对话框，设置大小为 130%，颜色为蓝色，点击“确认”，完成对项目符号的设置。

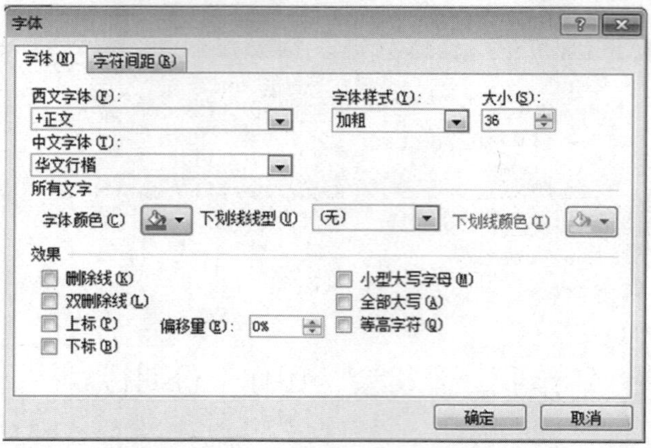

图 5－15　字体设置

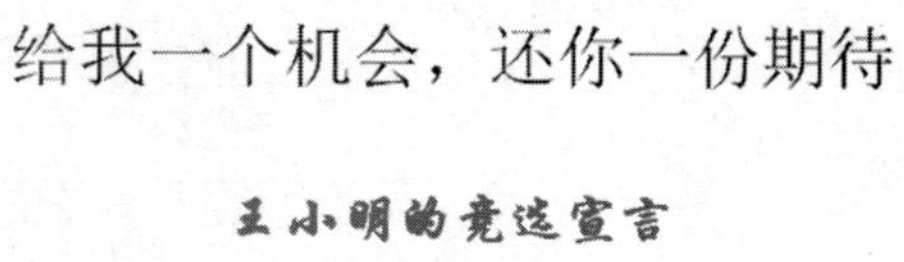

图 5－16　完成字体设置效果

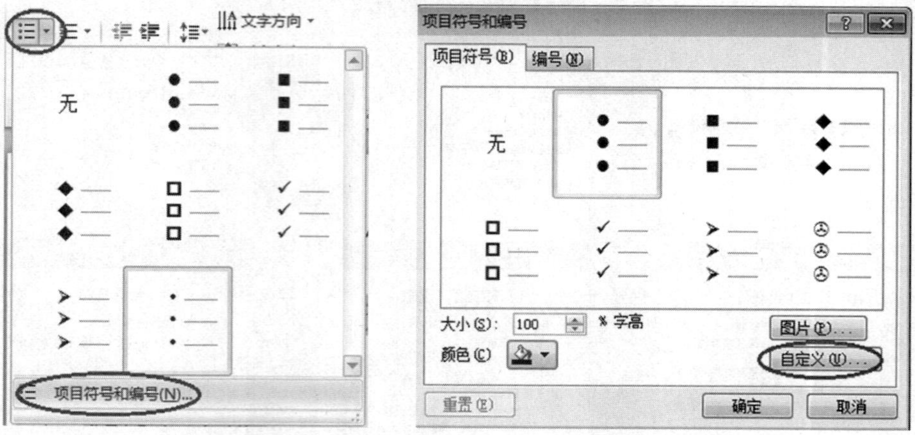

图 5－17　项目符号

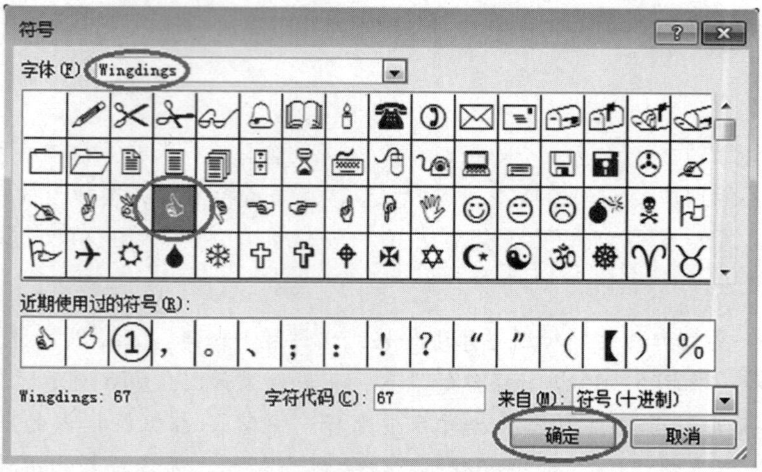

图 5－18　“符号”对话框

选择第 6 张幻灯片“内容”占位符内所有文本，单击“开始”→“段落”选项组→“项目符号”下拉按钮，选择“无”按钮，取消项目符号，过程和效果如图 5－19 所示。

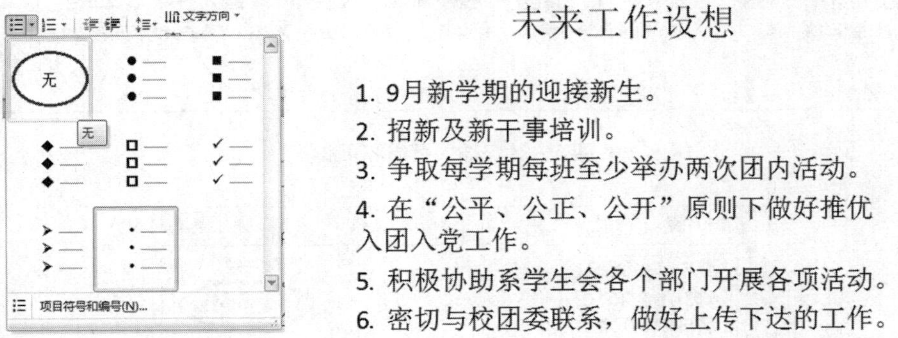

图 5－19　取消项目符号

(5) 设置行距：选择第三张幻灯片中“内容”占位符框内的所有文本，单击“开始”→“段落”选项组→“行距”按钮，在下拉菜单中选 1.5 倍行距。过程和效果如图 5－20 所示。

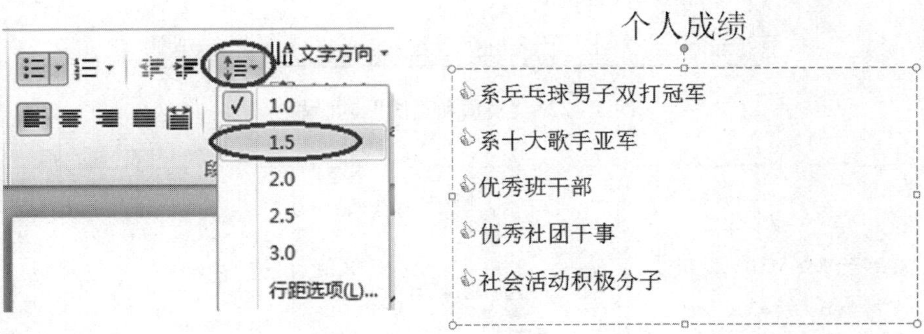

图 5－20　设置文本行距

(6) 把第五张幻灯片移到第六张幻灯片后面：用鼠标拖动幻灯片浏览窗格第五张幻灯片缩略图到第六张幻灯片缩略图后面，然后松开鼠标，完成幻灯片的移动。或者在幻灯片浏览窗格里把第五张幻灯片缩略图剪切后粘贴到第六张幻灯片缩略图后面，也可以完成同样的效果。

(7) 设置幻灯片的页脚、编号和日期：单击“插入”选项卡→“文本”选项组→“页眉和页脚”按钮，如图 5－21 所示。在“页眉和页脚”对话框下设置如图 5－22 所示，点击“全部应用”可把设置应用到演示文稿的每张幻灯片，点击“应用”仅把设置应用到选定的幻灯片。完成效果如图 5－23 所示。设置完成后单击“文件”选项卡下的“保存”命令进行保存。

图 5－21　插入页眉和页脚

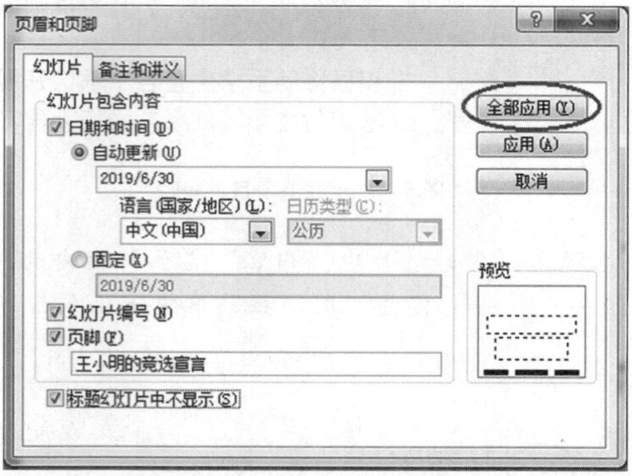

图 5－22　“页眉和页脚”对话框

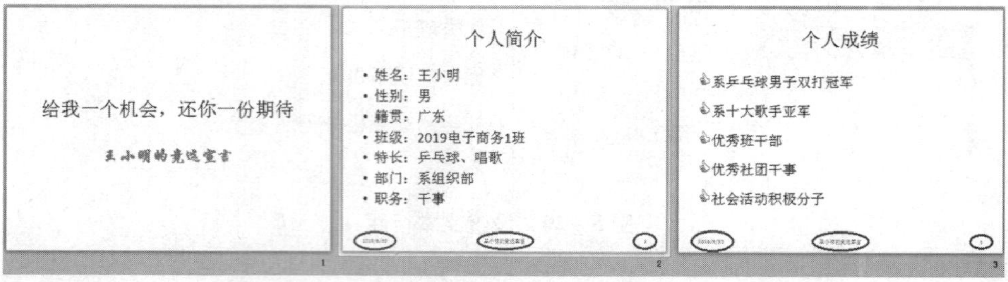

图 5－23　插入页脚后效果

相关知识

在 PowerPoint 2010 中，还可以：第一，通过在大纲浏览窗格区域内输入文本或通过插入文本框向幻灯片输入文本。第二，在同一演示文稿中或不同演示文稿间复制幻灯片：右击选中的幻灯片，在快捷菜单选择“复制”命令，鼠标定位到目标位置后右击，在快捷菜单选择“粘贴”命令；也可以使用快捷键“Ctrl + C”“Ctrl + V”进行复制，或者使用“开始”选项卡下的“复制”“粘贴”按钮操作进行复制。第三，删除幻灯片：选择要删除的幻灯片，按“Delete”键，或者右击选中的幻灯片，在快捷菜单中选择“删除幻灯片”命令。

5.2　在幻灯片中插入对象

5.2.1　在幻灯片中插入艺术字、SmartArt 图形、图片、表格

【任务 5-3】 在“竞选学生会组织部部长演示文稿”中插入艺术字、SmartArt 图形、图片、表格等元素，使展示的内容更加形象生动。

操作步骤：

(1) 插入艺术字：点击第一张幻灯片标题文本，再点击标题占位符框线，按“Delete”键删除标题占位符框。选择“插入”选项卡中的“艺术字”选项菜单下的“渐变填充—蓝色，强调文字颜色 1”选项，如图 5-24 所示。在艺术字框中输入“给我一个机会，还你一份期待”，然后选择“绘图工具格式”菜单，在“艺术字样式”组单击“文本效果”菜单下的“转换”选项，选择“上弯弧”，将设置好的艺术字用鼠标调整到合适的位置即可。

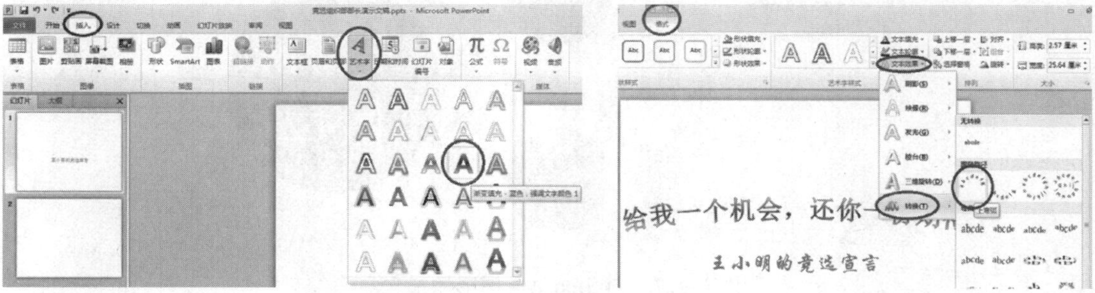

图 5-24　插入艺术字

(2) 插入 SmartArt 图形：选择第六张幻灯片，删除内容占位符内文本，选择框内“SmartArt”按钮，或者点击“插入”选项卡→“插图”选项组→“SmartArt”按钮（见图 5-25），打开“选择 SmartArt 图形”对话框，选择“流程”→“垂直公式”选项，点击“确认”，如图 5-26 所示。

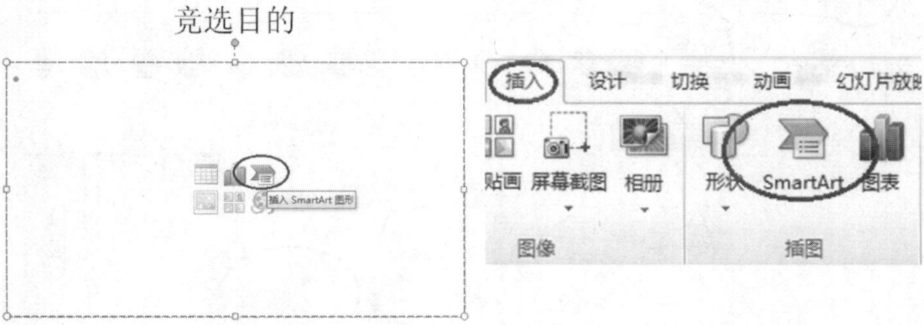

图 5-25　插入 SmarArt 图形

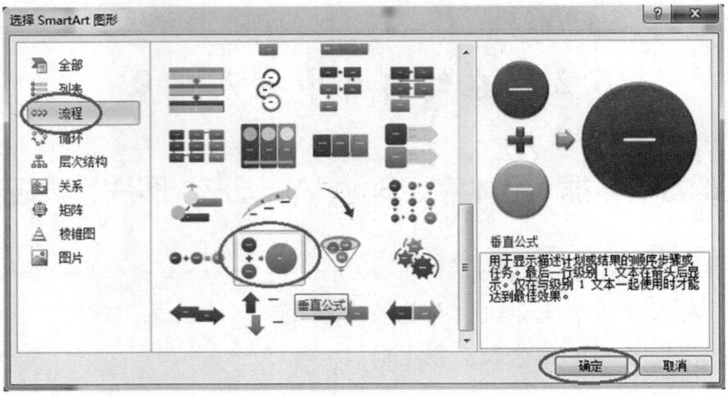

图 5－26　选择 SmarArt 图形

在打开的“垂直公式”编辑窗口内输入相应的文字，如图 5－27 所示。鼠标单击幻灯片空白区域，该图形添加到当前幻灯片中。

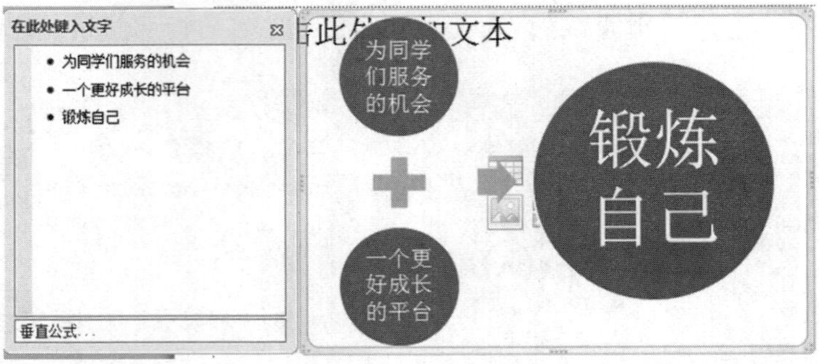

图 5－27　向 SmarArt 图形添加文本

点击选择“垂直公式”图形，选择“SmartArt 工具”→“设计”→“SmartArt 样式”选项组→“更改颜色”→“彩色范围－强调文字颜色 5 至 6”，更改图形颜色，如图 5－28 所示。点击选择“SmartArt 工具”→“设计”→“SmartArt 样式”选项组→“文档最佳匹配对象”→“优雅”样式，如图 5－29 所示。

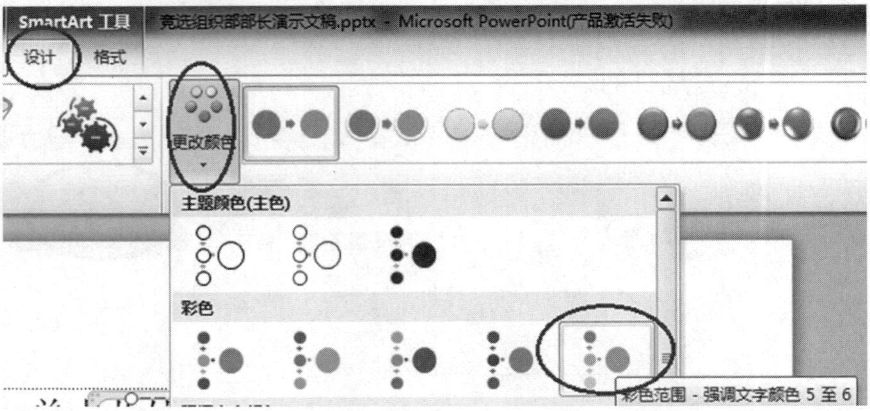

图 5－28　更改颜色

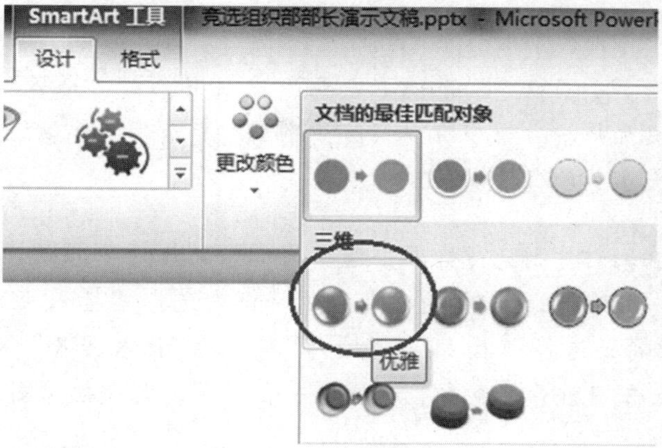

图 5－29　更改样式

完成效果如图 5－30 所示。

图 5－30　完成 SmartArt 设置

按下“Ctrl”键并用鼠标依次单击选择 SmartArt 图形中的“＋”和“→”符号，同时选定这两个符号后，选择“SmartArt 工具”→“格式”选项卡→“形状样式”组→“强烈效果—紫色，强调颜色 4”选项，过程与效果如图 5－31 所示。

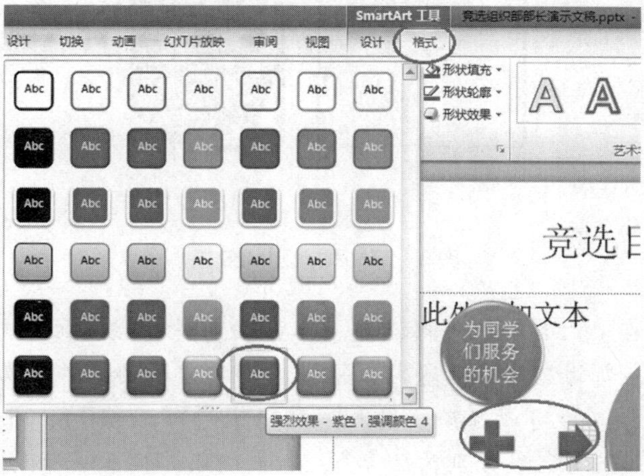

图 5－31　SmartArt 形状样式

相关知识

单击 SmartArt 图形，会激活“SmartArt 工具”选项卡，在“设计”和“格式”选项卡下，可以对图形进行添加形状、改变方向、改变布局、更改样式、编辑形状样式、编辑艺术字样式、改变排列和大小等的设置。

(3) 插入图片：在幻灯片浏览窗格单击选择第二张幻灯片，选择“开始”→“幻灯片”→“版式”→“两栏内容”。在右侧新增加的内容占位符框内选择“插入来自文件的图片”按钮（也可以单击新增占位符，选择“插入”→“图片”），在“插入图片”对话框中选择所需图片——“证件照”，点击“打开”按钮，如图 5－32 所示，完成插入图片操作。

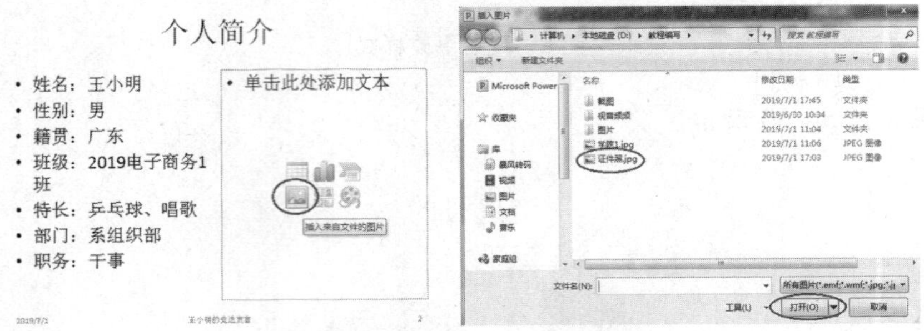

图 5－32 插入图片

鼠标定位到第六张幻灯片，选择“开始”→“新建幻灯片”→“两栏内容”，新建第 7 张幻灯片，分别在两栏占位符内，点击“插入来自文件的图片”按钮，在“插入图片”对话框中打开图片存放的位置，双击所需图片，在幻灯片两个占位符框内插入奖状和荣誉证书图片。按下“Ctrl”键后分别点击两张图片，点击“图片工具”→“格式”→“图片样式”列表→“映像棱台—黑色”，给图片加上修饰效果。用鼠标调整图片的大小并拖动到合适的位置，完成后如图 5－33 所示。

图 5－33 插入图片效果

(4) 插入表格：在幻灯片浏览窗格选定第二张幻灯片，按“Enter”键，在其后插入相同版式的新幻灯片，在新幻灯片的标题占位符输入“学生干部工作经历”，在内容占位符内单击“插入表格”按钮（也可以选择“插入”选项卡→“表格”），在弹出的“插入表格”对话框内设置表格的列数与行数分别为 2 和 5，点击确定，插入一个 5 行 2 列的表格。单击“表格工具”→“设计”→选择“浅色样式 3—强调 1”。过程如图 5－34 所示。

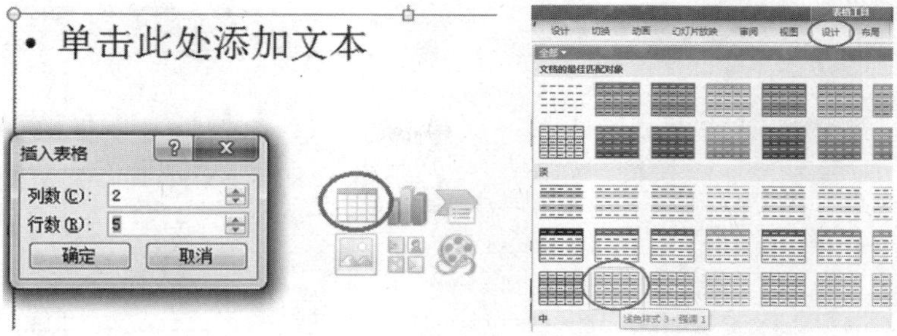

图 5-34 插入表格并设置表格样式

把表格拖动到合适位置，并用鼠标拖动表格两列到合适的宽度。在表格内输入班干部工作经历。点击“表格工具”→“布局”，在“对齐方式”选项组中设置表格内文字“居中对齐”，设置文本“垂直居中”。完成效果如图 5-35 所示。

学生干部工作经历

时间	职务
2019.9～2020.6	电商1班团支书、系组织部干事
2016.9～2019.6	（高中三年）班长
2013.9～2016.6	（初中三年）学习委员
2010.9～2013.6	（小学班级）宣传委员

图 5-35 学生干部工作经历

5.2.2 在幻灯片中插入超链接

【任务 5-4】 在“竞选学生会组织部部长演示文稿”第三张幻灯片中插入超链接，链接到第七张幻灯片，并在第七张幻灯片中设置返回按钮，通过超链接返回第三张幻灯片。

操作步骤：

(1) 打开第三张幻灯片，选定最后一行文字中的“积极分子”文本，单击“插入”→“链接”选项组→“超链接”按钮，打开“插入超链接”对话框，在“链接到:”选择“本文档中的位置”，在“请选择文档中位置:”列表中选择第 7 张幻灯片，单击“确定”按钮，完成从第三张幻灯片跳转到第七张幻灯片的超链接。过程如图 5-36 所示。

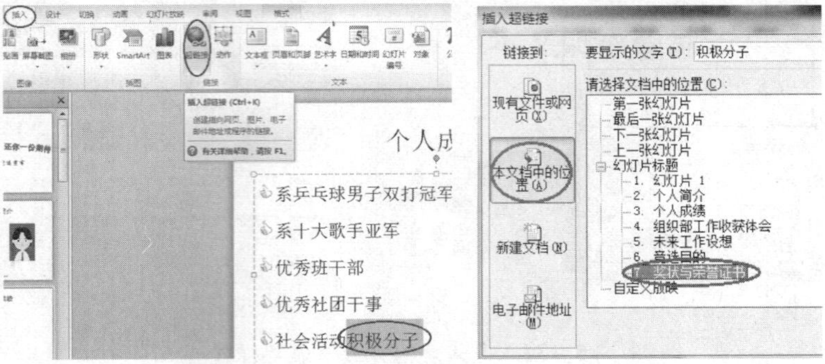

图 5－36　插入超链接

（2）插入超链接后，“积极分子”四个字会变成蓝色并出现下划线，在幻灯片放映视图下，当鼠标移到“积极分子”四个字之上时，鼠标会变成👆形状，单击鼠标，则从第三张幻灯片快捷地跳转到第七张幻灯片播放。

为了方便从第七张幻灯片返回第三张幻灯片继续顺序播放，我们定位到第七张幻灯片，点击“插入”→“插图”选项组→“形状”，在下拉列表中选择“动作按钮”组中的第一个选项——后退按钮，如图 5－37 所示。在幻灯片下方空白处拖动鼠标画出一个后退按钮图形，此时会自动触发打开一个“动作设置”对话框，选择“单击鼠标”选项卡，具体设置如图 5－38 所示。

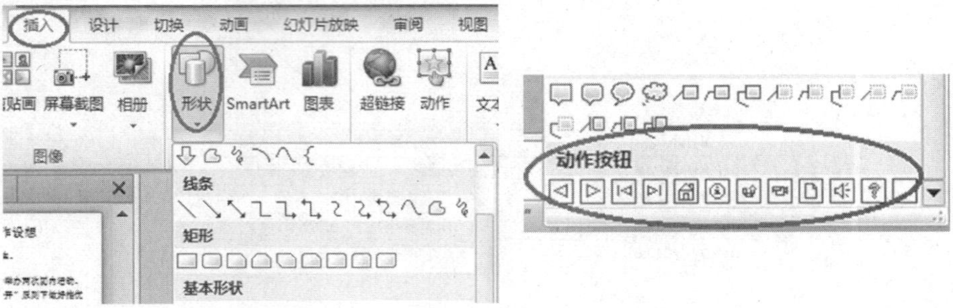

图 5－37　插入返回动作按钮

图 5－38　设置返回动作按钮超链接

相关知识

在默认情况下，演示文稿是按幻灯片创建的先后顺序来播放的，我们可以通过插入超链接来改变幻灯片的播放顺序。在幻灯片中插入超链接可以增加演示文稿的交互性，还可以增加演示文稿的内容。超链接可以建立在同一演示文稿的不同幻灯片之间，也可以建立在不同演示文稿的幻灯片之间，还可以建立在幻灯片与其他现有文件或网页之间以及电子邮件地址之间，可以从幻灯片的文本、图片、图形或艺术字等对象创建超链接。

5.2.3　在幻灯片中插入多媒体文件

【任务 5－5】为“竞选学生会组织部部长演示文稿”第二张至第八张幻灯片中插入背景音乐，使幻灯片的播放更具吸引力。

操作步骤：

（1）选择第二张幻灯片，点击“插入”→“媒体”选项组→“音频”→“文件中的音频”，在弹出的“插入音频”对话框中选择合适的音频文件，单击“插入”按钮。在幻灯片中出现音频图标，可以点击播放按钮和暂停按钮来控制音频的播放，如图 5－39 所示。

图 5－39　插入音频

（2）点击“音频工具”→“播放”选项卡，设置“开始”下拉列表选择“自动”，选择“循环播放，直到停止”和“放映时隐藏”两个复选项。点击“剪裁音频”，打开“剪裁音频”对话框，拖动左右两侧绿色与红色标尺在音频进度条的位置，可以确定音频的起始和结束的时间点。注意，演示文稿和音频文件需要放置在同一路径下，具体设置如图 5－40 所示。

（3）设置背景音乐的起始位置：单击“动画”选项卡→“动画”选项组右下角的“显示其他效果选项”按钮，打开“播放音频”对话框。选择“效果”选项卡，在“开始播放”项选择“从头开始”，在“停止播放”项选择“在 8 张幻灯片后”。单击“计时”选项卡，在“重复”下拉菜单选择“直到幻灯片末尾”选项。单击“音频设置”选项卡，在“显示选项”勾选“幻灯片放映时隐藏音频图标”复选项，单击“确定”按钮完成设置。设置过程如图 5－41 所示。完成以上设置后，单击“保存”按钮，保存对演示文稿的设置。

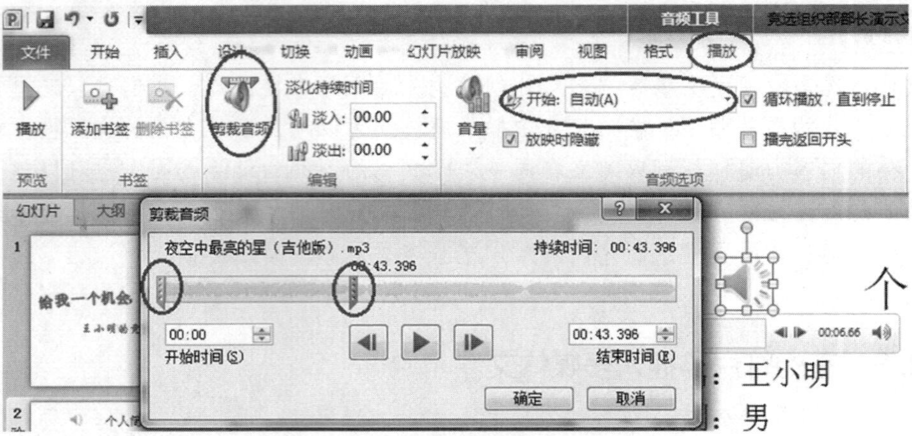

图 5－40　设置音频播放

图 5－41　“播放音频”对话框的设置

【总结】

通过这两节知识的学习，我们学会制作一个完整的演示文稿：在演示文稿中添加新幻灯片；利用移动和复制幻灯片来调整整个演示文稿幻灯片的顺序；在幻灯片中输入与编辑文本并设置相应文本格式；在幻灯片中插入图片、形状、艺术字、表格、多媒体和超链接等对象并进行相关设置，使得幻灯片的播放更生动、形象，增加交互性与吸引力。

5.3　修饰幻灯片

5.3.1　使用主题修饰幻灯片

在 PowerPoint 2010 中修饰幻灯片的外观可以使用“主题”工具。主题是一组统一的设计元素，能快速地设置演示文稿的统一外观。通过一个单击操作即可选定主题，完成对演示文稿格式的重新设置。还可以更改主题颜色、主题字体和主题效果，进一步个性化修饰演示文稿。应用新的主题会改变原来文档的主要外观，如标题文字、表格、图表、SmartArt 图形、形状等对象将被更改为更加统一的专业设计风格。主题是以外观样式分类。

PowerPoint 2010 有一个内置主题库，当前文档正在使用的主题名称一般在状态栏显示，默认为“Office 主题”。在应用主题前把鼠标指针停放在主题库的缩略图上，可以看到当前幻灯片变成该主题样式，预览功能方便用户对比选择出适合应用的主题。

【任务 5－6】为“竞选组织部部长演示文稿”设置“跋涉”主题；把主题颜色改为“穿越”；把“主题文字”改为“行云流水 华文行楷”；单独为第三张幻灯片设置“奥斯汀”主题。

操作步骤：

（1）单击“设计”选项卡，点击“主题”选项组中的“其他”按钮（主题库下拉箭头），展开内置的主题列表。在列表中单击选择“跋涉”主题，把这个主题应用到整个演示文稿中，过程如图 5－42 所示。

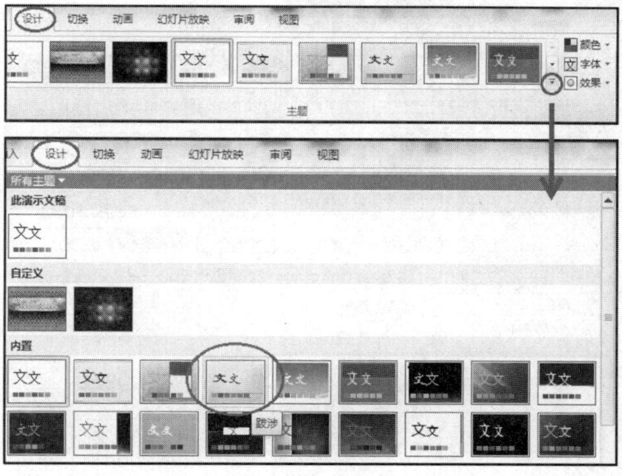

图 5－42　选择幻灯片“主题”

(2) 在“设计”选项卡中“主题”组里分别点击“颜色”和“文字”按钮，在弹出的“颜色”下拉列表中选择“内置”→“穿越”，在“字体”下拉列表里面选择“行云流水 华文行楷”，如图 5-43 所示。

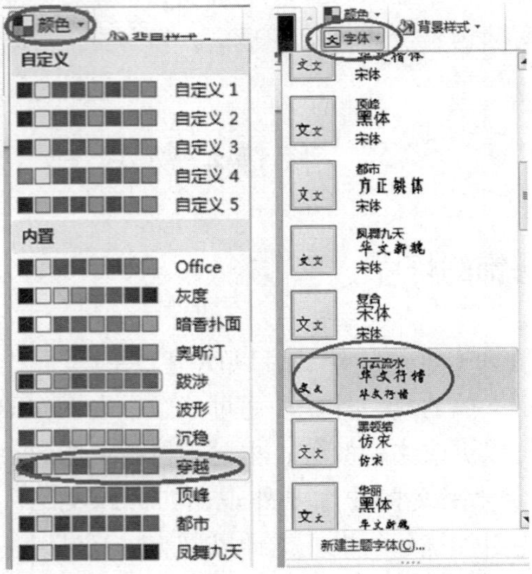

图 5-43　设置主题颜色和字体

(3) 选择第三张幻灯片，在主题库中找到“奥斯汀”主题并右击该主题按钮，在弹出的菜单中选择“应用于选定幻灯片”选项，如图 5-44 所示。

图 5-44　为单张幻灯片设置主题

完成效果如图 5－45 所示。

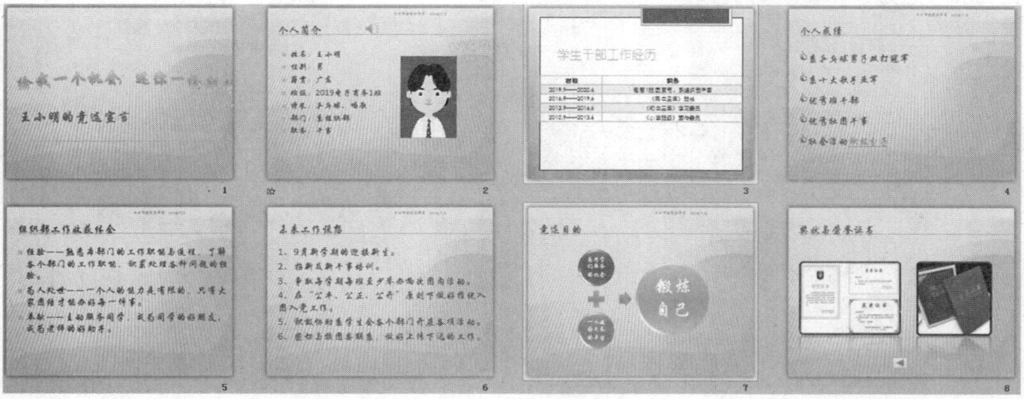

图 5－45　应用主题修饰后的幻灯片

5.3.2　使用幻灯片母版修饰幻灯片

在 PowerPoint 2010 中，使用母版功能可以改变幻灯片的外观。母版一般分为幻灯片母版、讲义母版和备注母版，其中幻灯片母版是最常用的一种。

幻灯片母版是一类特殊的幻灯片，它是储存了包括字形、占位符、位置、背景设计和配色方案等修饰幻灯片外观的模板信息和版式信息的一种工具。

包含在幻灯片母版中的图形和文字将出现在每一张幻灯片中。如果我们要对演示文稿中所有幻灯片的外观做统一修改，则只需要在相应的幻灯片母版上做一次修改即可，无须在每张幻灯片上重复设置相同的格式和信息，减少用户的工作量，提高工作效率。幻灯片母版还可以帮助我们固定版式，方便日后修改。如果在幻灯片母版中预先把一些外观元素设置好，那么在新建幻灯片时选择这一版式，就不需要再进行重新设置了。另外，如果在网站上下载了一些模板，发现其中一个页面上的元素无法删除，这时进入幻灯片母版中就可以删除了。

【任务 5－7】 在“竞选组织部部长演示文稿”的每一页幻灯片左上角插入“广东财贸职业学院”logo，在底部居中位置插入“不想当将军的士兵不是好士兵”文本；把设置好的“竞选组织部部长演示文稿”保存到“我的模板”。

操作步骤：

（1）单击“视图”选项卡→“母版视图”组→“幻灯片母版”按钮，激活“幻灯片母版”选项卡，窗口切换为幻灯片母版视图编辑状态，如图 5－46 所示。

（2）在幻灯片浏览窗格中选择“跋涉”幻灯片母版，点击“插入”→“图片”，在“插入图片”对话框中选择“logo. jpg”，点击“插入”。用鼠标把 logo 图片移到幻灯片左上角，单击“图片工具 格式”选项卡，在“大小”选项组中把图片的高度设为 1.28 厘米，宽度设为 7.3 厘米，如图 5－47 所示。

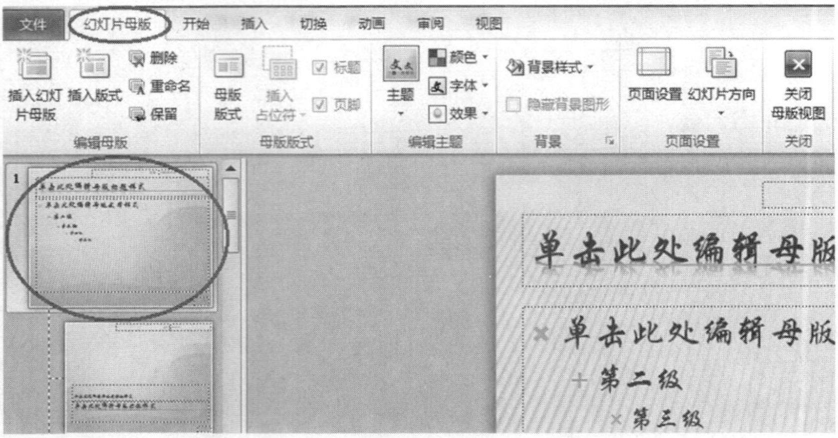

图 5－46　幻灯片母版视图

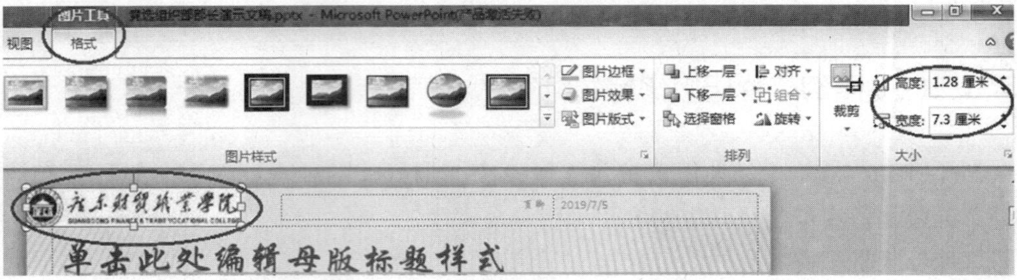

图 5－47　设置 logo 大小

（3）点击“插入”→“文本”选项组→“文本框”→“横排文本框”，如图 5－48 所示。拖动鼠标在幻灯片母版下方位置拉出一个文本框，在框内输入文字“不想当将军的士兵不是好士兵”。选定文字，点击“开始”选项卡，在字体组中设置字形为“华文彩云”，字号为 18 号，字体颜色为蓝色。选定文本框，点击“图片工具 格式”，在“排列”选项组中点击“对齐”，选择“左右居中”，设置文本框在幻灯片母版的下方居中位置，如图 5－48 所示。

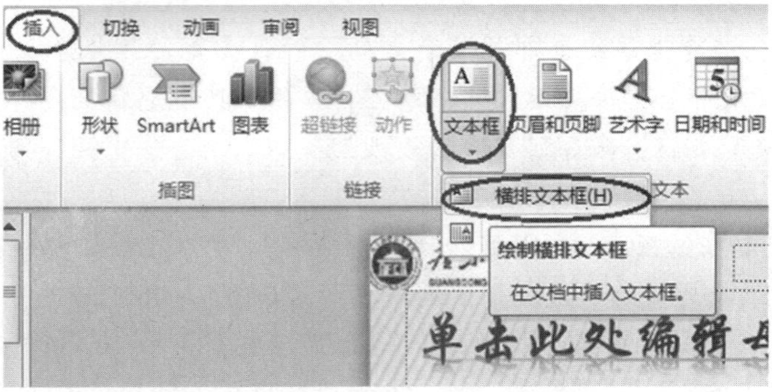

图 5－48　插入文本框

(4) 因为“竞选组织部部长演示文稿”第三页幻灯片中应用了“奥斯汀”主题修饰，为了保持幻灯片风格的一致性，需要在“奥斯汀”主题的幻灯片母版上做同样的操作。

在幻灯片浏览窗格中往下拖动滚动条，找到并选择“奥斯汀”幻灯片母版，对其重复上面第 (2)、第 (3) 步的操作，完成 logo 和文本的插入，如图 5-49 所示。

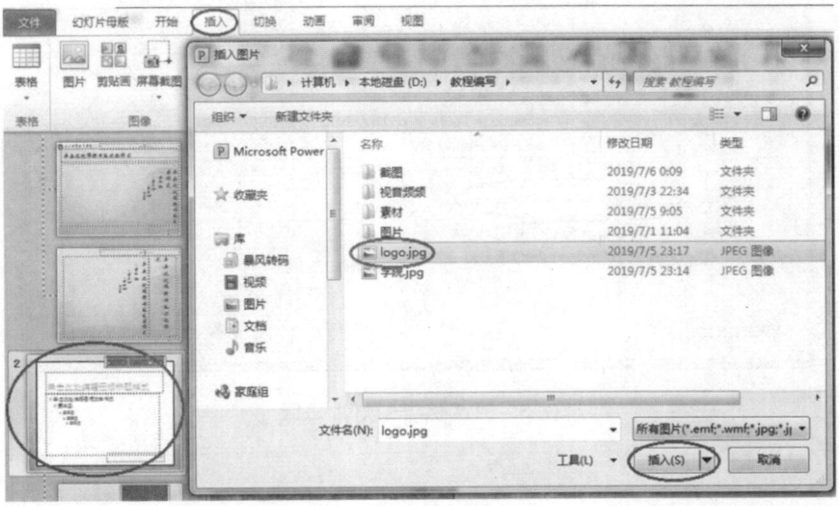

图 5-49 在“奥斯汀”幻灯片母版插入 logo

设置好的幻灯片母版如图 5-50 所示。

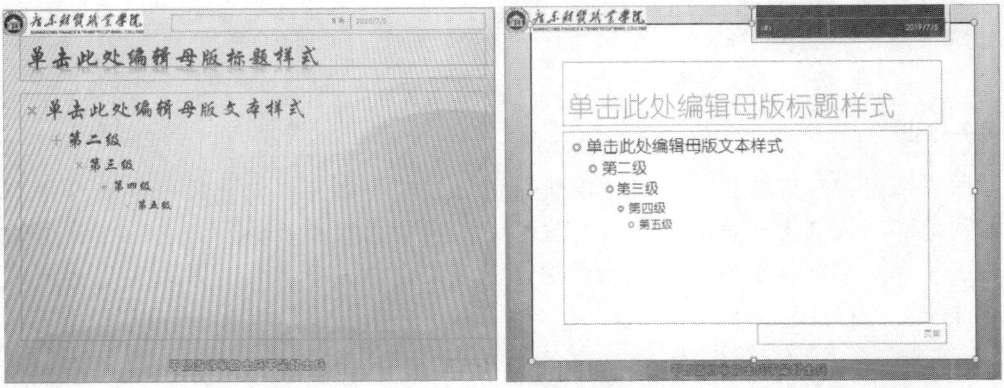

图 5-50 设置好的幻灯片母版

(5) 单击“幻灯片母版”选项卡，选择“关闭母版视图”按钮，退出幻灯片母版视图，此时可以看到，演示文稿中除了标题幻灯片外的其他幻灯片都添加了 logo 图案和文本。

(6) 保存设置好的“竞选组织部部长演示文稿”幻灯片母版。选择“保存”命令，在另存为对话框中输入文件名“竞选组织部部长演示文稿”，在“保存类型”中选择“PowerPointme 模板（*.potx)”，点击“保存”按钮，即可把母版保存为个性化模板，如图 5-51 所示。保存后，该模板在“文件”→“新建”→“我的模板”中可以查找使用。

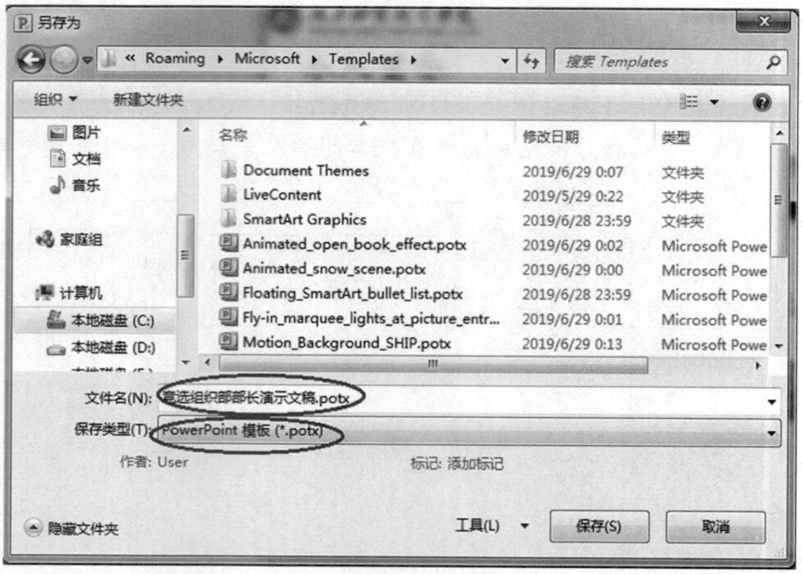

图 5－51　保存幻灯片母版

【小技巧】

还可以把设置好的幻灯片母版保存为“自定义主题”。保存后可通过在“设计”选项卡下“主题”选项组里选择“自定义”类目里的模板来实现调用。保存方法：一是选择“幻灯片母版”选项卡，单击“主题”下拉按钮。二是选择“保存当前主题”。三是输入文件名后，使用系统默认的“Office Theme（＊.thmx）”保存类型，然后单击“保存”按钮完成保存。

相关知识

母版视图中，对幻灯片母版进行编辑修改时，若要在应用该母版的各幻灯片中添加一些相同的文字内容，应使用文本框或艺术字之类的元素进行添加，在占位符中添加的文字内容不会对幻灯片中的内容产生影响，但其字体格式等修饰效果将应用于使用母版的幻灯片中。

5.3.3　使用模板修饰幻灯片

模板可包含主题颜色、主题字体、主题效果和背景样式，还可包含建议的幻灯片内容。用模板创建的演示文稿也能具有统一专业外观风格。模板以内容分类。

用户可把自己创建的演示文稿保存为新的设计模板（＊.potx），且日后可在“文件”→“新建”→“我的模板”中选择使用。

【任务 5－8】 通过“样本模板”中的“宽屏演示文稿”模板来创建“竞选组织部部长演示文稿”。

操作步骤：

具体操作如图 5－52 所示。

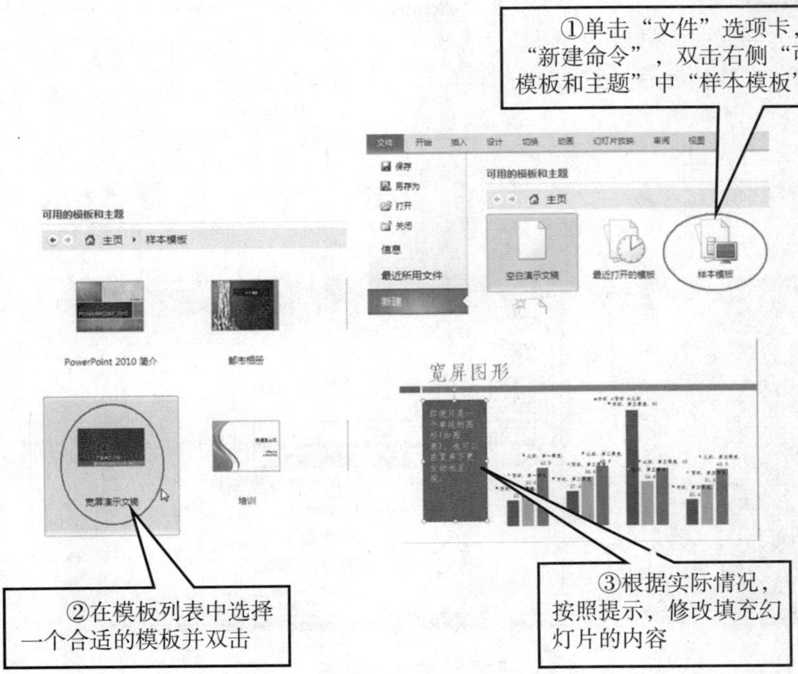

图 5－52　使用模板新建演示文稿

5.4　放映幻灯片

5.4.1　设置幻灯片的动画效果

为了使演示文稿更加生动有趣，用户可以在幻灯片中给图形、图片、文本等对象设置动画效果和声音效果。这样，既可以突出演示文稿的主题和重点，还可以使放映过程变得十分生动有趣，更能吸引观众对特定对象的关注。

【任务 5－9】为“竞选组织部部长演示文稿”第一张幻灯片的艺术字标题设置“劈裂”动画效果并增加“鼓掌”声音效果，动画播放后艺术字变成玫红色，单击鼠标时开始播放动画，动画的持续时间为 2 秒，动画重复两次。为第七张幻灯片的 SmartArt 图形设置“放大缩小”动画效果和“直线”动作路径，效果序列都设为“逐个”，“直线”动作路径设为“向右”。

操作步骤：

(1) 选择第一张幻灯片，鼠标单击选定艺术字“给我一个机会，还你一份期待”，单击“动画”选项卡→“动画”选项组→“劈裂”。选择后艺术字会马上呈现所选的动画效果，并在艺术字的左上角出现一个阿拉伯数字“1”，表示动画的播放顺序，也说明这是对艺术字所设置的第一个动画效果。

单击“动画”选项卡“动画”组右下角的“显示其他效果选项”按钮，弹出“劈裂”动画效果对话框，单击对话框中“效果”选项卡下“声音”下拉列表，选择“鼓掌”，单击“动画播放后”下拉按钮，选择玫红色按钮，如图 5－53 所示。

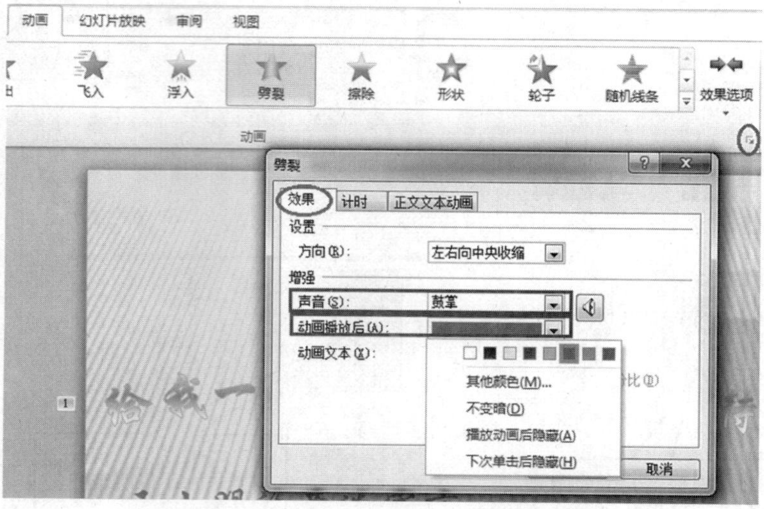

图 5－53　设置动画效果

单击“计时”选项卡，单击“开始”下拉列表，选择“单击时”，单击“期间”下拉列表，选择“中速（2 秒）”，单击“重复”下拉列表，选择“2”，点击“保存”按钮，保存对第一张幻灯片的动画效果设置，如图 5－54 所示。

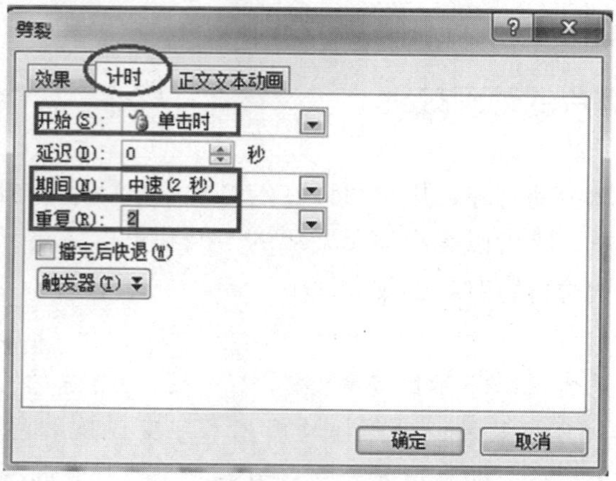

图 5－54　设置动画计时

（2）打开第七张幻灯片，单击选定 SmartArt 图形，点击“动画”选项卡→“动画”选项组→“强调”组→“放大缩小”动画。单击“动画”组的“效果选项”，方向选择“两者都”，数量选择“较大”，序列选择“逐个”，设置如图 5－55 所示。

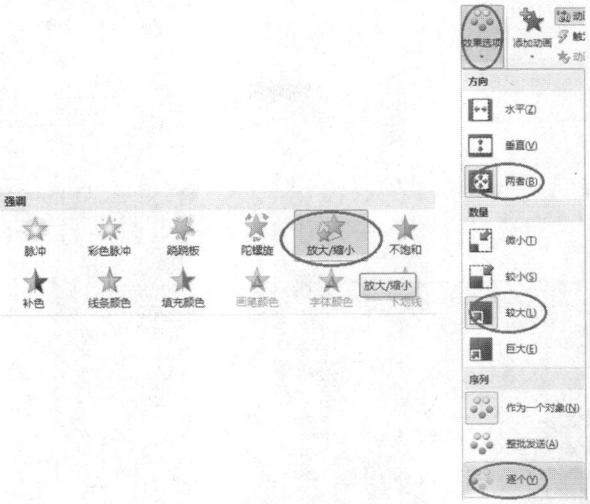

图 5－55　设置动画效果

（3）点击“动画”→“高级动画”→“添加动画”→“其他动作路径”，打开“添加动作路径”对话框里选择“直线和曲线”组下的“向右”，单击“动画”组的“效果选项”，序列选择“逐个”，如图 5－56 所示。

图 5－56　添加多种动画效果

完成设置后如图 5－57 所示。

单击“动画”→“高级动画”→“动画窗格”，打开动画窗格窗口，在动画窗格里显示该幻灯片中所设置的动画列表，选中某个动画后，还可以通过“向前移到”和“向后移到”来改变该动画出现的顺序，同时对象前的编号会随着位置的变化而变化，如图 5－58 所示。

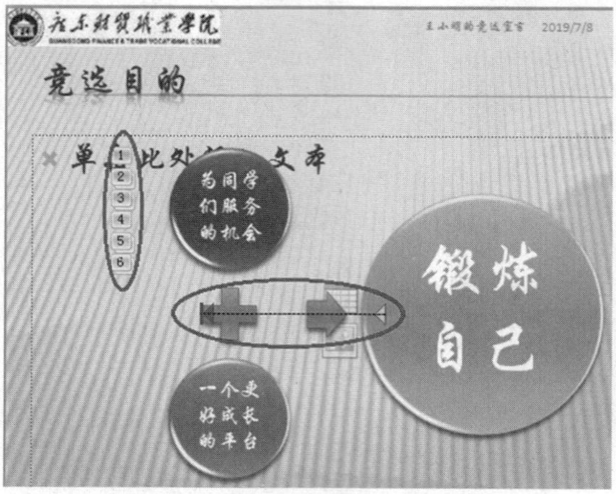

图 5-57 设置动画后的幻灯片

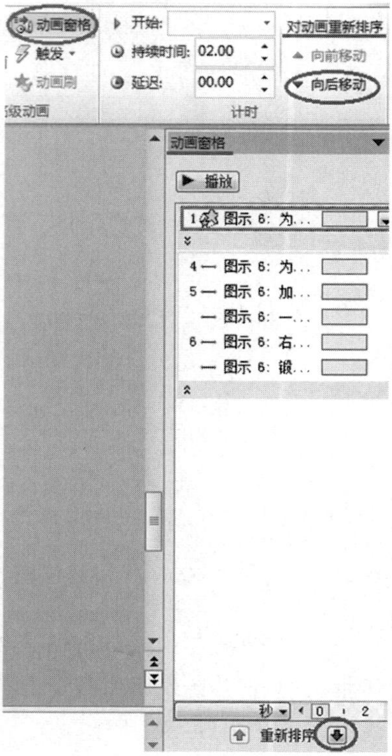

图 5-58 动画窗格

【小技巧】

想要预览设置好动画效果的幻灯片，除了可以通过单击“动画”选项卡“预览”组的“预览”按钮外，还可以通过单击“动画窗格”左上方的“播放”按钮，实现预览。

5.4.2 设置幻灯片的切换方式

幻灯片和普通的文本不同，幻灯片是用来放映的，一张幻灯片播映完毕了，另一张幻灯片登场，它们之间的过渡（进入与离开播放画面）是非常快的，通常情况下要为幻灯片添加过渡效果。每张幻灯片之间的过渡在 PowerPoint 中被称为切换。切换效果让幻灯片显得更具动感，富有趣味，更能吸引观众的注意力。

【任务 5-10】 对“竞选组织部部长演示文稿”第 2 张幻灯片设置“推进”切换方式，设置效果为“自右侧”，加入“鼓声”声音效果，持续时间改为 0.8，换片方式改为“单击鼠标时”。

操作步骤：

（1）选定第 2 张幻灯片，选择“切换”选项卡“推进”切换效果。

（2）单击“效果选项”按钮，在下拉菜单中选择“自右侧”选项。

（3）在“切换”选项卡“计时”选项组中单击声音按钮，在下拉菜单中选择“鼓声”选项；在“计时”选项组把“持续时间”改为 00.80；在“计时”选项组“换片方式”下，选择“单击鼠标时”选项，取消“设置自动换片时间”选项，如图 5-59 所示。

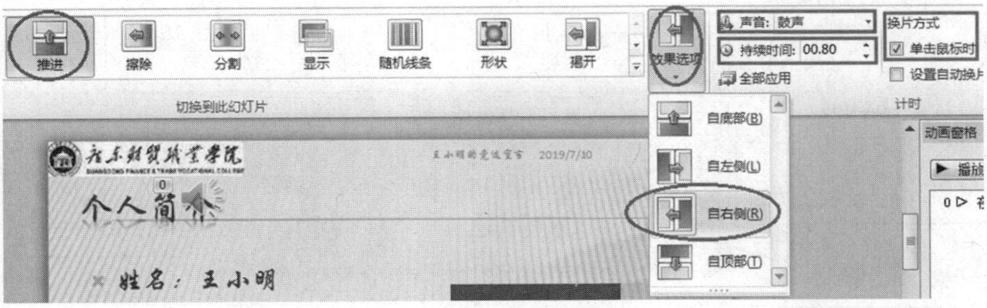

图 5－59　设置幻灯片切换方式

【小技巧】

设置切换效果对所选幻灯片或者幻灯片组（选定若干张幻灯片）有效，如果希望演示文稿的全部幻灯片都采用该切换效果，可以在选定切换效果后，单击“计时”组的“全部应用”按钮

。

在设置幻灯片的切换效果时，每完成一项设置，当时就会看到所设置的切换效果。也可以单击“预览”组的“预览”按钮，随时预览切换效果。

5.4.3　设置幻灯片的放映方式

用户创建演示文稿，目的是向观众放映和演示相关文稿。要想获得令人满意的放映效果，除了在创建演示文稿的过程中精心设计和认真细致的制作外，如何完整、生动地展示演示文稿和方便观众使用、浏览也相当重要。

在 PowerPoint 2010 中，演示文稿的放映方式有三种：

（1）演讲者放映（全屏幕），是全屏幕放映，适合教学或者会议等场合，放映过程完全由演讲者控制。

（2）观众自行浏览（窗口），适用于允许观众交互式控制放映过程的场合，如展览会等。这种放映方式允许观众利用窗口命令控制幻灯片的放映。

（3）在展台浏览（全屏幕），适用于无人看管的场合，如产品展示橱窗或自动播放产品信息的展台等。使用这种放映方式，演示文稿自动循环播放，而观众只能观看不能控制。采用这种放映方式的演示文稿需要先进行排练计时。

【任务 5－11】 为“竞选组织部部长演示文稿”设置排练计时，使每张幻灯片的播放时间为 13 秒钟。把设置了排练时间的演示文稿以“观众自行浏览（窗口）”的方式播放，只播放第 2 到第 6 张幻灯片，并设置放映时不添加动画。

操作步骤：

（1）打开“竞选组织部部长演示文稿”，选择“幻灯片放映”选项卡，单击“设置”组下的“排练计时”按钮。

（2）进入“排练计时”页面，页面左上角出现“录制”对话框，并开始计时，如图 5－60 所示。

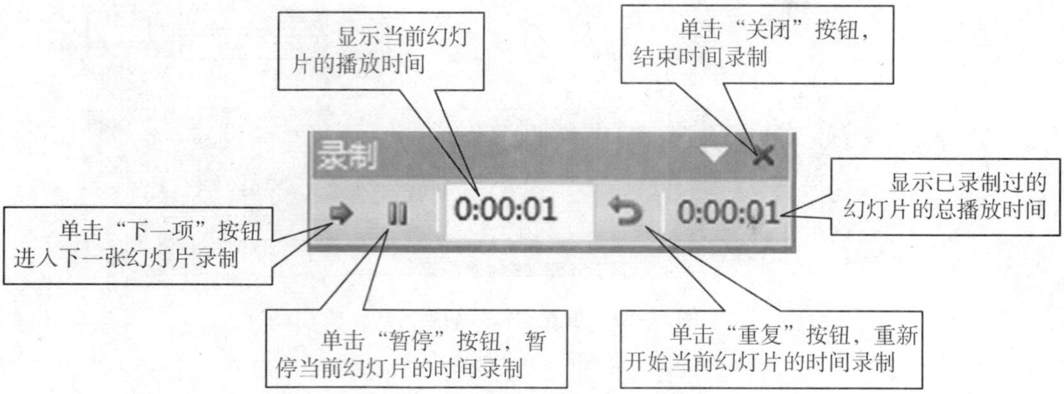

图 5－60 “录制”对话框

（3）通过“录制”对话框的“下一项”按钮，分别给演示文稿的每一张幻灯片录制适合的时间。

（4）当给最后一张幻灯片录制完时间后，会出现一个是否保留新幻灯片排练时间的对话框，点击“是”按钮，保存幻灯片的排练时间；保存完毕会出现如图 5－61 所示“幻灯片浏览视图”，在每张幻灯片的左下方显示播放时间。

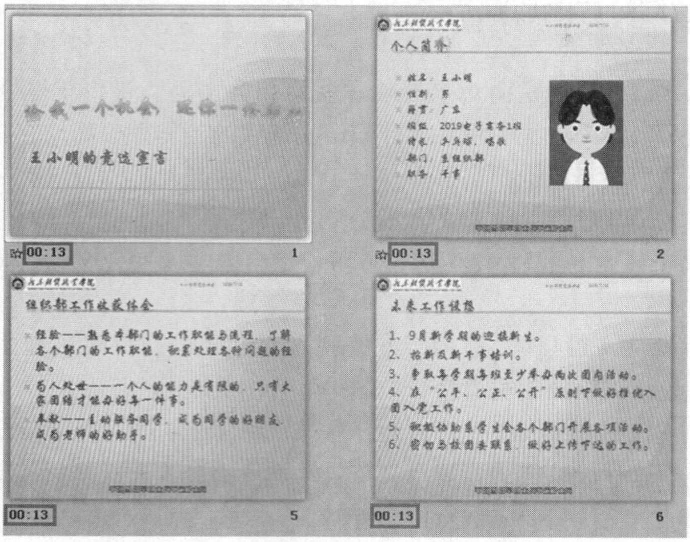

图 5－61 幻灯片浏览页面

（5）单击“幻灯片放映”选项卡“设置”组的“设置幻灯片放映”按钮。

（6）在弹出的“设置放映方式”对话框中，在“放映类型”组单击“观众自行浏览（窗口）命令。在“放映幻灯片”组选择部分播放，并设置要放映幻灯片的起始序号，从 2～6。在“放映选项”中选择“放映时不加动画”选项；点击“确定”按钮，保存设置，如图 5－62 所示。

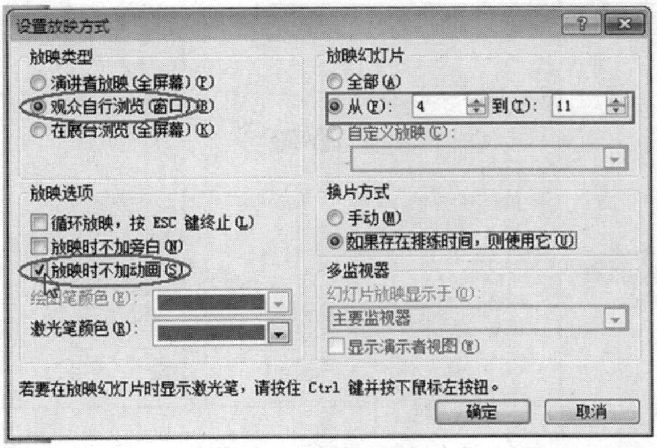

图 5-62 “设置放映方式”对话框

5.5 打印和输出演示文稿

5.5.1 打印演示文稿

有时候演讲者为了能在演讲的过程中更流畅地表达和演示，需要把演示文稿打印出来便于带在身上复习，此外，把演示文稿打印出来，还可以分发给听众作为笔记使用。

【任务 5-12】把“竞选组织部部长演示文稿”中的幻灯片打印在 A4 纸上，且每页 A4 纸打印 4 张幻灯片。

操作步骤：

(1) 单击“设计”选项卡→“页面设置”组→“页面设置”按钮，打开“页面设置”对话框，设置演示文稿的页面，如图 5-63 所示。

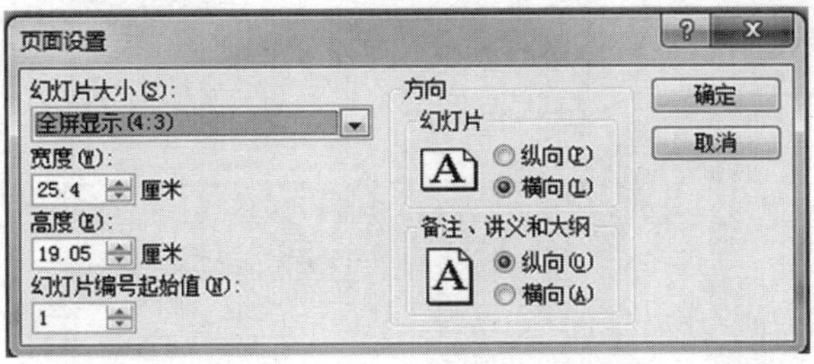

图 5-63 演示文稿页面设置

(2) 单击“文件”选项卡→“打印”，打开“打印”任务窗格，点击打开“设置”组下的“打印版式”对话框，在讲义组选择“4 张水平放置的幻灯片”选项，选择“给幻灯片加框”“根据纸质调整大小”“高质量”复选框，设置如图 5-64 右图所示。设置打印方向为“横向”，单击“打印”按钮，打印演示文稿，如图 5-64 左图所示。

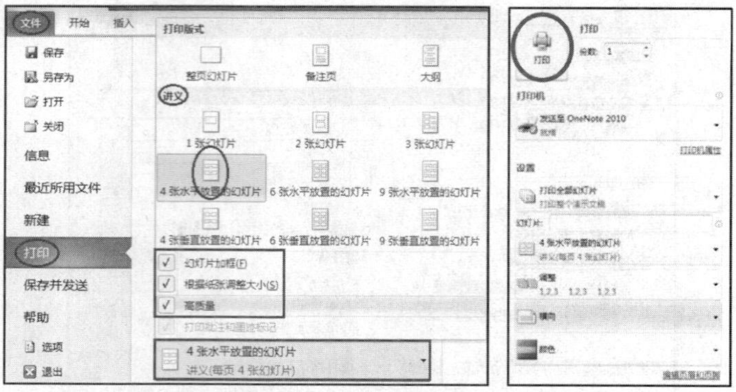

图 5－64　打印演示文稿

5. 5. 2　输出幻灯片

5. 5. 2. 1　演示文稿的打包

所谓打包就是利用演示文稿打包功能将演示文稿打包到文件夹或 CD，还可以把 PowerPoint 播放器和演示文稿一起打包。这样，即使计算机上没有安装 PowerPoint，也能正常放映演示文稿。

【任务 5－13】将“竞选组织部部长演示文稿”打包保存。

操作步骤如图 5－65 所示。

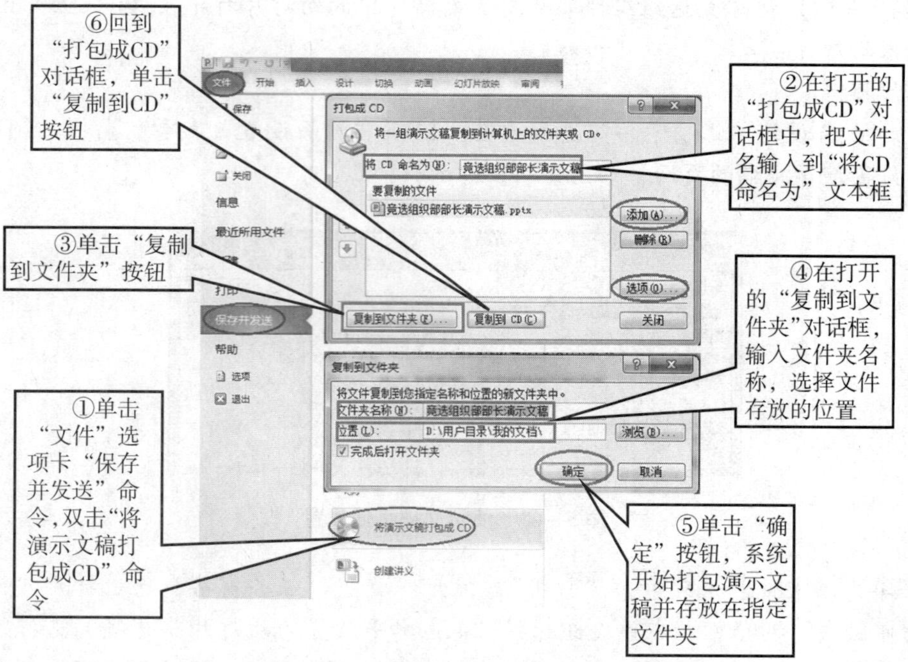

图 5－65　演示文稿打包

在“打包成 CD”对话框中，“添加”按钮可以添加其他演示文稿，一起打包。“选项”按钮可设置打包所包含的文件及进行安全性等方面的设置，比如设置打开密码和修改密码。

若有光盘刻录设备，可以把演示文稿打包到 CD，方法是在光驱中放入空白光盘，在“打包成 CD”对话框单击“复制到 CD”按钮，按提示操作。完成后系统会询问“是否将同样的文件复制到另一张 CD 中?”单击“是”，继续复制另一光盘，单击“否”，则终止复制。

【小技巧】

除了把演示文稿打包外，还可以把演示文稿转换成放映格式，也能在没有安装 PowerPoint 的计算机上直接放映。方法是在保存演示文稿时，将保存类型保存为（或者另存为）“PowerPoint 放映（ *. ppsx）”的文件即可。

5.5.2.2　使用电子邮件发送演示文稿

【任务 5 - 14】将“竞选组织部部长演示文稿”的副本以 PDF 文件形式发送邮件。

操作步骤:

（1）点击“文件”→“保存并发送”→“使用电子邮件发送”→“以 PDF 形式发送”，如图 5 - 66 所示。

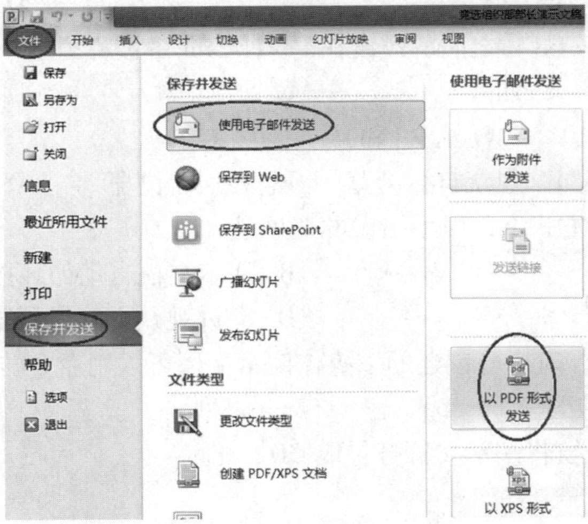

图 5 - 66　发送电子邮件

（2）在弹出的“邮件”窗口，将演示文稿另存为“. pdf 格式”文件，然后将该文件以附加的形式加入到电子邮件中，点击发送即可。

本章总结

PowerPoint 2010 提供了新增和改进的工具，可使您的演示文稿更具感染力。在 Power-

Point 中嵌入和编辑音频和视频，使用新增和改进的图片编辑工具（包括通用的艺术效果和高级更正、颜色以及裁剪工具）可以微调您的演示文稿中的各个图片，使其看起来效果更佳。添加动态三维幻灯片切换和更逼真的动画效果，吸引观众的注意力。使用可以节省时间和简化工作的工具管理演示文稿，使创建和管理演示文稿变得更简单。

测试题 5

1. 使用 PowerPoint 2010 制作的演示文稿文件的扩展名是（　　）。

A. ppt　　B. pptx　　C. pps　　D. doc

2. 把母版保存为个性化模板文件的后缀名是（　　）。

A. potx　　B. ppt　　C. pptx　　D. pptm

3. 对幻灯片母版进行编辑修改时，在以下哪个选项中添加的文字内容不会对幻灯片中的内容产生影响（　　）。

A. 艺术字　　B. 文本框　　C. 占位符　　D. 图片

4. PowerPoint 中，关于在幻灯片中插入多媒体内容的说法中错误的是（　　）。

A. 可以插入声音　　B. 可以插入音乐

C. 可以插入影片　　D. 放映时只能自动播放，不能手动播放

5. 幻灯片主题的格式信息中不包含以下哪个选项（　　）。

A. 颜色　　B. 字体　　C. 图片　　D. 版式

6. 放映幻灯片时，幻灯片之间的过渡在 PowerPoint 中被称为（　　）。

A. 放映　　B. 切换　　C. 转换　　D. 播放

7. 在 PowerPoint 2010 中，演示文稿的放映方式有（　　）。

A. 演讲者放映　　B. 观众自行浏览　　D. 在展台浏览　　D. 以上全选

8. 在展台浏览放映方式下，以下错误的选项是（　　）。

A. 全屏幕展示　　B. 演示文稿自动循环播放

C. 需要先进行排练计时　　D. 允许观众交互式控制放映过程

9. 在 PowerPoint 中，对于已创建的多媒体演示文稿可以用命令转移到其他未安装 PowerPoint 的机器上放映。方法是（　　）。

A. 文件/保存并发送/将演示文稿打包成 CD

B. 文件/发送

C. 复制

D. 幻灯片放映/设置幻灯片放映

10. PowerPoint 中，要切换到幻灯片母版中，需要（　　）。

A. 选择“视图”选项卡，单击“幻灯片母版”按钮

B. 按住“Alt”键的同时单击“幻灯片视图”按钮

C. 按住“Ctrl”键的同时单击“幻灯片视图”按钮

D. A 和 B

第6章 计算机网络基础

计算机网络是计算机技术与通信技术结合的产物。Internet（因特网）是20世纪最伟大的发明之一，将世界上不计其数的计算机及计算机网互联起来，是一个庞大的数据资源网，它将全世界各部门、各领域的信息资源集成为一体，供全人类享用。Internet是一个面向公众的社会团体，它是一个全球性论坛，允许人们在Internet上来进行信息查询、交流与获取，并将自己的资源加入其中。信息网络已经无处不在，信息网络在改变我们的生活。

学习目标

1. 掌握计算机网络的基本概念、功能、分类、组成、常用网络传输介质与网络互联设备，能组建小型局域网和简易无线网络；

2. 掌握Internet的发展和IP地址的基本原理，能配置计算机IP地址，设置网内文件共享和共享打印机；

3. 掌握Internet的主要功能和域名的基本原理，能利用Internet进行信息检索与下载；

4. 掌握Outlock 2010电子邮箱软件的设置方法，能进行电子邮件的收发。

6.1　计算机网络连接

6.1.1　计算机网络的基本概念

计算机网络是指将地理位置不同的具有独立功能的多台计算机及其外部设备，通过通信线路连接起来，在网络操作系统、网络管理软件及网络通信协议的管理和协调下，实现资源共享和信息传递的计算机系统。

从整体上来说，计算机网络就是把分布在不同地理区域的计算机与专门的外部设备用通信线路互联成一个规模大、功能强的系统，从而使众多的计算机可以方便地互相传递信息，共享硬件、软件、数据信息等资源。简单来说，计算机网络就是由通信线路互相连接的许多自主工作的计算机构成的集合体。

6.1.2　计算机网络的发展

计算机诞生初期，所有计算机都是以单机的方式运行，其利用率极低、运行成本高。人们渴望能在计算机间共享资源，在计算机上进行大型项目合作以及通过计算机相互传递信息，但这些需求在单机运行环境下是无法实现的。因此，人们开始利用通信技术将各自独立运行的计算机相互连接，形成计算机网络，满足人们应用计算机的需求。计算机网络的发展大致可以分为以下几个阶段：

6.1.2.1　早期的计算机网络

在1951年，美国麻省理工学院林肯实验室开始为美国空军设计半自动化地面防空系统

(SAGE)，该系统最终于1963年建成，被认为是计算机和通信技术结合的先驱。在这一类计算机通信网络中，已经使用了多点通信线路、终端集中器以及前端处理机等现代通信技术。

6.1.2.2 现代计算机网络的发展

现代意义上的计算机网络是从1969年美国国防部高级研究计划局（DARPA）建成的ARPAnet实验网开始的。ARPAnet的主要特点是：资源共享；分散控制；分组交换；采用专门的通信控制处理机；分层的网络协议。这些特点被认为是现代计算机网络的一般特征。

6.1.2.3 计算机网络标准化阶段

经过20世纪六七十年代前期的发展，人们对组网的技术、方法和理论的研究日趋成熟。为了促进网络产品的开发，各大计算机公司纷纷制定自己的网络技术标准，这些网络技术标准只是在一个公司范围内有效，遵从某种标准的、能够互连的网络通信产品，只是同一公司生产的同构型设备。网络通信市场这种各自为政的状况使得用户在投资方向上无所适从，也不利于多厂商之间的公平竞争，1977年，国际标准化组织（ISO）开始着手制定开放系统互连参考模型（open system interconnect，OSI）作为国际标准。OSI规定了可以互连的计算机系统之间的通信协议，遵从OSI协议的网络通信产品都是所谓的“开放系统”。今天，几乎所有的网络产品厂商都声称自己的产品是开放系统，不遵从国际标准的产品逐渐失去了市场。这种统一的、标准化产品互相竞争的市场进一步促进了网络技术的发展。

6.1.2.4 微机局域网的发展时期

自20世纪70年代开始，随着大规模集成电路技术和计算机技术的飞速发展，硬件价格急剧下降，微机得以广泛应用，广大计算机局域网开发者和厂商迫切需要一个与OSI相对应的分层体系结构，使局域网中大量价格中等的物理设备有效地实现互联，确保由不同厂家生产的计算机及设备的兼容性。电气与电子工程师学会IEEE成立了IEEE802学会，并于1980年制定了IEEE802局域网通信协议标准。据此，局域网技术得到迅速发展。局域网的发展也促使计算机网络的模式发生了变革，即由早期的以大型机为中心的集中式模式转变为由微机构成的分布式计算机模式。

6.1.2.5 国际互联网发展时期

国际互联网是一个由各种不同类型和规模的独立运行和管理的计算机网络组成的全球范围的计算机网络，组成Internet的计算机网络包括局域网（LAN）、城域网（MAN）以及大规模的广域网（WAN）等。这些网络通过普通电话线、高速率专用线路、卫星、微波和光缆等通信线路把不同国家的网络连接起来，采用的基本协议是TCP/IP。Internet是全世界最大的图书馆，用户可以利用Internet提供的各种工具去获取Internet提供的巨大信息资源，任何一个地方的任意一个Internet用户都可以从Internet中获得任何方面的信息。

6.1.3 计算机网络的主要功能

根据网络规模的大小和应用范围，计算机网络的主要功能可归纳为资源共享、数据通信、均衡符合与分布式处理、数据信息的集中与综合处理四个方面。

6.1.3.1 资源共享

资源共享是计算机网络最主要的功能之一。计算机网络的资源主要包括硬件资源、软件资源和数据。

（1）硬件资源共享，即共享主机、大容量存储设备、打印设备和特殊外围设备，避免硬件的重复投资和提高设备的利用率。如局域网内建立一台共享打印机，可以为局域网所有用户提供打印服务。

（2）软件资源共享，即共享各种语言处理程序、支持软件与应用软件，避免在软件开发、维护和管理上的重复投资。

（3）数据资源共享，计算机网络通过共享文件和数据库，不仅可以提高数据处理的效率和准确性，而且还可以大大减少存储数据所需的设备。常见的是数据云存储服务、文件共享服务等，采用FTP和TFTP服务，使用户能够在工作组计算机上方便而安全地访问共享服务器上的资源。

6.1.3.2 数据通信

数据通信是计算机网络的最基本的功能之一，利用传输线路使网络中的计算机之间或计算机与终端之间能迅速、可靠地相互传送数据、程序或各种不同形式的信息，从而实现计算机视频监控、电子邮件、计算机会诊、文献检索等许多功能。例如，可以通过计算机网络建立国家经济信息系统、气象数据收集系统。企业内部各部门之间可以相互查询、传送数据、自动转账，上下级之间转送报表等。

6.1.3.3 均衡符合与分布式处理

均衡符合是指当网络某个节点系统的负荷过重时，可以将某些工作通过网络传送到其他空闲的计算机上进行处理，减少用户信息之系统中的处理时间，均衡网络中各台计算机的负担，提高系统的利用率与可用性。

分布式处理是指由多个自主的、相互连接的信息处理系统，在一个高级操作系统协调下共同完成同一任务的处理方式。因此，计算机网络可以分散负荷，把数据处理任务分散到网络中不同计算机进行处理，防止计算机的大型化，提高系统的效率，降低投资开销和软件设计的复杂性。

6.1.3.4 数据信息的集中与综合处理

以网络为基础，可以将不同计算机终端上的各种数据收集集中起来，交给高性能的服务器进行数据分析与数据挖掘处理。例如，一个企业可以通过网络将其进货、生产、销售和财务等各个方面的数据集中在一起，通过客户端（Client）向服务器（Server）发出处理请求，服务器在数据处理完成后，将结果发送给客户端，以帮助企业调整生产与管理的各个环节，并作出重要的决策。

6.1.4 计算机网络的分类

计算机网络的分类方式有很多种，可以按网络传输技术、网络拓扑结构、网络覆盖范围、网络传输介质等进行分类。

6.1.4.1 传输技术分类

按网络传输技术分类可以将网络分为广播式和点对点式。

（1）广播式网络（broadcast networks），在网络中只有一个单一的通信信道，由这个网络中所有的计算机共享。多个计算机连接到一条通信线路上的不同分支点上，任意一个节点所发出的报文分组被其他所有节点接受。发送的分组中有一个地址域，指明了该分组的目标接受者和源地址。广播式网络一般适用于覆盖范围较小的局域网中。

（2）点对点式网络（point-to-point networks），每对进行通信的计算机之间都存在着一条物理线路。当没有直接相连接的线路时，会通过中间节点进行转接，如路由器或交换机。由于连接一对计算机之间的线路可能会很复杂，因此从源点到目的地节点间可能存在多条通路，路径的选择在点对点式网络中变得非常重要。点对点式网络主要采用分组交换网络实现计算机之间的通信。

6.1.4.2 拓扑结构分类

按照网络拓扑结构分类可以将网络分为总线型、星型、环型、树型和网状型（见图6-1）。

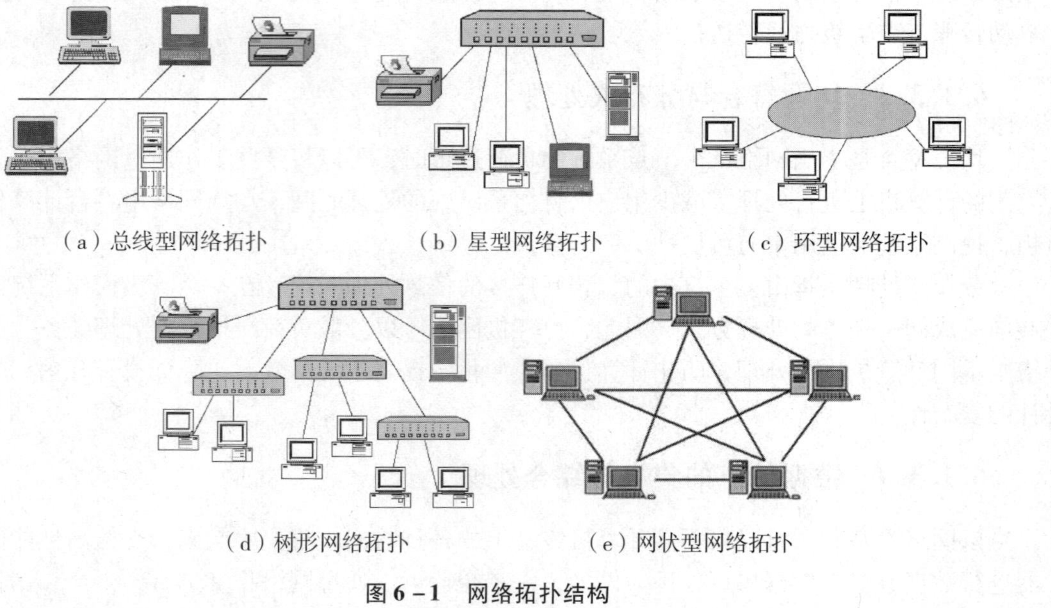

（a）总线型网络拓扑　（b）星型网络拓扑　（c）环型网络拓扑

（d）树形网络拓扑　（e）网状型网络拓扑

图6-1　网络拓扑结构

（1）总线型网络拓扑。总线型网络拓扑采用单根传输线作为传输介质，所有的节点都通过相应的硬件接口直接连接到传输介质或总线上。任何一个站点发送的信息都可以沿着介质传播，而且能被所有其他站点接收。总线型网络拓扑的优点是所有节点均共用一条传输线路，布线成本低；缺点是该结构无中央节点装置（如交换机），网络一旦发生故障不易找到故障点。

（2）星型网络拓扑。星型网络是指网络中的各节点设备通过一个网络集中设备（如交换机 Switch）连接在一起，各节点呈星状分布的网络连接方式。星型网络拓扑的优点是网络结构简单，容易实现，便于集中式管理；缺点是所需线材较多，成本高，同时一旦网络集中设备发生故障，整个网络将会瘫痪。

（3）环型网络拓扑。环型网络拓扑结构是使用公共电缆组成一个封闭的环，各节点直接连到环上，信息沿着环按一定方向从一个节点传送到另一个节点。环型网络拓扑的优点是每一个节点均有信号增强功能，故网络信号稳定；缺点是由于每一节点需加装信号增强器，故成本高，同时网络中一旦有一个节点发生故障，整个网络将瘫痪。

（4）树型网络拓扑。树型网络拓扑结构中从根节点开始向下分级，且任何两个节点之间都不形成回路的互联结构。它像一棵倒置的树，顶端是树根，树根以下带分支，每个分支还可带子分支。其优点是易于扩展，故障隔离较容易；缺点是节点对根依赖性太大，若根发生故障，则全网不能正常工作。

（5）网状型网络拓扑。网状型网络拓扑没有上述四种拓扑那么明显的规则，节点的连接是任意的，没有规律。其优点是应用广泛，不受瓶颈问题和失效问题的影响；缺点是结构较复杂，网络协议也复杂，建设成本高。

6.1.4.3　覆盖地理范围分类

按网络覆盖的地理范围不同可以将网络分为局域网、城域网、广域网（见图6-2）。

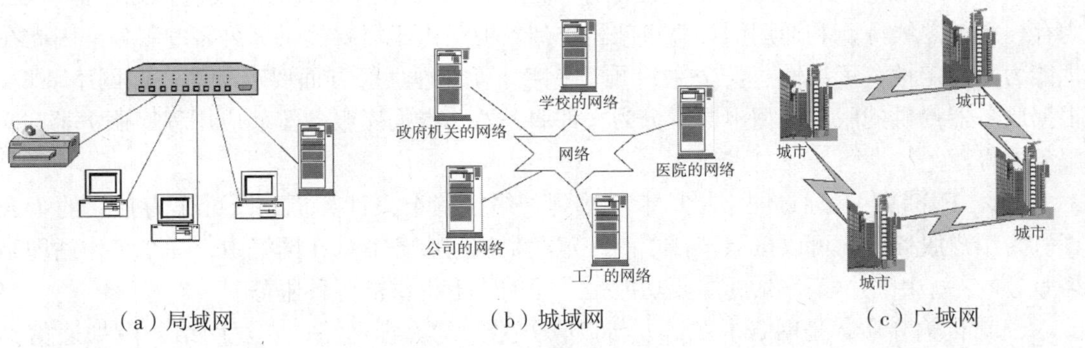

图6-2　地理范围划分的网络

（1）局域网（local area network，LAN）。局域网是在一个局部的地理范围内（如学校、工厂和机关内），将各种计算机、外部设备和数据库等互相连接起来组成的计算机通信网。它可以通过数据通信网或专用数据电路，与远方的局域网、数据库或处理中心相连接，构成一个较大范围的信息处理系统。其传送距离一般在几千米之内，最大距离不超过10千米。局域网具有高数据传输速率（10Mbps～10Gbps）、低误码率、成本低、组网容易、易管理、易维护、使用灵活方便等优点。

（2）城域网（metropolitan area network，MAN）。城域网是介于局域网和广域网之间，作用距离可达几十千米甚至100千米左右，具有传输速率较高、网络结构灵活等特点，一般服务于一个城市或一个地区。常用于组建银行、税务、公司或者其他公共事业网络。

（3）广域网（wide area network，WAN）。广域网又称为远程网，所覆盖的地理范围要比局域网大得多，从几十千米到几千千米，传输速率比较低，一般为96Kbps～45Mbps。通常以巨型机或大型机为网络的骨干结点，微机、终端则通过与骨干结点的连接而入网。广域网一般使用电话之类的公共通信设备、地面无线电通信设备及卫星通信设备为通信网络。

6.1.4.4 传输介质分类

按传输介质不同可以将网络分为有线网络和无线网络。

（1）有线网络。有线网络是指采用有形传输介质，如同轴电缆、双绞线和光纤来连接的计算机网络。

（2）无线网络。无线网络指的是任何形式的无线电计算机网络，普遍和电信网络结合在一起，无须电缆即可在节点之间相互链接。无线网络一般使用微波、电磁波、红外线等作为无线传输介质。

6.1.5 计算机网络系统的组成

计算机网络系统由网络硬件和网络软件组成。

6.1.5.1 计算机网络硬件

计算机网络硬件系统一般由服务器、工作站、传输介质和网络互联设备组成。

（1）服务器，也称伺服器，是提供计算服务的设备。服务器的构成包括处理器、硬盘、内存、系统总线等，和通用的计算机架构类似，但是由于需要提供高可靠的服务，因此在处理能力、稳定性、可靠性、安全性、可扩展性、可管理性等方面要求较高。在网络环境下，根据服务器提供的服务类型不同，分为文件服务器、数据库服务器、应用程序服务器、Web服务器等。

（2）工作站，是通过网络接口卡连接到网络上的个人计算机，既可作为独立的个人计算机为用户服务，又可以按照被授予的一定权限访问服务器。在网络中，一个工作站即是网络服务的一个用户。工作站的主要功能是享受网络上提供的各种服务。

（3）传输介质，是网络中发送方与接收方之间的物理通路，它对网络的数据通信具有一定的影响。常用的传输介质有：双绞线、同轴电缆、光纤、无线传输介质。

（4）网络互联设备，是把网络中的通信线路连接起来的各种设备的总称，包括中继器、集线器、交换机和路由器等。

6.1.5.2 计算机网络软件

计算机网络软件一般是指系统的网络操作系统、网络通信协议和网络应用软件。

（1）网络操作系统，是一种能代替操作系统的软件程序，是网络的心脏和灵魂，是向网络计算机提供服务的特殊的操作系统。网络操作系统一般分为服务器（Server）及客户端（Client）。常见的网络操作系统有 Windows Server 系列、Netware、UNIX 和 Linux 等。

（2）网络通信协议，是一种网络通用语言，为连接不同操作系统和不同硬件体系结构的互联网络提供通信支持。常见的网络通信协议有 TCP/IP、IPX/SPX、NetBEUI、ARP、UDP 等。

（3）网络应用软件，是指能够为网络用户提供各种服务的软件，用于提供或获取网络上的共享资源。网络应用软件包括浏览软件、传输软件、远程登录软件等。

6. 1. 6　常用网络传输介质与网络互联设备

6. 1. 6. 1　常见有线网络传输介质（见图 6 –3）

图 6 –3　常见有线网络传输介质

（1）双绞线，是一种综合布线工程中最常用的传输介质，是由两根具有绝缘保护层的铜导线相绞在一起组成的。双绞线分非屏蔽双绞线（ unshielded twisted pair，UTP）和屏蔽双绞线（ shielded twisted pair，STP）两种，常用的是非屏蔽双绞线。在全球，在双绞线标准中应用最广的是 EIA/TIA –568A 和 EIA/TIA –568B，双绞线两端使用标准的 RJ –45 连接头（俗称水晶头）连接。

EIA/TIA 568A 的线序定义依次为绿白、绿、橙白、蓝、蓝白、橙、棕白、棕，其标号如表 6 –1 所示。

表 6 –1　568A 线序连接

绿白	绿	橙白	蓝	蓝白	橙	棕白	棕
1	2	3	4	5	6	7	8

EIA/TIA 568B 的线序定义依次为橙白、橙、绿白、蓝、蓝白、绿、棕白、棕，其标号如表 6 –2 所示。

表 6 –2　568B 线序连接

橙白	橙	绿白	蓝	蓝白	绿	棕白	棕
1	2	3	4	5	6	7	8

双绞线网线一般分为直通线和交叉线两种。直通线为两头都按568B线序标准连接；交叉线为一头按568A线序连接，一头按568B线序连接。直通线一般用于网络设备之间互联，交叉线一般用于网卡与网卡之间互联。

（2）同轴电缆，是指有两个同心导体，而导体和屏蔽层又共用同一轴心的电缆。同轴电缆由里到外分为中心铜线、塑料绝缘体、网状导电层和电线外皮四层。同轴电缆主要应用于电视公司电视用户和社区天线之间，也被广泛使用在企业内部网和以太网中。

（3）光缆，是网络传输介质中的一种，与其他传输介质相比，具有显著优势，如传输量大，保密性能高，且不受电磁干扰，传输信号强，传输的距离长，可以有效减少铜的使用，降低生产成本。光缆主要是由光导纤维和塑料保护套管及塑料外皮构成。按照传输性能、距离和用途的不同，光缆可以分为用户光缆、市话光缆、长途光缆和海底光缆。光缆主要应用于信息通信领域、军事领域、安防监控领域、医学内窥镜领域和物联网领域等。

6.1.6.2 常见无线网络传输介质

（1）微波通信，是使用波长在0.1毫米至1米之间的电磁波，即微波进行的通信。该波长段电磁波所对应的频率范围是300 MHz（0.3 GHz）~3THz。在现代通信技术中，微波通信占有非常重要的地位。近年来，微波通信在许多领域都得到了广泛的应用，如移动通信、卫星通信等。微波的频率非常高，凡是处于300MHz~300GHz频段内的通信，都可称之为微波通信。

（2）无线电通信，是将需要传送的声音、文字、数据、图像等电信号调制在无线电磁波上，经空间和地面传至对方的通信方式。无线数字网类似于蜂窝电话网，用户可随时将计算机接入网内，组成无线局域网。无线射频识别技术作为无线电波通信的一种方式被广泛应用于感应式电子晶片或近接卡、感应卡、非接触卡、电子标签、电子条码等。

（3）红外线通信，是一种利用红外线传输信息的通信方式，可传输语言、文字、数据、图像等信息。红外线通信广泛应用于短距离的数据传输，如两台笔记本电脑对接红外接口即可传输文件。

（4）蓝牙，是一种支持设备短距离通信（一般在10米内）的无线电技术，能在包括移动电话、PDA、无线耳机、笔记本电脑、相关外设等众多设备之间进行无线信息交换。蓝牙技术是爱立信、诺基亚、东芝、IBM和英特尔五大公司于1998年5月联合宣布的一种无线通信新技术。利用“蓝牙”技术，能够有效地简化移动通信终端设备之间的通信，也能够成功地简化设备与Internet之间的通信，从而数据传输变得更加迅速高效，为无线通信拓宽道路。

（5）Wi-Fi，称作“行动热点”，是一个创建于IEEE 802.11标准的无线局域网技术，几乎所有智能手机、平板电脑和笔记本电脑都支持Wi-Fi上网，是当今使用最广的一种无线网络传输技术。Wi-Fi技术与蓝牙技术一样，同属于在办公室和家庭中使用的短距离无线技术。

6.1.6.3 网络互联设备（见图6-4）

（1）中继器（repeater）。中继器是连接网络线路的一种装置，常用于两个网络节点之间物理信号的双向转发工作。中继器适用于完全相同的两类网络的互联，主要功能是通过对数据信号的重新发送或者转发来扩大网络传输的距离。中继器工作于 OSI 的物理层，是局域网上所有节点的中心，它的作用是放大信号、补偿信号衰减、支持远距离的通信。

中继器网桥无线路由器

集线器交换机路由器

图 6－4　常见的网络互联设备

（2）网桥（bridge）。网桥也叫桥接器，是连接两个局域网的一种存储/转发设备，它能将一个大的 LAN 分割为多个网段，或将两个以上的 LAN 互联为一个逻辑 LAN，使 LAN 上的所有用户都可访问服务器。扩展局域网最常见的方法是使用网桥，最简单的网桥有两个端口，复杂些的网桥可以有更多的端口，网桥的每个端口与一个网段相连。

（3）集线器（hub）。集线器是一个多端口的转发器，主要功能是对接收到的信号进行再生整形放大，以扩大网络的传输距离，同时把所有节点集中在以它为中心的节点上。集线器与网卡、网线等传输介质一样，属于局域网中的基础设备，采用 CSMA/CD（即带冲突检测的载波监听多路访问技术）介质访问控制机制，在局域网中得到了广泛应用。

（4）交换机（switch）。交换机是一种用于电（光）信号转发的网络设备，可以为接入交换机的任意两个网络节点提供独享的电信号通路。最常见的交换机是以太网交换机，其他常见的还有电话语音交换机、光纤交换机等。

（5）路由器（router）。路由器是连接两个或多个网络的硬件设备，在网络间起网关的作用，读取每一个数据包中的地址，然后决定如何传送的专用智能性的网络设备。随着无线网络的普及，小型无线路由器也得到广泛应用，无线路由器可以看作一个转发器，将家中墙上接出的宽带网络信号通过天线转发给附近的无线网络设备，包括笔记本电脑、支持 Wi-Fi 的手机、平板以及所有带有 Wi-Fi 功能的设备。

6.1.7　Internet 的接入方式

目前 Internet 接入方式通常有 ADSL 接入、电话拨号上网（PSTN）、专线接入（DDN）、局域网接入（LAN）、有线电视网接入（ Cable-Moden）、无线接入（LMDS）等，它们各有各的优缺点。

6.1.7.1 ADSL

目前用电话线接入 Internet 的主流技术是 ADSL（非对称数字用户线路），ADSL 是一种新兴的高速通信技术。上行（指从用户电脑端向网络传送信息）速率最高可达 1Mb/s，下行（指浏览 www 网页、下载文件）速率最高可达 8Mb/s。上网同时可以打电话，互不影响，而且上网时不需要另交电话费。安装 ADSL 也极其方便快捷，只需在现有电话线上安装 ADSL MODEM，而用户现有线路不需改动（改动只在交换机房内进行）即可使用。

6.1.7.2 电话拨号

电话拨号入网可分为两种：一是个人计算机经过调制解调器和普通模拟电话线，与公用电话网连接。二是个人计算机经过专用终端设备和数字电话线，与综合业务数字网（ISDN）连接。通过普通模拟电话拨号入网方式，数据传输能力有限，传输速率较低（最高 56kb/s），传输质量不稳，上网时不能使用电话。通过 ISDN 拨号入网方式，信息传输能力强，传输速率较高（128kb/s），传输质量可靠，上网时还可使用电话。

6.1.7.3 专线接入（DDN）

DDN 是英文 digital data network I 的缩写，这是随着数据通信业务发展而迅速发展起来的一种新型网络。DDN 的主干网传输媒介有光纤、数字微波、卫星信道等，用户端多使用普通电缆和双纹线。DDN 将数字通信技术、计算机技术、光纤通信技术及数字交叉连接技术有机地结合在一起，提供了高速度、高质量的通信环境，可以向用户提供点对点、点对多点透明传输的数据专线出租电路，为用户传输数据、图像、声音等信息。DDN 的通信速率可根据用户需要在 Nx64kbps（N = 1 ~ 32）之间进行选择，当然速度越快租用费用也越高。

6.1.7.4 局域网连接

目前，学校、企事业单位及住宅小区几乎都建有自己的局域网，这些局域网一般采用光缆 + 双绞线的方式进行综合布线，带宽在 100M 以上。当局域网接入 Internet，网内的用户不仅可以通过局域网享受到 Internet 提供的服务，同时可实现实时监控、智能化物业管理、小区/大楼/家庭保安、家庭自动化等，可提供智能化、信息化的办公与家居环境，满足不同层次的人们对信息化的需求。

6.1.7.5 有线电视网接入方式

线缆调制解调器是近两年开始试用的一种超高速调制解调器，它利用现成的有线电视（CATV）网进行数据传输，已是比较成熟的一种技术。随着有线电视的发展壮大和人们生活质量的不断提高，通过调制解调器利用有线电视网访问 Internet 已成为越来越受业界关注的一种高速接入方式。

6.1.7.6 移动通信无线接入方式

随着 Internet 及无线通信技术的迅速普及，使用手机、移动通信设备等随时随地上网已成为移动用户迫切的需求，随之而来的是各种使用无线通信线路上网技术的出现，使移动通信用户利用无线终端接入互联网，成为无线网民。该方式常用的关键网络技术主要有以下几种：

（1）4G，即第四代移动通信技术。该技术包括TD-LTE和FDD-LTE两种制式，4G是集3G与WLAN于一体，并且能够快速传输数据、高质量音频、视频和图像等。4G能够以100Mbps以上的速度下载，能够满足几乎所有用户对无线服务的要求。除了高速信息传输技术外，它还具有极高的安全性。

（2）5G，即第五代移动通信技术，是最新一代蜂窝移动通信技术，是4G（LTE-A、WiMax）、3G（UMTS、LTE）和2G（GSM）系统后的延伸。其峰值理论传输速度可达每8秒1GB，比4G网络的传输速度快数百倍。5G的性能目标是高数据速率、减少延迟、节省能源、降低成本、提高系统容量和大规模设备连接。

【任务6-1】雨润公司只有20台电脑，每台电脑都配有10/100MB网卡。公司已经接入电话，购买了一台打印机和一台传真机进行日常办公。为提高办公效率，共享资源，提高公司形象与竞争力，想组建小型办公网络，并接入Internet。公司办公场所在同一楼层，所有电脑连线距离不超过100米。

操作步骤：

（1）组建公司内部局域网，为公司网接入Internet。

①网络规划，依据网络功能，结合当前最常用的局域网技术，这次组建的局域网确定为：星型结构的快速以太网，网络拓扑如图6-5所示。

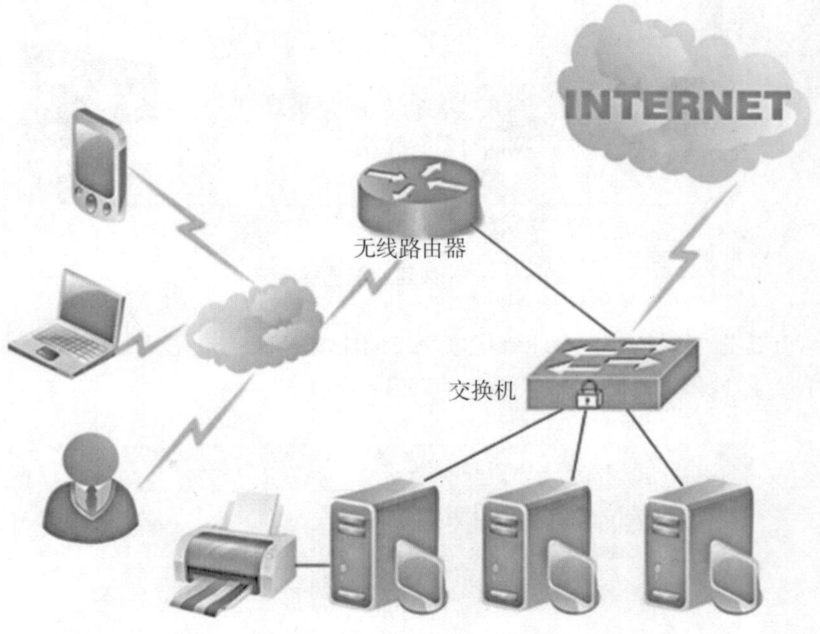

图6-5　雨润公司办公网络拓扑图

②网络互联设备选择：中心节点选用24口的千兆交换机，其中21个100MB端口连接工作站计算机，3个1000MB端口连接Internet、无线路由和服务器等，因为服务器将为网络提供WEB、FTP、DHCP服务和无线网络。

③服务器选择：稳定性及安全性是办公网络的首要追求目标，最好选择品牌优良的专业服务器。根据本局域网的规划，服务器需具备1000MB的以太网接口。

④传输介质选择：Internet的接入使用光纤接入，公司内部局域网的最大传输距离不超过100米，选择双绞线。

⑤网络软件选择：包括系统软件和应用软件，工作站计算机的操作系统主要取决于用户的需求，一般安装Windows 7是较好的选择。对服务器而言则应根据不同的服务选择不同的网络操作系统，如Windows Server、Linux和Unix等。

(2) 建立公司内部无线网络，实现移动办公。

①网络互联设备选择：使用无线路由器作为无线网络互联设备，由于公司可接入移动设备20~40台，建议使用企业级450M无线VPN路由器，以TP-Link TL-WVR450G无线路由器为例。

②线路连接：从光纤交换机中选择一个网络连接口，使用双绞线连接无线路由器的WAN口，连接好线路之后，请检查对应的接口指示灯常亮或闪烁（见图6-6）。

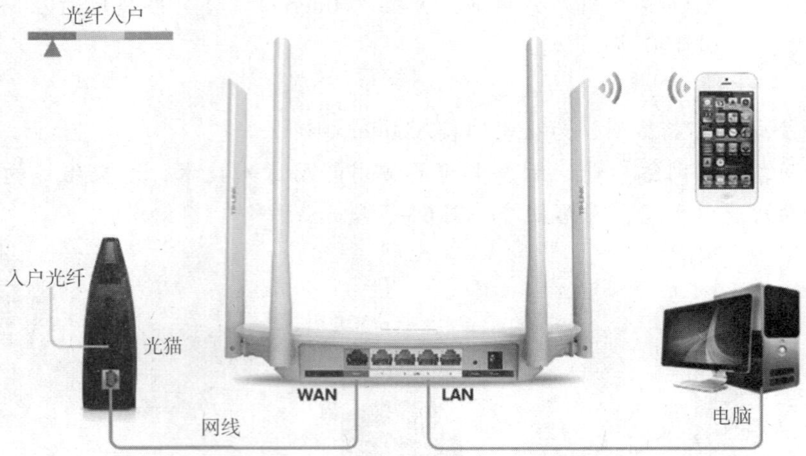

图6-6　无线路由器连接示意

③输入路由器管理地址，打开电脑桌面上的IE浏览器，清空地址栏并输入路由器管理IP地址192.168.1.1，回车后弹出登录框（见图6-7）。

图6-7　登录无线路由器

④登录管理界面：初次进入路由器管理界面，为了保障您的设备安全，需要设置管理路由器的密码，请根据界面提示进行设置。部分路由器需要输入管理用户名、密码，均输入admin即可。此为无线路由器的登录密码，不是Wi-Fi密码（见图6-8）。

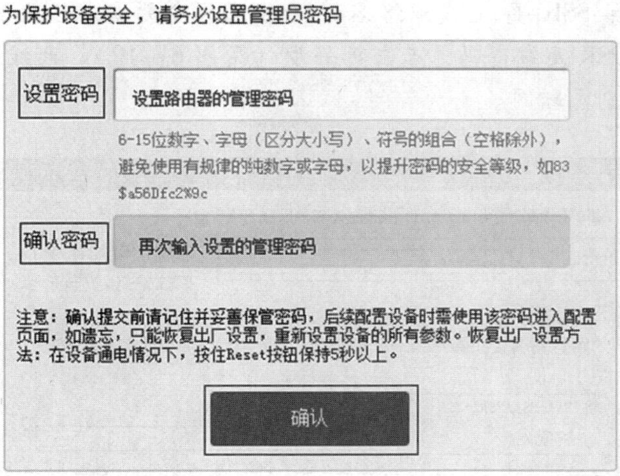

图6-8 设置路由器密码

⑤设置向导设置网络：路由器支持自动检测上网方式，按照页面提示的上网方式设置即可。公司一般通过运营商分配的宽带账号密码进行PPPoE拨号上网，上网方式选择PPPoE（ADSL虚拟拨号），点击下一步；在对应设置框填入运营商提供的宽带账号和密码，并确定该账号密码输入正确（见图6-9）。很多用户因为输错宽带账号密码导致无法上网，请仔细检查入户的宽带账号密码是否正确，注意中英文输入、字母大小写、后缀等是否输入完整。

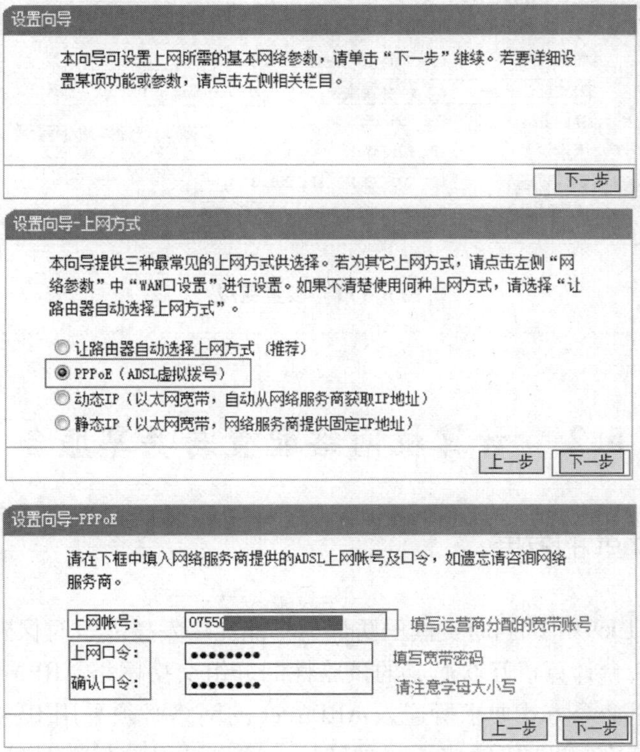

图6-9 设置向导设置网络

⑥设置无线参数：SSID 即无线网络名称（可根据实际需求设置），选中 WPA - PSK/WPA2 - PSK 并设置 PSK 无线密码，点击下一步（见图 6 - 10）。无线密码是用来保证无线网络安全，确保不被别人蹭网。

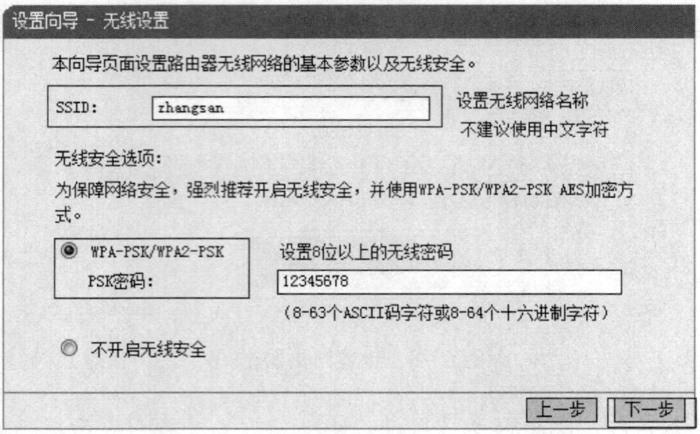

图 6 - 10　设置无线参数

⑦设置完成：入路由器管理界面，点击运行状态，查看 WAN 口状态，如图 6 - 11 所示，IP 地址不为 0.0.0.0，则表示设置成功。

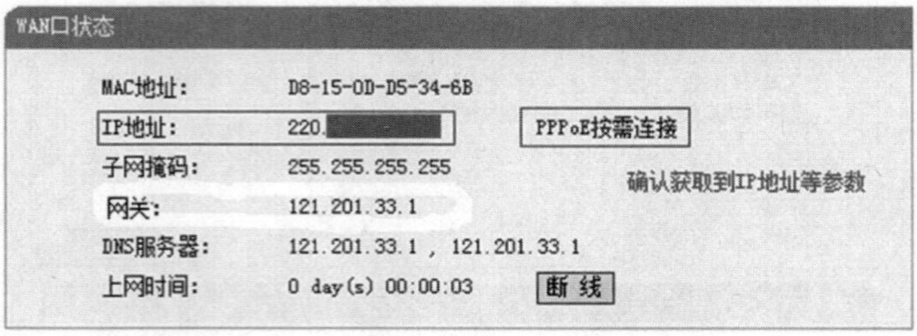

图 6 - 11　设置完成

6.2　计算机网络配置与共享服务

6.2.1　Internet 的发展

Internet 起源于 1969 年，当时美国国防部为了能在爆发核战争时保障军队内部的通信联络，建立了一个由 4 台计算机互联而成的试验性的分组交换网络 ARPAnet（阿帕网）。1982 年，美国国防部通过命令方式要求所连入 ARPAnet 的网络必须采用 IP 协议（即 INTERNET 协议）互联，并且，在 1983 年完成了这种转换，这也是国际互联网叫 Internet 的原因。同年，美国国防部通信署（DCA）将 ARPAnet 分成了两个独立的网络：一个仍叫 ARPAnet

（用于进一步的研究）；一个叫 MILnet（用于军事通信）。1985 年，美国国家科学基金会（NSF）出资在全美建立了五大超级计算中心，1986 年将五大计算机中心互联，形成 NSFnet，并连入了 ARPAnet。这样 NSFnet 取代了 ARPAnet 成为 Internet 的主干网。NSFnet 同样采用 TCP/IP 协议且面向全社会开放，使 Internet 进入了以资源共享为中心的实用服务阶段。从此，Internet 开始迅速发展，很快走向了整个世界。

Internet 在中国的发展历程可以大略划分为三个阶段：

第一阶段（1987～1993 年），主要为理论研究与电子邮件服务。1990 年 4 月，我国启动中关村地区教育与科研示范网（NCFC），1992 年该网络建成，实现了中国科学院与北京大学、清华大学三个单位的互联。

第二阶段（1994～1997 年），建立国内计算机网络并实现了与 Internet 的全功能连接。1994 年 4 月，NCFC 工程通过美国 SPRINT 公司连入 Internet 的 64K 国际专线开通，实现了与 Internet 的全功能连接。中国教育和科研计算机网 CERNET，中国公用计算机互联网 CHINANET，中国科技网 CSTNET，中国金桥信息网 China GBN，是中国的四大网络，于 1997 年实现了四网互联互通。

第三阶段（1997 年至今），是快速增长阶段。中国互联网络发展状况统计报告（2019 年 2 月）发布，我国网民规模达 8.29 亿人，普及率达 59.6%，较 2017 年底提升 3.8 个百分点，全年新增网民 5653 万人。我国手机网民规模达 8.17 亿人，网民通过手机接入互联网的比例高达 98.6%，网民规模稳居世界第一位。

6.2.2 Internet 中的 IP 地址

Internet 通过路由器将成千上万个不同类型的物理网络互联在一起，是一个超大规模的网络，为了使信息能够准确到达因特网上指定的目的节点，我们必须给因特网上每个节点（主机、路由器等）指定一个全局唯一的地址标识，就像每一部电话都具有一个全球唯一的电话号码一样。在因特网通信中，可以通过 IP 地址和域名实现明确的目的地指向。

TCP/IP 协议源于 1969 年，是针对 Internet 开发的一种体系结构和协议标准。其目的在于解决异种计算机网络的通信问题，使得网络在互联时能为用户提供一种通用、一致的通信服务，是国际互联网 Internet 采用的协议标准。

6.2.2.1 IPv4 地址

尽管 Internet 上联接了无数的服务和电脑，但它们并不是处于杂乱无章的无序状态，而是每一个主机都有唯一的地址，作为该主机在 Internet 上的唯一标志。我们称为 IP 地址。IP 地址的长度为 32 位，分为 4 段，每段 8 位，用十进制数字表示，每段数字范围为 0～255，段与段之间用小数点隔开，如 159.226.1.12。IP 地址由两部分组成，一部分为网络号，另一部分为主机号。

根据 IP 地址的第一段分为 A、B、C、D、E 共 5 类，常用的是 A、B 和 C 三类，在全球范围内统一分配（见表 6－3）。0～127 为 A 类；128～191 为 B 类；192～223 为 C 类，D 类和 E 类留做特殊用途。

表 6-3　　IP 地址分类

网络类别	最大网络数	IP 地址范围	最大主机数	私有 IP 地址范围
A	126	1.0.0.0~126.255.255.255	16777214	10.0.0.0~10.255.255.255
B	16384	128.0.0.0~191.255.255.255	65534	172.16.0.0~172.31.255.255
C	2097152	192.0.0.0~223.255.255.255	254	192.168.0.0~192.168.255.255

6.2.2.2　IPv6 地址

目前 Internet 使用的是 IPv4，即 IP 地址第四版本。但随着上网人数的增加而面临 IP 地址资源短缺的局面，为了解决这个问题，IPv6 诞生，在 IPv6 中包括新的协议格式，其地址长度为 128 位。IPv6 地址空间是 IPv4 的 296 倍，能提供多达超过 3.4×10^{38} 个地址，很好地解决了 IP 地址短缺的问题。

IPv6 协议主要定义了三种地址类型：单播地址（Unicast Address）、组播地址（Multicast Address）和任播地址（Anycast Address）。与原来在 IPv4 地址相比，新增了“任播地址”类型，取消了原来 IPv4 地址中的广播地址，因为在 IPv6 中的广播功能是通过组播来完成的。

单播地址：用来唯一标识一个接口，类似于 IPv4 中的单播地址。发送到单播地址的数据报文将被传送给此地址所标识的一个接口。

组播地址：用来标识一组接口（通常这组接口属于不同的节点），类似于 IPv4 中的组播地址。发送到组播地址的数据报文被传送给此地址所标识的所有接口。

任播地址：用来标识一组接口（通常这组接口属于不同的节点）。发送到任播地址的数据报文被传送给此地址所标识的一组接口中距离源节点最近（根据使用的路由协议进行度量）的一个接口。

IPv6 的地址长度为 128 位，是 IPv4 地址长度的 4 倍，于是 IPv4 点分十进制格式不再适用，采用十六进制表示。IPv6 有三种表示方法。

（1）冒分十六进制表示法。格式为 X：X：X：X：X：X：X：X，其中每个 X 表示地址中的 16b，以十六进制表示。例如，ABCD：EF01：2345：6789：ABCD：EF01：2345：6789。

（2）0 位压缩表示法。在某些情况下，一个 IPv6 地址中间可能包含很长的一段 0，可以把连续的一段 0 压缩为“::”。但为保证地址解析的唯一性，地址中”::”只能出现一次。例如，FF01：0：0：0：0：0：0：1101→ FF01:: 1101

（3）内嵌 IPv4 地址表示法。为了实现 IPv4-IPv6 互通，IPv4 地址会嵌入 IPv6 地址中，此时地址常表示为：X：X：X：X：X：X：d.d.d.d，前 96b 采用冒分十六进制表示，而最后 32b 地址则使用 IPv4 的点分十进制表示，如:: 192.168.0.1 与:: FFFF：192.168.0.1 就是两个典型的例子。注意，在前 96b 中，压缩 0 位的方法依旧适用。

据《中国互联网络发展状况统计报告》统计，截至 2018 年 12 月，我国 IPv6 地址数量为 41079 块/32，年增长率为 75.3%。我国正在持续推动 IPv6 大规模部署，进一步规范 IPv6 地址分配与追溯机制，有效提升 IPv6 安全保障能力，从而推动 IPv6 的全面应用。

【任务 6-2】 雨润公司已经组建局域网并接入 Internet。为提高办公效率，共享资源，公司要求对计算机进行 IP 地址配置，并实现文件共享和打印机共享服务。

操作步骤：

（1）检查与配置计算机的 IP 地址。

①单击“开始”→“控制对话框”，打开“网络和 Internet”中的“查看网络状态和任务”命令（见图 6－12）。

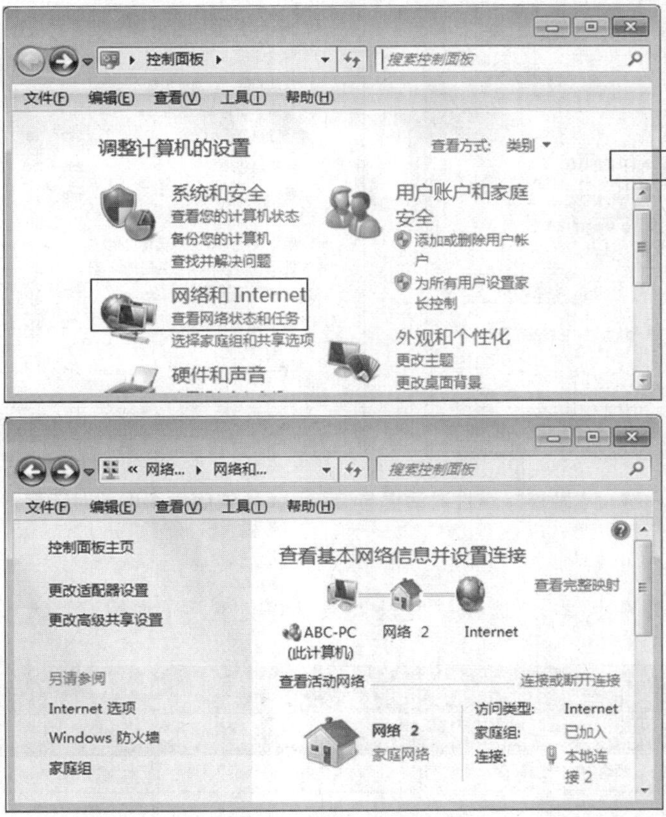

图 6－12　查看网络状态和任务对话框

②选择“更改适配器设置”，进入“网络连接”对话框，右键“本地连接”，选择“属性”命令（见图 6－13）。

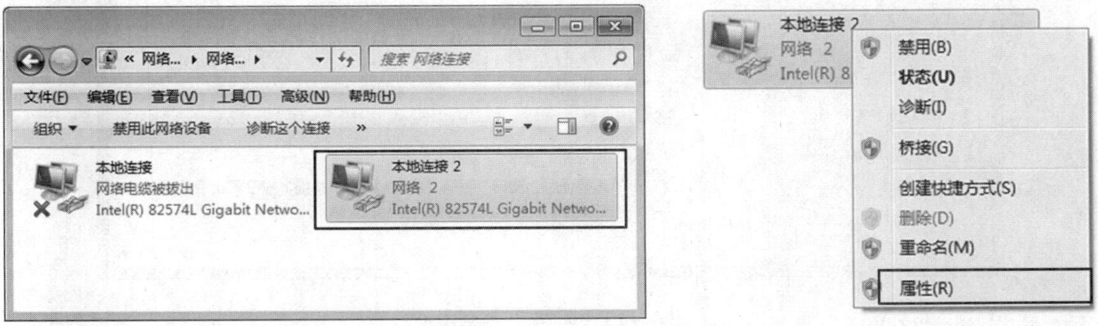

图 6－13　网络连接对话框与本地连接属性

③选择“Internet 协议版本 4”，再单击“属性”按钮，进入设置对话框，根据当前网络的配置对计算机进行网络设置（见图 6－14）。

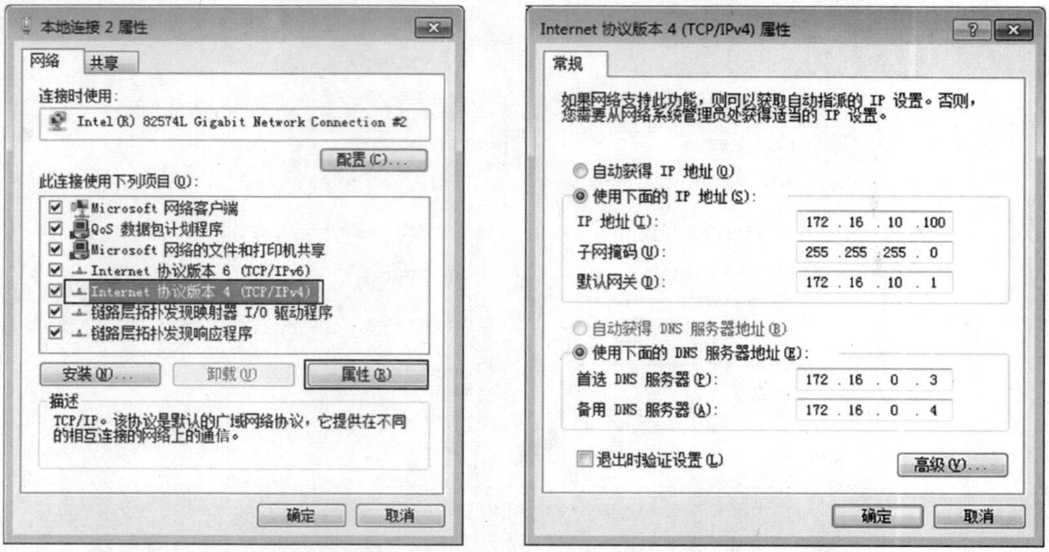

图 6－14　本地连接属性对话框与 Internet 协议版本 4 属性对话框

（2）设置网内文件共享。

①进入“网络和共享中心”，选择“更改高级共享设置”（见图 6－15）。

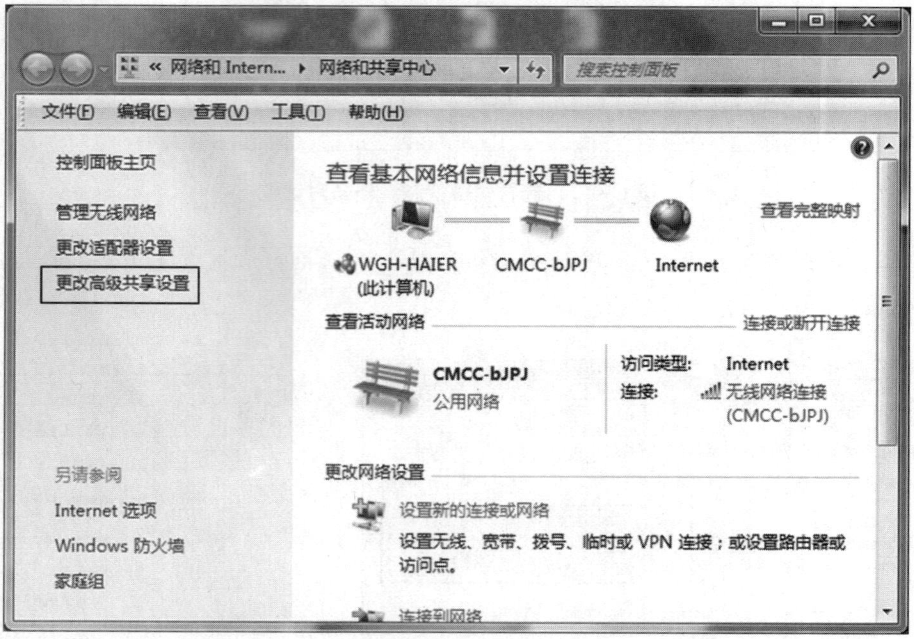

图 6－15　网络和共享中心

②选择公共网络并选择以下选项：启动网络发现、启动文件和打印机共享、启用共享以

便可以访问网络的用户可以读取和写入公用文件夹中的文件、关闭密码保护共享，设置完成后按“保存修改”按钮（图 6 – 16）。

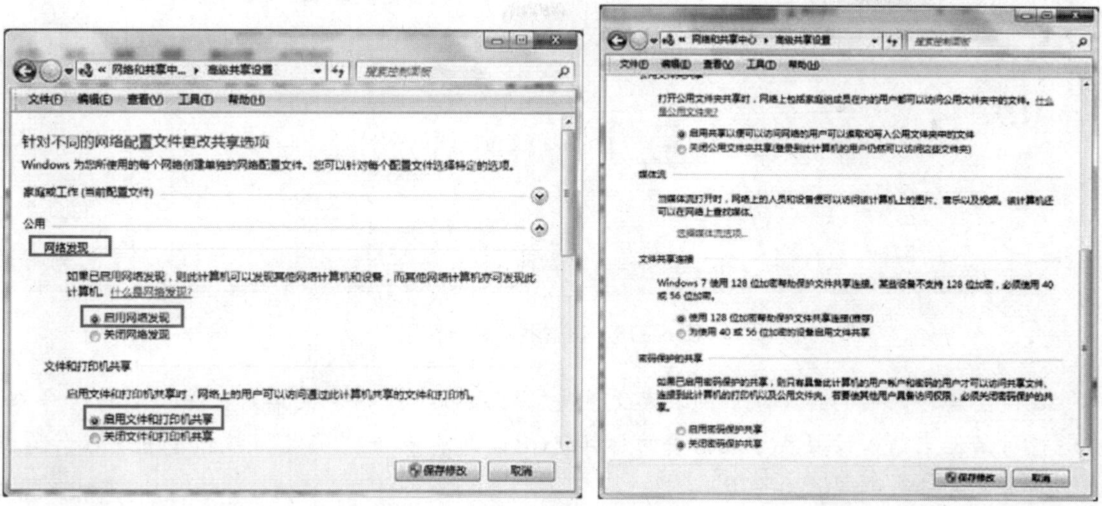

图 6 – 16　高级共享设置

③选择需要共享的文件夹，点击鼠标右键，选择属性。在属性对话框中选择“共享”选项卡，点击“共享…”按钮（见图 6 – 17）。

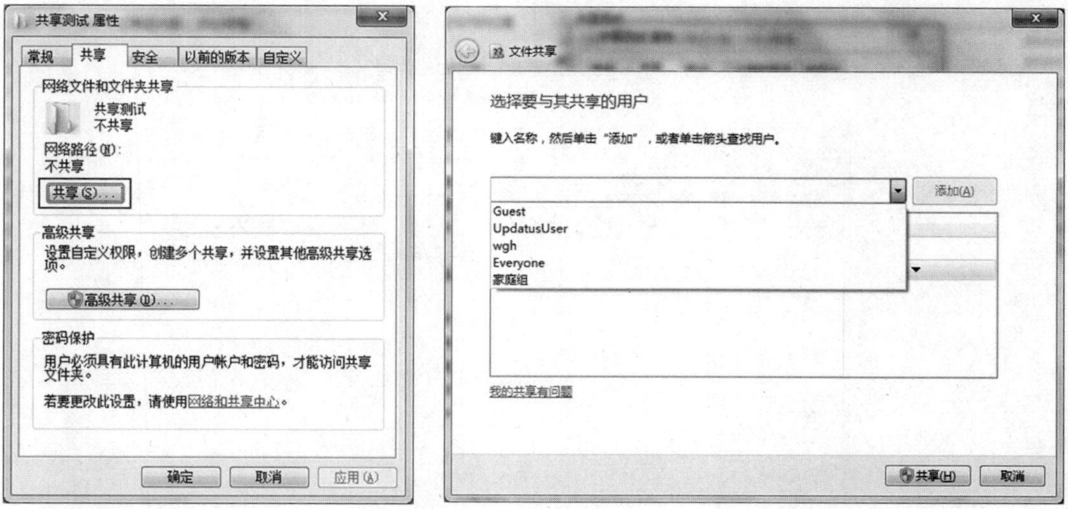

图 6 – 17　设置共享文件夹

④在文件共享对话框中，选择“Guest”来宾账户，并进行添加。如果在下拉菜单中没有“Guest”来宾账户，需要到控制面板中添加此账户。

⑤设置“Guest”用户的权限级别，“读取”为访问者只能查看文件，不能修改，“读/写”为既能查看也能修改，“删除”为可以删除此文件夹。点击“共享”按钮，看到文件夹已经共享，按“完成”按钮完成共享文件夹设置（见图 6 – 18）。

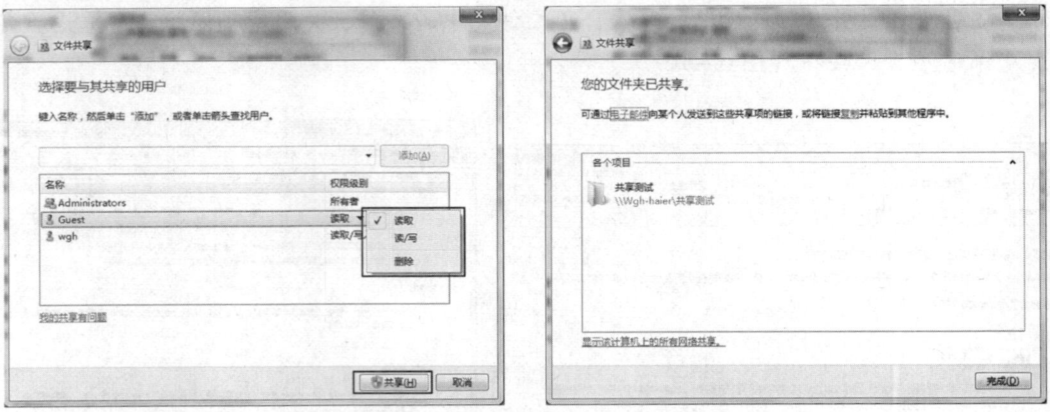

图 6－18　设置共享权限级别

⑥使用局域网内的计算机访问共享文件夹，可点击"开始"菜单，点击"运行"命令，在运行对话框中输入设置共享文件夹的计算机 IP 地址，点击"确定"按钮，可进入计算机并访问共享文件夹（见图 6－19）。

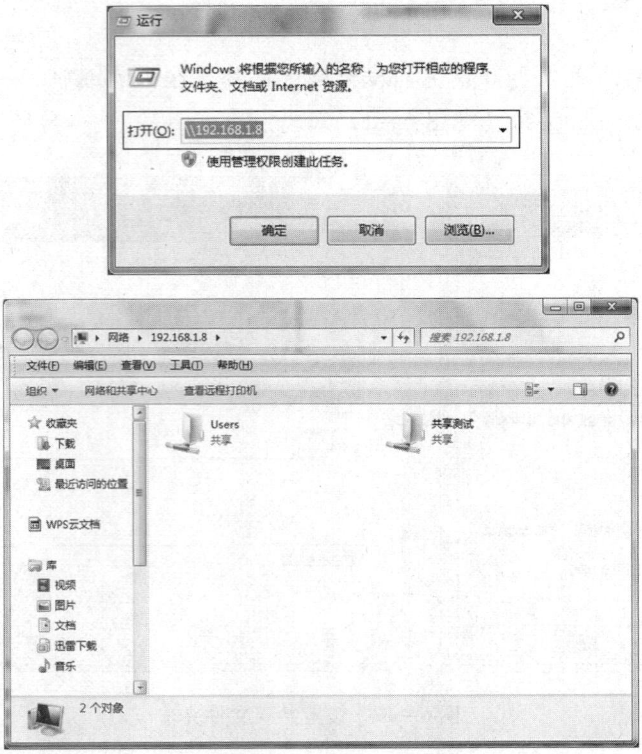

图 6－19　访问共享文件夹

（3）设置共享打印机。根据打印机的网络功能可把打印机分为网络打印机和本地打印机两种。网络打印机可作为一台打印服务器，通过网线直接连接局域网，设置 IP 地址后在局域网中提供网络打印服务，打印机不需要连接计算机。局域网中每台计算机需要安装打印机驱动程序，与网络打印机连通即可完成打印服务。

本地打印机需要与局域网中一台计算机相连接，并在计算机中安装打印机驱动程序，通过计算机网络设置进行共享打印服务，通过网络设置共享打印机，把此计算机作为打印服务器。局域网中的计算机需要与此计算机相连，并进行打印共享设置。此任务以设置共享本地打印机为例，在安装好驱动的计算机上进行打印共享设置，用局域网的计算机进行添加网络打印机。

①设置共享打印机。设置共享打印机有两个前提条件，在设置共享文件夹的时候已经操作过，第一要开通“Guest”来宾账户，第二要在高级共享设置中开通“启动文件和打印机共享”功能和“关闭密码保护共享”功能。

点击开始菜单，打开“设备和打印机”，选择需要共享的打印机单击鼠标右键，选择“打印机属性”，在打印机属性对话框中，选择“共享”选项卡，勾选“共享这台打印机”和“在客户端计算机上呈现打印机作业”两项内容，单击“确定”按钮，打印机共享属性就设置完成（见图 6－20）。

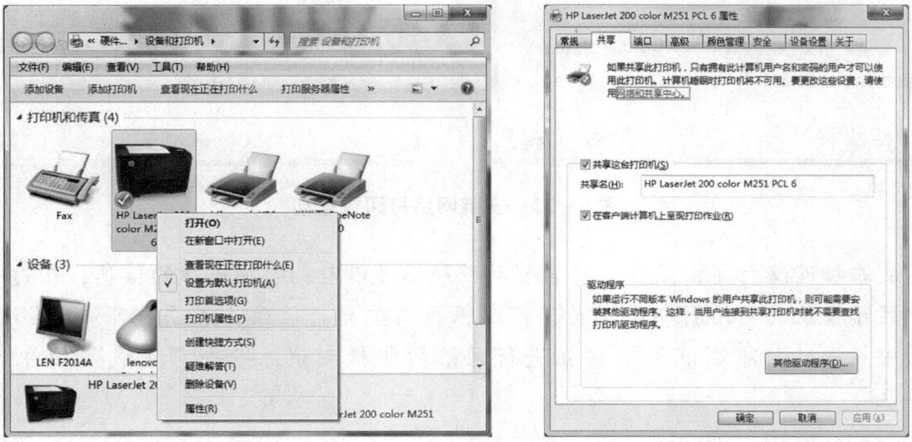

图 6－20　设置打印机共享属性

②设置局域网中的计算机添加网络打印机。点击开始菜单，打开“设备和打印机”，点击“添加打印机”按钮，在添加打印机对话框中选择“添加网络、无线或 Bluetooth 打印机”命令，点击“下一步”按钮（见图 6－21）。

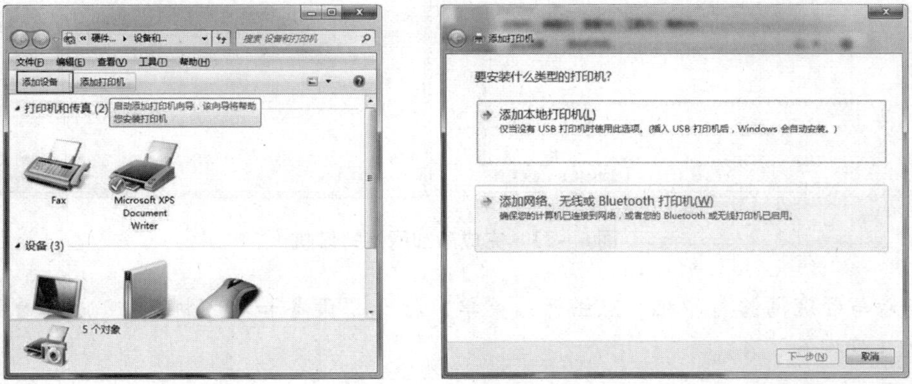

图 6－21　添加网络打印机

③选择并安装网络打印机驱动程序。在添加打印机对话框中自动搜索出局域网内已设置共享属性的打印机，选择并按“下一步”按钮，计算机将自动安装打印机驱动程序，安装完成后按“下一步”按钮。

如果搜索不到网络中的计算机，可以点击“我需要的计算机不在列表中”，通过需要连接好打印机的计算机的 IP 地址进行查找（见图 6－22）。

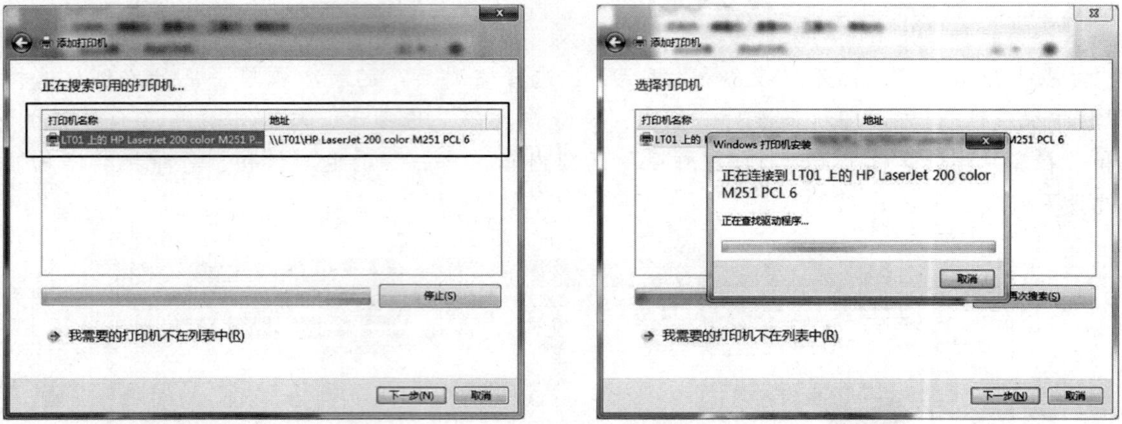

图 6－22　安装网络打印机驱动

④完成添加网络打印机设置。安装驱动程序后可以看到添加成功的信息，在打印机名称文本框中显示默认的网络打印机名称，可以根据需要自行修改，点击“下一步”按钮，在完成页面中点击“打印测试页”按钮进行网络打印机测试，点击“完成”按钮完成操作（见图 6－23）。

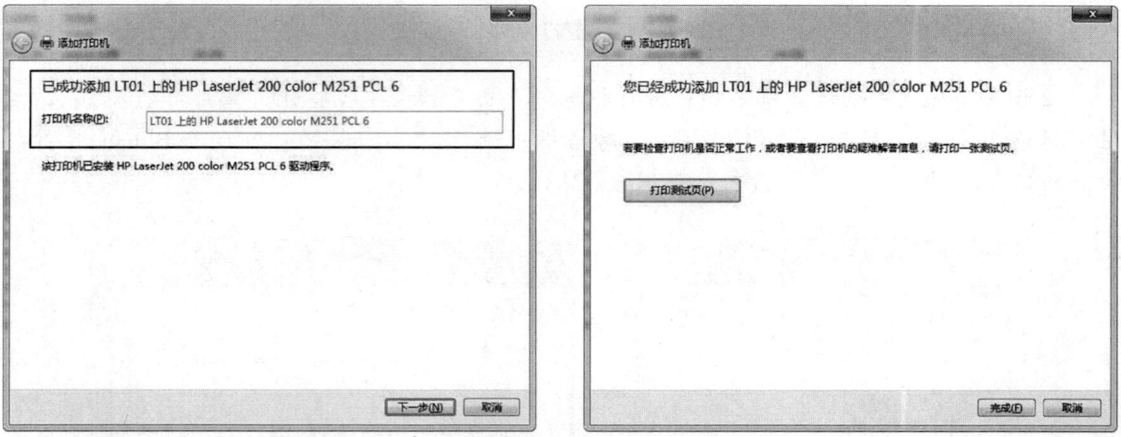

图 6－23　完成添加网络打印机

⑤查看与管理网络打印机。点击开始菜单，打开“设备和打印机”，可以查看并管理网络打印机（见图 6－24）。

图 6－24　查看网络打印机

6.3　网络信息检索

6.3.1　Internet 的主要功能

Internet 实际上是一个应用平台，在它的上面可以开展很多种应用，下面从七个方面来说明 Internet 的功能。

6.3.1.1　信息的获取与发布

Internet 是一个信息的海洋，通过它可以得到无穷无尽的信息，其中有各种不同类型的书库和图书馆、期刊和报纸。网络还提供了政府、学校和公司企业等机构的详细信息和各种不同的社会信息。这些信息的内容涉及社会的各个方面，包罗万象，几乎无所不有。您可以坐在家里了解到全世界正在发生的事情，也可以将自己的信息发布到 Internet 上。

6.3.1.2　电子邮件

平常的邮件一般是通过邮局传递，收信人要等几天（甚至更长时间）才能收到那封信。电子邮件和平常的邮件有很大的不同，电子邮件的写信、收信、发信都在计算机上完成，从发信到收信的时间以秒来计算，而且电子邮件几乎是免费的。同时，你在世界上只要可以上网的地方，都可以收到别人寄给你的邮件，而不像平常的邮件，必须回到收信地点才能拿到信件。

6.3.1.3 网上交际

网络可以看成是一个虚拟的社会空间，每个人都可以在这个网络社会上充当一个角色。Internet 已经渗透到大家的日常生活中，你可以在网上与别人聊天、交朋友、玩网络游戏，“网友”已经成为一个使用频率越来越高的名词。网上交际已经完全突破传统的交友方式，不同性别、年龄、身份、职业、国籍、肤色的全世界的人，都可以通过 Internet 成为好朋友，无须见面即可以进行各种各样的交流。

6.3.1.4 电子商务

在网上进行贸易已经成为现实，而且发展得如火如荼，如可以开展网上购物、网上商品销售、网上拍卖、网上货币支付等。它已经在海关、外贸、金融、税收、销售、运输等方面得到了应用。电子商务现在正向一个更加纵深的方向发展，随着社会金融基础设施及网络安全设施的进一步健全，电子商务将在世界上引起一轮新的革命。

6.3.1.5 网络电话

中国电信、中国联通等单位相继推出 IP 电话服务，长途话费大约只有传统电话的 1/3。它采用了 Internet 技术，不仅能够听到对方的声音，可以几个人同时进行对话，而且能够看到对方，举行视频会议，得到了用户的广泛欢迎。

6.3.1.6 网上事务处理

Internet 的出现将改变传统的办公模式，你可以在家里上班，然后通过网络将工作的结果传回单位，出差的时候，不用带上很多的资料，都可以随时通过网络提取需要的信息，Internet 使全世界都可以成为你的办公的地点。

6.3.1.7 Internet 的其他应用

Internet 还有很多其他的应用，如网络会议、远程教育、远程医疗、远程主机登录、远程文件传输等。

6.3.2 Internet 中的域名地址

由于 IP 地址是数字且位数较多，使用时难以记忆，因此在 IP 地址的基础上又发展出一种符号化的地址方案，来代替数字型的 IP 地址。每一个符号化的地址都与特定的 IP 地址对应，这个与网络上的数字型 IP 地址相对应的字符型地址，就被称为域名。

域名采用层次结构，各层次的子域名之间用圆点“.”隔开，从右至左分别是第一级域名（或称顶级域名），第二级域名……直到主机名。其结构如下：

主机名.…….第二级域名.第一级域名

第一级域名又分为两类：一是国家一级域名（national top-level domainnames，nTLDs），目前 200 多个国家都按照 ISO3166 国家代码分配了顶级域名，如中国是 cn，美国是 us，日本是 jp 等；二是国际一级域名（international top-level domain names，iTDs），如表示工商企

业的 . com，表示网络提供商的 . net，表示非营利组织的 . org 等。二级域名是指一级域名之下的域名，在国际一级域名下，它是指域名注册人的网上名称，如 ibm，yahoo，microsoft 等；在国家一级域名下，它是表示注册企业类别的符号，如 com，edu，gov，net 等。表 6－4 列出了常见的域名代码。

表 6－4　常见的域名代码

域名代码	意义	域名代码	代表国家
COM	商业组织	CN	中国
NET	主要网络支持中心	US	美国
ORG	非营利组织	GB	英国
GOV	政府机关	JP	日本
EDU	教育机构	TW	中国台湾
INT	国际组织	HK	中国香港
MIL	军事部门	MO	中国澳门

我国在国际互联网络信息中心正式注册并运行的顶级域名是 CN，这也是我国的一级域名。在顶级域名之下，我国的二级域名又分为类别域名和行政区域名两类。类别域名共 6 个，包括用于科研机构的 ac；用于工商金融企业的 com；用于教育机构的 edu；用于政府部门的 gov；用于互联网络信息中心和运行中心的 net；用于非营利组织的 org。而行政区域名有 34 个，分别对应于我国各省、自治区和直辖市。三级域名用字母（A～Z，a～z，大小写等）、数字（0～9）和连接符（－）组成，各级域名之间用实点（.）连接，三级域名的长度不能超过 20 个字符。如无特殊原因，建议采用申请人的英文名（或者缩写）或者汉语拼音名（或者缩写）作为三级域名，以保持域名的清晰性和简洁性。

例如，www. tsinghua. edu. cn 是清华大学的一个域名，其中 tsinghua 是清华大学的英文缩写，edu 表示教育机构，cn 表示中国，www 是主机名。

据《中国互联网络发展状况统计报告》统计，截至 2018 年 12 月，域名总数为 3792. 8 万个，其中“. CN”域名总数为 2124. 3 万个，占域名总数的 56. 0%。2018 年我国域名高性能解析技术不断发展，自主知识产权软件研发取得新突破，域名服务安全策略本地化定制能力进一步增强，从而显著提升了我国域名服务系统的服务能力和安全保障能力。

【任务 6－3】 雨润公司已经组建局域网并接入 Internet。为了发挥 Internet 的功能，公司组织全体员工善用网络，把网络的基本功能应用于工作之中。

操作步骤：

（1）登录百度搜索引擎（www. baidu. com），查找你感兴趣的“财经信息”。

①双击桌面 IE 启动浏览器，在 IE 的地址栏中输入 www. baidu. com，打开百度搜索引擎的页面，在文本框中键入关键词，如“财经信息”（见图 6－25）。

②单击文本框后面的“百度一下”按钮，开始搜索。最后，得到搜索结果页面（见图 6－26）。

图 6－25　百度首页

图 6－26　搜索结果页面

③在搜索结果页面中列出了所有包含关键词“财经信息”的网页地址，单击某一项就可以转到相应网页查看内容了。

另外，我们可以看到，关键词文本框下方除了默认选中的“网页”之外，还有“资讯”“视频”“图片”“知道”“文库”“贴吧”“采购”“地图”等标签。在搜索的时候，选择不同标签，就可以针对不同的目标进行搜索，大大提高搜索的效率。其他搜索引擎的使用和百度的使用基本类似。

(2) 资源下载。在 Internet Explorer 浏览器地址栏输入网址 http://czt.gd.gov.cn，登录“广东省财政厅”网站，完成操作：将“广东省财政厅”网站首页添加到收藏夹；通过站内搜索功能查找并浏览《中华人民共和国会计法》，将该页面命名为“中华人民共和国会计法”，以文本文件形式保存到本机桌面。

①双击桌面IE启动浏览器，在地址栏输入网址www. gdczt. gov. cn，打开“广东省财政厅”首页（见图6-27）。

图6-27 广东省财政厅首页

②单击收藏夹符号“★”→添加到“收藏夹”按钮，弹出添加收藏对话框，在对话框指定名称和位置，单击“添加”按钮将当前页面添加到收藏夹（见图6-28）。

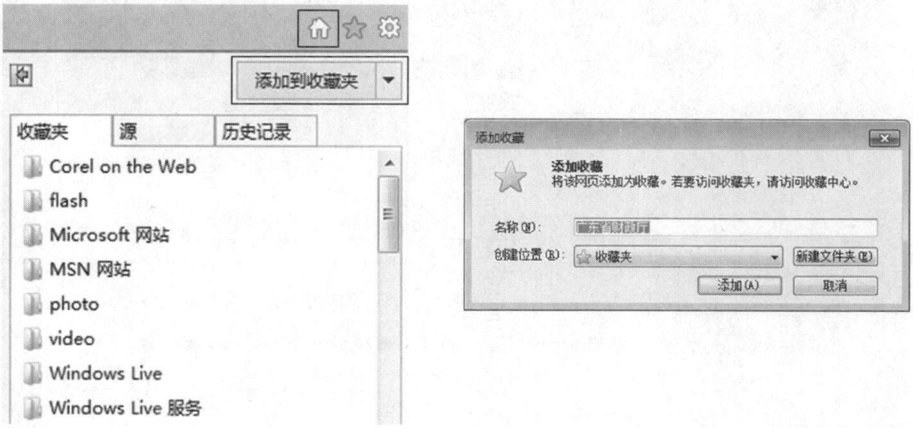

图6-28 添加收藏

③在首页站内搜索对话框中输入“中华人民共和国会计法”，点击“搜索”按钮，在广东省财政厅网站搜索平台上就会找到“中华人民共和国会计法”的相关信息，点击进入就可以打开“中华人民共和国会计法”页面进行浏览（见图6-29）。

④单击“工具”→“文件”→“另存为”命令，在保存网页对话框指定保存位置、文件名和保存类型（见图6-30）。

http://czt.gd.gov.cn/
广东省财政厅
DEPARTMENT OF FINANCE OF GUANGDONG PROVINCE
中华人民共和国会计法
搜索
移动门户
首页
政务公开
政务服务
专题聚焦
互动交流
财政新闻
时政要闻
探寻初心源头 践行宗旨使命——省财政厅组织赴广州农民运动讲习所开展革命传统教育
省财政厅开展扶贫济困捐款活动
省财政厅社会保障处获得“全国助残先进集
省财政厅举办警示教育专题辅导报告会
李克强夏季达沃斯论坛发表特别致
李克强出席2019年夏季达沃斯论坛
李克强辽宁考察说了什么[2019-
李克强在辽宁考察[2019-07-02]
全省“不忘初心、牢记使命”主题
王勇出席2019世界新能源汽车大会
王毅同墨西哥外长埃布拉德举行会
98红色华诞
热烈庆祝中国共产党成立98周年

（a）

http://search.gd.gov.cn/search/local_msg/125?keywords=%E4%B8%
广东省财政厅网站
欢迎使用广东省财政厅网站搜索平台
中华人民共和国会计法
搜 索
全部
办事服务
新闻动态
部门文件
更多政府网站
智能排序 / 发布时间排序
高级
共约 23 条结果，用时：0.92秒
全部时间
热门搜索

（b）

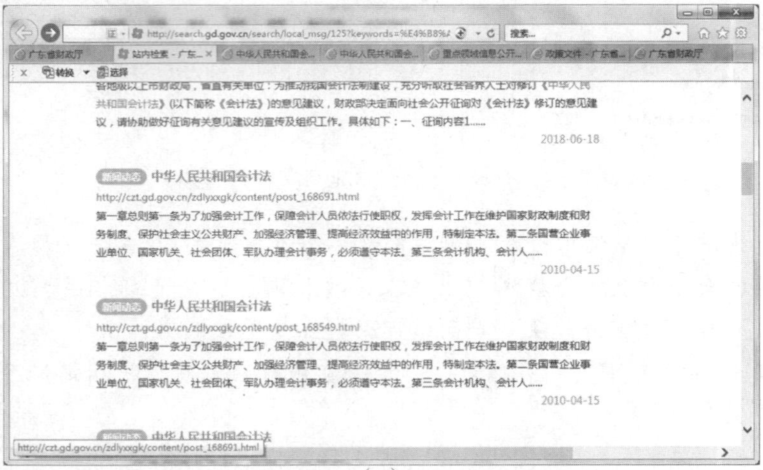
http://search.gd.gov.cn/search/local_msg/125?keywords=%E4%B8%
共和国会计法》(以下简称《会计法》)的意见建议，财政部决定面向社会公开征询对《会计法》修订的意见建议，请协助做好征询有关意见建议的宣传及组织工作。具体如下：一、征询内容1......
2018-06-18
新闻动态 中华人民共和国会计法
http://czt.gd.gov.cn/zdlyxxgk/content/post_168691.html
第一章总则第一条为了加强会计工作，保障会计人员依法行使职权，发挥会计工作在维护国家财政制度和财务制度、保护社会主义公共财产、加强经济管理、提高经济效益中的作用，特制定本法。第二条国营企业事业单位、国家机关、社会团体、军队办理会计事务，必须遵守本法。第三条会计机构、会计人......
2010-04-15
新闻动态 中华人民共和国会计法
http://czt.gd.gov.cn/zdlyxxgk/content/post_168549.html
第一章总则第一条为了加强会计工作，保障会计人员依法行使职权，发挥会计工作在维护国家财政制度和财务制度、保护社会主义公共财产、加强经济管理、提高经济效益中的作用，特制定本法。第二条国营企业事业单位、国家机关、社会团体、军队办理会计事务，必须遵守本法。第三条会计机构、会计人......
2010-04-15
http://czt.gd.gov.cn/zdlyxxgk/content/post_168691.html

（c）

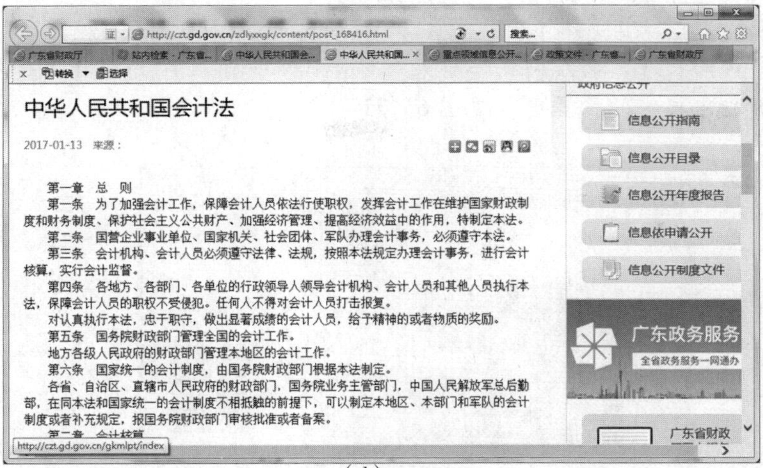

（d）

图 6－29　通过站内搜索《中华人民共和国会计法》

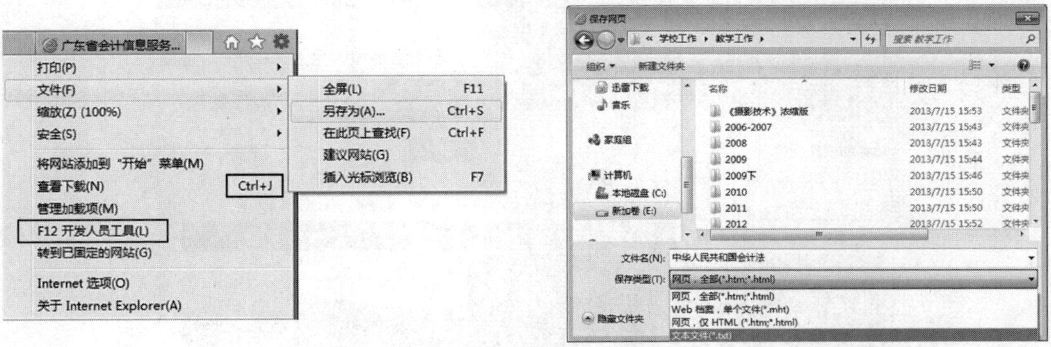

图 6－30　另存为命令与保存文件选项

保存类型有四种形式，它们的区别是：

- “网页，全部（＊.htm；＊.html）”类型：文件保存 HTML 代码，如中华人民共和国会计法.htm，页面的图片、CSS、JS 等资源存放在＊.files 文件夹，如中华人民共和国会计法.files。
- “web 档案，单个文件（＊.mht）”类型：顾名思义，就是网页中包含的图片、CSS 文件以及 HTML 文件全部放到一个 MHT 文件里面，如中华人民共和国会计法.mht。
- “网页，仅 HTML（＊.htm；＊.html）”类型：文件仅仅保存 HTML 代码，如中华人民共和国会计法.html；页面的图片、CSS、JS 等资源还在网络上。如果没联网该文件无法不开。
- 文本文件是一种由若干行字符构成的计算机文件，常用文本文件格式为 TXT 文件。TXT 格式文件通常是指那些能够被系统终端或者简单的文本编辑器接受的格式。任何能读取文字的程序都能读取带有.txt 扩展名的文件，因此，通常认为这种文件是通用的、跨平台的。

（3）登录百度搜索引擎（www.baidu.com），搜索图片进行下载。

①双击桌面 IE 启动浏览器，在 IE 的地址栏中输入 www.baidu.com，打开百度搜索引擎的页面。单击“图片”按钮，进入“百度图片”页面，在文本框中键入关键词，如“风

光”，单击“百度一下”进行搜索。

②选择你喜欢的图片，图片浏览，右键鼠标，在菜单中选择“图片另存为…”，即可把图片保存到计算机中指定的位置中（见图6－31）。

（a）

（b）

图6－31 图片下载页面

6.4 使用 Outlook 2010 收发电子邮件

E-mail是Internet上使用最广泛的一种服务。用户只要能与Internet连接，具有能收发电子邮件的程序及个人的E-mail地址，就可以与Internet上具有E-mail所有用户方便、快速、经济地交换电子邮件，可以在两个用户间交换，也可以向多个用户发送同一封邮件，或将收到的邮件转发给其他用户。

电子邮件地址的格式一般如下：

〈用户标识〉@〈电子邮件服务器域名〉

它由收件人用户标识（如姓名或缩写）、字符“@”和电子邮件所在服务器的域名三部分组成。例如，dj2015@126.com 就是一个电子邮件地址，它表示在“126.com”邮件服务器上有一个名为 dj2015 的电子邮件用户。在 Internet 上收发电子邮件不受地域或时间的限制，双方的计算机不需要同时打开。

Outlook 2010 是 Windows 操作系统所带的 POP3 电子邮件收发软件，使用 Outlook 必须先设置你的电子邮件账户。我们以电子邮件信箱：dj2015@126.com 为例来说明如何设置和使用 Outlook 2010。

【任务 6－4】 雨润公司日常工作需要使用电子邮件进行业务沟通与处理，为了更好地使用与保存电子邮件，公司要求员工使用微软公司的 Outlook 2010 进行电子邮箱的管理与邮件收发。

操作步骤：（1）设置 Outlook 2010。启动 Outlook 2010 进行账户设置。

①双击桌面上的“Outlook 2010”图标或单击“开始”按钮，选择“程序”→“Outlook 2010”命令，启动 Outlook 2010。如果是首次使用，会出现图 6－32 所示界面。如果已有用户账号，需要重新添加，可以在“文件”→“信息”中找到“添加用户”按钮，单击按钮即可进入“添加新账户”向导。在“添加新账户”对话框中，选择“电子邮件账户”项，再点击“下一步”按钮。

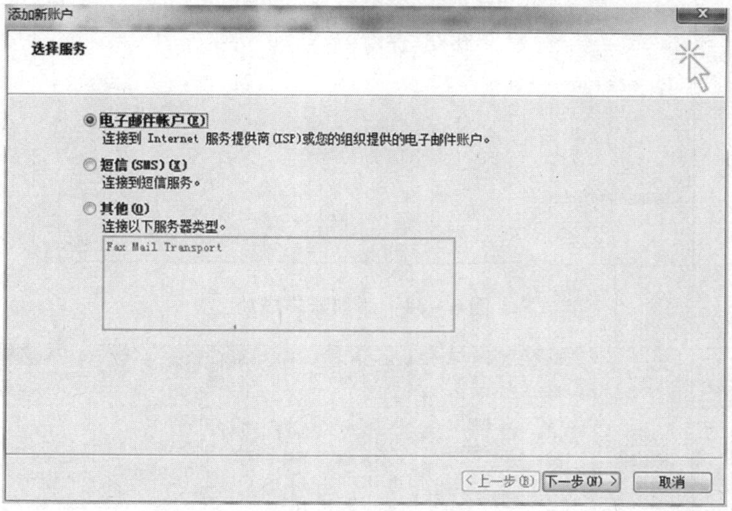

图 6－32　添加新账户

②接下来进入“自动账户设置”选项，系统以一个自动向导来指导你一步一步地配置 E－mail 账户。在“电子邮件账户”中，输入你的姓名（可以是任意的形式），如 dj2015；输入你的 E－mail 地址，如 dj2015@126.com；再输入该邮箱的密码，并确认你的密码，再点击“下一步”（见图 6－33）。

③此时，Outlook 会自动联系邮箱服务器进行账户配置，证明账户配置成功（见图 6－34）。

④点击“完成”按钮，即可进入 Outlook 邮箱管理软件，进行收发邮件的操作（见图 6－35）。

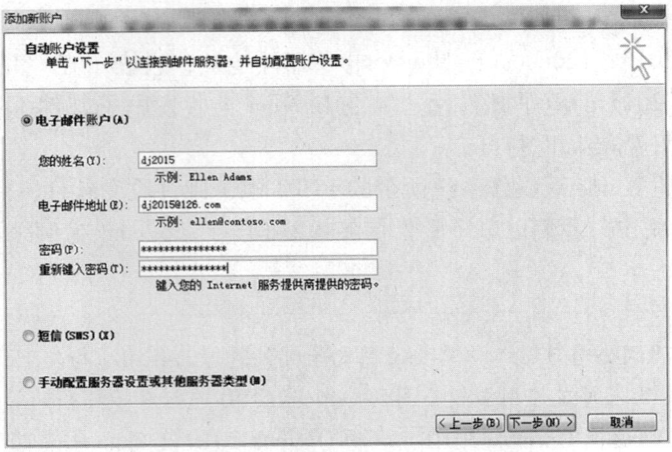

图 6－33　设置账户信息

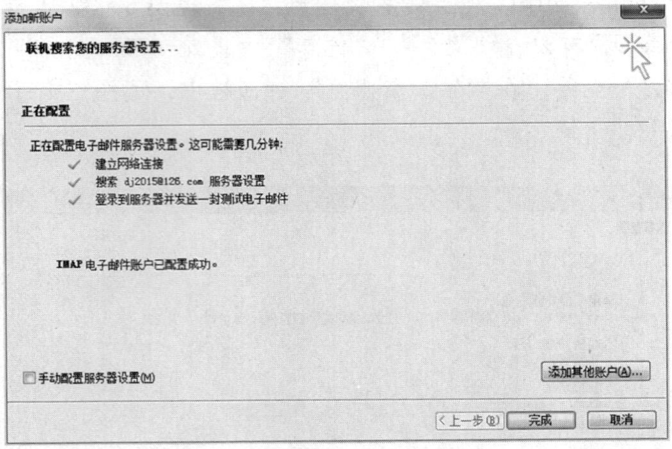

图 6－34　添加账户成功

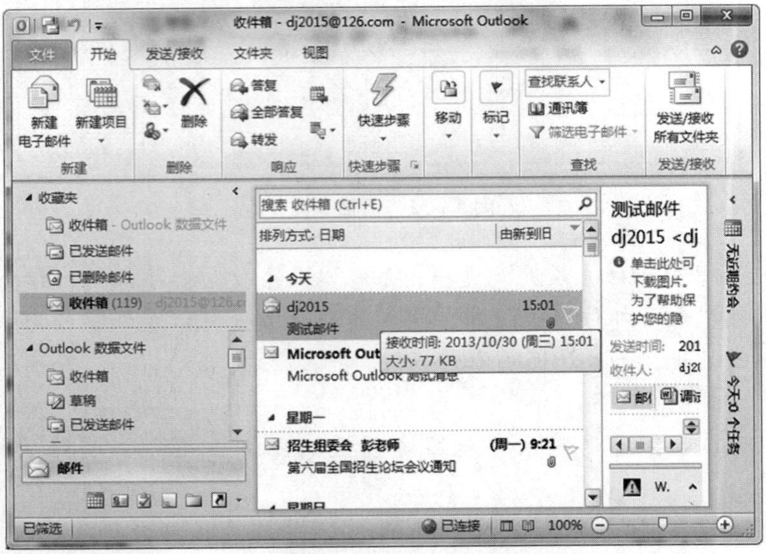

图 6－35　Outlook 预览邮件窗口

（2）使用 Outlook 2010 发送邮件。使用 Outlook 2010 将“调试报告 . docx”文档发送到 test@ sina. com. cn 邮箱，并抄送到 test@ 126. com。

①打开 Outlook 2010，在工具栏上单击“新建项目”按钮，选择“电子邮件”命令（见图 6 – 36）。

②在“收件人”和“抄送”框中，键入每位收件人的电子邮件地址。如果需要同时寄给多位收件人，可以在每个邮箱地址后分别用英文逗号（,）或分号（;）隔开。

“抄送”就是你发给“收信人”邮件的同时，再向另一人（或几个人）同时发送该邮件，“收信人”从邮件中知道你都把邮件“抄送”给了谁。

在“主题”框中，键入邮件主题“测试邮件”。

将插入点光标移到信体部分，撰写邮件的正文内容（见图 6 – 37）。

图 6 – 36　新建项目

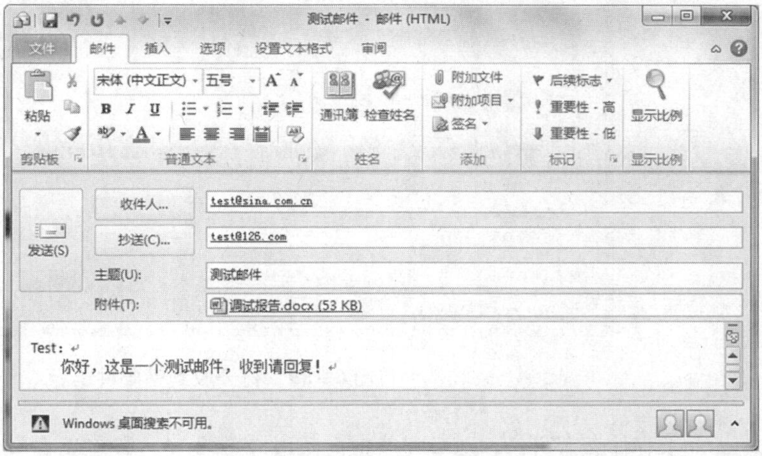

图 6 – 37　撰写邮件窗口

③在快捷菜单中找到“附加文件”按钮，单击添加附件，如 F 盘中的“调试报告 . docx”文件，然后单击“插入”按钮（见图 6 – 38）。

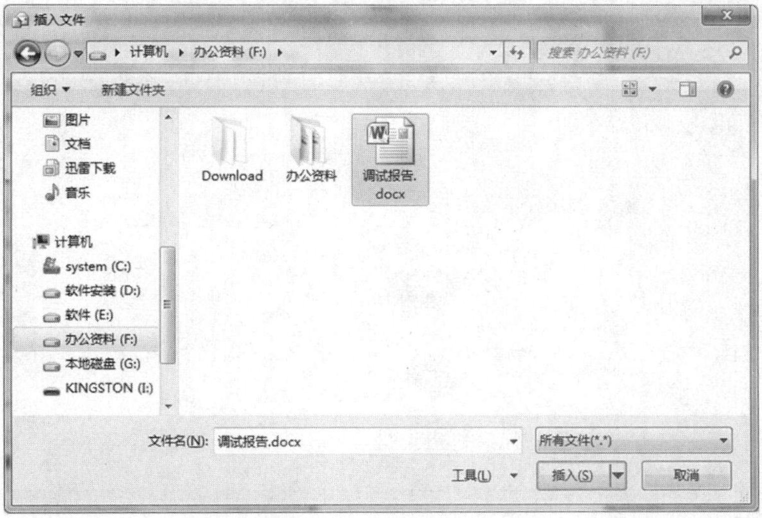

图 6 – 38　“插入文件”对话框

④单击工具栏上的“发送”按钮，邮件发送完成。

(3) 使用 Outlook2010 接收邮件并转发邮件。接收测试邮件，保存邮件中的附件，并进行转发。同时，把邮件通过秘密抄送的方式发送出去。

①检查收件箱，接收新邮件，打开接收到的“测试邮件”(见图 6－39)。

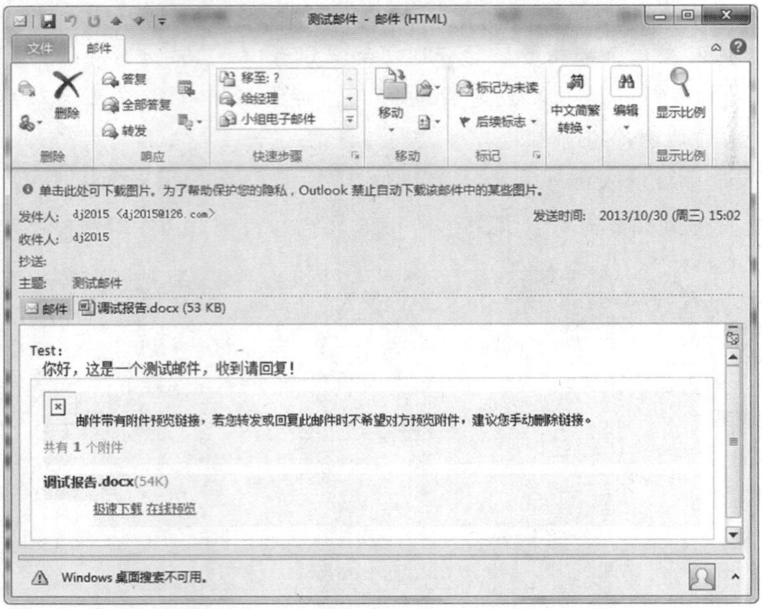

图 6－39　打开收到的邮件

②如果邮件含有附件，则在邮件中提示附件的名称。需要查看附件内容时，可单击附件名称，在 Outlook 中预览。某些不是文档的文件无法在 Outlook 中预览，则可双击打开（见图 6－40)。

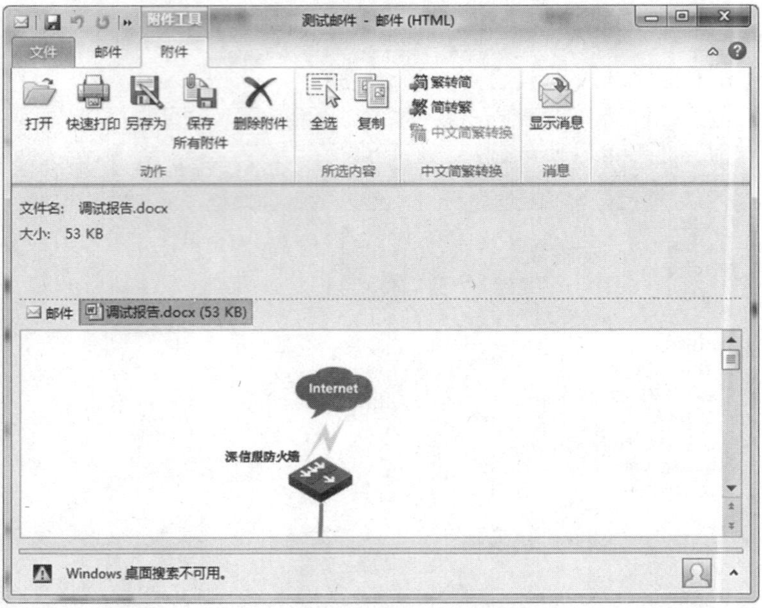

图 6－40　附件预览窗口

③保存附件到计算机中，可以鼠标右击文件名，在弹出菜单中选择“另存为”，在打开的“保存附件”窗口中指定保存路径，并单击“保存”按钮（见图6－41）。

图6－41　附件另存为

④如果需要回复邮件，单击“答复”按钮，进入答复邮件窗口，回复完成后点击发送“按钮”即可（见图6－42）。

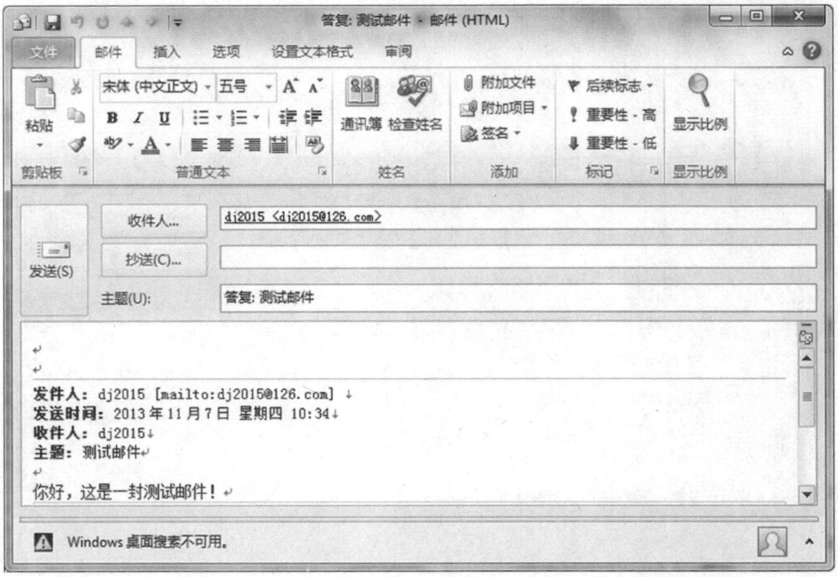

图6－42　答复邮件窗口

⑤收到的邮件也可以转发给其他用户，点击“转发”按钮，进入转发邮件窗口，填入要转发的联系人地址即可发送（见图6－43）。

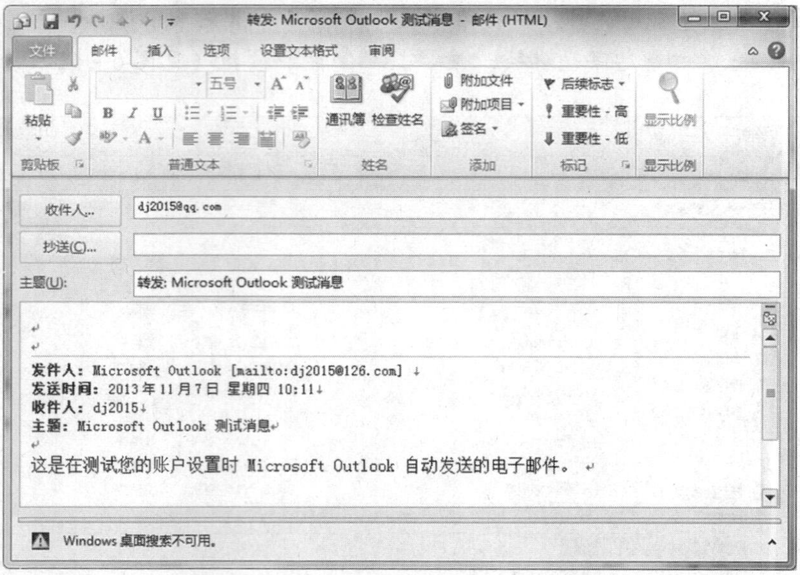

图 6－43　转发邮件窗口

⑥在发送邮件的过程中，如果有些联系人的地址需要保密，不希望收件人看到这个邮件都发给了谁，就可以使用“密件抄送”发送方式。在写邮件窗口中，点击“选项”菜单→“密件抄送”按钮，“密件抄送”地址栏就会显示，输入收件人的地址即可。

“密件抄送”——邮件会按照“密件”的原则，将传送给“收信人”的邮件信息中无法知道你都把邮件发给了谁，“收信人”只知道你把邮件发给了他一个人，也就是把“抄送”对象“保密”起来了（见图 6－44）。

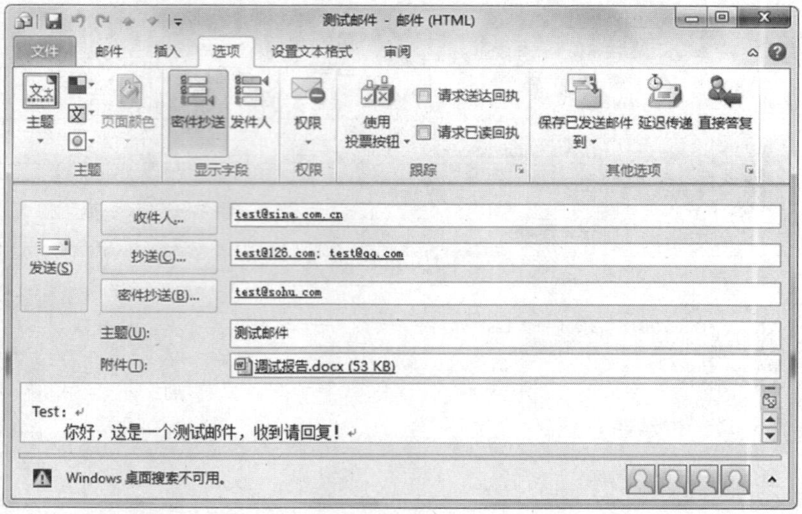

图 6－44　密件抄送

测试题 6

1. 计算机网络最突出的特征是（　　）。

A. 运算速度快　　B. 运算精度高　　C. 存储容量大　　D. 资源共享

2. 互联网上的服务都是基于一种协议，WWW 服务基于（　　）协议。

A. SMP　　B. HTTP　　C. SNMP　　D. TELNET

3. 建立一个计算机网络需要有网络硬件设备和（　　）。

A. 体系结构　　B. 资源子网　　C. 传输介质　　D. 网络操作系统

4. 因特网上许多复杂网络和许多不同类型的计算机之间能够互相通信的基础是（　　）。

A. WINDOWS　　B. ATM　　C. NOVELL　　D. TCP/IP

5. 局域网最普遍采用（　　）拓扑结构。

A. 树型　　B. 网状　　C. 星型　　D. 环型

6. 实现局域网与广域网互联的主要设备是（　　）。

A. 交换机　　B. 集线器　　C. 网桥　　D. 路由器

7. http://www. sina. com. cn 域名中（　　）是二级域名。

A. www　　B. sina　　C. com　　D. cn

8. （　　）不能作为 IP 地址。

A. 10. 0. 128. 1　　B. 200. 234. 151. 24

C. 256. 24. 1. 1　　D. 158. 254. 0. 1

9. IE 浏览器收藏夹的作用是（　　）。

A. 收集感兴趣的网页地址　　B. 记忆感兴趣的页面内容

C. 收集感兴趣的文件内容　　D. 收集感兴趣的文件名

10. 关于电子邮件，下列说法中错误的是（　　）。

A. 发件人必须有自己的 E-mail 账户

B. 必须知道收件人的 E-mail 地址

C. 收件人必须有自己的邮政编码

D. 可以使用 Outlook 2010 管理联系人信息

第7章

多媒体技术

在我们的日常生活中随处可见各种各样的多媒体，如电影、音乐、广告海报等。那么这些是利用什么样的技术进行实现，让我们的生活和学习变得丰富多彩。

7.1　多媒体与多媒体技术

7.1.1　多媒体与多媒体技术概念

多媒体是多种媒体的综合，一般包括文本、声音和图像等多种媒体形式。在日常生活中，我们所接触的报纸、杂志、电影、电视等，都是以各自的媒体传播信息的，如报纸杂志以文字、图形等作为媒体；电影电视是以文本、声音、图形、图像作为媒体。那么在计算机系统中，多媒体指组合两种或两种以上媒体的一种人机交互式信息交流和传播媒体。使用的媒体包括文本、图片、照片、声音、动画和影片，以及程式所提供的互动功能。

7.1.1.1　文本信息

文本信息是由文字编辑软件生成的文本文件，由汉字、英文或其他文字符号构成。文本是人类的表达信息最基本的方式，具有字体、字号、样式、颜色等属性。文本计算主要有两种方式：点阵文本和矢量文本。目前，计算机中主要采用是矢量文本，文本文件有记事本，其扩展名为 txt。

【任务 7－1】在 D 盘根目录中创建一个记事本文件，并查看其相关属性，如图 7－1 所示。

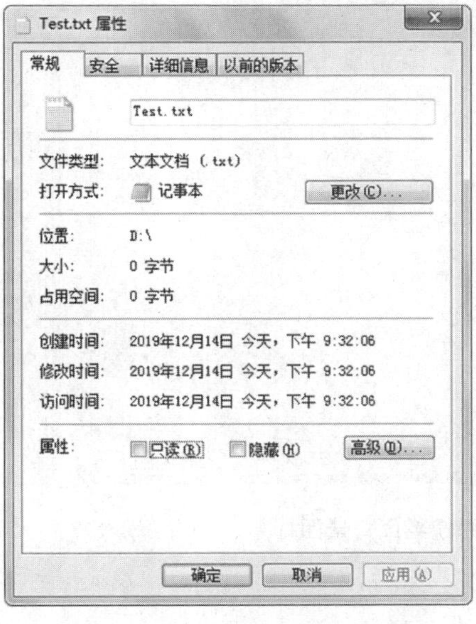

图 7－1　查看记事本属性

7.1.1.2 图像信息

在计算机中，图像信息分为两类：一类是由点阵构成的位图图像；另一类是用数学描述形成的矢量图形。由于对图像信息的表示存在两种不同的方式，对它们的处理手段也是截然不同的。

位图，也叫作点阵图、像素图，简单地说，就是由像素的单个点构成的图。这些点可以进行不同的排列和染色以构成图样，特点是只要有足够多的不同色彩的像素，就可以制作出色彩丰富的图像，逼真地表现自然界的景象，但是缩放会失真。常用格式 . BMP、. GIF、. jpg、. PSD 等。

矢量图，也叫作向量图，简单地说，就是缩放不失真的图像格式。矢量图是通过多个几何对象的组合生成的，对其中的每一个对象的记录方式，都是以数学函数来实现的。所以，即使对画面进行倍数相当大的缩放，其显示效果仍然不会变形失真，和分辨率无关，且文件占用内在空间较小，常用格式有 . AI、. CDR、. FH 等。

【任务 7 -2】 查找系统桌面背景图片并查看其相关属性。

操作步骤：

（1）在计算机资源管理器窗口的地址栏中输入：C:\Windows\Web\Wallpaper\Windows，查找系统桌面背景图片，如图 7 -2 所示。

（2）选中图片并右击选择属性，可以查看到此图片相关属性，如图 7 -3 所示。

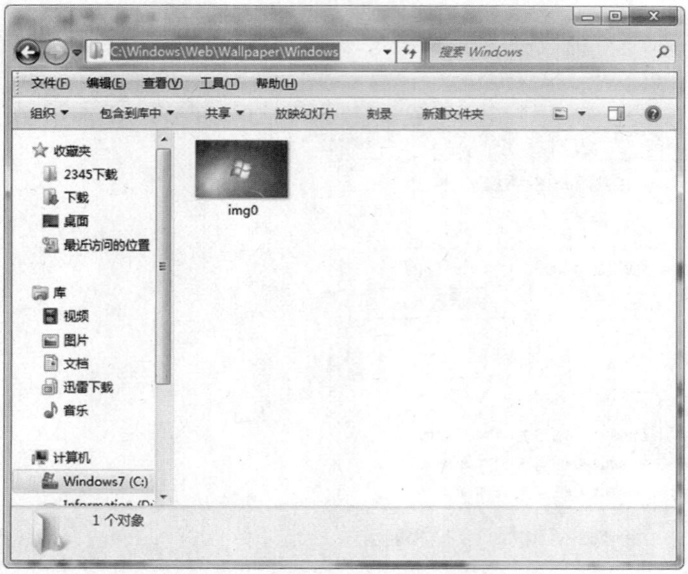

图 7 -2 查找系统桌面背景图片

图 7 -3 图片属性

7.1.1.3 动画

动画是一种通过一系列连续画面来显示运动的技术，通过一定的播放速度，来表达运动的效果。利用各种各样的方法制作或产生动画，是依靠人的“视觉暂留”功能来实现的，把一系列变化微小的画面，按照一定的时间间隔显示在屏幕上，就可以达到物体运动的效果。动画常见的文件格式是 . swf 和 . gif。

7.1.1.4 音频信息

音频信息是指自然界中各种音源发出的可闻声和由计算机通过专门设备合成的语音或音乐。音频常用的格式有：

(1) WAV 文件，是对声音信号进行采样、量化后生成的声音文件。通常文件较大，多用于存储剪短的声音片段。

(2) MPEG 文件。MP3 因为其压缩比高、音质接近 CD、制作简单等优点，被广泛使用，是目前最流行的音频格式，但是音质稍差于 WAV 文件。

(3) MIDI 文件，是乐器数字接口文件，要比 WAV 文件小很多，但是整体效果不如 WAV 文件，播放效果比较依赖于播放文件的硬件质量。

【任务 7 – 3】查找系统登录时播放的音频文件。

操作步骤：

(1) 在计算机资源管理器窗口的地址栏中输入：C:\Windows\Media，查找系统登录时播放的音频文件，如图 7 – 4 所示。

(2) 选中音频文件，并右击选择属性，可以查看到此音频的相关属性，如图 7 – 5 所示。

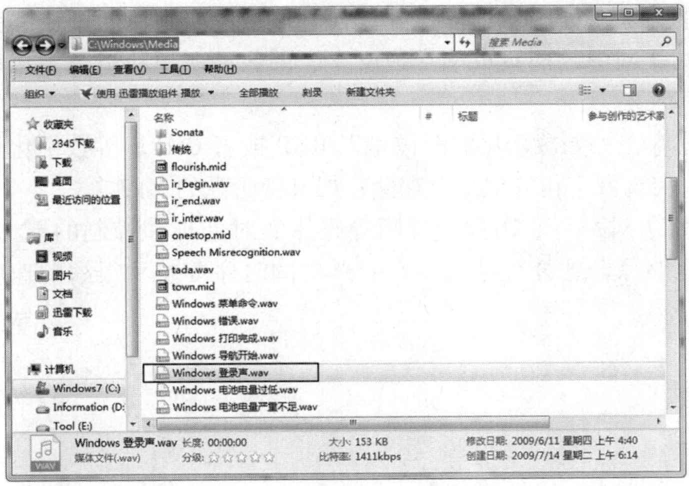

图 7 – 4 查找系统登录时播放音频文件

图 7 – 5 音频文件的属性

7.1.1.5 视频信息

视频信息是指活动或连续的图像信息，它由一系列连续呈现的图像画面所组成，每幅画面成为一帧，帧是构成视频信息的基本单元。视频信息在现代通信系统所传输的信息中占有重要的地位，人类接收的信息约有 70% 来自视觉，所以视频信息具有准确、直观、具体生动、高效、应用广泛、信息容量大等特点。视频常用的格式有：

（1）mp4 文件：mp4 是一种非常流行的视频格式。

（2）avi 文件：Windows 操作系统中数字视频文件的标准格式。

（3）mov 文件：QuickTime 视频处理软件所采用的视频文件格式，画面质量好于 .avi 文件。

（4）wmv 文件：是微软推出的视频文件格式，是 Windows Media 的核心。

（5）asf 文件：是高级流格式，主要优点包括本地或网络回放、可扩充的媒体类型、部件下载以及扩展性好等。

（6）rmvb 文件：是一种视频文件格式，是多媒体数字容器格式的可变比特率（VBR）扩展版本。

7.1.2 多媒体技术的特点

多媒体技术的特点有以下几个方面。

（1）多样性：相对于计算机而言的，即指信息媒体的多样性。媒体包含了文字、声音、图形、动画、图像、视频等多种信息。

（2）交互性。用户可以与计算机的多种信息媒体进行交互操作，从而为用户提供了更加有效控制和使用信息的手段。信息以超媒体结构进行组织，可以方便地实现人机交互。比如我们在浏览网页时通过鼠标点击网页上的按钮来实现内容的跳转，这就体现了人与机器之间的互动，点击行为是手对鼠标的物理动作转换为电讯号，电脑通过接收点击信息，反馈相应的内容。

（3）集成性。指以计算机为中心综合处理多种信息媒体，它包括信息媒体的集成和处理这些媒体的设备的集成。比如互联网中的网页可能集成文字、图像、视频和声音等多种形式。

（4）数字化。媒体以数字形式存在，如数字化的图像是以 RGB 或者 CMYK 等数字化形式存储；声音通过高频率的采样来实现数字化的记录并存储，如日常听歌的 MP3。

（5）实时性。多媒体系统提供了对声音、图像、视频等媒体实时处理和控制的能力。多媒体系统的一个基本特征就是能够综合地处理信息，有着严格的时序要求和很高的速度要求。

7.1.3 多媒体的关键技术

7.1.3.1 音频技术

音频技术是以电声技术为核心内容，包含建筑声学、生理心理及音乐艺术等相关方面在内的，把系统构成、音视频节目、多媒体和网络媒体制作及应用作为主要目的的综合应用型学科。

7.1.3.2 视频技术

视频技术即动态图像传输，在电信领域被称为视频业务或视讯业务，在计算机界常常称为多媒体通信、流媒体（下载像流水）通信等。

7.1.3.3 图像压缩技术

图像压缩分为有损压缩和无损压缩。有损压缩包括预测编码、变换编码、混合编码等。有损编码分为：JPEG，MPEG 和 P＊64；无损编码分为：LempdZew，Huffman 编码，行程编码，算数编码。无损压缩是相对于有损压缩而言的。目前，常用的数字图像压缩编码方法可分为两大类：一类是冗余压缩法，也称为无损压缩法，无损压缩的算法删除的仅仅是冗余的信息，因此可以在解压缩时精确地恢复原图像。另一类是有损压缩法，其算法把不相干的信息也删除了，解压缩时只能对图像进行类似的重构，而不能精确的复原，所以有损压缩算法可以达到更高的压缩比。

7.1.4 多媒体的应用

7.1.4.1 CAI 及远程教育系统

计算机辅助教学（CAI）是在计算机辅助下进行的各种教学活动，以对话方式与学生讨论教学内容、安排教学进程、进行教学训练的方法与技术。CAI 为学生提供一个良好的个人化学习环境。综合应用多媒体、超文本、人工智能和知识库等计算机技术，具有交互性、多样性、个别性、灵活性等特点，克服了传统教学方式单一、片面的缺点。它的使用能有效地缩短学习时间、提高教学质量和教学效率，实现最优化的教学目标。

网络远程教育模式依靠现代通信技术及多媒体技术的发展，大幅度地提高了教育传播的范围和时效，使教育传播不受时间、地点、国界和气候的影响。CAI 的应用，使学生真正打破了明显的校园界限，改变了传统的“课堂教学”的概念，突破时空的限制，接受到来自不同国家、教师的指导，可获得除文本以外更丰富、直观的多媒体教学信息，共享教学资源，它可以按学习者的思维方式来组织教学内容，也可以由学习者自行控制和检测，使传统的教学由单向转向双向，实现了远程教学中师生之间、学生与学生之间的双向交流。

7.1.4.2 多媒体会议系统

多媒体会议系统是一种让身处异地的人们通过某种传输介质实现“实时、可视、交互”的多媒体通信技术。它可以通过现有的各种电气通信传输媒体，将人物的静态/动态图像、语音、文字、图片等多种信息分送到各个用户的终端设备上，使得在地理上分散的用户可以共聚一处，通过图形、声音等多种方式交流信息，增加双方对内容的理解能力，使人们犹如身临其境参加在同一会场中的会议一样。它集计算机的交互性、通信的分布性以及电视的真实性为一体，具有明显的优越性，是一种快速高效、日益增长、广泛应用的新的通信业务。

7.1.4.3 VOD 和交互电视（ITV）系统

它是根据用户要求播放节目的视频点播系统，具有提供给单个用户对大范围的影片、视频节目、游戏、信息等进行几乎同时访问的能力。对于用户而言，只需配备相应的多媒体电脑终端或者一台电视机和机顶盒，一个视频点播遥控器，就可以“想看什么就看什么，想什么时候看就什么时候看”，用户和被访问的资料之间高度交互性使它区别于传统的视频节目的接收方式。它是多媒体数据压缩解压技术，综合了计算机技术、通信技术和电视技术的一门综合技术。

在这些VOD应用技术的支持和推动下，网络在线视频、在线音乐、网上直播为主要项目的休闲娱乐、新闻传播等服务得到了迅猛发展，各大电视台、广播媒体和娱乐业公司纷纷推出其网上节目，虽然目前由于网络带宽的限制，视频传输的效果还远不能达到人们所预期的满意程度，但还是受到了越来越多用户的青睐。

VOD和交互电视（ITV）系统的应用，在某种意义上讲是视频信息技术领域的一场革命，具有巨大的潜在市场，具体应用在电影点播、远程购物、游戏、卡拉OK服务、点播新闻、远程教学、家庭银行服务等方面。

7.1.4.4 语音识别

语音的识别长久以来一直是人们的美好梦想，让计算机听懂人说话是发展人机语音通信和新一代智能计算机的主要目标。随着计算机的普及、越来越多的人在使用计算机，如何给不熟悉计算机的人提供一个友好的人机交互手段，是人们感兴趣的问题，而语音识别技术就是其中最自然的一种交流手段。

自20世纪80年代中期以来，新技术的不断出现使语音识别有了实质性的进展。特别是隐马尔可夫模型（HMM）的研究和广泛应用，推动了语音识别的迅速发展，陆续出现了许多基于HMM模型的语音识别软件系统。

当前，语音识别领域的研究方兴未艾，在这方面的新算法、新思想和新的应用系统不断涌现。同时，语音识别领域也正处在一个非常关键的时期，世界各国的研究人员正在向语音识别的最高层次应用——非特定人、大词汇量、连续语音的听写机系统的研究和实用化系统进行冲刺，可以乐观地说，人们所期望的语音识别技术实用化的梦想很快就会变成现实。

7.2 常用多媒体工具软件简介

多媒体应用软件包括音频应用软件、图像应用软件和视频应用软件，我们针对每个方向选取一个主流的软件进行讲解，介绍软件的基本功能和操作方法。

7.2.1 录音机

录音机是Windows提供的录制声音工具，可以将由麦克风输入的原始声音进行数字化处理，并保存成.wav格式的声音文件，也可以将声音链接或插入另一个文档中。通过选择“开始菜单｜所有程序｜附件｜录音机”命令，即可打开Windows录音机，如图7-6所示。

图7-6 录音机界面

【任务 7 -4】用录音机录制一段声音并保存为 SY. wav 文件。

操作步骤：

(1) 确保音频输入设备（麦克风）已经连接到计算机上。

(2) 单击："开始录制" 按钮，开始录制声音。

(3) 录制声音结束时，请单击"停止录制" 按钮，停止建制。

(4) 在弹出保存窗口时，选择保存路径、保存文件名为：SY 即可保存刚录制的声音信息。

7.2.2　音频应用软件 GoldWave

GoldWave 是一款功能强大的数码录音及编辑软件，可以对音乐进行播放、录制、编辑以及转换格式等处理。GoldWave 的操作简便，拥有直观、可定制的用户界面，软件内置多种声音效果。GlodWave 的界面如图 7 -7 所示。

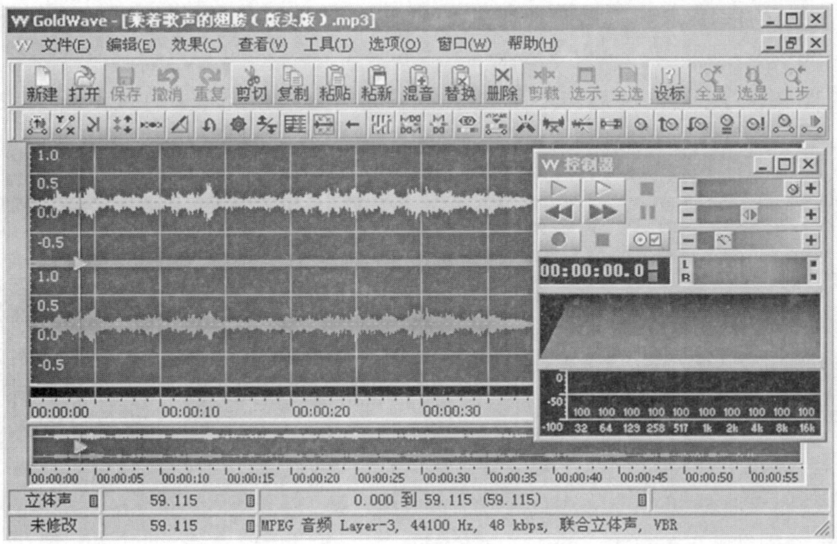

图 7 -7　GlodWave 的界面

7.2.3　图像处理软件——ACDsee

ACDSee 是一款集图片管理、浏览、简单编辑于一身的强大图像管理软件，如图 7 -8 所示。对于一般的初学者来说，该软件完全能够胜任管理、浏览图片，同时还可以对图片进行简单的编辑，功能强大而又简单易学。

ACDsee 支持所有常用的图片格式，包括有 BMP、JPEG、GIF、PNG、PSD、TGA、TIFF 等。利用 ACDsee 能使图片格式互相进行转换。

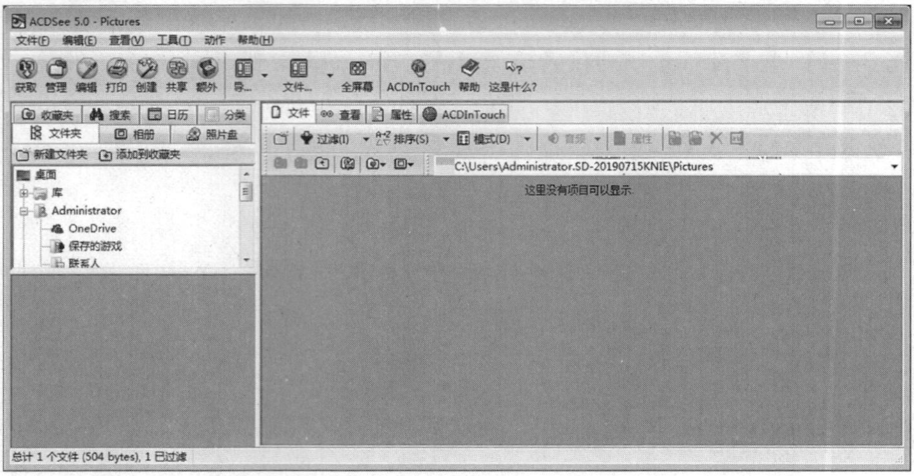

图 7－8　ACDsee 界面

【任务 7－5】对图片进行简单编辑，修改图片的大小、方向。

操作步骤：

（1）打开 ACDsee 软件，选择“工具｜调整大小”命令，从弹出的窗口修改参数大小即可，如图 7－9 所示。

（2）选择“工具｜旋转/翻转”命令，从弹出窗口修改图片的方向即可，如图 7－10 所示。

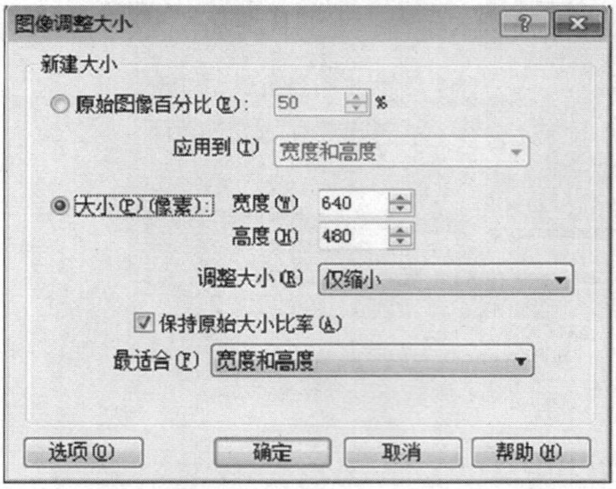

图 7－9　图片大小修改

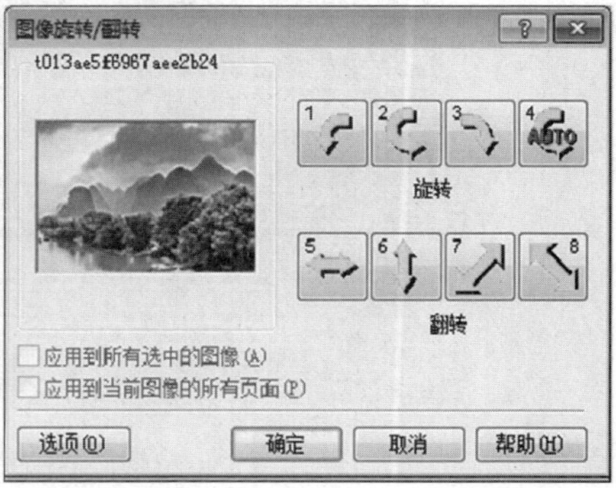

图 7－10　图片方向修改

（3）修改完成后“文件｜另存为”命令保存。

7.2.4　视频应用软件——Windows Media Player

作为 Windows 组件的媒体播放程序——Windows Media Player 提供了最广泛、最流畅的网络媒体播放方案。该软件支持目前大多数流行的文件格式，能够播放最新的 MPEG－4 格式的文件。

Windows Media Player 的界面现代、精美，它可以播放 CD 歌曲、VCD 和 DVD 视频文件，所支持的文件格式包括：WAV、MP3、MPG、AVI、QuickTime Files、Real Media Files；运行 Windows Media Player，如图 7－11 所示。

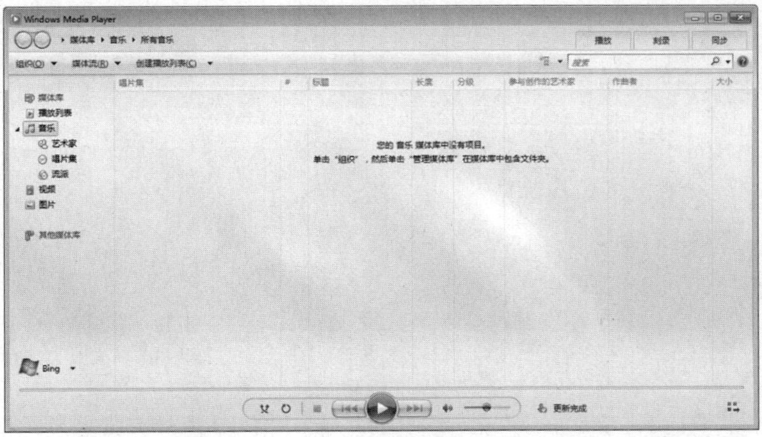

图 7－11　Windows Media Player 界面

测试题 7

1. 多媒体指组合（　　）以上媒体的一种人机交互式信息交流和传播媒体。

A. 两种或两种　　　　B. 一种

C. 一种或两种　　　　D. 以上都不对

2. （　　）不是多媒体的关键技术。

A. 音频技术　　　　B. 存储技术

C. 图像压缩技术　　　　D. 视频技术

3. （　　）不是多媒体技术的特点。

A. 信息载体的多样性　　　　B. 多媒体的交互性

C. 图像压缩技术　　　　D. 实时性

4. （　　）不是多媒体技术的应用。

A. CAI 及远程教育系统　　　　B. 多媒体会议系统

C. 语音识别　　　　D. 电话系统

第8章

常用工具软件

在我们使用电脑的过程中，经常要用到一些工具软件辅助我们的工作、学习、生活、娱乐等，熟练掌握这些软件的使用，就可以大大提高我们的工作效率。工具软件非常多，这里我们讲一些常用的，其他的大家可以自行研究。

8.1　压缩软件

为了提高硬盘的利用效率，让电脑存储更多的文件，产生了压缩软件。WinRAR 是在 Windows 环境下常用的一款压缩和解压缩软件，具有界面友好、使用方便等特点，在压缩率和速度方面都有很好的表现。其压缩率较高、采用了先进的压缩算法，是现在压缩率较大、压缩速度较快的格式之一。下面讲一下压缩软件 Winrar 经常使用的几个功能。

【任务8－1】 压缩文本文件 CP936. txt。

操作步骤：

在文件上单击右键，在弹出的快捷菜单里选择“添加到 CP936. rar”并单击（见图8－1），这样就把原文件压缩成了同名的压缩文件。比较二者的大小，压缩后的文件只有原文件的1/10（见图8－2）。

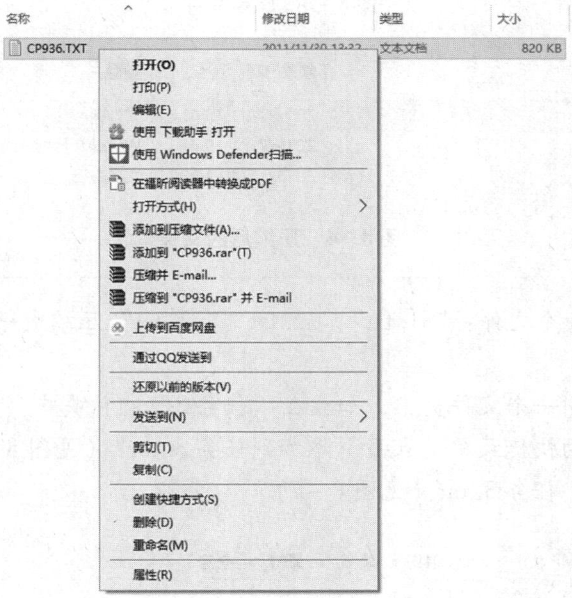

图8－1　压缩文本文件

图8－2　压缩后的文件

【任务 8－2】把【任务 8－1】的压缩文件解压缩。

操作步骤：

在“CP936. rar”上单击右键，在弹出的快捷菜单上点击“解压到 CP936”（见图 8－3），会出现一个名为“CP936”的文件夹（见图 8－4），打开文件夹会看到解压后的文件。

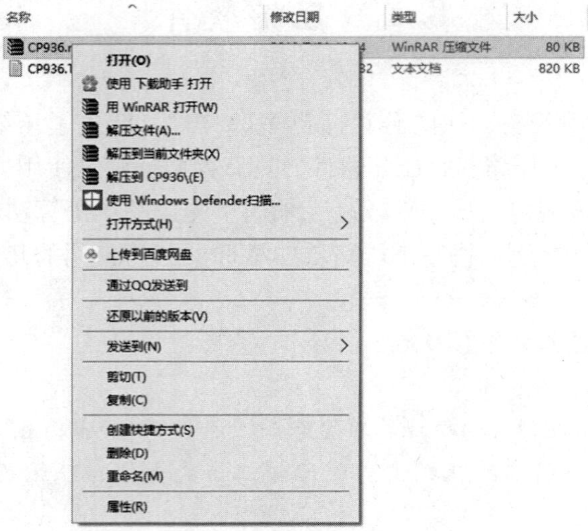

图 8－3　压缩文件

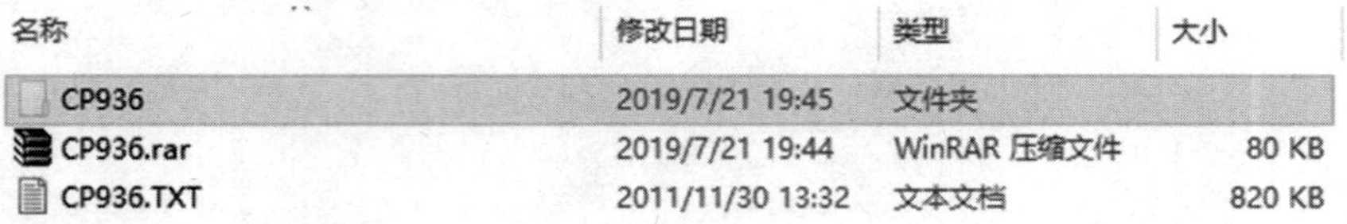

图 8－4　压缩后的文件

【任务 8－3】把 3 个文件：“a1. txt”“a2. txt”“a3. txt”压缩成一个文件。

操作步骤：

把 3 个文件放在同一个文件夹中，如放在“任务 3”文件夹中（见图 8－5），在文件夹上单击右键，在弹出的快捷菜单上点击“添加到任务 3. rar”（见图 8－6），这样就把 3 个文件压缩成了一个文件：任务 3. rar（见图 8－7）。

图 8－5　放入压缩文件

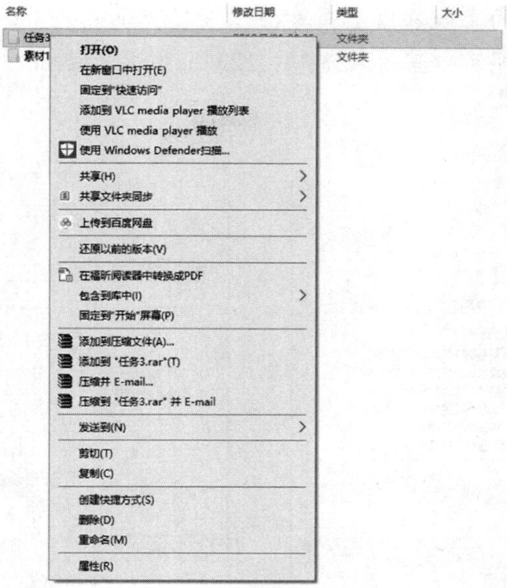

图 8 –6　添加到任务栏

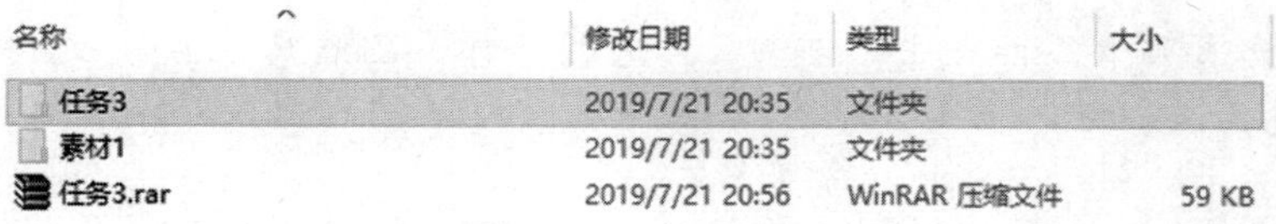

图 8 –7　压缩后的文件

【任务 8 –4】 压缩文本文件，即任务 4. txt 并添加密码：123456。

操作步骤：

（1）在文件“任务 4. txt”上单击右键，在弹出的快捷菜单上单击“添加到压缩文件……”（见图 8 –8）。

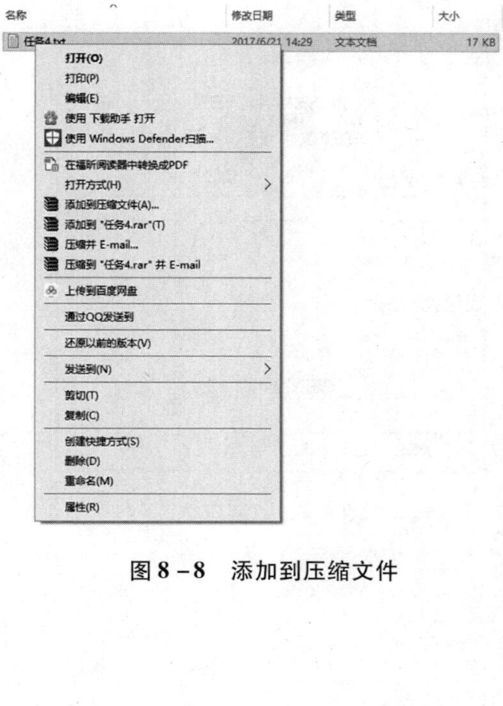

图 8 –8　添加到压缩文件

(2) 在出现的窗口里的常规选项里，单击“设置密码……”(见图8-9)。

(3) 在弹出的输入密码窗口里输入密码：123456，然后点击“确定”(见图8-10)。

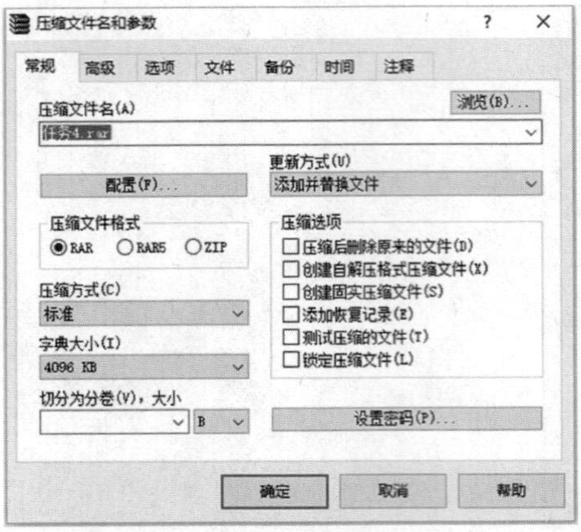

图8-9 设置密码

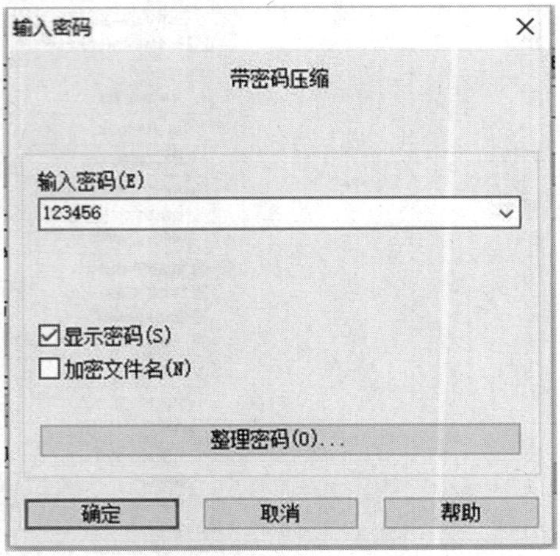

图8-10 输入密码

(4) 回到常规选项卡，再点击“确定”，完成操作，压缩后的默认文件名为：任务4.rar(见图8-11)。

图8-11 压缩后文件

(5) 当要解压缩这个文件时，必须输入正确的密码才能解压缩(见图8-12)。

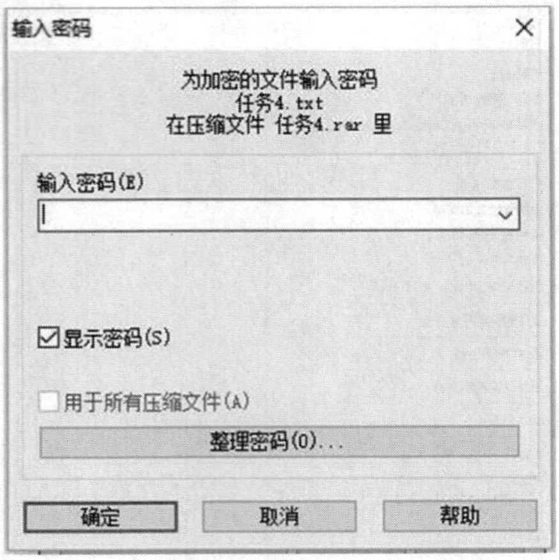

图8-12 解压缩

8.2　下载软件

网上很多资源需要下载下来才能使用。为了更好地实现下载功能，出现了许多下载软件，现在最流行的下载软件是迅雷，下面以迅雷软件为例，讲一下常用的下载功能。

【任务 8－5】 用迅雷下载搜狗输入法安装文件。

操作步骤：

（1）在百度搜索“搜狗输入法”，结果如图 8－13 所示。

图 8－13　搜索输入法

（2）点击“立即下载”，弹出迅雷下载窗口，如图 8－14 所示。

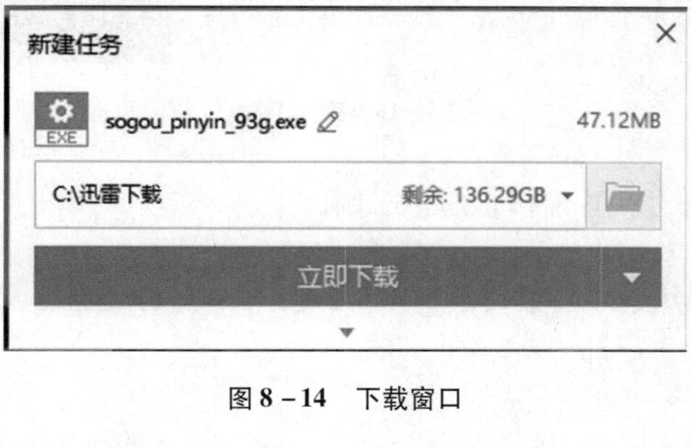

图 8－14　下载窗口

（3）点击“立即下载”，即开始下载，如图 8－15 所示。

图 8-15　下载

下载完成后如图 8-16 所示。

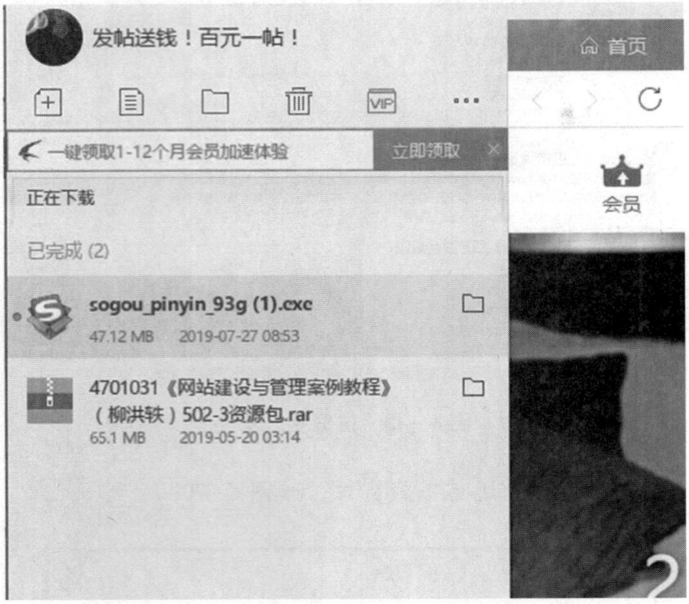

图 8-16　完成下载

【任务 8-6】 删除【任务 8-5】下载的文件。

操作步骤：

在已经下载的搜狗输入法安装文件上单击右键，在弹出的快捷菜单上单击“删除”，就把文件删除了（见图 8-17）。

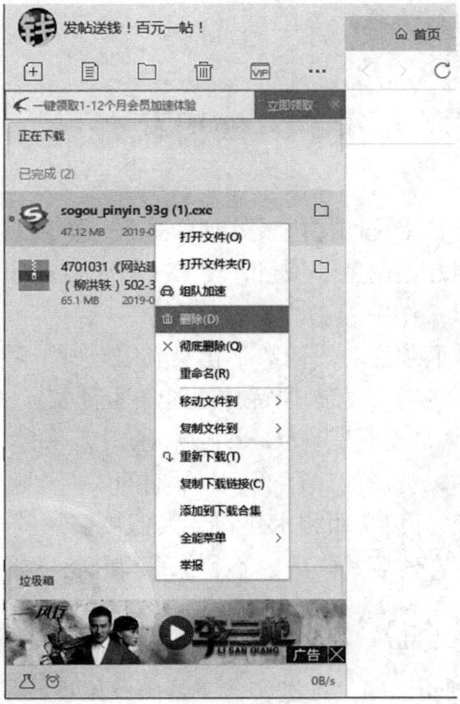

图8-17　删除文件

思考题：【任务8-6】的快捷菜单里有“删除”和“彻底删除”，二者有何区别？

【任务8-7】更改默认的下载目录。

操作步骤：

在迅雷主界面单击“设置中心”，单击“基本设置”选项卡，找到下载目录，默认下载目录是“C:\迅雷下载\”，单击“选择目录”，即可更改到其他目录（见图8-18）。

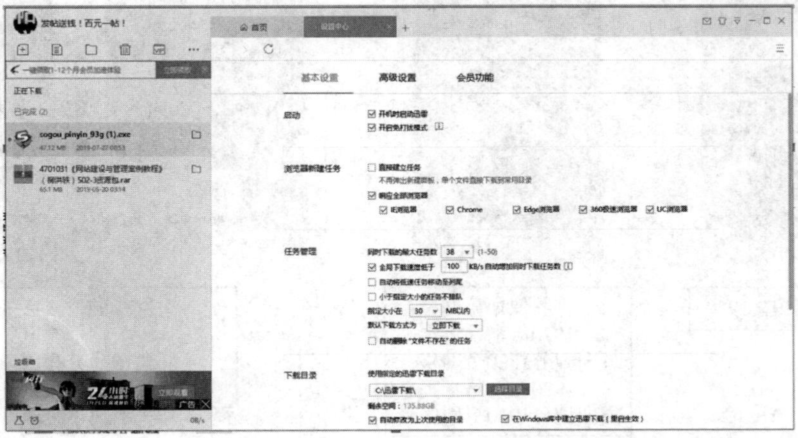

图8-18　更改下载目录

其他设置功能请大家自行学习。

8.3　修图软件

修图软件是利用软件对数字化图像进行处理的过程，本项目通过使用 PS 软件制作证件照以及美图秀秀软件修改照片这两个子项目，使学生对于专业和娱乐性的修图软件有基本的了解，并可应用于日常学习工作中。

在进行实际操作前，我们须先对图像数字化及应用有所了解。

（1）图像数字化。实验心理学家赤瑞特拉通过实验证实：人类获取的信息 83% 来自视觉，11% 来自听觉，3.5% 来自嗅觉，1.5% 来自触觉，1% 来自味觉。视觉是人类感知世界的主要途径。为了将美好的视觉影像保存下来，早期的人们通过绘画来保留影像，法国人达盖尔在 1839 年的银版摄影法开启了照相术年代，人们更多用胶片和胶卷保留视觉影像，但无论是图画还是胶卷，都存在着容易损毁、不易保存以及检索复杂的缺点，人们期待更好的图像保存与处理方法。

数字图像处理最早出现于 20 世纪 50 年代，当时的图像处理是以人为对象，以改善人的视觉效果为目的。60 年代的美国喷气推进实验室是图像处理技术首次获得实际成功的应用，推动了数字图像处理这门学科的诞生。

所谓图像数字化，是通过扫描仪或数字相机，采用采样、量化、编码技术，将图像转换为二进制代码，从而可以在计算机内进行存储、加工的过程。

（2）图像数字化的基本流程（见图 8－19 和图 8－20）。

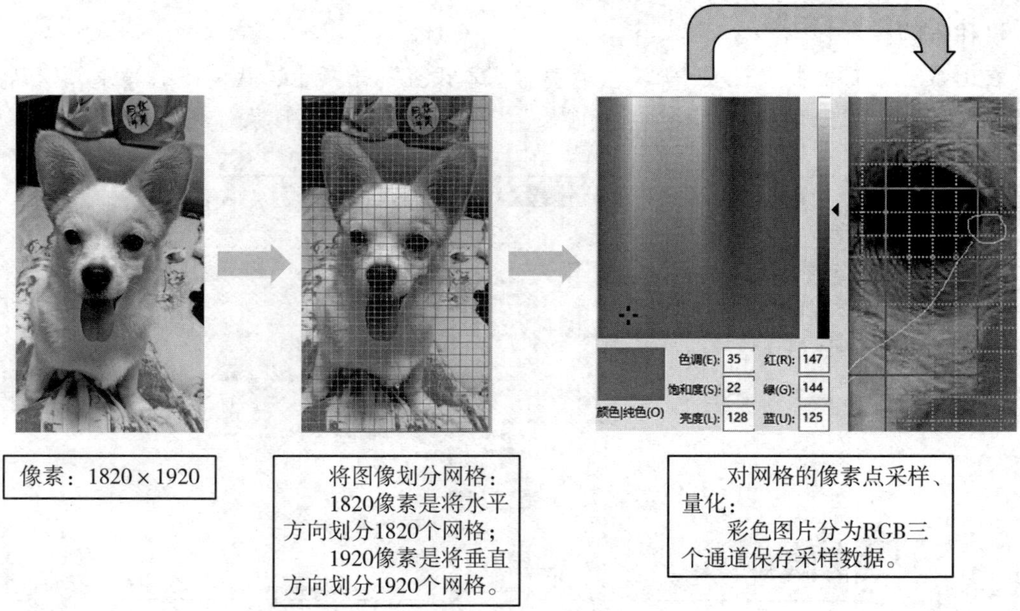

图 8－19　图像数字化（1）

将采样点数字按行列进行排序，形成矩阵，完成图像数字化过程，数据的每3个字节24位代表1个像素

192	182	144	100	147	80	0	223	176	10	188 …
76	76	0	122	153	99	234	122	122	15	99 …

……

十进制：192　182　144

二进制：11000000　10110110　10010000

图 8－20　图像数字化（2）

（3）数字图像处理。获取图像的矩阵后，可对图像进行处理（加工、分析），这是采用 MATLAB 软件对图像处理的一个典型的案例。

通过 MATLAB 程序运算，将一张彩色图片转换为灰度图片（见图 8－21 和图 8－22）。

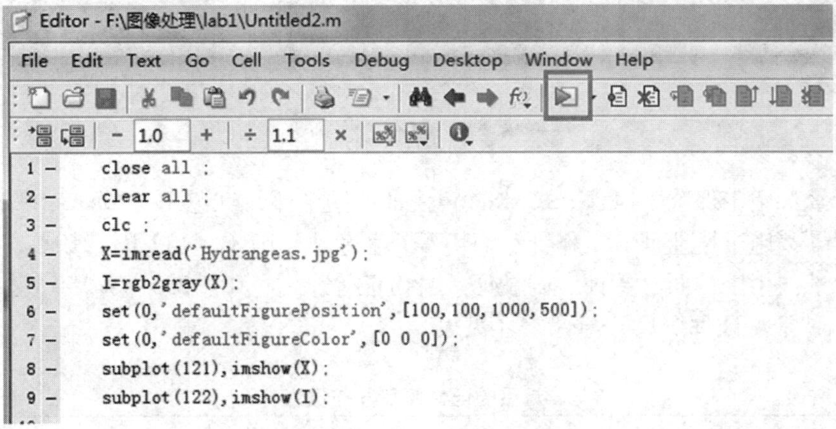

图 8－21　图像处理

图 8－22　图像处理结果

然而并不是所有人都能熟练运用这些编程工具进行图片处理，人们需要更简洁、更直观的软件来进行图片处理，修图软件也随之开发出来。

8.3.1 采用 PS 软件制作证件照

在日常生活中，人们经常要提供尺寸颜色证件照的电子照片，如果没有适合的证件照，通过 PS 软件在原有证件照的基础上可以设置图片大小、抠图、更换背景颜色，制作出符合规格的证件照。

（1）证件照的颜色。证件照的颜色主要分为 3 种（见图 8－23）。

图 8－23 证件颜色种类

红色背景：用于保险、医保、IC 卡、暂住证、结婚照，红色 R：255 G：0 B：0。

蓝色背景：用于毕业证、工作证、简历等，蓝色 R：67 G：142 B：219。

白色背景：用于护照、签证、驾驶证、身份证等，白色 R：255 G：255 B：255。

（2）几种常见证件照尺寸与像素（见表 8－1）。

表 8－1 常见的证件照尺寸与像素

照片规格	实际打印尺寸	分辨率为 300dpi 时像素
标准一寸	25mm×35mm	295px×413px
小一寸	22mm×32mm	259px×377px
大一寸	33mm×48mm	389px×566px
标准二寸	35mm×49mm	413px×579px
小二寸	35mm×45mm	413px×531px
三寸	55mm×84mm	650px×992px
5 寸生活照片	89mm×127mm	1050px×1500px

【任务8-8】将此照片（见图8-24）更换为大一寸蓝色背景证件照。

图8-24 证件照

操作步骤：

（1）打开PS软件，点击菜单栏“文件”→“打开”→选择要处理的照片（见图8-25）。

图8-25 选择处理照片

（2）点击菜单栏“图像”→“图像大小”，取消图像大小的约束比例，并在“文档大小”输入大一寸照片的尺寸（见图8-26）。

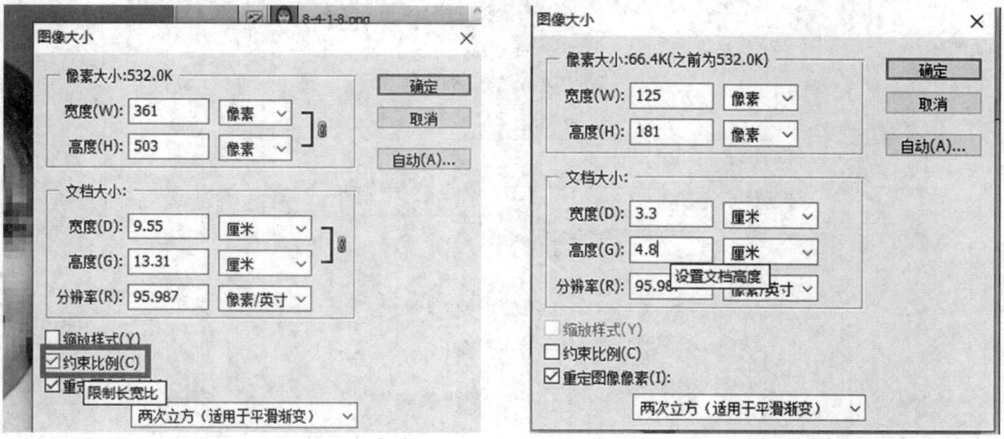

图8-26 输入要处理的图片

（3）照片调整为大一寸图片大小，在“图层”选择“背景图层”的解锁按钮，默认背景图层不可编辑，需要解锁，解锁后背景图层转变为图层0（见图8-27）。

图 8 – 27　解锁背景

(4) 选择“魔棒”工具栏，选择“魔棒”工具，默认“新选区”和“容差 32”。在图片上点选红色背景色，形成新选区（选区用蚂蚁线表示），在键盘上按“Del”键，删除此选区，照片背景红色删除（见图 8 – 28 和图 8 – 29）。

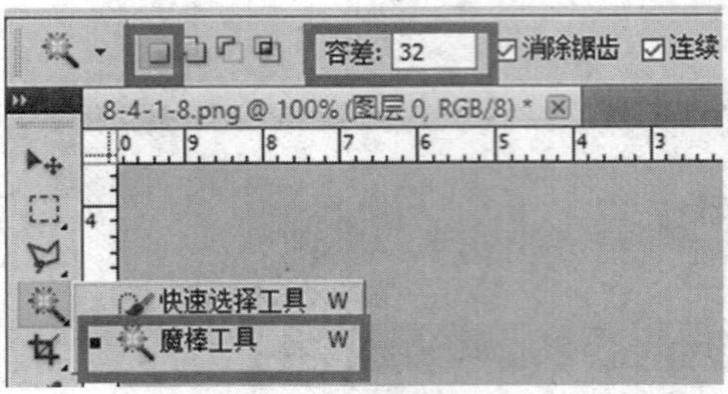

图 8 – 28　选择工具

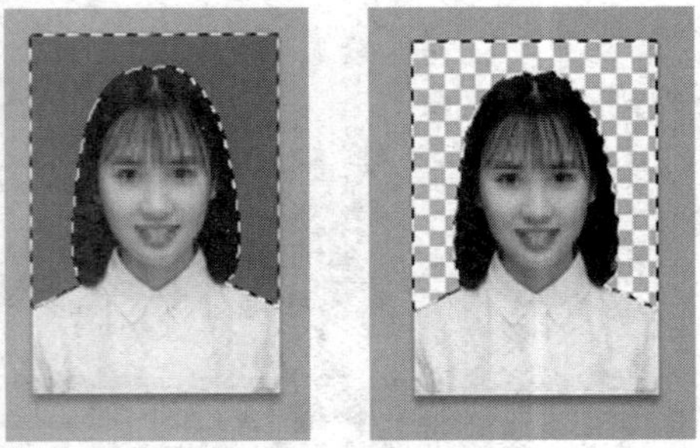

图 8 – 29　删除原背景色

(5) 点击菜单栏“图层”→“新建”→“图层”，在“新建图层”界面，选择“确定”（见图 8 – 30 和图 8 – 31）。

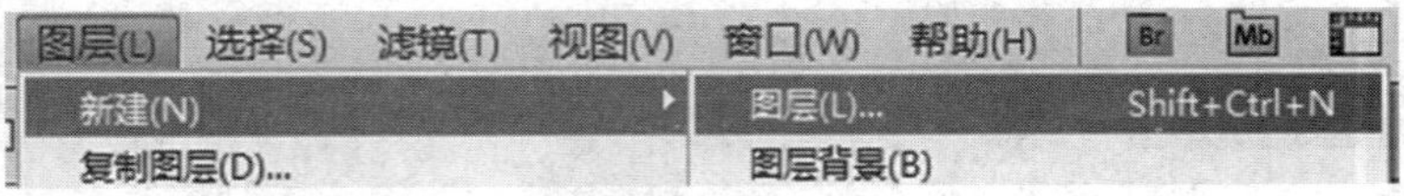

图 8 – 30　新建图层

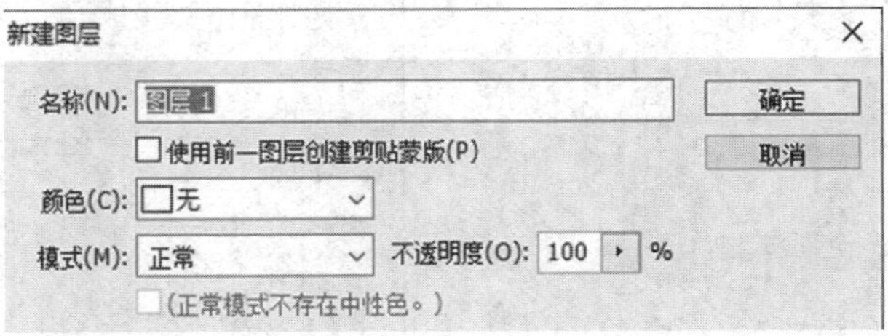

图 8 – 31　选择“确定”

(6) 选择“图层 1”，选择“前景色”，输入蓝色背景照片的 RGB 数值（见图 8 – 32）。

(7) 选择“油漆桶”工具，在选区点击，填充蓝色前景色。快捷键“Ctrl + D”取消选择，图片如任务所要求（见图 8 – 33 和图 8 – 34）。

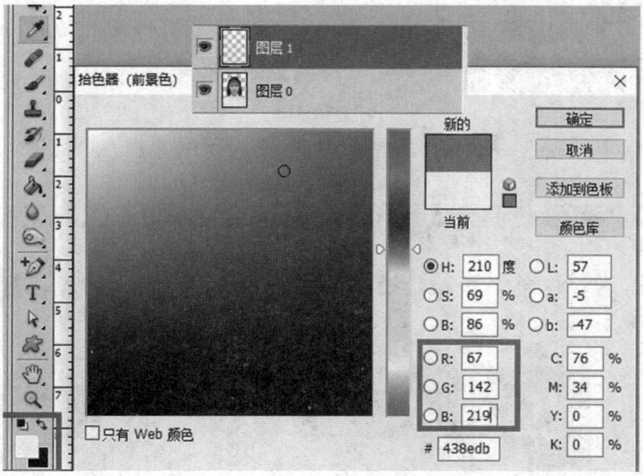

图 8-32　选择图层及前景色

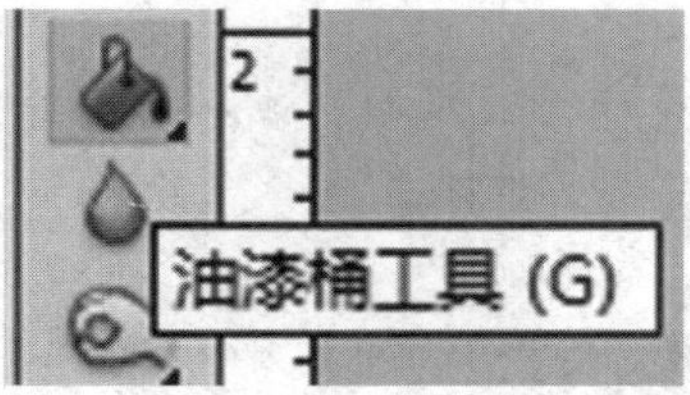

图 8-33　选择工具

图 8-34　任务完成图片

（8）选择“文件”→“存储为”，保存为 JPG 格式，任务完成。

拓展知识

Adobe Photoshop，简称“PS”，是由 Adobe Systems 开发和发行的图像处理软件。Photoshop 主要处理以像素所构成的数字图像。使用其众多的编修与绘图工具，可以有效地进行图片编辑工作。截至 2019 年 1 月 Adobe Photoshop CC 2019 为市场最新版本。

8.3.2　采用美图秀秀软件修改照片

PS 软件在图像处理上的专业性也意味着使用上的复杂性，选区确定、通道、蒙版、滤镜，要想制作出理想的效果，要经过长期的学习和摸索，但大多数人只想用简单的方式快速制作出需要的图片，最好是可以直观看到效果并可直接调整的，因此更多的基于娱乐性的修图软件也随之出现。

【任务8-9】实践美图秀秀调整肤色、瘦脸等功能。

操作步骤：

(1) 鼠标双击打开“美图秀秀”软件，打开“人像美容”(见图8-35)。

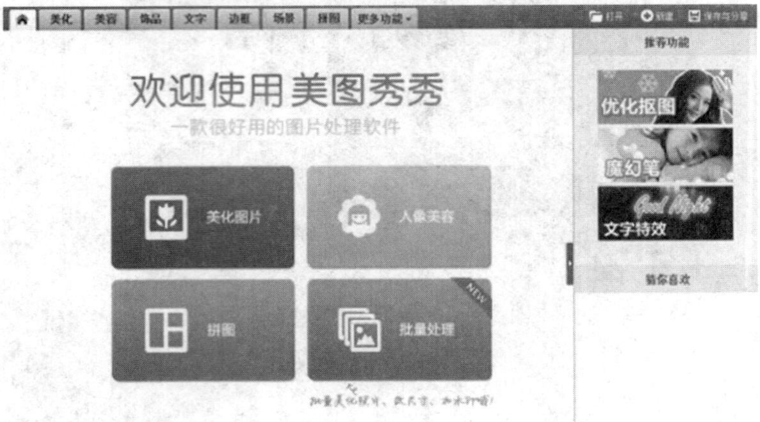

图8-35 人像美容页面

(2) 观察“美图秀秀”左边菜单，找出对应的效果选项。本项目要分别选择“皮肤美白”“瘦脸瘦身”效果，根据提示内容，拖动鼠标，即可直观看到效果(见图8-36)。选取“对比”，看原图像与调整后图像的差别。

图8-36 选择项目

(3) 保存图片，项目结束。

拓展知识

从图片处理软件的发展历史看，尽管数字图片处理的原理并没有大的变化，但使用难度上是逐渐降低的，除少数专业性较强的软件外，娱乐化的需求使得软件设计日益“傻瓜”化操作，从而推动了应用人群的迅猛增加，尤其是智能手机摄像头的推广，使得手机上也大量应用修图类App软件。功能日益丰富，效果日益出色，但使用难度日益降低，这是技术发展的趋势所在。

8.4 安全软件

本项目通过用屏幕监控软件模拟木马窃取资料过程，列明原理以及防范方法，并通过对360安全卫士功能进行简单介绍，使学生初步了解安全软件的基本常识。

（1）网络安全法。2016年11月7日，全国人民代表大会常务委员会表决通过了《中华人民共和国网络安全法》（以下简称《网络安全法》），2017年6月1日正式执行。《网络安全法》是我国第一部网络安全的专门综合性立法，提出了应对网络安全挑战这一全球性问题的中国方案，将由合规性驱动过渡到合规性和强制性驱动并重。

截至2016年6月，中国网民规模达7.10亿人。根据中国互联网协会发布的《中国网民权益保护调查报告》（2015），63.4%的网民通话记录、网上购物记录等信息遭泄露，78.2%的网民个人身份信息曾遭泄露，因个人信息泄露、垃圾信息、诈骗信息等导致的总体损失约805亿元。但此前其他关于网络信息安全的规定，大多分散在众多行政法规、规章和司法解释中，因此无法形成具有针对性、适用性和前瞻性的法律体系。《网络安全法》的出台将成为新的起点和转折点。

（2）病毒与木马。《中华人民共和国计算机信息系统安全保护条例》中明确定义，病毒是指“编制者在计算机程序中插入的破坏计算机功能或者破坏数据，影响计算机使用并且能够自我复制的一组计算机指令或者程序代码”。计算机病毒是一个程序，一段可执行码。计算机病毒有独特的复制能力，它们能够快速蔓延，又常常难以根除。它们能把自身附着在各种类型的文件上，当文件被复制或从一个用户传送到另一个用户时，它们就随同文件一起蔓延开来。

计算机木马是一种后门程序，常被黑客用作控制远程计算机的工具。英文单词“Troj”，直译为“特洛伊”。木马程序与一般的病毒不同，它不会自我繁殖，也并不“刻意”地去感染其他文件，它的主要作用是向施种木马者打开被种者电脑的门户，使对方可以任意毁坏、窃取你的文件，甚至远程操控你的电脑。

一般情况认为，只有病毒具有破坏性，木马只窃取账号、密码，控制计算机进行DOS拒绝服务攻击等，不会破坏本地计算机程序与文件。但2017年5月12日，WannaCry勒索木马病毒事件改变了人们这一认识（见图8－37）。

WannaCry勒索木马病毒事件造成99个国家遭受了攻击，其中包括英国、美国、中国、俄罗斯、西班牙和意大利。该恶意软件会扫描电脑上的TCP 445端口（Server Message

图 8－37　WannaCry 病毒

Block/SMB)，以邮件、程序木马、网页挂马的形式进行传播，攻击主机并加密主机上存储的文件，然后要求以比特币的形式支付赎金。这种病毒利用各种加密算法对文件进行加密，被感染者一般无法解密，必须拿到解密的私钥才有可能破解。2017 年 12 月 13 日，“勒索病毒”入选国家语言资源监测与研究中心发布的“2017 年度中国媒体十大新词语”。

8.4.1　模拟木马窃取资料过程

钩子程序。钩子（Hook），是 Windows 消息处理机制的一个平台，应用程序可以在上面设置子程序以监视指定窗口的某种消息，而且所监视的窗口可以是其他进程所创建的。当消息到达后，在目标窗口处理函数之前处理它。钩子机制允许应用程序截获处理 Window 消息或特定事件，如木马程序经常使用键盘钩子来窃取用户信息。

【任务 8－10】模拟木马程序，窃取用户信息。

操作步骤：

（1）在网络或本书的资源库下载压缩软件（见图 8－38）。

图 8－38　压缩软件

（2）解压并安装程序（见图 8－39 和图 8－40）。

（3）运行程序前，一定要退出 360 安全卫士，否则 360 安全卫士会认为此软件是木马，将此软件送到隔离区，使软件不能正常运行（见图 8－41 和图 8－42）。

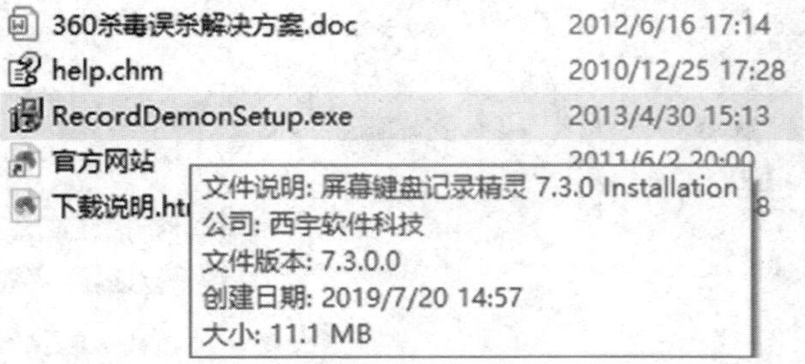

图 8－39　解压缩

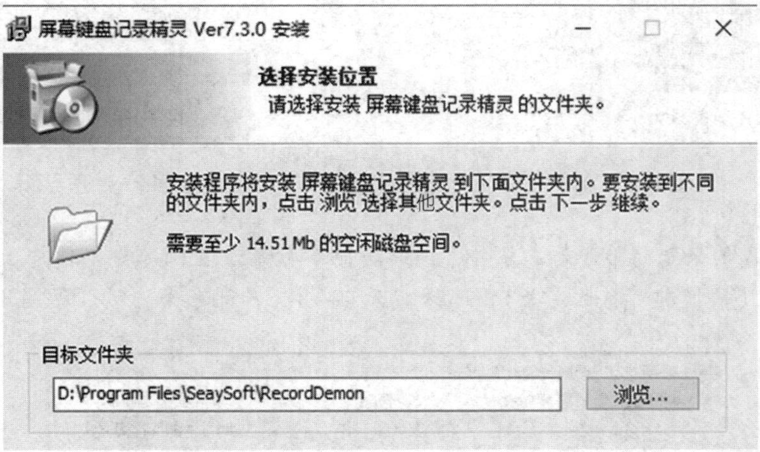

图 8－40　安装

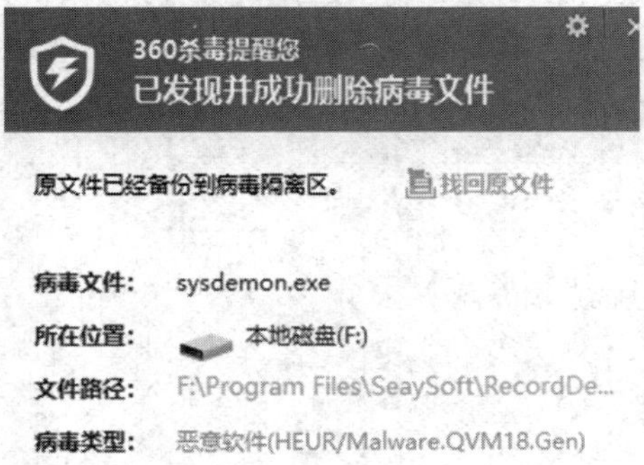

图 8－41　360 提醒

图 8－42　退出 360

(4) 不能直接鼠标双击打开软件，只能在图标用鼠标右键，在右键菜单中显示“以管理员的身份运行”(见图8－43)。

(5) 程序打开后，选择“试用”，打开试用版界面（见图8－44)。

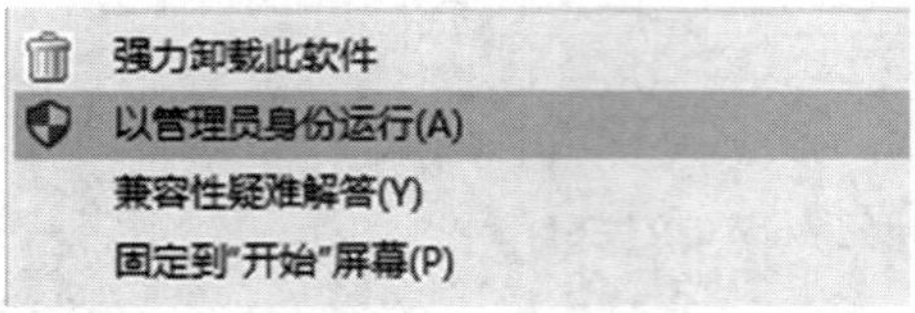

图8－43

图8－44 试用界面

(6) 因为我们只是简单了解本软件，因此其他参数不设置，只要记住呼出快捷键“Ctrl + Alt + Shift + K”（快捷键可自己定义），选择“开启监控”，此界面隐藏（见图8－45)。

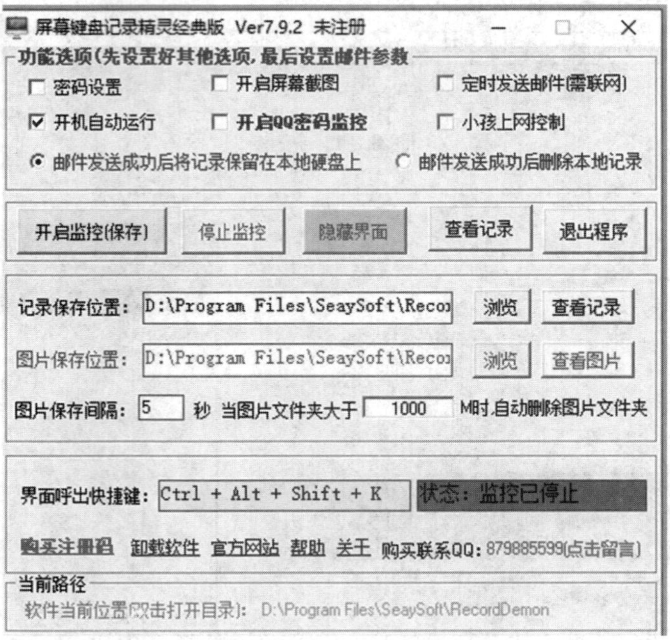

图8－45 功能选项界面

(7) 打开Word软件，任意录入几个汉字，打开Excel软件，任意录入几个数字，在网页录入邮箱账号、密码。

(8) 用快捷键呼出屏幕监控程序，选择“查看记录”，需要输入两次密码，默认888888，在文本中可以看到监控程序记录打开的软件、软件开启时间以及录入的相关数据，木马程序窃取此信息后，将文本文件发送到指定的邮箱，完成窃取过程（见图8－46)。

图 8－46　完成窃取过程

（9）避免键盘钩子木马，就要保持安全软件的开启以及用软键盘、鼠标点击输入账号密码的习惯（见图 8－47）。

图 8－47　软键盘

8.4.2　安全软件功能介绍

（1）免费安全软件。早期的杀毒软件采取收费制度，必须购买正版软件，取得产品序列码，注册成功后才能提供正常的杀毒服务以及后续升级。其中企业版的用户还限制了使用用户的数量。2011 年初，奇虎 360 科技有限公司在全国率先宣布 360 旗下所有基础信息安全产品均实行免费策略。此举导致中国信息安全行业“靠收费赚钱”的方法瞬间失去效应，各大公司在几个月之后纷纷宣布免费，信息安全软件自此进入了免费使用时代。

（2）集成安全软件。早期的电脑信息安全软件采取“杀毒软件＋防火墙”的方式，杀毒软件由杀毒引擎根据病毒特征库来查杀病毒，恢复文件；而防火墙则拒绝未经允许的网络访问，屏蔽木马。由于 360 率先进入免费使用模式，并将杀毒、木马查杀、系统恢复等功能整合在一起，推出 360 安全卫士（见图 8－48），该软件拥有查杀木马、清理插件、修复漏洞、电脑体检、电脑救援、保护隐私、电脑专家、清理垃圾、清理痕迹等多种功能。360 使用数已达 2.6 亿人次、下载人数达到 3.1 亿人。

图 8-48　360 安全卫士

【任务 8-11】默认系统安装 360 安全卫士，了解各模块的功能，以及对系统的安全防护。

操作步骤：

(1) 电脑体检。故障检测（检测系统、软件是否有故障），垃圾检测（检测系统是否有垃圾），安全检测（检测是否有病毒、木马、漏洞等），速度提升（检测系统运行速度是否可以提升）。

(2) 木马查杀。进行木马查杀，保持电脑健康。定期进行查杀修复，可以使电脑更加安全，更加健康，清除木马、病毒，避免木马、病毒入侵电脑，对电脑进行威胁，分为快速查杀、全盘查杀、按位置查杀。

(3) 电脑清理。清理垃圾（清理电脑中的垃圾文件），清理痕迹（清理浏览器使用痕迹），清理注册表（清理无效的注册表项目），清理插件（清理无用的插件、降低打扰），清理软件（清理推广、弹窗不常用的软件），清理 Cookies（清理上网、游戏、购物等记录）。

(4) 系统修复。修复电脑异常，及时更新补丁与驱动，确保电脑安全。系统修复分为全面修复与单项修复，其中单项修复包含常规修复、漏洞修复、软件修复、驱动修复等。

(5) 优化加速。一键优化，全面提升电脑开机速度、系统速度、上网速度、硬盘速度。开机加速（优化软件自启动状态），系统加速（优化系统和内存设置），网络加速（优化网络配置和性能），硬盘加速（优化硬盘传输效率）。

(6) 软件管家。通过 360 软件管家来下载软件、升级软件和卸载软件。

拓展知识

信息安全软件的主要测试指标：查杀测试、修复测试、主动防御测试。

查杀测试是杀毒引擎把恶意程序和病毒特征库做比较，从而查杀病毒，主要考验云端病毒库的更新速度。

修复测试主要针对感染型病毒，要求杀毒软件除清除病毒代码外，还要把被病毒感染的文件恢复正常。

主动防御测试，它最接近用户使用场景，考验的是杀毒软件对运行的恶意软件的自动拦截能力。将基于人工智能行为判断的主动防御技术和云端查询文件安全级别集合在一起，将是未来信息安全软件的发展方向。

8.5　即时通信软件

本节通过在 QQ 中创建班级群以及微信电脑与手机互传文件两个子项目的实验，使学生了解常用即时通信软件的基本功能，并通过这些软件进行学习交流。

（1）即时通信软件。即时通信是指互联网上用以进行实时通信的系统服务，其允许多人使用即时通信软件实时地传递文字信息、文档、语音以及视频等信息流。随着软件技术的不断提升以及相关网络配套设施的完善，即时通信软件的功能也日益丰富，除了基本通信功能以外，逐渐集成了电子邮件、博客、音乐、电视、游戏和搜索等多种功能，而这些功能也促使即时通信已经不再是一个单纯的聊天工具，它已经是具有交流、娱乐、商务办公、客户服务等特性的综合化信息平台。

（2）QQ。QQ 是腾讯 QQ 的简称，是腾讯公司开发的一款基于 Internet 的即时通信（IM）软件。目前 QQ 已经覆盖 Microsoft Windows，OS X，Android，iOS，Windows Phone 等多种主流平台。腾讯 QQ 支持在线聊天、视频通话、点对点断点续传文件、共享文件、网络硬盘、自定义面板、QQ 邮箱等多种功能，并可与多种通信终端相连。

（3）微信。微信（WeChat）是腾讯公司于 2011 年 1 月 21 日推出的一个为智能终端提供即时通信服务的免费应用程序。微信支持跨通信运营商、跨操作系统平台，通过网络快速发送免费（需消耗少量网络流量）语音短信、视频、图片和文字，同时，也可以通过共享流媒体内容的资料和基于位置的社交插件“摇一摇”“漂流瓶”“朋友圈”“公众平台”“语音记事本”等服务插件，尤其是微信二维码的推出，使移动支付应用到生活的方方面面。

【任务 8-12】 通过 QQ 创建班级学习群。

说明： 因为目前 QQ 的使用者已达 6 亿户，因此默认学生拥有 QQ 账号，本项目不涉及 QQ 的注册，因为创建 QQ 群需要 QQ 会员等级 16 级以上，因此若有同学 QQ 等级达不达 16 级，那么项目实训改为进入周围同学创建的群。

操作步骤：

（1）打开 QQ 主界面，鼠标点击箭头所指矩形框中“群聊”的标志（见图 8-49）。

（2）点击“群聊”标志下方的“创建”，出现如图 8-50 所示界面，然后点击“创建群”。

图 8-49　进入 QQ 群聊

图 8-50　创建

(3) 点击“创建群”后，进入选择“群类别”界面，选择想创建群的类型，这里选择创建“同学群”作为例子，点击“同学、同事”(见图8－51)。

(4) 进入“填写群信息”，将学校信息、地区、群规模、加群验证、群公开等选项填写完成后，点击下一步，进入“邀请群成员”界面(见图8－52)。

图8－51　选择群类别

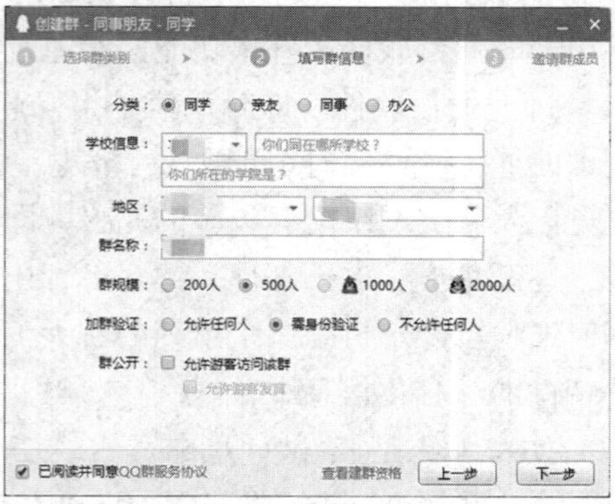

图8－52　填写群信息

(5) 首次建群需要输入认证信息，输入姓名和手机号码，点击确定(见图8－53)。

(6) 进入“邀请群成员”界面，在好友列表中其中一个分组，选择好友，点击“添加”，将好友添加到右侧列表中(也可在页面左上方输入好友关键字，迅速找到好友)，点击“完成创建”，群创建成功，好友也邀请成功，项目完成(见图8－54)。

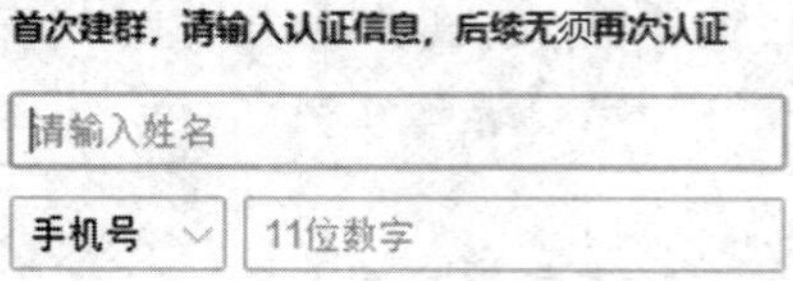

图8－53　输入认证信息

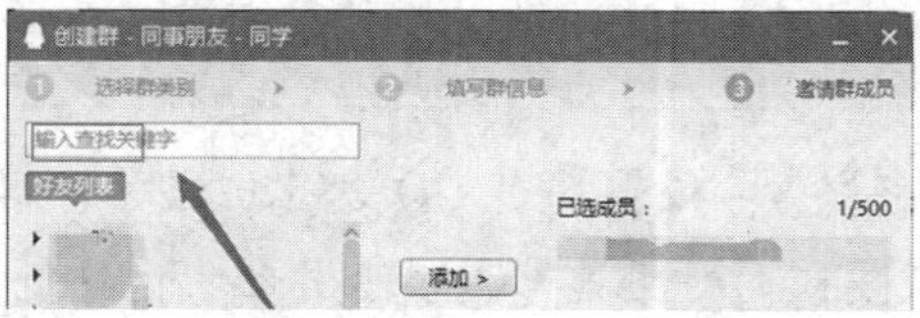

图8－54　邀请群成员

【任务8－13】 利用微信在手机和电脑之间互传文件。

说明： 因为目前微信的用户已达6亿人，因此默认学生拥有微信账号，不涉及微信的注册，且默认电脑安装微信客户端。通过微信“文件传输助手”在手机和电脑之间传递文件。

操作步骤：

(1) 在电脑启动微信客户端(见图8－55)。

图8－55　启动微信

（2）为确保安全性，微信客户端会出现二维码，要求使用手机微信“扫一扫”扫描二维码，在手机上确认后，登录账户成功（见图8－56和图8－57）。

图8－56　微信扫一扫登录

图8－57　电脑登录

（3）进入手机微信“文件传输助手”，选择要传送的文件（见图8－58和图8－59）。

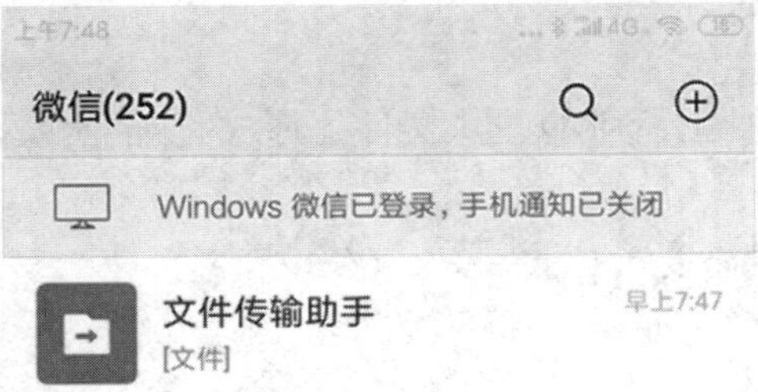

图8－58　进入文件传输助手

图8－59　选择传输文件

（4）发送文件，可在电脑的“文件传输助手”看到对应的文件，将文件保存到电脑对应的位置，完成文件从手机到电脑的传输过程。同样，我们也可以将电脑文件传递到手机。但“文件传输助手”有数量限制，一次只能传递9张照片以下，文件大小20M以下（见图8－60和图8－61）。

图 8－60　发送文件

图 8－61　保存文件

测试题 8

1. RGB 模式是由哪三种颜色组成？
2. PS 图像最基本的组成单位是什么？
3. PS 常用的选择工具有哪些？
4. 取消选区的快捷键是哪个？
5. 计算机病毒是计算机系统中一类隐藏在（　　）上蓄意破坏的病毒。

A. 内存　　B. 软盘　　C. 存储介质　　D. 网络

6. 发现个人电脑感染病毒，断开网络的目的是（　　）。

A. 影响上网速度

B. 担心数据被泄露电脑被损坏

C. 控制病毒向外传播

D. 防止计算机被病毒进一步感染

7. QQ 是常用的即时通信工具之一，和网络论坛相比，它的优势是（　　）。

A. 可以结识一些兴趣相投、素未谋面的新朋友，并进行交流

B. 可以进行实时交流

C. 参与专题讨论，发表自己的见解

D. 互相分享文字、图片、声音等信息

8. 压缩后的文本文件比原文件缩小了多少？压缩后的图片文件比原文件缩小了多少？为什么？
9. 研究迅雷软件的设置功能，如何加快下载速度？

参考文献

1. 林斌，刘纯．财经计算机应用基础［M］. 3 版．北京：经济科学出版社，2014.
2. 林斌，刘纯．财经计算机应用基础实验［M］. 北京：经济科学出版社，2010.
3. 教育部考试中心．计算机基础及 MS Office 应用［M］. 北京：高等教育出版社，2018.
4. 郑健江．计算机应用基础项目式教程［M］. 北京：清华大学出版社，2019.
5. 蔡小莉．计算机应用基础习题集：Windows 7 + Office 2010［M］．北京：化学工业出版社，2019.